리눅스 커맨드라인
완벽 입문서

The Linux Command Line

: a complete introduction

by William E. Shotts, Jr.

리눅스 커맨드라인
완벽 입문서

윌리엄 E. 샤츠 주니어 **지음** / 이종우, 정영신 **옮김**

To Karen

감사의 글

이 책을 출간하기까지 도움을 주셨던 많은 분들께 감사의 말씀을 전하고 싶다.

우선 이 책을 집필할 수 있도록 자신감을 불어넣어준 윌리 퍼블리싱사의 편집자인 제니 왓슨에게 감사 드린다. 그녀는 셸 스크립트에 대한 책을 쓰도록 최초로 권유해주신 분이다. 그 당시 제안했던 출판 계획서는 반려되긴 했지만 지금 이 책의 토대가 되었다.

유명한 칼럼니스트인 존 드보락은 정말 훌륭한 조언을 해주었다. 그는 자신이 진행하는 비디오 팟캐스트인 Cranky Geeks의 한 에피소드에서 저술 활동의 과정에 대해 이렇게 말했다. "우와, 하루에 200단어씩만 써도 일 년이면 책 한 권이네요." 이 짧은 조언으로, 나는 책 한 권을 완성할 때까지 하루에 한 페이지씩 쓰기 시작했다.

드미트리 포보프가 Free Software Magazine에 기고한 "Writer로 도서 템플릿 만들기"라는 글을 읽고, 이 책을 집필할 때 오픈오피스 Writer를 사용하게 됐다. 아주 훌륭한 편집 툴이다.

또한 이 책의 원본(LinuxCommand.org에서 확인 가능)을 완성할 수 있도록 도움을 자청한 지원자들에게 감사 드린다. 마크 폴스키는 검토 작업과 테스트를 해주었고, 제시 베커, 토마즈 크르직조노윅스, 마이클 레빈, 그리고 스펜스 마이너 역시 검토 작업과 테스트를 함께 해주었다. 캐런 숏츠는 원고 수정하는 일에 많은 도움을 주었다.

출판본 제작에 오랜 시간 동안 힘써온 No Starch Press사의 훌륭한 직원분들께도 감사 드린다. 제작 담당자인 세레나 양, 편집자인 키스 팬처, 그리고 나머지 모든 직원분들께 다시 한 번 더 감사의 말씀을 전한다.

마지막으로, LinuxCommand.org 구독자들이 보내준 정성 어린 이메일에 감사하다. 여러분의 관심과 격려로 뭐든지 할 수 있다는 용기를 얻을 수 있었다.

저자 소개

윌리엄 E. 샤츠 주니어 (William E. Shotts, Jr.)

윌리엄 E. 샤츠 주니어는 소프트웨어 전문가이며, 15년이 넘은 열혈 리눅스 사용자다. 소프트웨어 개발 분야에 있어 기술 지원, 품질 보증, 문서화 등을 포함한 광범위한 지식을 가지고 있다. 또한 리눅스 교육과 새 소식, 리뷰, 리눅스 커맨드라인 사용의 확장을 주창하는 사이트(LinuxCommand. org)의 창시자다.

역자 소개

이종우

상명대 소프트웨어 학부를 나와, 한글과컴퓨터에서 리눅스 데스크톱과 아시아눅스용 응용프로그램을 개발하였으며, 이후 SK컴즈에서 맥과 리눅스용 응용프로그램을 개발하였다. 현재 주된 관심분야는 맥과 아이폰용 앱 개발이다.

정영신

동덕여자대학교 컴퓨터학과에서 학사를 마친후 한글과컴퓨터 리눅스 개발실에서 한컴 리눅스와 아시아눅스 로컬라이제이션 업무를 담당했다. 현재는 프리랜서로 전향하여 IT 관련 번역 및 마켓 리서치를 전문으로 하고 있다.

역자의 글

처음 출판사로부터 번역을 의뢰 받고 조금 망설였다. 번역은 처음이고 그 분량도 만만치 않아 보였기 때문이다. 하지만 아마존을 통해 책을 찾아보고 나서 마음이 바뀌었다. 겉 표지를 보자마자 바로 이 책은 번역해야겠다는 생각이 들었다. 깡통 로봇이 명령어들을 삼키는 모습이 꽤 인상적이었다. 물론 목차도 살펴보았다. 기존 리눅스 입문 서적들과 유사하면서도 좀 더 특화된 것처럼 보였다. 결국, 책에 대한 호기심이 발동해 번역을 수락하였다.

저자에 비하면 리눅스 사용 경력이 그리 길지는 않지만 학부 때를 포함해 근 10여 년이 되었다. 이 책을 번역하면서 10여 년 동안 리눅스를 공부하고 사용하면서 알지 못했던 여러 가지 비하인드를 알게 되었다. 기존 서적들은 명령어 사용법이나 따라하기식의 튜토리얼에 집중한 반면, 이 책은 그러한 사용법과 더불어 섹션마다 역사라든지 철학적 배경에 대해 자세히 설명해 놓았다. 또한 명령어의 주요 옵션들도 표로 구성하여 찾아보기 편하게 정리되어 있다.

이 책은 리눅스를 접한 후 그래픽 환경에서 편하게 작업하다가 좀 더 자유자재로 다루고 싶다거나 역자처럼 리눅스를 주로 사용하지만 2% 부족함을 느끼는 경우에 읽어보면 도움이 되리라 생각한다. 물론 리눅스 시스템 관리자에게도 큰 도움이 될 것이다. 또한 리눅스를 학습하는 도구로 이 책을 선택하는 것도 좋은 생각일 것이다. 리눅스 쉘의 기본적인 사용법과 응용능력이 향상될 것이다. 예제들은 되도록이면 직접 타이핑해가면서 익히는 것이 학습 능률을 더 올릴 것이다.

번역이 처음이라 공역자와 여러 번 검토하면서 작업을 진행했지만 여전히 어색하거나 모호한 부분이 존재할 수도 있다. 혹시나 책을 읽다가 이상한 부분이 발견되면 출판사나 혹은 역자에게 알려주면 더 나은 책을 만드는 데 밑거름이 될 것이다.

그리고 함께 몇 달 동안 잠을 줄여가며 고생한 공역자 정영신 양에게 감사하고 역자에게 번역할 기회를 준 김범준 실장님께도 감사 말씀을 전한다. 마지막으로 이 책을 구입해주신 모든 분들께 감사드린다.

역자 이종우

짧은 소감을 전하고 싶다. 번역을 마치면서 가장 기억에 남는 구절은 내가 컴퓨터로 할 수 있는 작업을 직접 결정한다는 내용이다. 독자들은 어떠한지. 이 책을 통해 독자가 리눅스의 기술을 습득하는 것뿐만 아니라 리눅스 정신도 함께 이어받길 바라는 마음이다. 짜인 틀에 박혀 자신의 삶을 맞추어 가기 보다는 리눅스가 표방하는 자유를 따라서 상식과 혁신을 균형 있게 갖춘 독자가 되길 바란다. 그렇게 된다면 언젠가 독자 누군가가 아래에 있는 물음표 자리를 채워주리라 확신한다. 아니다. 어쩌면 역자가 그 주인공이 될 수도 있다.

〈IT 혁신의 아이콘〉

유닉스, 리눅스, (MS도 살짝 끼워주자), 애플 그리고 " ? "

리눅스 커맨드라인 완벽 입문서라는 제목의 이 책은 상당히 쉽고 직관적이다. 마치 대학교 수업이나 딱딱하고 어려운 교재가 아닌 친절한 과선배가 일대일 과외해주는 듯한 설명과 예제들로 구성된 스토리북이다. 역자는 최대한 저자의 생각과 의도를 전달하는 데 보다 더 많은 신경을 썼다. 기술적인 부분은 객관적인 지식의 전달에 지나지 않는다. 하지만 저자가 독자에게 전달하고 싶은, 또 독자에게 바라는 것이 역자를 투과하여 그대로 독자에게 전달하는 것은 여간 어려운 일이 아니었다. 하지만 노력했다. 책을 학습하다가 모호한 부분이 발견되면 역자 이메일로 문의해주길 바란다. 꼭이다. 함께 풀어가도록 하자.

마지막으로 이 책의 번역을 제안해준 친구이자 공역자인 이종우 씨에게 고맙다는 말을 전한다.

역자 정영신

서문

들려주고 싶은 이야기가 있다. 1991년에 리눅스 토발즈(Linus Torvalds)가 리눅스 커널 첫 버전을 어떻게 만들었는지에 대한 이야기가 아니다. 또한, 그보다 몇 년 전에 리차드 스톨만(Richard Stallman)이 무료 유닉스형 운영체제를 만들기 위해서 GNU 프로젝트를 어떻게 시작하게 되었는지에 대해서 말하고자 하는 것도 아니다. 이런 이야기들은 여러 리눅스 교재에서 흔히 볼 수 있다. 물론 중요한 내용이지만, 필자는 여러분에게 컴퓨터를 제어하는 권한을 되찾아오는 방법에 대해서 더 들려주고 싶다.

1970년 말, 필자가 컴퓨터로 작업을 시작하던 대학 시절, 하나의 혁명이 진행되고 있었다. 그것은 마이크로프로세서가 세상에 등장하면서 평범한 사람들조차 개인 컴퓨터를 소유하게 됐다는 것이다. 대기업이나 정부기관에서만 컴퓨터를 사용했던 당시 상황을 요즘 사람들이 상상하기 어려울 것이다. 믿어지지 않는다고 치자.

그 당시와 오늘날의 세상은 너무나 다르다. 컴퓨터는 아주 작은 손목시계부터 거대한 규모의 데이터 센터에 이르기까지 없는 곳 없이 어디든 존재한다. 게다가 네트워크로 긴밀히 연결된 유비쿼터스 컴퓨터까지 사용하고 있다. 이러한 현상은 개인의 영향력과 창조적인 자유를 보장하는 경이로운 새 시대를 열어주었다. 하지만 지난 수십 년 동안 기이한 현상이 진행되고 있었다. 단일 거대 기업이 세상의 모든 컴퓨터들에 대한 제어권을 가져가 버렸고 사용자가 할 수 있는 것과 없는 것을 대신 결정해주었다. 다행인 것은 전세계 많은 사람들이 이러한 현상에 대해 대처하기 시작했다. 자신들의 컴퓨터를 손수 제어하고자 그들만의 소프트웨어를 만들어 이에 대항하였다. 그것이 바로 리눅스다.

많은 사람들이 리눅스를 언급할 때 "자유"를 말한다. 하지만 실제 많은 사람들이 자유의 진정한 의미에 대해서 제대로 알고 있지 못한다고 생각한다. 여기서 말하는 진정한 자유란 자신의 컴퓨터가 무엇을 할지에 대해 결정할 수 있는 힘이라고 생각한다. 또한, 이러한 자유를 지켜내기 위해서는 자신의 컴퓨터가 무엇을 할 수 있는지를 알아야 한다는 것이다. 즉 자유란 비밀이 전혀 없는 컴퓨터 그 자체. 사용자가 관심을 갖고 알아내고자 한다면, 무엇이든 답을 찾을 수 있는 것이 바로 자유다.

왜 커맨드라인을 사용하는가?

"super hacker"라는 영화에서 한 남자가 철저한 보안으로 무장한 군용 컴퓨터를 30초 안에 해킹하려고 하는데, 컴퓨터 앞에 앉아서 마우스를 전혀 사용하지 않는 장면을 본 적이 있는가? 그것은 영화 제작자 역시 본능적으로 컴퓨터에서 어떤 작업이든 빨리 끝내려면 키보드를 사용하는 것이 유일한 방법이라는 것을 알고 있다는 것이다.

오늘날 대부분의 컴퓨터 사용자는 **그래픽 사용자 환경**(GUI)에 익숙해져 있고 그것은 오랫동안 컴퓨터 제조사와 전문가들에 의해 **커맨드라인 환경**(CLI)은 진부한 과거의 산물로 치부되어 왔다. 참으로 안타까운 사실이다. 왜냐하면 좋은 커맨드라인 환경은 마치 인간에게 훌륭한 문자가 필요하듯이 컴퓨터와 소통함에 있어 놀라울 만큼 훌륭하게 표현할 수 있는 방법이기 때문이다. 그러나 사람들은 "커맨드라인 환경은 어려운 작업을 처리할 때 쓰는 것이고, 그래픽 사용자 환경은 컴퓨터 작업을 간편하게 해준다"라고 말한다. 이것이 바로 현실이다.

리눅스는 유닉스 계열 운영체제를 본떠서 만들어졌기 때문에 유닉스의 풍부한 커맨드라인 툴들을 물려 받았다. 유닉스는 그래픽 사용자 환경이 광범위하게 퍼지기 이전인 1980년대 초반(최초 개발된 것은 그 10여 년 전이다)에 명성을 얻기 시작했다. GUI 환경이 광범위하게 확산되기 전까지는 기능이 풍부한 커맨드라인 인터페이스가 개발되어 사용되었다. 사실 리눅스 초기 사용자들이 GUI 환경을 선택한 가장 큰 이유 중 하나는 윈도우즈 NT가 아주 강력한 커맨드라인 인터페이스로 "어려운 작업들도 처리할 수 있기 때문"이라고 말한다.

이 책에서 다루는 것

이 책은 "살아있는" 리눅스 커맨드라인 교본이다. 쉘 프로그램, bash와 같이 하나의 프로그램에만 집중한 다른 책들과는 달리 넓은 의미에서 커맨드라인 인터페이스를 다루는 방법을 전달하려고 노력할 것이다. 어떻게 동작하는가? 무엇을 할 수 있는가? 최상의 사용법은?

이 책은 리눅스 시스템 관리에 관한 것이 아니다. 커맨드라인에 대해 논의하다 보면 결국 시스템 관리 주제로 연결되지만, 이 책에서는 그 부분에 대해서는 극히 일부만을 다룬다. 하지만 어떠한 시스템 관리 작업에서든지 커맨드라인의 사용법에 관해 견고한 기초를 제공함으로써 독자들이 추가 학습을 할 수 있도록 도와준다.

이 책은 매우 리눅스 중심적이다. 많은 책들이 범용 유닉스와 맥 OS X와 같이 다른 플랫폼에 대한 내용을 포함하여 관심을 끌려고 한다. 하지만 그와 같은 꼼수로 인해 일반적인 주제만을 내세우게 되면서 실제 콘텐츠는 "수면 아래"로 가라앉게 된다. 반면 이 책은 오직 현대 리눅스 배포판만을 다룬다. 이 콘텐츠의 95%는 다른 유닉스형 시스템 사용자에게도 유용하지만, 이 책은 최신 리눅스 커맨드라인 사용자를 주요 대상으로 하고 있다.

이 책의 대상 독자

이 책은 다른 플랫폼에서 옮겨 온 초보 리눅스 사용자들을 위한 것이다. 아마 독자들은 MS 윈도우즈 환경에서는 "파워유저"일 것이다. 아마도 직장상사가 리눅스 서버를 관리하라고 했을지도 모른다. 또는 단지 여러 보안 문제에 지쳐 리눅스를 사용해 보고픈 데스크톱 사용자일 것이다. 좋다. 여러분 모두를 환영한다.

그렇지만 리눅스를 이해하는 것엔 지름길은 없다. 커맨드라인을 배우는 것은 도전적이고 진심으로 노력을 필요로 한다. 힘든 것보다 오히려 너무 **방대**하기 때문이다. 일반적인 리눅스 시스템에서 커맨드라인으로 그야말로 **수천 개**의 프로그램을 사용할 수 있다. 커맨드라인의 배움은 저절로 얻어지는 것이 아니라고 스스로에게 경고를 주어라.

반면에 리눅스 커맨드라인 학습은 매우 보람 있는 행위이기도 하다. 자신이 현재 "파워유저"라고 생각한다면 잠시만 기다려라. 아직은 진짜 파워가 무엇인지 모를 것이다. 그리고 다른 많은 컴퓨터 기술들과 달리 커맨드라인의 지식은 오랫동안 지속될 것이다. 오늘 배운 기술은 향후 10년간은 유용할 것이다. 커맨드라인은 오랜 세월에도 불구하고 건재해왔기 때문이다.

또한 프로그래밍 경험이 없더라도 걱정하지 마라. 그저 잘 닦인 길을 따라가면 된다.

이 책의 구성

이 책은 엄선된 목차에 따라 마치 가정교사가 옆에 있는 것처럼 독자들을 인도해줄 것이다. 많은 저자들이 자신의 관점에서 이해할 수 있는 "체계적인" 방식으로 내용을 구성한다. 하지만 초보자에게는 매우 혼동될 수 있다.

또 다른 목표는 독자가 윈도우즈와는 다른 유닉스 방식으로 생각하기를 바라는 것이다. 우리는 왜 그렇게 동작하는지, 어떻게 그 방법을 얻을 수 있는지를 독자에게 이해시키기 위한 짧은 여행길 위에 있다. 리눅스는 단순히 소프트웨어의 일부가 아니다. 자신의 언어와 역사를 가진 거대한 유닉스 문화의 일부분이며, 그저 한낱 외침일지도 모른다.

이 책에서는 커맨드라인을 네 부분으로 나누어서 살펴보려고 한다.

- **1부: 쉘 학습**은 커맨드라인의 기본표현을 탐구하는 것으로 시작한다. 명령어 구조, 파일시스템 탐색, 커맨드라인 편집, 명령어 도움말과 문서 검색 등을 포함한다.

- **2부: 설정과 환경**은 커맨드라인상에서 컴퓨터 명령을 제어하는 설정과 파일 편집에 대해서 다룬다.

- **3부: 기본 작업과 필수 도구**는 커맨드라인에서 흔히 사용하는 일반적인 작업에 대해서 다룬다. 리눅스와 같은 유닉스형 운영체제는 데이터를 자유자재로 조작하기 위한 다수의 고전적인 커맨드라인 프로그램들을 지원한다.

- **4부: 쉘 스크립트 작성**에서는 수많은 작업들을 자동화해주는 기술인 쉘 프로그래밍에 대해 소개한다. 가장 기본적인 부분이지만 배우기 쉽지는 않다. 쉘 프로그래밍을 배움으로써 다른 많은 프로그래밍 언어의 개념에도 익숙해질 것이다.

이 책의 독서 방법

책 처음부터 시작해서 끝까지 따라가라. 이 책은 참고서로 만들어진 것이 아니다. 오히려 처음부터 끝까지 이야기에 가깝다.

선수 지식

이 책을 사용하기 전에 리눅스 시스템 설치가 필요할 것이다. 다음 두 방법 중 한 가지를 택할 수 있다.

- **리눅스를 직접 컴퓨터에 설치:** 배포판을 선택하는 것은 별 문제가 되지 않을 것이다. 최근에는 대부분 우분투(Ubuntu), 페도라(Fedora), 오픈수세(OpenSUSE) 등으로 시작하지만, 만약 확신이 서지 않는다면 우분투로 시작해라. 최신 리눅스 배포판 설치는 사용자 하드웨어에 따라 터무니없이 쉽거나 어려울 수 있다. 나온 지 수년 정도 되고 최소 256MB 메모리에 6GB 이상 여유가 있는 하드디스크를 탑재한 데스크톱 컴퓨터를 추천한다. 작업을 더 어렵게 만들 수 있으니 가능한 한 노트북이나 무선 네트워크 시스템은 피하라.

- **라이브 CD 사용:** 리눅스 전체를 설치할 필요 없이 CD-ROM을 통해 직접 실행할 수 있는 배포

판들이 많이 있다. 이 중에 맘에 드는 것을 하나 선택해 사용하면 된다. BIOS 설정으로 들어가서 "Boot From CDROM"로 지정하고 라이브 CD를 삽입한 후 재부팅하기만 하면 된다. 라이브 CD를 사용하는 것은 리눅스 설치 이전에 시스템 호환성을 테스트하기에 좋은 방법이다. 단점은 하드디스크에 실제 설치한 것보다 매우 느릴지도 모른다는 것이다. 특히 우분투와 페도라는 라이브 CD 버전을 지원한다.

저자주: 이 책을 실습하기 위해서는 리눅스 설치 방법과 상관없이 이따금 슈퍼유저 권한이 필요할 것이다.

설치가 완료되면 이 책을 읽으면서 컴퓨터로 차근차근 따라오면 된다. 책 내용의 대부분은 실제 컴퓨터 앞에 앉아서 타이핑하면 된다.

왜 "GNU/LINUX"라고 부르지 않는가?

어떤 면에서는 리눅스 운영체제를 "GNU/Linux"라고 부르는 게 정치적으로 옳다. 하지만 너무나 많은 사람들의 손에 의해 개발되었기에 완벽하게 부를 수 있는 방법은 없다. 엄밀히 말하자면, "리눅스"는 운영체제의 핵심인 커널 이름일 뿐 그 이상도 아니다. 물론 커널은 운영체제를 동작시키기 때문에 매우 중요하지만 완전한 운영체제 형태가 되려면 그것만으론 부족하다.

리차드 스톨만(Richard Stallman)은 프리 소프트웨어 운동을 창시한 천재 철학자다. 프리 소프트웨어 재단(FSF)과 GNU 프로젝트를 시작했고, GNU C 컴파일러(GCC)의 첫 버전과 GNU General Public License(GPL) 등을 만들었다. 그는 리눅스를 GNU 프로젝트의 기여를 적절히 반영한 "GNU/Linux"라 부르기를 주장했다. GNU 프로젝트는 리눅스에 대한 그 기여도를 볼 때 충분히 그럴 자격이 있지만, 그 이름을 사용하는 것은 상당한 공헌을 한 또 다른 이들에게 공평하진 않다. 심지어 엄밀히 따져보면, 커널이 부팅 후에 나머지 다른 것들이 그 위에서 실행되기 때문에 "Linux/GNU"가 더 정확해 보인다.

일반적으로 "리눅스"는 커널과 리눅스 배포판의 나머지 모든 프리(오픈)소스 소프트웨어를 나타낸다. 즉 GNU의 부속이 아니라 리눅스 전체 생태계를 나타내는 것이다. 운영체제 시장은 Dos, Windows, Solaris, Irix, AIX 등과 같이 한 단어 이름을 선호하는 듯하다. 그러나 만약에라도 독자가 "GNU/Linux"를 사용하고 싶다면, 이 책을 읽는 동안에는 리눅스란 단어가 나올 때마다 마음속으로 치환해주길 바란다. 저자는 개의치 않겠다.

차례

PART **1**   쉘 학습

PART 3　　　# 기본 작업과 필수 도구

18 파일 보관 및 백업 ·········· 227

19 정규 표현식 ·········· 243

PART **4**　쉘 스크립트 작성

PART 1
쉘 학습

1

쉘이란 무엇인가?

커맨드라인에 대해 이야기하려면, 우선 쉘이 무엇인지 알아야 한다. **쉘**이란 키
보드로 입력한 명령어를 운영체제에 전달하여 이 명령어를 실행하게 하는 프로
그램이다. 대부분의 리눅스 배포판은 bash라고 하는 GNU 프로젝트의 쉘 프로
그램을 제공한다. bash라는 이름은 **Bourne Again Shell**의 약어로 스티브 본(Steve
Bourne)이 개발한 최초 유닉스 쉘 프로그램인 sh의 확장판이라는 의미를 담고
있다.

터미널 에뮬레이터

GUI 환경에서는 쉘과 직접 작업할 수 있도록 도와주는 **터미널 에뮬레이터**라는 프로그램이 필요하
다. 이 프로그램은 데스크톱 메뉴를 잘 살펴보면 쉽게 찾을 수 있다. 우리는 단순히 "터미널"이라고
부르지만, KDE는 konsole이라는 프로그램을 사용하고 GNOME 환경에서는 gnome-terminal을
사용한다. 이외에도 리눅스에는 다양한 터미널 에뮬레이터가 있지만 사실상 모두 기본적으로 같은
기능을 수행하는데, 그것은 바로 쉘에 접근할 수 있게 해준다는 점이다. 또한, 매력적인 여러 부가

기능을 지원되어 자신만의 터미널 에뮬레이터를 만들 수 있다.

첫 번째 키 입력

터미널 에뮬레이터를 실행하게 되면 다음과 같은 화면을 볼 수 있다.

```
[me@linuxbox ~]$
```

이것은 **쉘 프롬프트**라고 부르며 쉘이 입력 가능한 상태일 때에만 나타난다. 배포판에 따라 그 형태는 매우 다양할 수 있지만, 보통은 username@machinename과 같은 형식을 포함하며 뒤이어 현재 작업 디렉토리(더 많은 내용을 담을 수도 있다)와 달러 표시가 올 것이다.

만약 프롬프트의 마지막 글자가 달러 표시($)가 아니라 해쉬 표시(#)라면, 현재 터미널 세션이 **슈퍼 유저**(superuser) 권한을 가졌다는 뜻이다. 즉 루트(root) 사용자로 로그인했거나 관리자 권한을 가진 터미널 에뮬레이터를 사용하고 있다는 것이다.

지금까지 잘 따라왔다면, 이제 몇 글자를 입력해보자. 프롬프트에 다음과 같이 아무렇게나 입력하면 된다.

```
[me@linuxbox ~]$ kaekfjaeifj
```

방금 입력한 글자들은 아무 의미 없는 명령이기 때문에 쉘은 다음과 같이 해당 명령을 찾을 수 없다고 표시하고 다시 입력할 수 있도록 새로운 프롬프트를 띄어준다.

```
bash: kaekfjaeifj: command not found
[me@linuxbox ~]$
```

명령어 히스토리

방금 입력한 명령어를 다시 보려면 위쪽 방향키를 사용해보자. 그럼 프롬프트에 해당 명령어가 다시 나타날 것이다. 이러한 기능을 **명령어 히스토리**라고 한다. 대부분의 리눅스 배포판들은 기본적으로 가장 최근 500개의 명령어를 기억할 수 있다. 아래쪽 방향키를 사용하면 이전에 입력한 명령어들은 사라지고 최근에 입력한 명령어들이 나타난다.

커서 이동

위쪽 방향키로 이전 명령어를 다시 불러오자. 그리고 왼쪽/오른쪽 방향키를 사용해보라. 커서를 명령어 어느 부분에라도 이동할 수 있어서 명령어를 쉽게 편집할 수 있다.

마우스와 포커스에 관하여

쉘은 키보드만으로 모든 조작이 가능하지만 터미널 에뮬레이터에서는 마우스도 함께 사용할 수 있다. X 윈도우 시스템(GUI를 실행시키는 기반 엔진)의 메커니즘으로 인해 빠른 복사하기와 붙여넣기가 가능하다. 마우스 왼쪽 버튼을 누른 채 몇 글자를 선택하면(또는 단어를 더블 클릭하면), X 시스템에 존재하는 버퍼에 복사된다. 그리고 가운데 마우스 버튼을 클릭하면 해당 글자가 커서가 있는 위치에 복사된다. 직접 실행해보자.

터미널 윈도우에서 복사와 붙여넣기를 하기 위해서 CTRL-C와 CTRL-V의 유혹에 넘어가지 말자. 전혀 동작하지 않는다. 쉘에서는 이러한 CTRL 키 코드들은 MS 윈도우즈가 등장하기 훨씬 이전부터 전혀 다른 의미로 사용되어 왔다.

윈도우즈처럼 사용자 그래픽 데스크톱 환경(대부분 KDE거나 GNOME)에서는 아마 **포커스 방식**이 "클릭으로 활성화(click to focus)"로 설정되어 있을 것이다. 다시 말해서 윈도우가 포커싱되려면(활성화되려면) 클릭해야 한다는 것이다. 이것은 마우스가 윈도우를 지나가면 포커스를 얻는 "마우스 이동으로 활성화(focus follows mouse)"라는 X의 전통적인 방식과는 반대다. 윈도우는 사용자가 클릭할 때까지 전면으로 활성화되진 않지만 여전히 입력을 받을 수는 있다. 포커스 방식을 "마우스 이동으로 활성화(focus follows mouse)"로 설정하면 터미널 윈도우를 보다 쉽게 사용할 수 있으니 한번 시도해보라. 한번 적응하면 이 방식을 더 좋아할 것이다. 이 설정은 윈도우 매니저의 환경설정 프로그램에서 변경할 수 있다.

간단한 명령어 실행하기

이제 몇 개의 명령어를 실행해보자. 먼저 date를 입력해보자. 이 명령어는 현재 시간과 날짜를 표시한다.

```
[me@linuxbox ~]$ date
Thu Oct 25 13:51:54 EDT 2012
```

날짜와 관련이 있는 명령어에는 cal이 있다. 기본적으로 현재 날짜의 달력을 표시한다.

```
[me@linuxbox ~]$ cal
      October 2012
Su Mo Tu We Th Fr Sa
    1  2  3  4  5  6
 7  8  9 10 11 12 13
14 15 16 17 18 19 20
21 22 23 24 25 26 27
28 29 30 31
```

현재 사용 중인 디스크 정보와 사용 가능한 디스크의 용량을 보려면 **df**를 입력하면 된다.

```
[me@linuxbox ~]$ df
Filessystem       1K-blocks        Used    Available    Use%   Mounted on
/dev/sda2         15115452     5012392      9949716     34%    /
/dev/sda5         59631908    26545424     30008432     47%    /home
/dev/sda1           147764       17370       122765     13%    /boot
tmpfs               256856           0       256856      0%    /dev/shm
```

메모리 사용 현황 정보는 free 명령어로 알 수 있다.

```
[me@linuxbox ~]$ free
             total       used       free     shared    buffers     cached
Mem:        513712     503976       9736          0       5312     122916
-/+ buffers/cache:     375748     137964
Swap:      1052248     104712     947536
```

터미널 세션 종료

터미널 세션을 종료하는 방법은 두 가지다. 직접 터미널 에뮬레이터 창을 닫거나 쉘 프롬프트에
exit 명령어를 입력하면 터미널 세션이 종료된다.

```
[me@linuxbox ~]$ exit
```

보이지 않는 터미널 (에뮬레이터)

사실 실행 중인 터미널 에뮬레이터가 없는 것처럼 보여도 다수의 터미널 세션들이 그래픽 환경에 가려져 보이지 않을 뿐 끊임없이 실행되고 있다. 이러한 것들을 **가상 터미널** 또는 **가상 콘솔**이라고 하는데, 대부분의 리눅스 배포판에서 CTRL-ALT-F1 ～ CTRL-ALT-F6 단축키로 시스템상에 있는 가상 터미널에 접근할 수 있다. 세션에 연결하면 사용자 이름과 비밀번호를 입력할 수 있도록 로그인 프롬프트가 표시된다. 다른 가상 콘솔로 이동하려면 ALT와 F1 ～ F6 사이의 키를 입력하고, 그래픽 환경으로 복귀하려면 ALT-F7키를 사용하면 된다.

2

파일시스템 탐색

커맨드라인에서 키를 입력하는 것 외에 우리가 배워야 할 첫 번째는 리눅스의 파일시스템을 탐색하는 법이다. 이 장에서는 다음 명령어들을 소개한다.

- pwd — 현재 작업 디렉토리를 표시하기
- cd — 디렉토리 변경하기
- ls — 디렉토리 내용 나열하기

파일시스템 트리 구조의 이해

리눅스와 같이 유닉스형 운영체제에서는 윈도우즈와 마찬가지로 **계층적인 디렉토리 구조**로 파일을 구성한다. 즉 트리 형식으로 디렉토리(다른 시스템에서는 디렉토리를 폴더라고 부르기도 한다)를 구성하고, 각 디렉토리에는 파일이나 다른 디렉토리가 포함될 수 있다. 파일시스템의 최상위 디렉토리를 **루트**(root) **디렉토리**라고 하는데, 이 역시 파일들과 하위 디렉토리들을 포함하고 있고 하위 디렉토리 역시 디렉토리들과 파일들을 가지고 있다.

윈도우즈, 리눅스와 같이 유닉스형 시스템의 차이점은 윈도우즈는 저장장치마다 개별 파일시스템으로 관리하는 반면 유닉스형 시스템에서는 아무리 많은 저장장치가 설치되었다 해도·단일 파일시스템으로 관리한다는 점이다. 유닉스형 시스템의 저장장치들은 시스템 유지보수를 담당하는 **시스템 관리자**의 재량에 따라 다양한 위치에 설치(정확한 표현으로는 장착 또는 **마운트**)된다.

현재 작업 디렉토리

우리는 대부분 그림 2-1과 같이 그래픽 화면으로 파일시스템을 보여주는 파일 관리자에 익숙하다. 그림을 보면 트리는 항상 거꾸로 나타낸다는 것을 알 수 있다. 루트는 맨 위에 위치하고 나머지는 아래로 뻗어나간다.

이와 달리 커맨드라인에는 이런 그래픽 화면이 없다. 따라서 파일시스템을 탐색하려면 다른 방법을 생각해야 한다.

뒤집힌 나무처럼 생긴 미로인 파일시스템이 있고 그 한가운데 우리가 서있다고 상상해보자. 그리고 어느 한 디렉토리로 들어가면, 상위 디렉토리 경로(부모 디렉토리)와 하위 디렉토리들을 포함하는 파일을 볼 수

그림 2-1 GUI 파일 관리자의 파일시스템 트리

있다. 여기서 우리가 위치해있는 지점을 **현재 작업 디렉토리**라고 한다. 현재 작업 디렉토리를 표시하려면 **pwd**(Print Working Directory: 작업 디렉토리를 출력하라는 뜻)라는 명령어를 사용한다.

```
[me@linuxbox ~]$ pwd
/home/me
```

시스템에 처음 로그인하면(또는 터미널 에뮬레이터 세션을 시작하면), **홈 디렉토리**가 현재 작업 디렉토리가 된다. 사용자 계정마다 고유의 홈 디렉토리를 갖게 되는데, 일반 사용자로 시스템을 사용할 때 파일 쓰기 권한이 부여된 유일한 공간이다.

디렉토리 목록 표시

현재 작업 디렉토리에 있는 파일과 하위 디렉토리를 표시할 때는 ls 명령어를 사용한다.

```
[me@linuxbox ~]$ ls
Desktop  Documents  Music  Pictures  Public  Templates  Videos
```

사실 ls 명령어는 현재 작업 디렉토리뿐만 아니라 어떤 디렉토리라도 목록을 표시해주고 그밖에 더 재미있는 기능들을 지원한다. 이는 3장에서 더 자세하게 알아보도록 하자.

현재 작업 디렉토리 변경

cd라는 명령어로 현재 작업중인 디렉토리(트리 구조의 미로에서 우리가 현재 있는 위치)를 변경할 수 있다. **cd** 다음에 변경하고자 하는 디렉토리 경로명를 입력해보라. **경로명**이란 우리가 원하는 디렉토리까지 파일시스템 트리상의 이동 경로를 나타낸 것이다. 경로명을 표시하는 방법은 두 가지가 있는데, 절대 경로명과 상대 경로명이다. 먼저 절대 경로명을 살펴보자.

절대 경로명

절대 경로명은 루트 디렉토리에서 원하는 디렉토리 또는 파일까지의 경로에 대하여 각 디렉토리 위치들 하나하나를 명시해준 것이다. 예를 들어, 사용자의 시스템 프로그램들이 대부분 설치되어 있는 디렉토리가 있다. 이 디렉토리의 절대 경로명은 /usr/bin이다. 즉 루트 디렉토리(경로명의 맨 처음을 슬래시(/)로 입력하여 루트 디렉토리를 표시한다) 다음에 usr이란 디렉토리가 있고 usr 디렉토리 안에는 bin 디렉토리가 있다는 것이다.

```
[me@linuxbox ~]$ cd /usr/bin
[me@linuxbox bin]$ pwd
/usr/bin
[me@linuxbox bin]$ ls

...무수히 많은 파일들이 표시됨...
```

이제 우리는 현재 작업 디렉토리가 파일들로 가득 찬 /usr/bin 디렉토리로 변경된 것을 볼 수 있다. 자, 쉘 프롬프트가 어떻게 바뀌었는지 보이는가? 편리하게도 작업 디렉토리가 자동적으로 항상 프롬프트에 표시되도록 설정되어 있다.

상대 경로명

절대 경로명은 루트 디렉토리로 시작해서 목적지까지 모두 표시하지만 **상대 경로명**은 현재 작업 디렉토리가 시작점이 된다. 상대 경로명을 표시하려면 파일시스템 트리상의 상대적인 위치를 대신 표현해주는 특수 기호를 사용해야 하는데, 바로 .(점)과 ..(점점)이다.

. 기호는 현재 작업 디렉토리를 나타내고 .. 기호는 작업 디렉토리의 상위 디렉토리를 의미한다. 어떤 원리로 동작하는지 알아보기 위해서 작업 디렉토리를 다시 /usr/bin으로 변경해보자.

```
[me@linuxbox ~]$ cd /usr/bin
[me@linuxbox bin]$ pwd
/usr/bin
```

좋다. 이제 우리는 작업 디렉토리를 /usr/bin의 부모 디렉토리인 /usr로 변경하는 것에 대해 말해보자. 두 방법을 사용할 수 있을 것이다.

절대 경로명을 사용:

```
[me@linuxbox bin]$ cd /usr
[me@linuxbox usr]$ pwd
/usr
```

상대 경로명을 사용:

```
[me@linuxbox bin]$ cd ..
[me@linuxbox usr]$ pwd
/usr
```

이 두 방법은 동일한 결과를 보여준다. 그럼 어떤 방법을 사용하는 게 좋을까? 당연히 더 적게 입력할 수 있는 방법을 택하면 된다.

동일하게 /usr에서 /usr/bin 디렉토리로 이동할 때도 절대 경로명과 상대 경로명 둘 다 사용할 수 있다.

절대 경로명을 사용:

```
[me@linuxbox usr]$ cd /usr/bin
[me@linuxbox bin]$ pwd
/usr/bin
```

상대 경로명을 사용:

```
[me@linuxbox usr]$ cd ./bin
[me@linuxbox bin]$ pwd
/usr/bin
```

여기서 짚고 넘어가야 할 중요한 것이 있는데, 거의 모든 경우에 ./ 기호를 생략할 수 있다. ./bin 대신 bin으로 입력하면 된다.

```
[me@linuxbox usr]$ cd bin
```

결과적으로 동일한 경로명이다. 일반적으로 이동하려고 하는 경로명을 구체적으로 입력하지 않으면 현재 작업 디렉토리가 시작 기준이 된다.

유용한 단축 표현들

표 2–1에서 현재 작업 디렉토리를 손쉽게 변경할 수 있는 유용한 방법들을 확인할 수 있다.

표 2–1 cd 단축 표현

단축 표현	설명
cd	작업 디렉토리를 홈 디렉토리로 변경
cd -	작업 디렉토리를 이전 작업 디렉토리로 변경
cd ~username	*username*의 홈 디렉토리로 작업 디렉토리를 변경. 예) cd ~bob을 입력하면 사용자 bob의 홈 디렉토리가 작업 디렉토리로 변경된다.

파일명에 관한 중요한 몇 가지 사실

- .(마침표)로 시작하는 파일명을 가진 파일들은 보이지 않는다. 단순히 ls 명령어만으로는 숨겨진 파일을 볼 수 없고 오직 -a 옵션을 포함한 ls -a를 사용해야 비로소 확인이 가능하다. 사용자 계정이 생성되면, 해당 계정에 대한 환경설정을 위해 다수의 숨겨진 파일들이 홈 디렉토리에 생성된다. 심지어 일부 응용 프로그램들도 설정 파일들은 홈 디렉토리에 숨김 파일로 저장해두기도 한다. 사용자 환경설정을 변경하는 방법에 대해서는 추후에 더 자세히 살펴보게 될 것이다.

- 유닉스처럼 리눅스에서도 파일명과 명령어는 대소문자를 구별한다. 즉, *File1*과 *file1*은 각각 다른 파일이다.

- 다른 운영체제들과는 달리 리눅스에는 "파일 확장자" 개념이 없기 때문에 원하는 대로 파일명을 만들 수 있고, 이 파일의 내용과(또는) 파일 종류는 다른 방법으로 결정된다. 이처럼 유닉스형 시스템에서는 파일 확장자로 파일 내용과 종류를 구분하지 않지만 일부 응용 프로그램들은 파일 확장자를 이에 사용하기도 한다.

- 리눅스에서는 띄어쓰기와 구두점 기호가 포함된 긴 파일명이 허용된다. 하지만 파일명에 구두점 기호를 사용할 때, 마침표, 대시(하이픈) 및 밑줄 표시(언더라인)만이 사용 가능하다. 하지만 무엇보다 **가장 중요한 것은 파일명에 공백(스페이스)을 포함하지 말라는 것**이다. 파일명에 공백이 있으면 커맨드라인에서 파일명을 입력할 때 상당히 번거롭기 때문이다. 자세한 이유는 7장에서 확인할 수 있다. 파일명에 띄어쓰기를 꼭 포함해야 한다면 밑줄표시를 대신 사용하라. 나중에 자신에게 고맙다고 전하게 될 것이다.

3

시스템 살펴보기

지금까지 우리는 파일시스템을 탐색하는 방법에 대해 배웠다. 이제는 리눅스 시스템을 본격적으로 둘러볼 시간이다. 시작하기에 앞서 몇 가지 알아두어야 할 명령어들이 있다.

- ls — 디렉토리 내용 나열하기
- file — 파일 타입 확인하기
- less — 파일 내용 표시하기

재미있는 ls 명령어

ls 명령어를 가장 흔히 사용하는 데에는 그만한 이유가 있다. 디렉토리의 목록을 볼 수 있고 중요 파일 및 디렉토리 속성을 결정할 때에도 유용하다. 이전에 본 것처럼 ls를 입력하기만 하면, 현재 작업 디렉토리에 있는 파일과 하위 디렉토리들이 모두 표시된다.

```
[me@linuxbox ~]$ ls
Desktop  Documents  Music  Pictures  Public  Templates  Videos
```

현재 작업 디렉토리에서 다른 디렉토리의 목록을 보려면 다음과 같이 사용할 수 있다.

```
me@linuxbox ~]$ ls /usr
bin  games    kerberos  libexec  sbin   src
etc  include  lib       local    share  tmp
```

또한 한 번에 여러 디렉토리 목록을 볼 수 있다. 다음 예에서는 홈 디렉토리와 /usr 디렉토리를 확인하고 있다(홈 디렉토리는 ~ 기호를 사용).

```
[me@linuxbox ~]$ ls ~ /usr
/home/me:
Desktop  Documents  Music  Pictures  Public  Templates  Videos
/usr:
bin  games    kerberos  libexec  sbin   src
etc  include  lib       local    share  tmp
```

파일 및 디렉토리명뿐만 아니라 좀 더 자세한 속성까지 확인하려면 -1 옵션을 사용한다.

```
[me@linuxbox ~]$ ls -l
total 56
drwxrwxr-x 2 me    me    4096 2012-10-26 17:20 Desktop
drwxrwxr-x 2 me    me    4096 2012-10-26 17:20 Documents
drwxrwxr-x 2 me    me    4096 2012-10-26 17:20 Music
drwxrwxr-x 2 me    me    4096 2012-10-26 17:20 Pictures
drwxrwxr-x 2 me    me    4096 2012-10-26 17:20 Public
drwxrwxr-x 2 me    me    4096 2012-10-26 17:20 Templates
drwxrwxr-x 2 me    me    4096 2012-10-26 17:20 Videos
```

명령어 옵션과 명령 인자

명령어 실행 방법에 있어서 중요한 점을 살펴보려고 한다. 명령어는 주로 하나 이상의 **옵션**과 **명령 인자**들과 함께 사용되는 데 보다 구체적으로 실행할 수 있도록 도와준다. 따라서 보통 명령어를 다음과 같이 입력하게 된다.

> 명령어 -옵션 명령인자

대부분 명령어를 입력하고 그 다음에 -(대시)와 함께 옵션을 명시한다. -1과 같이 단축 옵션을 사용하기도 하지만 GNU 프로젝트에서 사용하는 명령어들을 포함하여 많은 명령어들이 **long 옵션**을 제공한다. **Long 옵션**에는 --(대시 대시) 기호를 선행하여 쓴다. 또한, 여러 옵션을 한 명령어에 연이어 사용할 수 있다. 다음 예에서는 ls 명령어에 두 개의 옵션이 사용된다. l 옵션은 더 자세한 내용을 출력하며 t 옵션은 파일 수정 시간에 따른 결과를 정렬하여 보여준다.

```
[me@linuxbox ~]$ ls -lt
```

--reverse 옵션을 사용하면 정렬 결과를 역순으로 볼 수 있다.

```
[me@linuxbox ~]$ ls -lt --reverse
```

ls 명령어는 상당수의 옵션을 가지고 있는데, 그 중 가장 유용한 옵션들을 다음 표에서 소개한다.

표 3-1 주로 많이 사용되는 ls 옵션

옵션	long 옵션	설명
-a	--all	모든 파일 보기. .(점)으로 시작하는 숨김 파일까지도 표시해준다.
-d	--directory	보통 ls 명령어에 디렉토리를 명시하면 해당 디렉토리 자체가 아닌 디렉토리 내용을 확인할 수 있는데, 이 옵션을 -l과 함께 사용하면 디렉토리 내용이 아닌 디렉토리 자체 정보를 자세하게 확인 가능하다.
-F	--classify	이 옵션은 지시 문자를 추가로 표시한다. 예를 들면 디렉토리명이면 끝에 / (슬래시)를 덧붙인다.
-h	--human-readable	-l 옵션과 함께 사용하여 파일 크기를 사람이 인식하기 쉬운 형태로 표시해준다.
-l		좀 더 자세한 정보를 출력해준다.
-r	--reverse	출력 결과를 역순으로 표시한다. 일반적으로 ls는 알파벳 오름차순으로 표시한다.
-s		파일 크기순으로 정렬한다.
-t		파일 수정 시간순으로 정렬한다.

long 포맷으로 출력 결과 보기

앞에서 본 바와 같이 -l 옵션은 ls 명령어의 출력 결과를 long 포맷으로 바꿔준다. 이 방식으로 보다 자세한 정보를 알 수 있다. 다음은 우분투 시스템의 Examples 디렉토리를 long 포맷으로 출력한 예다.

```
-rw-r--r-- 1 root root 3576296 2012-04-03 11:05 Experience ubuntu.ogg
-rw-r--r-- 1 root root 1186219 2012-04-03 11:05 kubuntu-leaflet.png
-rw-r--r-- 1 root root   47584 2012-04-03 11:05 logo-Edubuntu.png
-rw-r--r-- 1 root root   44355 2012-04-03 11:05 logo-Kubuntu.png
-rw-r--r-- 1 root root   34391 2012-04-03 11:05 logo-Ubuntu.png
-rw-r--r-- 1 root root   32059 2012-04-03 11:05 oo-cd-cover.odf
-rw-r--r-- 1 root root  159744 2012-04-03 11:05 oo-derivatives.doc
-rw-r--r-- 1 root root   27837 2012-04-03 11:05 oo-maxwell.odt
-rw-r--r-- 1 root root   98816 2012-04-03 11:05 oo-trig.xls
-rw-r--r-- 1 root root  453764 2012-04-03 11:05 oo-welcome.odt
-rw-r--r-- 1 root root  358374 2012-04-03 11:05 ubuntu Sax.ogg
```

표 3-2에서 이 파일 중 하나를 예로 들어 long 포맷으로 확인 가능한 정보는 어떤 것이 있는지 살펴보자.

표 3-2 ls 자세히 보기 정보

항목	의미
-rw-r--r--	파일 접근 권한 정보를 보여준다. 첫 번째 문자는 파일 형식을 알려주는 정보인데, 여러 파일 형식 중에서도 대시로 시작하는 파일은 일반적인 파일을 말하고 d는 디렉토리를 나타낸다. 그 다음 세 문자는 파일 소유자의 접근 권한 정보를, 그 다음으로 나오는 세 문자는 파일 그룹에 대한 권한을, 그리고 마지막 세 글자는 그 외 사용자에 대한 권한을 표시한다. 이 부분에 대해서는 9장에서 더 자세하게 다루게 될 것이다.
1	하드 링크의 수를 나타낸다. 이 장 끝 부분에서 링크에 대해 설명한다.
root	파일 소유자의 사용자 이름
root	파일을 소유한 그룹 이름
32059	파일 크기 (바이트 단위)
2012-04-03 11:05	파일 마지막 수정 날짜와 시간
oo-cd-cover.odf	파일명

file 명령어로 파일 타입 확인

시스템을 탐색할 때, 그 파일이 어떤 파일인지 알 수 있다면 도움이 될 것이다. file 명령어를 사용하여 파일 타입을 확인할 수 있다. 앞서 살펴본 바와 같이, 리눅스에서는 파일명이 해당 파일의 정보를 반영하고 있지 않다. 예를 들면 picture.jpg와 같은 파일명은 일반적으로 JPEG 압축 이미지라는 것을 알 수 있지만, 리눅스에서는 파일명이 직관적이지 않다. 다음과 같이 file 명령어를 실행시킬 수 있다.

```
file filename
```

실행 결과는 다음의 예와 같이 간단한 파일 정보를 표시한다.

```
[me@linuxbox ~]$ file picture.jpg
picture.jpg: JPEG image data, JFIF standard 1.01
```

파일의 종류는 매우 다양하다. 사실 리눅스와 같은 유닉스형 운영체제에서는 "모두 다 파일이다"라는 기본적인 개념이 있다. 앞으로 리눅스를 계속 공부하다 보면 이 표현이 사실임을 알게 될 것이다.

리눅스 시스템상의 파일들 중에는 MP3와 JPEG 같이 친숙한 파일들도 있는 반면에 상당수의 불분명하고 잘 알려지지 않은 종류의 파일들도 있다.

less 명령어로 파일 정보 보기

less 명령어는 텍스트 파일을 볼 때 사용하는 프로그램이다. 리눅스 시스템 전반에 걸쳐 사람이 읽을 수 있는 문자열을 포함한 파일들이 굉장히 많다. less 프로그램은 그러한 텍스트들을 확인할 때 매우 편리한 방식을 제공한다.

왜 텍스트 파일을 확인해야 하는지 묻고 싶을 것이다. 그 이유는 **환경설정 파일**과 같이 시스템 환경을 정의하는 파일들은 대부분 텍스트 형식으로 저장되어있고, 이를 통해 시스템 동작 방식을 이해할 수 있기 때문이다. 게다가 시스템이 사용하고 있는 실제 프로그램들, 즉 **스크립트**들도 텍스트 형식으로 저장된다. 이 책 후반부에서 시스템 환경설정을 수정할 때와 스크립트를 새로 작성할 때 텍스트 파일을 편집하는 방법에 대해 알아볼 것이다. 지금은 텍스트 파일 내용만 확인하자.

"텍스트"란?

컴퓨터에서 정보를 표현하는 방법은 다양하다. 이러한 방법들은 정보와 숫자들 간의 관계를 정의함으로써 정보를 표현한다. 결국 컴퓨터는 숫자만을 읽을 수 있기 때문에 모든 데이터가 숫자 형식으로 변환된다는 것이다.

이러한 표현체계 중 일부는 매우 복잡하다. 이를테면 압축된 비디오 파일이 그 예가 될 수 있겠다. 그에 반해 단순한 경우도 있는데, 최초이면서 가장 단순한 것 중 하나가 바로 **ASCII 텍스트**다. ASCII("As-Key"라고 발음한다. 한국어로는 아스키)는 정보 교환용 미국 표준 부호(American Standard Code for Information Interchange)의 약자다. 이 단순한 코드 체계는 텔레타이프 장치에서 맨 처음 사용됐던 것이다.

텍스트는 문자 하나에 숫자 하나를 대응하는 단순한 원리로 되어 있고 크기도 매우 작다. 50개의 문자는 50바이트의 데이터다. 하지만 이것은 마이크로소프트 Word나 OpenOffice.org Writer와 같이 워드프로세서에서 생성되는 텍스트와는 다른 것이다. ASCII 텍스트와 비교했을 때, 워드프로세서의 텍스트는 실제 순수한 텍스트 외에 다른 요소들을 포함하고 있는데 주로 텍스트의 구조나 형식 같은 정보가 섞여 있다. 순수한 ASCII 텍스트 파일에는 오직 문자와 탭, 캐리지 리턴, 줄 바꿈 문자와 같은 몇 개의 가장 기본적인 제어 코드만을 포함하고 있다.

리눅스 시스템 전반에 걸쳐 수많은 텍스트 파일들이 있고 이러한 파일들은 다양한 리눅스 툴과 작업이 이루어진다. 심지어 윈도우즈에서도 ASCII 텍스트 형식의 중요성을 인지하고 있기 때문에 아주 유명한 Notepad라는 텍스트 편집 프로그램을 가지고 있다.

less 명령어는 다음 형식처럼 입력하면 된다.

    less *filename*

less 프로그램을 실행하면 텍스트 파일을 스크롤하여 확인할 수 있다. 예를 들어 보도록 하자. 시스템의 모든 사용자 계정 정보가 정의된 파일을 확인하려면 다음과 같이 명령어를 실행해보라.

```
[me@linuxbox ~]$ less /etc/passwd
```

less 프로그램이 시작되어 텍스트 파일 내용을 볼 수 있다. 만일 한 페이지 이상의 파일이라면 페이지를 스크롤할 수 있으며, 프로그램을 종료하려면 Q키를 누르면 된다.

다음의 표 3-3는 less 프로그램 실행 시 가장 많이 사용하는 명령키다.

표 3-3 less 명령키

명령키	실행
PAGE UP 또는 b	한 페이지 위로
PAGE DOWN 또는 스페이스 바	한 페이지 아래로
위쪽 방향키	한 줄 위로
아래쪽 방향키	한 줄 아래로
G	텍스트 파일 맨 마지막으로 이동
1G 또는 g	텍스트 파일 맨 처음으로 이동
/문자열	아래 방향으로 진행하며 입력된 문자열 찾기
n	이전 검색어의 다음 찾기
h	도움말 보기
q	프로그램 종료

함께 탐험해보자!

리눅스의 파일시스템 배치 형식은 다른 유닉스형 시스템의 것과 매우 흡사하다. 이러한 형식은 **리눅스 파일시스템 계층 표준**(Linux Filesystem Hierarchy Standard)에 따라 설계되었으며 모든 리눅스 배포판들이 이 표준을 정확하게 준수하지 않지만 대부분 따르고 있다.

이제 우리가 사용하고 있는 리눅스 시스템이 어떻게 돌아가고 있는지를 보기 위해 파일시스템을 탐색하려고 한다. 이것은 우리의 탐색 능력을 향상시킬 수 있는 좋은 계기가 될 것이다. 또한, 흥미로워 보이는 파일들 대부분이 단순히 사람이 읽을 수 있는 텍스트 형식이라는 사실을 알게 될 것이다. 자, 이제 다음 순서에 따라 탐험을 시작해보자.

1. 현재 디렉토리에서 cd 명령을 실행한 후,
2. ls -l 명령어로 디렉토리 내용을 보자.
3. 흥미로워 보이는 파일이 있다면 file 명령어로 파일 정보를 확인하고,
4. 텍스트 파일이라면 less 명령을 실행하여 파일을 열어보자.

저자주: 복사-붙여넣기 기법을 사용해보자! 마우스로 파일명을 더블 클릭하여 복사하고 가운데 버튼 클릭(휠 또는 왼쪽/오른쪽 버튼 동시 클릭)으로 복사한 내용을 명령어에 붙여 넣을 수 있다.

이처럼 무엇이든 열어서 확인하는 것을 두려워하지 말자. 일반 사용자들은 시스템을 망치지 못하도록 강력히 제한되어 있다. 오직 시스템 관리자들만 접근할 수 있도록 되어 있다. 따라서 입력한 명령어에 이런 저런 말들이 나오면 다른 것을 하면 된다. 파일시스템을 살펴보는 데 시간을 투자해라. 시스템은 우리의 것이고 우리가 탐험해야만 하는 것이다. 잊지 마라. 리눅스에는 비밀이 없다.

표 3-4는 우리가 살펴볼 만한 리눅스의 디렉토리의 목록이다. 이 디렉토리들을 충분히 탐험해보라.

표 3-4 리눅스 시스템 디렉토리

디렉토리	설명
/	루트 디렉토리. 파일시스템의 시작점.
/bin	시스템 부팅과 실행에 필요한 바이너리(프로그램)들을 포함하고 있다.
/boot	리눅스 커널, 시작 RAM 디스크 이미지(시스템 부팅 시 필요한 드라이버가 있음), 그리고 부트로더를 포함하고 있다. 살펴볼 파일: • /boot/grub/grub.conf 또는 menu.lst -> 부트로더 설정 파일 • /boot/vmlinuz, 리눅스 커널
/dev	디바이스 노드를 갖고 있는 특수한 디렉토리. "모두 다 파일이다"라는 말에는 디바이스도 포함하고 있다. 이 디렉토리는 커널이 인식하고 있는 모든 디바이스들을 관리한다.
/etc	/etc 디렉토리에는 시스템 전반의 환경설정 파일이 들어있다. 또한 시스템 부팅 시에 시스템의 각 서비스를 시작하는 쉘 스크립트 전부가 있다. 이 디렉토리의 모든 파일은 텍스트 형식이다. 살펴볼 파일: /etc 디렉토리에 있는 모든 것들이 다 흥미롭지만 필자가 가장 좋아하는 몇 가지를 소개한다. • /etc/crontab, 자동 실행되는 업무(job)를 정의하는 파일 • /etc/fstab, 저장장치 테이블과 해당 마운트 포인트 정보 • /etc/passwd, 사용자 계정 정보
/home	일반적인 설정 상태에서는 각 사용자마다 /home 디렉토리를 갖게 된다. 일반 사용자는 홈 디렉토리 내에서만 파일을 편집할 수 있으며 이러한 제한은 사용자의 잘못된 조작으로부터 시스템을 보호하기 위한 조치다.
/lib	주요 시스템 프로그램에서 사용하는 공유 라이브러리 파일이 저장되어 있다. 이는 윈도우즈의 DLL과 비슷한 것이다.
/lost+found	포맷된 각 파티션이나 ext3처럼 리눅스 파일시스템에서 사용하는 디바이스라면 이 디렉토리가 있다. 이것은 파일시스템에 문제가 생겼을 때 부분적인 복구를 도와준다. 시스템에 심각한 상황이 발생하지만 않는다면 이 디렉토리는 늘 비어있다.
/media	최신 리눅스 시스템에서 /media 디렉토리는 USB 드라이버, CD-ROM 등과 같은 휴대용 장치가 시스템에 연결될 때 자동으로 마운트되는 마운트 포인트는 여기에 저장된다.
/mnt	구식 리눅스 시스템에서는 /mnt 디렉토리가 수동으로 휴대용 장치를 제거하기 위한 마운트 포인트를 저장한다.
/opt	/opt 디렉토리는 추가적인 소프트웨어를 설치할 때 사용한다. 여기에는 주로 상업용 소프트웨어가 설치된다.
/proc	/proc 디렉토리는 특수하다. 하드 드라이브에 실제로 저장된 파일이라는 의미의 파일시스템이 아니라 이것은 리눅스 커널이 관리하는 가상 파일시스템을 말한다. 이곳에 저장된 것들은 커널 자체를 들여다 볼 수 있는 파일이다. 이 파일들은 텍스트 형식이고 커널이 컴퓨터는 어떻게 관리하고 있는지에 대한 단면을 보여줄 것이다.

디렉토리	설명
/root	루트 계정의 홈 디렉토리.
/sbin	시스템 바이너리 파일들이 있다. 이 파일들은 일반적으로 슈퍼유저를 위한 중요한 시스템 작업을 수행하는 프로그램들이다.
/tmp	/tmp 디렉토리는 임시 저장용 디렉토리다. 다양한 프로그램들에 의해서 만들어지는 임시 파일들을 저장하는 공간이다. 일부 설정 환경에서는 시스템이 재부팅될 때마다 이 디렉토리를 비우도록 하는 옵션이 있다.
/usr	/usr 디렉토리 트리는 리눅스 시스템에서 가장 큰 트리 구조를 갖고 있다. 여기에는 일반 사용자가 사용하는 모든 프로그램과 지원 파일들이 모두 들어있다.
/usr/bin	이 디렉토리에는 사용중인 리눅스 배포판이 설치한 실행 프로그램들이 있다. 여기는 일반적인 수많은 프로그램들을 저장하는 공간으로 사용되지 않는다.
/usr/lib	/usr/bin 디렉토리에 있는 프로그램을 위한 공유 라이브러리가 있다.
/usr/local	/usr/local 트리에는 일반적으로 사용하는 배포판 프로그램들 대신 시스템 전반에 걸쳐 사용되는 프로그램들이 저장되는 공간이다. 소스 코드로 컴파일된 프로그램은 주로 /usr/local/bin 디렉토리에 설치된다. 최신 리눅스 시스템에서는 이러한 트리가 존재하나 시스템 관리자가 이 디렉토리에 별도 작업을 하지 않는 이상 비어있는 상태일 것이다.
/usr/sbin	시스템 관리 프로그램이 있다.
/usr/share	/usr/share 디렉토리에는 /usr/bin 디렉토리에 있는 프로그램이 사용하는 공유 데이터를 저장하며 또한 디폴트 설정 파일, 아이콘, 스크린 배경화면, 음악 파일 등이 있다.
/usr/share/doc	시스템에 설치된 대부분의 패키지에는 문서파일이 포함되어 있기 마련인데, /usr/share/doc 디렉토리에는 그러한 패키지 문서 파일이 저장된다.
/var	/tmp 및 /home 디렉토리를 제외하면 지금까지 살펴본 대부분의 디렉토리들은 상대적으로 정적인 디렉토리들이다. 즉 디렉토리 내용이 거의 변하지 않는다는 것을 말한다. 그러한 점에서 /var 디렉토리 트리는 상대적으로 변하기 쉬운 데이터를 모아두는 공간이다. 다양한 데이터베이스, 스풀 파일, 사용자 메일 등과 같은 데이터가 저장된다.
/var/log	/var/log 디렉토리에는 시스템 활동을 기록하는 로그 파일이 들어있다. 매시간마다 시스템 상황을 확인하는 매우 중요한 기록 파일이다. 그 중에서 가장 유용한 것 하나가 /var/log/messages 디렉토리다. 보안상의 이유로 일부 시스템에서는 슈퍼유저 권한이 있어야만 로그 파일들을 확인할 수 있다.

심볼릭 링크

앞에서 살펴본 대로 다음과 같은 형식으로 디렉토리 정보를 확인할 수 있다.

```
lrwxrwxrwx 1 root root   11 2012-08-11 07:34 libc.so.6 -> libc-2.6.so
```

우리는 여기서 디렉토리 정보의 첫 글자가 어떻게 l이 될 수 있는지 또한 파일명이 두 개라는 것을 의미하는지 궁금하다. 이것은 특수한 종류의 파일인 **심볼릭 링크**(**소프트 링크** 또는 **심링크**로도 불린다)다. 대부분의 유닉스형 시스템에서는 하나의 파일에 여러 이름을 부여할 수 있다. 이것에 대한 가치는 지금은 알 수 없지만 매우 유용한 특성 중 하나임은 분명하다. 다음과 같은 상황을 생각해 보자.

한 프로그램이 있다. 이 프로그램은 foo 파일에 있는 공유 리소스를 사용해야 하지만 foo 파일 내용이 빈번하게 변경된다. 파일명에 버전을 기록함으로써 시스템 관리자나 다른 사용자가 수정된 foo 파일의 버전을 확인할 수 있을 것이다. 그러나 여기서 문제가 발생한다. 공유 리소스를 가지고 있는 파일명이 계속 바뀌게 되면, 이 리소스에 접근하려는 프로그램은 접근할 때마다 파일명을 추적해야만 한다는 것이다. 결코 쉬운 일이 아니다.

따라서 심볼릭 링크라는 방법으로 이러한 문제를 해결하려고 한다. 예를 들어, foo 파일이 현재 버전 2.6이고, foo-2.6이라는 파일명으로 저장되어 있다. 그리고 심볼릭 링크를 하나 생성해서 이것이 foo-2.6 파일을 가리키도록 하면 되는 것이다. 다시 말해서 프로그램이 foo 파일을 사용하려고 할 때 실제 foo-2.6 파일을 열 수 있도록 하는 것이다. 자, 이제 문제가 해결됐다. foo 파일을 사용해야 하는 프로그램은 단지 심볼릭 링크가 가리키고 있는 파일을 찾기만 하면 되는 것이다. 만약 foo 파일이 버전 2.7로 업그레이드되어 foo-2.7 파일로 시스템에 저장되었다 해도 이전 심볼릭 링크를 삭제하고 foo-2.7 파일을 가리키도록 다시 심볼릭 링크를 새롭게 지정해주면 된다. 이것으로 단순히 파일 버전이 변경되는 문제만 해결해주는 것이 아니라 모든 버전을 시스템에 저장하여 관리 또한 가능해진다. 예를 들어, 업그레이드된 foo-2.7 파일에 버그(어떤 개발자가 만들었는지!)가 발견되면 다시 이전 버전의 파일로 심볼릭 링크를 수정해주기만 하면 된다.

위의 예제 디렉토리(페도라 시스템의 /lib 디렉토리) 정보를 보면 libc.so.6이라고 되어 있는 심볼릭 링크가 있는데, 이 링크는 현재 libc-2.6.so라는 공유 라이브러리 파일을 가리키고 있음을 알 수 있다. 즉 프로그램은 libc.so.6이라는 심볼릭 링크를 보고 실제 libc-2.6.so라는 파일을 찾을 수 있는 것이다. 다음 장에서 심볼릭 링크를 생성하는 방법에 대해서 공부해보도록 하자.

하드 링크

링크에 대해 학습하다 보면 또 다른 링크 타입인 **하드 링크**가 존재한다는 것을 알 수 있다. 하드 링크란 파일에 여러 이름을 지정할 수 있게 해주지만, 소프트 링크와는 다른 방식으로 진행한다. 다음 장에서 더 자세하게 소프트 링크와 하드 링크의 차이점에 대해 알 수 있을 것이다.

4

파일과 디렉토리 조작

이제 우리는 본격적인 작업을 위한 준비가 끝났다! 이 장에서 다음과 같은 명령어를 소개하고자 한다.

- cp — 파일 및 디렉토리 복사하기
- mv — 파일 및 디렉토리 이동 그리고 이름 바꾸기
- mkdir — 디렉토리 새로 만들기
- rm — 파일 및 디렉토리 삭제하기
- ln — 하드 링크 또는 심볼릭 링크 만들기

이 다섯 명령어는 리눅스 명령어 중에서도 가장 빈번하게 사용되는 것이다. 또한 파일이나 디렉토리를 다룰 때 사용하는 명령어들이기도 하다.

사실 이러한 명령어로 수행하는 작업들은 GUI 환경의 파일 관리자를 통해서도 손쉽게 할 수 있다. 파일 관리자를 이용하면 파일을 드래그 앤 드롭 방식으로 한 디렉토리에서 다른 디렉토리로 쉽게 이동할 수 있고 파일을 자르고 붙이기, 파일 삭제하기 등과 같은 작업을 할 수 있다. 그런데 왜 이런 구식의 커맨드라인 프로그램을 사용할까?

답은 바로 커맨드라인의 강력함과 유연성 때문이다. GUI 환경의 파일 관리자는 손쉽게 파일을 관리할 수 있지만 아주 복잡한 작업들은 커맨드라인 프로그램으로 하는 것이 더 쉽기 때문이다. 예를 들면, 어떤 디렉토리에 저장된 모든 HTML 파일을 다른 디렉토리로 복사하려면 어떻게 하겠는가? 또한 파일을 디렉토리에 복사할 때 새 파일이나 최신 버전의 파일만 복사하고 싶다면 어떻게 하겠는가? 파일 관리자로 하려면 꽤 번거로운 작업이다. 하지만 커맨드라인으로는 매우 쉽다.

```
cp -u *.html destination
```

와일드카드

명령어를 본격적으로 사용하기 전에 우선 이러한 명령어들에 강력함을 더해주는 쉘의 특성에 대해 알아보고자 한다. 왜냐하면 쉘은 굉장히 많은 파일명을 사용하기 때문에 간단하게 파일명의 그룹을 지정할 수 있도록 특수한 문자들을 지원한다. 이러한 특수 문자들을 **와일드카드**라고 하는데, 이 와일드카드(**글로빙**이라고도 함)를 이용하여 문자 패턴에 따라 파일명을 선택할 수 있다. 표 4-1에는 와일드카드와 이에 해당되는 문자들이 나와 있다.

표 4-1 와일드카드

와일드카드	매칭 문자
*	모든 문자
?	모든 하나의 문자
[characters]	characters 문자셋에 포함된 문자
[!characters]	characters 문자셋에 포함되지 않은 문자
[[:class:]]	지정된 문자 클래스에 포함된 문자

표 4-2에서는 가장 흔히 사용되는 문자 클래스들을 보여주고 있다.

표 4-2 가장 많이 사용되는 문자 클래스

문자 클래스	매칭 문자
[:alnum:]	모든 알파벳과 숫자 문자
[:alpha:]	모든 알파벳 문자
[:digit:]	모든 숫자

[:lower:]	모든 소문자
[:upper:]	모든 대문자

와일드카드를 이용하면 아주 복잡한 선택 조건을 파일명에 사용한다 해도 가능해진다. 표 4–3에서 와일드카드를 활용한 예제를 확인해보자.

표 4–3 와일드카드 사용예시

패턴	매칭 문자
*	모든 파일
g*	*g*로 시작하는 모든 파일
b*.txt	*b*로 시작하되 *.txt* 형식 파일
Data???	*Data*로 시작하면서 뒤에 정확히 세 개의 문자만 있는 파일
[abc]*	*a, b, c*로 시작하는 모든 파일
BACKUP.[0-9][0-9][0-9]	*BACKUP*으로 시작하면서 뒤에 정확히 세 개의 숫자로 된 파일
[[:upper:]]*	대문자로 시작하는 모든 파일
[![:digit:]]*	숫자로 시작하는 모든 파일
*[[:lower:]123]	파일명이 소문자로 끝나거나 *1, 2, 3*으로 끝나는 파일

와일드카드는 파일명을 명령 인자로 허용하는 명령어와 함께 사용될 수 있다. 이 부분에 대해서는 7장에서 살펴보도록 하자.

문자 범위

현재 다른 유닉스형 시스템을 사용하고 있거나 이 주제에 관한 내용을 다른 책에서 읽었다면, [A-Z] 또는 [a-z] 와 같은 문자 범위를 지정한 기호를 본 적이 있을 것이다. 이것은 가장 전형적인 유닉스 표기법이면서 예전 버전의 리눅스 시스템에서도 작동한다. 여전히 리눅스에서도 사용 가능하긴 하지만 적절한 설정 없이는 원하는 결과를 얻기 힘들 수도 있기 때문에 주의해서 사용하길 바란다. 지금은 문자 범위 대신 문자 클래스를 사용하라.

GUI 환경에서도 와일드카드를 사용할 수 있다

와일드카드가 그토록 가치가 있는 이유는 커맨드라인에서 자주 애용될 뿐만 아니라 일부 GUI 환경 파일 관리자를 통해서도 사용할 수 있기 때문이다.

- **노틸러스**(Nautilus, GNOME 파일 관리자)에서 편집 ▶ 패턴 선택하기 메뉴로 파일을 선택하고 와일드카드 패턴을 입력하면 현재 나타난 디렉토리에서 해당 파일들이 강조표시가 되어 있는 것을 볼 수 있을 것이다.
- **돌핀**(Dolphin)이나 **컨쿼러**(Konqueror, KDE 파일 관리자)의 일부 버전에서는 주소 바(location bar)에 직접 와일드카드를 입력할 수 있다. 예를 들면, */usr/bin* 디렉토리에 있는 파일 중 소문자 *u*로 시작하는 모든 파일을 보고 싶다면, 주소 바에 **/usr/bin/u***를 입력하면 된다. 그러면 원하는 결과가 나타난다.

커맨드라인 인터페이스를 사용하면서 얻게 된 수많은 아이디어로 그래픽 환경으로 진화할 수 있었다. 즉 와일드 카드는 리눅스 데스크톱 환경을 강력하게 해준 수많은 특성 중 하나다.

mkdir – 디렉토리 생성

`mkdir` 명령어는 디렉토리를 생성할 때 사용되는데 다음과 같이 입력하면 된다.

```
mkdir directory...
```

저자주: 이 책에서는 명령어 설명의 인자에 세 개의 마침표가 따라 나올 경우 해당 인자가 반복될 수 있음을 나타낸다. 이런 식으로,

```
mkdir dir1
```

dir1이라는 한 개의 디렉토리를 생성한다.

```
mkdir dir1 dir2 dir3
```

dir1, dir2, dir3이라는 세 개의 디렉토리를 생성한다.

cp – 파일 및 디렉토리 복사

`cp` 명령어로 파일과 디렉토리를 복사한다. 복사하는 방법은 두 가지가 있다.

```
cp item1 item2
```

item1이란 파일 또는 디렉토리를 item2라는 파일 또는 디렉토리로 복사하는 방법과

```
cp item... directory
```

다수의 파일이나 디렉토리를 다른 디렉토리로 복사하는 방법이 있다.

표 4-4와 4-5에 cp 명령어와 함께 자주 사용하는 옵션들이 있다(옵션과 동일한 long 옵션 포함).

표 4-4 cp 옵션

옵션	설명
-a, --archive	파일 및 디렉토리뿐만 아니라 소유자 및 권한 정보와 같은 속성까지 모두 복사한다. 반면, 일반적으로는 복사를 하는 사용자의 기본적인 속성을 복사한다.
-i, --interactive	기존 파일을 덮어쓰기 전에 확인 메시지를 보여주는 옵션이다. **이 옵션 없이 cp 명령어를 사용하면 확인 과정 없이 그대로 파일을 덮어쓰게 된다.**
-r, --recursive	디렉토리와 그 안의 내용까지 복사할 때 쓰는 옵션이다. 이 옵션(또는 -a 옵션)은 디렉토리를 복사할 때 필요하다.
-u, --update	어떤 디렉토리에 있는 파일을 다른 디렉토리로 복사할 때, 그 디렉토리에는 없거나 최신 버전인 파일만을 복사하기 위해서 이 옵션을 사용한다.
-v, --verbose	복사가 완료되었다는 메시지를 보여주는 옵션이다.

표 4-5 cp 사용 예제

사용 예제	결과
cp file1 file2	*file1*을 *file2*로 복사하기. *file2*라는 파일이 이미 있다면 *file1* 내용을 그대로 덮어쓰게 된다. *file2*가 없으면 새로 생성된다.
cp -i file1 file2	위와 같이 복사가 이뤄지지만 만약 *file2* 파일이 있다면 덮어쓰기 여부에 대한 확인 메시지를 볼 수 있다.
cp file1 file2 dir1	*file1*과 *fil2*를 *dir1*이라고 하는 디렉토리로 복사한다. 단, *dir1* 디렉토리는 미리 존재해야 한다.
cp dir1/* dir2	와일드카드와 함께 사용해서 *dir1* 디렉토리에 있는 모든 파일을 *dir2* 디렉토리로 복사할 수 있다. 단, *dir2* 디렉토리는 미리 존재해야 한다.
cp -r dir1 dir2	*dir1* 디렉토리와 그 안에 있는 모든 내용을 *dir2* 디렉토리로 복사한다. *dir2*가 없으면 새로 생성될 것이고 *dir1* 디렉토리에 있는 모든 내용들이 복사된다.

mv – 파일 이동과 이름 변경

mv 명령어를 어떻게 사용하느냐에 따라서 파일을 이동할 수도 있고 파일명을 수정할 수도 있다. mv 명령을 실행하면 두 경우 모두 기존 파일명은 더 이상 존재하지 않게 된다. 이 명령어의 쓰임은 cp 와 매우 비슷하다.

```
mv item1 item2
```

item1 파일 또는 디렉토리를 item2로 이동하거나 이름을 바꾼다.

```
mv item... directory
```

하나 이상의 파일이나 디렉토리를 다른 디렉토리로 이동한다.

mv 명령어는 cp와 함께 사용하는 옵션들이 많은데 표 4-6과 4-7에서 mv의 옵션을 알아보자.

표 4-6 mv 옵션

옵션	설명
-i, --interactive	기존 파일을 덮어쓰기 전에 확인 메시지를 보여주는 옵션이다. **이 옵션 없이 mv 명령어를 사용하면 확인 과정 없이 그대로 파일을 덮어쓰게 된다.**
-u, --update	파일을 다른 디렉토리로 이동하려고 할 때, 그 디렉토리에는 없거나 또는 최신 버전인 파일만을 이동하기 위해서 이 옵션을 사용한다.
-v, --verbose	이동이 완료되었다는 메시지를 보여주는 옵션이다.

표 4-7 mv 사용 예제

사용 예제	결과
mv file1 file2	*file1* 파일을 *file2* 파일로 이동한다. ***file2*라는 파일이 이미 있다면 *file1* 내용을 그대로 덮어쓰게 된다. *file2*가 없으면 새로 생성된다. 두 경우 모두 *file1*은 사라진다.**
mv -i file1 file2	위와 같이 이동이 이뤄지지만 만약 *file2* 파일이 있다면 사용자에게 덮어쓰기 여부를 확인한다.
mv file1 file2 dir1	*file1*과 *fil2*를 *dir1*이라고 하는 디렉토리로 이동한다. 단, *dir1* 디렉토리는 미리 생성되어 있어야 한다.
mv dir1 dir2	*dir1*과 그 내용까지 모두 *dir2*로 이동한다. *dir2* 디렉토리가 기존에 없는 것이라면 새로 생성이 되고 *dir1*의 내용이 모두 그대로 이동한다. 그리고 *dir1*은 삭제된다.

rm – 파일 및 디렉토리 삭제

rm 명령어는 다음과 같이 삭제하기 위한 파일 및 디렉토리를 하나 이상 입력할 수 있다.

```
rm item...
```

RM 사용 시 주의할 점!

리눅스처럼 유닉스형 운영체제는 삭제를 취소할 수 있는 명령어가 없다. rm으로 일단 삭제가 되면 되찾을 수 없다. 리눅스는 사용자가 똑똑해서 현재 삭제하고 있음을 충분히 인지하고 있다고 가정하기 때문이다.

특히 와일드카드와 함께 사용할 때 정말 주의해야 한다. 전형적인 예를 들어보겠다. 사용자는 어떤 디렉토리에 있는 HTML 파일을 삭제하길 원한다. 그럼 다음과 같이 입력할 것이다.

        rm *.html

이것은 제대로 입력한 것이다. 하지만 실수로 *기호와 .html 사이에 빈칸을 입력하면

        rm * .html

그 디렉토리에 있는 모든 파일을 삭제하고 .html이라는 파일은 없다는 메시지를 보여줄 것이다.

유용한 팁: rm과 함께 와일드카드를 사용할 때마다(입력할 때 주의해야 한다) ls 명령어로 와일드카드를 먼저 테스트하라. 이것으로 삭제될 파일을 미리 볼 수 있게 된다. 확인한 후, 위쪽 화살표 키로 이전 명령어를 불러온 후, ls 자리에 rm 명령어를 입력하여 실행하면 된다.

표 4-8과 4-9에서는 rm의 주요 옵션들과 사용 예를 나타낸다.

표 4-8 rm 옵션

옵션	설명
-i, --interactive	기존 파일을 삭제하기 전에 확인 메시지를 보여주는 옵션이다. **이 옵션 없이 rm 명령어를 사용하면 어떠한 확인 과정 없이 그대로 파일을 삭제하게 된다.**
-r, --recursive	재귀적으로 디렉토리를 삭제한다. 즉 삭제된 디렉토리에 하위 디렉토리들이 있다 해도 모두 삭제된다는 뜻이다. 디렉토리를 완전히 삭제하려면 이 옵션을 반드시 사용해야 한다.
-f, --force	존재하지 않는 파일은 확인 메시지 없이 무시하라는 옵션이다. 이 옵션은 --interactive 옵션을 완전히 무시해버린다.
-v, --verbose	삭제가 완료되었다는 메시지를 보여주는 옵션이다.

표 4-9 rm 사용 예제

사용 예제	결과
rm file1	file1 파일을 완전히 삭제한다.
rm -i file1	file1 파일을 삭제하기 전에 사용자 확인 메시지를 보여준다.
rm -r file1 dir1	file1 파일과 dir1 디렉토리 및 하위 내용까지 모두 삭제한다.
rm -rf file1 dir1	위와 같이 file1과 dir1 모두 다 삭제하되 file1이나 dir1이 존재하지 않더라도 rm 명령어가 실행된다.

ln – 링크 생성

ln 명령어는 하드 링크와 심볼릭 링크를 만들 때 사용한다. 다음과 같이 각각 사용하는 방법이 다르다.

> ln *file link*

하드 링크를 만들 때 사용하는 것이고,

> ln -s *item link*

이것은 *item* 파일 또는 디렉토리에 심볼릭 링크를 생성한 것이다.

하드 링크

하드 링크는 링크를 생성하는 기존 유닉스 방식이지만 심볼릭 링크는 조금 더 최근의 방식이다. 기본적으로 하나의 파일에는 하나의 하드 링크가 있는데 그것이 바로 파일에 이름을 만들어주는 것이다. 하드 링크가 만들어질 때 그 파일에 대한 디렉토리가 곧바로 생성된다. 그러나 하드 링크에는 치명적인 약점이 두 가지가 있다.

- 파일시스템 외부에 있는 파일을 참조할 수 없다. 다시 말해서 하드 링크는 같은 디스크 파티션에 있는 파일이 아니면 참조할 수 없다는 것이다.
- 하드 링크는 디렉토리를 참조할 수 없다.

하드 링크는 파일 그 자체만으로 구분해내기 어렵다. 심볼릭 링크가 있는 디렉토리 목록과 달리 하드 링크를 포함한 디렉토리 목록은 해당 링크가 가리키고 있는 것이 무엇인지 보여주지 않는다. 하드 링크가 삭제될 때, 링크도 함께 사라지지만 파일 내용은 그 파일의 모든 링크가 삭제될 때까지 계속 남아 있는다(즉 파일에 할당된 공간이 그대로 남게 된다는 것이다).

가끔씩 하드 링크를 사용할 경우를 대비해서 하드 링크에 대해 알아두는 것은 중요하지만 최근에는 심볼릭 링크를 더 선호하고 있다. 이 부분은 뒤에서 다룰 것이다.

심볼릭 링크

심볼릭 링크는 하드 링크의 한계를 극복하기 위해서 탄생되었다. 심볼릭 링크는 참조될 파일이나 디렉토리를 가리키는 텍스트 포인터가 포함된 특수한 파일을 생성한다. 이러한 점에서 윈도우즈의 바로 가기와 매우 흡사한 방식이다. 물론 심볼릭 링크는 윈도우즈보다 수년이나 앞선 것이다.

심볼릭 링크가 참조하고 있는 파일과 심볼릭 링크 그 자체는 서로 구분하기 힘들 정도다. 예를 들면, 심볼릭 링크에 편집을 하게 되면 심볼릭 링크가 참조하고 있는 파일도 역시 똑같은 변경이 이루어진다. 하지만 심볼릭 링크를 삭제하는 경우엔 그 링크만 삭제되고 파일은 남아있다. 심볼릭 링크를 삭제하기 전에 파일을 지웠다면 심볼릭 링크는 살아있지만 이 링크는 아무것도 가리키지 않게된다. 이러한 경우를 링크가 **깨졌다**고 표현한다. 많은 셸에서 ls 명령어로 인해 빨간색이나 다른 색상으로 깨진 링크를 볼 수 있다.

링크에 대한 개념이 다소 헷갈릴 수 있겠지만 일단 여기서 만족하고 앞으로 리눅스를 공부하다 보면 더 확실하게 알게 될 것이다.

놀이터를 만들어 보자

이번 장에서 본격적으로 파일을 다루려고 하기 때문에, 파일을 조작하는 명령어들을 마음껏 사용할 수 있는 안전한 공간을 만들려고 한다. 먼저 이러한 작업을 할 수 있는 디렉토리가 필요하다. 홈 디렉토리에 공간을 만들고 그것을 playground라고 하자.

디렉토리 생성

mkdir 명령어로 디렉토리를 생성한다. playground 디렉토리를 만들기 위해서 우선 현재 작업 디렉토리가 홈 디렉토리인지를 확실히 하도록 한다.

```
[me@linuxbox ~]$ cd
[me@linuxbox ~]$ mkdir playground
```

놀이터를 조금 더 재미있게 하기 위해서 하위 디렉토리를 만들자. dir1과 dir2라는 디렉토리를 만들기 위해서 작업 디렉토리를 playground로 변경한 뒤 mkdir 명령어를 실행하자.

```
[me@linuxbox ~]$ cd playground
[me@linuxbox playground]$ mkdir dir1 dir2
```

mkdir 명령어는 다수의 명령 인자를 허용하기 때문에 한 번에 두 개의 디렉토리를 생성했음을 알 수 있다.

파일 복사

그 다음으로는 파일을 복사하여 playground에 있는 일부 데이터를 가져와보자. cp 명령어를 사용해서 /etc 디렉토리에 있는 passwd 파일을 현재 작업 디렉토리로 복사한다.

```
[me@linuxbox playground]$ cp /etc/passwd .
```

여기서 현재 작업 디렉토리를 입력할 때 단순히 끝에 마침표를 하나 넣음으로써 손쉽게 처리할 수 있음을 알 수 있다. 이제 ls 명령어를 실행하면 지금까지 작업한 파일을 볼 수 있다.

```
[me@linuxbox playground]$ ls -l
total 12
drwxrwxr-x 2 me    me    4096 2012-01-10 16:40 dir1
drwxrwxr-x 2 me    me    4096 2012-01-10 16:40 dir2
-rw-r--r-- 1 me    me    1650 2012-01-10 16:07 passwd
```

이제 재미로 한 번 더 -v 옵션(verbose)을 사용하여 복사해보자.

```
[me@linuxbox playground]$ cp -v /etc/passwd .
`/etc/passwd' -> `./passwd'
```

cp 명령어로 다시 복사가 이뤄졌지만 이번에는 어떠한 작업이 실행되었는지를 알려주는 짧은 메시지를 덧붙여 보여준다. 여기서 파일이 복사될 때 아무런 경고 없이 그대로 덮어쓰는 것을 알 수 있다. 이와 같이 cp 명령어를 사용한 경우에도, 리눅스는 여러분이 지금 어떠한 작업을 하고 있는지에 대해 인지하고 있음을 가정한다. 만약 경고 메시지를 보길 원한다면 -i(interactive) 옵션을 사용하라.

```
[me@linuxbox playground]$ cp -i /etc/passwd .
cp: overwrite `./passwd'?
```

이 질문에 y를 입력하면 복사가 진행되고 y가 아닌 다른 문자(예를 들면 n)를 입력하면 복사가 취소된다.

파일 이동 및 이름 변경

자, passwd란 이름의 파일명은 재미없다. 여기는 놀이터고, 조금 더 재미있는 이름으로 바꿔보자.

```
[me@linuxbox playground]$ mv passwd fun
```

이번에는 이름을 바꾼 fun 파일을 돌려가며 디렉토리마다 이동시켜보자.

```
[me@linuxbox playground]$ mv fun dir1
```

dir1 디렉토리로 이동한다.

```
[me@linuxbox playground]$ mv dir1/fun dir2
```

dir1에 있는 fun 파일을 dir2로 이동한다.

```
[me@linuxbox playground]$ mv dir2/fun .
```

마침내 다시 원래 자리로 돌아왔다. 다음은 디렉토리들을 이동해보자. 우선 데이터 파일은 dir1 디렉토리로 다시 옮긴다.

```
[me@linuxbox playground]$ mv fun dir1
```

그러고 나서 dir1 디렉토리를 dir2 디렉토리로 옮긴 뒤에 ls로 확인해보자.

```
[me@linuxbox playground]$ mv dir1 dir2
[me@linuxbox playground]$ ls -l dir2
total 4
drwxrwxr-x 2 me  me   4096 2012-01-11 06:06 dir1
[me@linuxbox playground]$ ls -l dir2/dir1
total 4
-rw-r--r-- 1 me  me   1650 2012-01-10 16:33 fun
```

dir2 디렉토리가 이미 존재하기 때문에, mv 명령어로 dir1을 dir2로 이동시킬 수 있었다. 만약 dir2가 없는 디렉토리였다면, 여기서 mv 명령어는 dir1의 이름을 dir2로 바꿨을 것이다. 자, 이제 다시 원래 상태로 되돌리자.

```
[me@linuxbox playground]$ mv dir2/dir1 .
[me@linuxbox playground]$ mv dir1/fun .
```

하드 링크 생성

이제 링크에 대해서 연습해보자. 먼저 하드 링크를 만드는 데 다음과 같이 우리가 갖고 있는 데이터 파일에 링크를 적용하자.

```
[me@linuxbox playground]$ ln fun fun-hard
[me@linuxbox playground]$ ln fun dir1/fun-hard
[me@linuxbox playground]$ ln fun dir2/fun-hard
```

이제 우리는 네 가지의 fun 파일을 갖게 됐다. 다시 playground 디렉토리를 확인해보자.

```
[me@linuxbox playground]$ ls -l
total 16
drwxrwxr-x 2 me   me     4096 2012-01-14 16:17 dir1
drwxrwxr-x 2 me   me     4096 2012-01-14 16:17 dir2
-rw-r--r-- 4 me   me     1650 2012-01-10 16:33 fun
-rw-r--r-- 4 me   me     1650 2012-01-10 16:33 fun-hard
```

여기서 우리가 알 수 있는 것은 fun 파일과 fun-hard 파일 정보의 두 번째 필드 내용이 4이고 이것은 해당 파일의 하드 링크 개수라는 것이다. 하나의 파일에 적어도 하나의 링크가 연결된다는 것을 기억할 것이다. 그렇다면 fun 파일과 fun-hard 파일이 같은 것임을 어떻게 알 수 있을까? 이 경우에는 ls 명령어가 도움이 되지 않는다. 다섯 번째 필드에 나와 있는 것처럼 이 두 파일 크기는 동일함을 알 수 있지만 파일 자체가 동일하다는 사실을 알려주지 못하고 있다. 이러한 문제를 해결하기 위해서 좀 더 깊이 있게 알아보려고 한다.

하드 링크에 대해 고민할 때, 파일이 두 부분으로 만들어진다고 생각하면 조금 도움이 된다. 즉 파일은 파일 내용을 담고 있는 데이터 영역과 파일 이름을 갖고 있는 이름 영역, 이 두 가지다. 실제로 하드 링크를 생성할 때, 동일한 데이터 영역을 참조하도록 부가적인 이름 영역들을 생성한다. 시스템은 **아이노드**(inode)라고 불리는 디스크 블록 체인을 하나 할당하고 이것은 이름 영역과 연결된다. 결국 각 하드 링크가 파일 내용을 담고 있는 각각의 아이노드를 참조하게 되는 것이다.

ls 명령어는 -i 옵션을 사용하여 이러한 정보를 알 수 있다.

```
[me@linuxbox playground]$ ls -li
total 16
12353539 drwxrwxr-x 2 me   me     4096 2012-01-14 16:17 dir1
12353540 drwxrwxr-x 2 me   me     4096 2012-01-14 16:17 dir2
12353538 -rw-r--r-- 4 me   me     1650 2012-01-10 16:33 fun
12353538 -rw-r--r-- 4 me   me     1650 2012-01-10 16:33 fun-hard
```

표시된 내용을 보면 첫 번째 필드에 아이노드 번호가 있고, fun과 fun-hard 파일이 같은 아이노드 번호를 공유하고 있는 것을 볼 수 있다. 즉 둘은 동일한 파일이라는 것이다.

심볼릭 링크 생성

심볼릭 링크는 앞서 말했듯이 하드 링크의 두 가지 단점을 보완하기 위해 탄생된 것이다. 즉 하드 링크는 물리적인 장치들을 모두 포괄하지 못하고 파일만 참조할 수 있지 디렉토리를 참조할 수 없다는 점이다. 심볼릭 링크는 파일이나 디렉토리를 가리킬 텍스트 포인터를 가지고 있는 특수한 형태의 파일이다.

심볼릭 링크를 만드는 것은 하드 링크와 유사하다.

```
[me@linuxbox playground]$ ln -s fun fun-sym
[me@linuxbox playground]$ ln -s ../fun dir1/fun-sym
[me@linuxbox playground]$ ln -s ../fun dir2/fun-sym
```

첫 번째 예제를 보면 상당히 직관적이다. -s 옵션을 입력해서 하드 링크 대신 심볼릭 링크를 만들었다. 하지만 그 다음 두 예제들은 어떠한가? 반드시 기억하라. 심볼릭 링크를 만드는 것은, 심볼릭 링크가 참조하는 원본 파일의 위치 정보를 생성하는 것이다. ls 명령의 결과를 살펴보면 쉽게 확인할 수 있다.

```
[me@linuxbox playground]$ ls -l dir1
total 4
-rw-r--r-- 4 me    me   1650 2012-01-10 16:33 fun-hard
lrwxrwxrwx 1 me    me      6 2012-01-15 15:17 fun-sym -> ../fun
```

결과를 보면, dir1 디렉토리에 위치한 fun-sym 파일이 보이는데, 그 줄의 맨 처음에 표시된 l에 의해 이것이 심볼릭 링크라는 것과 이 심볼릭 링크가 ../fun을 가리키고 있다는 사실을 정확하게 보여주고 있다. fun-sym의 위치와는 상대적으로 fun 파일은 현재 위치의 상위 디렉토리에 있음을 알 수 있다. 또한, 심볼릭 링크 파일의 길이는 6이라는 것인데 이것은 심볼릭 링크가 가리키고 있는 파일의 길이가 아니라 ../fun 문자열 개수를 말해주고 있다는 것을 알 수 있다.

심볼릭 링크를 생성 시 다음과 같이 절대 경로를 함께 사용할 수 있다.

```
[me@linuxbox playground]$ ln -s /home/me/playground/fun dir1/fun-sym
```

또한 이전에 이미 했던 것처럼 상대 경로도 사용할 수 있는데, 상대 경로를 사용하는 것이 더 바람직하다. 왜냐하면 심볼릭 링크를 포함하고 있는 디렉토리가 링크를 유지하면서 파일명을 변경하거나 파일을 이동할 수 있도록 허용하기 때문이다.

일반적인 파일들뿐만 아니라 심볼릭 링크는 디렉토리도 참조할 수 있다.

```
[me@linuxbox playground]$ ln -s dir1 dir1-sym
[me@linuxbox playground]$ ls -l
total 16
drwxrwxr-x 2 me    me    4096 2012-01-15 15:17 dir1
lrwxrwxrwx 1 me    me       4 2012-01-16 14:45 dir1-sym -> dir1
drwxrwxr-x 2 me    me    4096 2012-01-15 15:17 dir2
-rw-r--r-- 4 me    me    1650 2012-01-10 16:33 fun
-rw-r--r-- 4 me    me    1650 2012-01-10 16:33 fun-hard
lrwxrwxrwx 1 me    me       3 2012-01-15 15:15 fun-sym -> fun
```

파일 및 디렉토리 삭제

이전에 살펴본 대로 rm 명령어는 파일이나 디렉토리를 삭제할 때 사용된다. 이제 이것으로 우리 놀이터를 조금 정리하려고 한다. 우선 하드 링크 하나를 삭제해보자.

```
[me@linuxbox playground]$ rm fun-hard
[me@linuxbox playground]$ ls -l
total 12
drwxrwxr-x 2 me    me    4096 2012-01-15 15:17 dir1
lrwxrwxrwx 1 me    me       4 2012-01-16 14:45 dir1-sym -> dir1
drwxrwxr-x 2 me    me    4096 2012-01-15 15:17 dir2
-rw-r--r-- 3 me    me    1650 2012-01-10 16:33 fun
lrwxrwxrwx 1 me    me       3 2012-01-15 15:15 fun-sym -> fun
```

예상한 결과가 나타났다. fun-hard 파일이 삭제됐고, fun 파일 정보의 두 번째 필드는 링크 개수가 4개에서 3개로 줄어들었음을 보여주고 있다. 다음으로 fun 파일을 삭제해보자. 조금 더 재미를 위해 -i 옵션을 사용하여 어떤 결과가 보일지 확인해보자.

```
[me@linuxbox playground]$ rm -i fun
rm: remove regular file `fun'?
```

프롬프트에 y를 입력하면 fun 파일이 삭제된다. ls 명령어로 현재까지 작업한 결과를 확인해보자. fun-sym 파일에 어떤 변화가 생겼는지 알아차렸는가? 바로 심볼릭 링크 파일이 현재는 삭제된 파일을 가리키고 있기 때문에 링크가 **깨져버렸다.**

```
[me@linuxbox playground]$ ls -l
total 8
drwxrwxr-x 2 me    me    4096 2012-01-15 15:17 dir1
lrwxrwxrwx 1 me    me       4 2012-01-16 14:45 dir1-sym -> dir1
drwxrwxr-x 2 me    me    4096 2012-01-15 15:17 dir2
lrwxrwxrwx 1 me    me       3 2012-01-15 15:15 fun-sym -> fun
```

대부분의 리눅스 배포판에서는 이렇게 깨져버린 링크까지도 ls 명령어로 확인할 수 있도록 설정할 수 있다. 페도라 시스템에서는 깨진 링크를 깜박이는 빨간 텍스트로 표시해준다. 깨진 링크가 보이는 것은 더 이상 무의미하기에 그 자체만으로 위험하지 않지만, 다소 지저분하다. 만약 깨진 링크를 사용하려고 한다면 다음과 같은 메시지를 보게 될 것이다.

```
[me@linuxbox playground]$ less fun-sym
fun-sym: No such file or directory
```

심볼릭 링크를 삭제해서 놀이터를 깨끗이 정리해보자.

```
[me@linuxbox playground]$ rm fun-sym dir1-sym
[me@linuxbox playground]$ ls -l
total 8
drwxrwxr-x 2 me    me    4096 2012-01-15 15:17 dir1
drwxrwxr-x 2 me    me    4096 2012-01-15 15:17 dir2
```

심볼릭 링크에 대해 한 가지 기억해야 할 것은 바로 대부분의 파일 작업이 링크 그 자체에서 실행되는 것이 아니라 링크가 가리키고 있는 원본 파일에서 이루어진다는 것이다.

이제, 우리 놀이터인 playground 디렉토리를 삭제하도록 하자. 우선 홈 디렉토리로 이동한 뒤, rm 명령어와 -r 옵션을 사용해서 playgound 디렉토리와 그 하위 내용까지 모두 삭제하자.

```
[me@linuxbox playground]$ cd
[me@linuxbox ~]$ rm -r playground
```

GUI 환경에서 심볼릭 링크 만들기

GNOME과 KDE 파일 관리자에서는 심볼릭 링크를 쉽고 자동적으로 만들 수 있도록 해준다. GNOME 환경에서는 CTRL키와 SHIFT키를 누른 채 파일을 드래그하면 파일이 복사되거나 이동되는 대신 링크가 만들어진다. KDE 환경에서는 파일을 옮길 때 작은 메뉴가 나타나는데, 복사, 이동, 또는 파일에 링크 생성 중에서 선택하면 된다.

마무리 노트

지금까지 광범위하게 살펴본 내용을 충분히 이해하기 위해서는 좀 더 시간이 필요하다. 놀이터를 만들어서 연습한 것처럼 이해가 될 때까지 계속해서 연습해야 한다. 파일을 다루는 기본적인 명령어와 와일드카드에 대해서 충분히 알아두는 것이 매우 중요하기 때문에, 더 많이 파일이나 디렉토리를 만드는 것과 같은 여러 다양한 작업을 위해 와일드카드를 이용하여 파일을 지정해가면서 놀이터를 더 확장시켜보길 바란다. 처음엔 링크 개념을 이해하기 힘들 수 있지만 그 원리를 이해할 때까지 계속 시간을 투자하다 보면 그 링크들이 진정한 구세주가 되어 줄 것이다.

5

명령어와 친해지기

지금까지 우리는 여전히 비밀스러운 명령어들, 함께 사용하는 옵션, 그리고 명령 인자까지 알아보았다. 5장에서는 이러한 비밀들을 좀 더 깊이 파헤쳐보려고 한다. 또한 우리만의 명령어도 한번 만들어 볼 것이다. 이번 장에서 다룰 명령어를 소개하겠다.

- type — 명령어의 이름이 어떻게 표시되는지 확인
- which — 실행 프로그램의 위치 표시
- man — 명령어의 man 페이지 표시
- apropos — 적합한 명령어 리스트 표시
- info — 명령어 정보 표시
- whatis — 명령어에 대한 짧은 설명 표시
- alias — 명령어에 별칭 붙이기

명령어란 구체적으로 무엇인가?

명령어는 다음 네 가지 중 하나일 것이다.

- 명령어란 /usr/bin 디렉토리에서 본 파일들처럼 **실행 프로그램**을 말한다. 이러한 범주에서 프로그램은 C나 C++ 언어로 작성된 프로그램처럼 컴파일된 바이너리 형식의 파일이거나 쉘(Shell), 펄(Perl), 파이썬(Python), 루비(Ruby)와 같은 스크립트 언어로 만든 프로그램일 수 있다.
- 명령어란 **쉘에 내장되어 있는 명령어**다. bash는 쉘-빌트인(shell builtins)이라고 하는 다수의 명령어를 내부적으로 지원한다. cd 명령어가 바로 그런 예다.
- 명령어란 **쉘 함수**다. 쉘 함수란 시스템 환경에 포함된 쉘 스크립트의 미니어처 같은 존재다. 나중에 시스템 환경설정 방법과 쉘 함수 작성법에 대해 살펴볼 것이기에 지금은 이러한 쉘 함수가 존재한다는 사실만 알아두자.
- 명령어란 **별칭**이다. 다른 명령어로부터 우리만의 명령어를 새롭게 정의할 수 있다.

명령어 확인

명령어의 네 가지 정의 중 어떠한 종류의 명령어인지 알아두는 것은 종종 유용하다. 리눅스에서는 이를 확인하기 위해 여러 방법을 지원하고 있다.

type – 명령어 타입 표시

type 명령어는 쉘에 내장된 형식으로 명령어 이름을 입력하면 쉘이 실행하게 될 명령어가 어떤 타입인지를 보여준다. 다음과 같이 입력하면 된다.

    type command

command 인자는 확인하고픈 명령어의 이름을 입력하는 부분이다. 몇 가지 예제를 보자.

```
[me@linuxbox ~]$ type type
type is a shell builtin
[me@linuxbox ~]$ type ls
ls is aliased to `ls --color=tty'
[me@linuxbox ~]$ type cp
cp is /bin/cp
```

우리는 앞의 결과에서 세 가지의 다른 명령어들을 볼 수 있다. ls 명령어(페도라에서 가져온 결과)는 실제로 ls 명령어에 --color=tty라는 옵션이 붙어있는 별칭이라는 것을 알 수 있다. 자, 이제 어떻게 ls 명령어의 출력결과에 색상이 표시되는지 알게 됐다.

which – 실행 파일의 위치 표시

때때로 시스템에 하나의 실행 프로그램이 여러 버전으로 설치되곤 한다. 데스크톱 시스템에서는 흔한 경우가 아니지만 대용량 서버에서는 가능한 일이다. 실행할 프로그램의 정확한 위치를 파악하기 위해 다음과 같이 which 명령어를 사용한다.

```
[me@linuxbox ~]$ which ls
/bin/ls
```

which 명령어는 오직 실행 프로그램만을 대상으로 한다. 실행 프로그램을 대신하는 그 어떤 빌트인(builtin)이나 별칭에는 동작하지 않는다. 쉘 빌트인(예, cd)에 which 명령어를 사용하면 아무런 응답을 못 받거나 오류 메시지를 보게 된다.

```
[me@linuxbox ~]$ which cd
/usr/bin/which: no cd in (/opt/jre1.6.0_03/bin:/usr/lib/qt-3.3/bin:/usr/kerberos/bin:/opt/
jre1.6.0_03/bin:/usr/lib/ccache:/usr/local/bin:/usr/bin:/bin:/home/me/bin)
```

이 내용은 "알 수 없는 명령어"라는 메시지를 복잡하게 표현한 것이다.

명령어 도움말 보기

명령어가 무엇인지에 대한 이해를 통해 각 명령어마다 가지고 있는 도움말을 검색할 수 있다.

help – 쉘 빌트인 도움말 보기

bash에는 각 쉘 빌트인마다 내장된 도움말 기능이 있다. 이 도움말을 확인하려면 다음과 같이 help를 쉘 내장 명령어 이름 앞에 입력하면 된다.

```
[me@linuxbox ~]$ help cd
cd: cd [-L|-P] [dir]
Change the current directory to DIR. The variable $HOME is the default DIR.
The variable CDPATH defines the search path for the directory containing DIR.
```

```
Alternative directory names in CDPATH are separated by a colon (:). A null
directory name is the same as the current directory, i.e. `.'. If DIR begins
with a slash (/), then CDPATH is not used. If the directory is not found, and
the shell option `cdable_vars' is set, then try the word as a variable name.
If that variable has a value, then cd to the value of that variable. The -P
option says to use the physical directory structure instead of following
symbolic links; the -L option forces symbolic links to be followed.
```

저자주: [ ] (대괄호) 기호가 명령어 문장에서 나타날 때, 이 괄호 안의 내용은 옵션이라는 것을 뜻하고 | (수직 선)
기호는 둘 중에 하나의 항목만을 사용한다는 것을 뜻한다. cd 명령어의 사용 예를 앞에서 확인해보자.

cd [-L|-P] [dir].

이 표기가 의미하는 것은 cd 명령어 다음에 부가적으로 -L 또는 -P가 올 수 있고 또한 dir인자가 옵
션으로 따라 올 수 있다는 것이다.

cd 명령어의 도움말은 간결하고 정확하나 사용 지침서 수준은 아니다. 또한 보이는 것처럼 아직 우
리가 다루지 않은 내용들도 있다. 걱정하지 마라. 금방 따라잡을 수 있다.

--help – 사용법 표시

많은 실행 프로그램들이 명령어 문법과 옵션에 대한 설명을 보여주는 --help 옵션을 지원한다. 예
를 들면,

```
[me@linuxbox ~]$ mkdir --help
Usage: mkdir [OPTION] DIRECTORY...
Create the DIRECTORY(ies), if they do not already exist.

  -Z, --context=CONTEXT (SELinux) set security context to CONTEXT
Mandatory arguments to long options are mandatory for short options too.
  -m, --mode=MODE   set file mode (as in chmod), not a=rwx - umask
  -p, --parents     no error if existing, make parent directories as needed
  -v, --verbose print a message for each created directory
      --help display this help and exit
      --version output version information and exit
Report bugs to <bug-coreutils@gnu.org>.
```

--help 옵션을 지원하지 않는 프로그램도 있지만 일단 한번 시도해보라. 가끔 명령어 사용법을 알
려주는 오류 메시지를 표시하기도 한다.

man – 프로그램 매뉴얼 페이지 표시

커맨드라인용 실행 프로그램 대부분은 매뉴얼 또는 man 페이지라고 불리는 공식적인 프로그램 설명서를 제공하고 있다. 특별한 페이징 프로그램인 man은 매뉴얼 페이지를 볼 때 사용하는 명령어로 다음과 같이 사용한다.

```
man program
```

program 위치에 명령어의 이름을 입력한다.

man 페이지는 보기 형식이 다소 다양한 편이지만 일반적으로 제목, 명령어 문법 개요, 명령어 사용 목적, 그리고 명령어 옵션에 대한 설명 정도가 들어있다. 하지만, man 페이지에는 대개 명령어 사용 예제는 나와 있지 않다. 왜냐하면 man 페이지는 참고용이지 지침서가 아니기 때문이다. ls 명령어의 man 페이지를 보는 예를 살펴보자.

```
[me@linuxbox ~]$ man ls
```

대부분의 리눅스 시스템에서, man 명령어는 매뉴얼 페이지를 표시하기 위해 less 명령어를 사용한다.

따라서 그 페이지를 표시하는 동안 모든 less 명령이 가능하다. man 명령어가 표시하는 "매뉴얼"은 각각의 섹션으로 나뉘어 있다. 사용자 명령어뿐만 아니라 시스템 관리용 명령어, 프로그래밍 API, 파일 포맷 등과 같은 다양한 내용을 다룬다. 표 5-1에서 man 페이지 구조를 알아보자.

표 5-1 man 페이지 구조

섹션	내용
1	사용자 명령어
2	커널 시스템 콜 API
3	C 라이브러리 API
4	장치 노드 및 드라이버와 같은 특수 파일
5	파일 포맷
6	스크린세이버와 같은 게임이나 미디어 파일
7	그 외 여러 종류
8	시스템 관리용 명령어

가끔은 원하는 것을 찾기 위해 매뉴얼의 특정 섹션에서 찾아볼 필요가 있다. 특히 명령어 이름이

곧 파일 포맷인 것을 찾고자 할 때 더 필요하다. 만약 특정 섹션 번호를 지정하지 않으면 항상 일치하는 첫 번째 섹션 아마도 섹션 1번의 매뉴얼을 얻게 될 것이다. 섹션 번호를 지정하는 방법은 다음과 같다.

```
man section searh_term
```

예제:

```
[me@linuxbox ~]$ man 5 passwd
```

이 예제는 /etc/passwd 파일의 포맷이 무엇인지 설명하고 있는 man 페이지를 보여준다.

apropos – 적합한 명령어 찾기

검색어에 따라 일치하는 명령어의 man 페이지 목록을 검색하는 명령어가 있다. 비록 대략적인 정보만을 보여주지만 가끔은 도움이 된다. 검색어 floppy를 사용하여 man 페이지를 찾는 예제를 살펴보자.

```
[me@linuxbox ~]$ apropos floppy
create_floppy_devices (8)  - udev callout to create all possible
                             floppy device based on the CMOS type
fdformat              (8)  - Low-level formats a floppy disk
floppy                (8)  - format floppy disks
gfloppy               (1)  - a simple floppy formatter for the GNOME
mbadblocks            (1)  - tests a floppy disk, and marks the bad blocks in the FAT
mformat               (1)  - add an MSDOS filesystem to a low-level formatted floppy disk
```

출력된 내용의 첫 번째 필드에는 man 페이지의 이름이 나온다. 그리고 두 번째 필드에는 그 섹션을 보여주고 있다. man 명령어를 -k 옵션과 함께 사용하면 apropos 명령과 동일한 기능을 한다는 것을 명심해야 한다.

whatis – 간략한 명령어 정보 표시

whatis 프로그램은 특정 키워드에 부합하는 man 페이지에 대하여 그 이름과 한 줄의 간략한 정보를 보여준다.

```
[me@linuxbox ~]$ whatis ls
ls                    (1)  - list directory contents
```

info – 프로그램 정보 표시

GNU 프로젝트는 info 페이지라는 man 페이지의 대안을 제공한다. info 페이지는 info라는 읽기 프로그램으로 볼 수 있다. info 페이지는 웹 페이지처럼 **하이퍼링크**되어 있다. 예제를 살펴보도록 하자.

```
File: coreutils.info,  Node: ls invocation,  Next: dir invocation,  Up: Directory listing

10.1 `ls': List directory contents
==================================

The `ls' program lists information about files (of any type, including
directories). Options and file arguments can be intermixed arbitrarily, as
usual.

For non-option command-line arguments that are directories, by default `ls'
lists the contents of directories, not recursively, and omitting files with
names beginning with `.'. For other non-option arguments, by default `ls'
lists just the filename. If no non-option argument is specified, `ls' operates
on the current directory, acting as if it had been invoked with a single
argument of `.'.

By default, the output is sorted alphabetically, according to the
--zz-Info: (coreutils.info.gz)ls invocation, 63 lines --Top----------
```

info 프로그램은 info 파일을 읽는데, 이 파일은 개별 노드마다 트리 구조화되어 있고 각각 개별 주제를 포함하고 있다. info 파일에는 노드 간에 이동할 수 있는 하이퍼링크를 제공한다. 하이퍼링크는 * 기호를 시작으로 하는 것을 보고 구별할 수 있고 하이퍼링크에 커서를 두고 ENTER 키를 입력하면 바로 활성화된다.

info 명령을 실행하기 위해서는 **info**와 프로그램명을 입력하면 된다. 표 5-2는 info 페이지를 보는 동안 리더(reader)를 제어하기 위해 사용되는 명령어 목록이다.

표 5-2 info 명령어

명령어	실행
?	명령어 도움말 보기
PAGE UP 또는 BACKSPACE	이전 페이지 보기
PAGE DOWN 또는 Spacebar	다음 페이지 보기
n	다음 – 다음 노드 보기
p	이전 – 이전 노드 보기
u	위로 – 현재 표시된 노드의 상위 노드(주로 메뉴) 보기
ENTER	현재 커서 위치에 있는 하이퍼링크로 이동하기
q	종료하기

지금까지 우리가 논의한 대부분의 커맨드라인 프로그램은 GNU 프로젝트의 coreutils 패키지의 일부분이다. 따라서 이 패키지를 입력하면 더 많은 정보를 얻을 수 있다.

```
[me@linuxbox ~]$ info coreutils
```

coreutils 패키지가 제공하는 프로그램들의 문서로 이동할 수 있는 하이퍼링크를 포함한 메뉴 페이지를 보여줄 것이다.

README 및 기타 프로그램 문서 파일들

사용자 컴퓨터에 설치된 대부분의 소프트웨어 패키지들은 문서 파일을 가지고 있는데 이는 /usr/share/doc 디렉토리 내에 존재한다. 대부분은 일반적인 텍스트 파일 형식으로 저장되고 less 명령어로 볼 수 있다. 일부 파일들은 HTML 포맷으로 되어 있어 웹 브라우저를 통해서도 확인 가능하다. .gz 확장자를 사용하는 파일들은 gzip 압축 프로그램으로 압축된 파일임을 나타낸다. gzip 패키지에는 zless라고 불리는 less의 특별한 버전이 있는데 이것은 gzip으로 압축된 텍스트 파일의 내용을 표시해준다.

별칭으로 나만의 명령어 만들기

자, 이제 프로그래밍을 처음으로 경험해보자. 우리는 alias 명령어를 이용하여 우리만의 명령어를 만들 것이다. 하지만 시작하기에 앞서 간단한 커맨드라인의 트릭을 하나 알려주겠다. 바로 세미콜론으로 각 명령어를 구분하여 한 줄에 하나 이상의 명령어를 입력하는 것이 가능하다는 것이다. 다음과 같이 사용한다.

> command1; command2; command3...

다음에 우리가 사용할 예제를 보자.

```
[me@linuxbox ~]$ cd /usr; ls; cd -
bin  games    kerberos  lib64    local  share  tmp
etc  include  lib       libexec  sbin   src
/home/me
[me@linuxbox ~]$
```

지금 보는 바와 같이 한 줄에 세 개의 명령어가 이어져있다. 먼저 /usr로 디렉토리를 변경하고 그 다음 디렉토리를 표시한 뒤 cd -를 이용해서 원래의 디렉토리로 돌아왔다. 따라서 결국 처음 시작점이다. 이제는 alias를 사용해서 이 명령 배열을 새로운 명령어로 변환해보자. 첫 번째로 해야 할 것은 새 명령어에 지어줄 이름을 생각하는 것이다. test로 시작하기로 하고 test라는 이름이 기존에 사용되고 있는지를 먼저 알아보자. type 명령어를 사용해서 찾아볼 수 있다.

```
[me@linuxbox ~]$ type test
test is a shell builtin
```

안타깝게도 test라는 이름은 이미 사용 중이다. foo라는 이름으로 다시 시도해보자.

```
[me@linuxbox ~]$ type foo
bash: type: foo: not found
```

좋다! foo는 사용할 수 있다. 이제 별칭을 만들어보자.

```
[me@linuxbox ~]$ alias foo='cd /usr; ls; cd -'
```

이 명령의 구조를 알아보자.

> alias name='string'

alias 명령어 다음에 별명을 입력하고 곧바로(빈칸 없이) = 기호를 입력한 후 이름을 할당한다는 의미를 지닌 따옴표를 추가한다. 별칭이 정의되고 나면 쉘 어디에서든지 명령어로써 사용할 수 있게 된다.

직접 실습해보자.

```
[me@linuxbox ~]$ foo
bin    games     kerberos   lib64     local   share   tmp
etc    include   lib        libexec   sbin    src
/home/me
[me@linuxbox ~]$
```

별칭을 확인하기 위해서 type 명령어를 사용할 수 있다.

```
[me@linuxbox ~]$ type foo
foo is aliased to `cd /usr; ls ; cd -'
```

별칭을 삭제하려면 다음과 같이 unalias 명령어를 입력하면 된다.

```
[me@linuxbox ~]$ unalias foo
[me@linuxbox ~]$ type foo
bash: type: foo: not found
```

별칭을 정할 때 기존 명령어의 이름과 중복되지 않도록 일부러 피했으나 가끔은 중복하여 사용하는 것이 바람직할 때도 있다. 일반적인 명령어를 실행할 때 자주 사용하는 옵션을 적용하여 별칭을 만들곤 한다. 예를 들면, 이전에 본 것처럼 ls 명령어는 색상을 표시하기 위해 별칭을 사용하기도 한다.

```
[me@linuxbox ~]$ type ls
ls is aliased to `ls --color=tty'
```

사용자 환경에 정의된 모든 별칭을 확인하려면 별도의 인자 없이 alias 명령어를 사용하면 된다. 페도라 시스템에 기본적으로 설정된 몇 개의 별칭을 살펴보자. 그리고 각각의 별칭이 어떤 기능을 하고 있는지 알아보자.

```
[me@linuxbox ~]$ alias
alias l.='ls -d .* --color=tty'
alias ll='ls -l --color=tty'
alias ls='ls --color=tty'
```

커맨드라인에서 별칭을 만들 때 아주 사소한 문제가 하나 있다. 그것은 바로 쉘 세션이 종료될 때 별칭도 사라진다는 것이다. 로그인 시에 환경을 설정하는 파일에 별칭을 추가하는 방법에 대해 나중에 알아볼 것이다. 지금은 비록 빙산의 일각일지라도 쉘 프로그래밍 세계에 첫 발을 내디뎠다는 사실을 만끽하도록 하자.

옛 친구와의 재회

우리는 도움말을 찾는 방법을 배웠으니 지금까지 배운 모든 명령어에 대한 문서를 찾아보도록 하자. 또한 다른 부가적인 옵션은 무엇이 있는지 공부하고 연습해보길 바란다.

6

리다이렉션

이 장에서는 커맨드라인의 가장 멋진 기능 중 하나인 **입출력 방향 지정**(I/O 리다이렉션)을 파헤치려고 한다. I/O는 **입력/출력**을 뜻하고, 명령은 리다이렉션을 통해 파일로부터 입력받을 수 있고, 또한 파일로 출력할 수 있다. 뿐만 아니라 강력한 명령어 **파이프라인**을 만들기 위해서 필요한 명령어들을 연결할 수 있다. 이 기능을 보여주기 위해서 다음의 명령어들을 소개하고자 한다.

- cat — 파일 연결하기
- sort — 텍스트 라인 정렬하기
- uniq — 중복 줄을 알리거나 생략하기
- wc — 각 파일의 개행 및 단어 개수, 파일 바이트 출력하기
- grep — 패턴과 일치하는 라인 출력하기
- head — 파일의 첫 부분 출력하기
- tail — 파일의 마지막 부분 출력하기
- tee — 표준 입력을 읽고 표준 출력 및 파일에 쓰기

표준 입출력과 표준 오류

우리가 지금까지 사용한 많은 프로그램들은 일종의 출력을 만들어낸다. 이러한 출력은 두 가지 형식을 포함하는데, 첫 번째는 프로그램의 결과다. 즉 프로그램이 출력하도록 설계한 데이터다. 두 번째는 프로그램이 어떻게 돌아가고 있는지를 말해주는 상태 및 오류 메시지 형식이다. ls와 같은 명령어를 살펴보면, 화면에 그 결과와 오류 메시지가 표시되는 것을 알 수 있다.

"모든 것은 파일이다"라는 유닉스 정신을 상기하며 다시 보도록 하자. ls와 같은 프로그램은 사실 **표준 출력**(stdout이라고 함)이라고 불리는 특수한 파일에 이 명령어에 대한 결과를 보내고 **표준 오류**(stderr)라는 또 다른 파일에 그 상태 메시지를 전송한다. 기본적으로 표준 출력과 오류 모두 화면에 연결되어 있고 디스크 파일에 따로 저장되지 않는다.

게다가 많은 프로그램들이 **표준 입력**(stdin)이라고 부르는 곳에서 입력 내용을 가져오고 그것은 기본적으로 키보드에 직접 연결되어 있다.

입출력 방향 지정(I/O 리다이렉션) 기능으로 출력과 입력의 방향을 변경할 수 있다. 일반적으로 출력은 화면에 나타나고 입력은 키보드로부터 인식되지만 I/O 리다이렉션으로 이러한 방식을 변경할 수 있다.

표준 출력 재지정

I/O 리다이렉션은 출력 방향을 재정의할 수 있다. 화면에 출력하는 대신 다른 파일에 출력되도록 지정하기 위해서는 파일명 앞에 > 리다이렉션 연산자를 사용한다. 그런데 왜 이런 일을 해야 할까? 왜냐하면 명령어 출력결과를 파일에 저장하는 것이 종종 유용하기 때문이다. 예를 들면, 쉘이 ls 명령어 결과를 화면 대신 ls-output.txt 파일에 보내도록 지정했다고 치자.

```
[me@linuxbox ~]$ ls -l /usr/bin > ls-output.txt
```

/usr/bin 디렉토리에 있는 긴 목록을 불러와서 ls-output.txt 파일로 보냈다. 그럼 결과를 확인해보자.

```
[me@linuxbox ~]$ ls -l ls-output.txt
-rw-rw-r-- 1 me    me   167878 2012-02-01 15:07 ls-output.txt
```

좋다. 매우 큰 텍스트 파일이 하나 보인다. less 명령어로 파일을 들여다보면 이 파일 안에 ls의 결과가 정말로 들어있다는 것을 알게 될 것이다.

```
[me@linuxbox ~]$ less ls-output.txt
```

자, 다시 리다이렉션하는 작업을 계속해보자. 이번에는 좀 더 복잡하게 들어가보자. 우선 존재하지 않는 디렉토리의 이름을 바꾸려고 한다.

```
[me@linuxbox ~]$ ls -l /bin/usr > ls-output.txt
ls: cannot access /bin/usr: No such file or directory
```

오류 메시지가 나타났다. 당연한 결과다. 왜냐하면 존재하지 않는 /bin/usr이란 디렉토리를 입력했기 때문이다. 하지만 왜 오류 메시지는 ls-output.txt 파일이 아닌 화면에 표시되었을까? 그 답은 바로 잘 만들어진 다른 유닉스 프로그램들처럼 ls도 오류 메시지를 표준 출력으로 전송하지 않고 표준 오류로 전송하기 때문이다. 표준 오류가 아닌 표준 출력만을 재지정했기에 오류 메시지는 여전히 화면에 나타나게 된다. 이제 곧 표준 오류도 재지정하는 법을 다룰 것이다. 하지만 그전에 출력 파일을 좀 더 살펴보자.

```
[me@linuxbox ~]$ ls -l ls-output.txt
-rw-rw-r-- 1 me   me   0 2012-02-01 15:08 ls-output.txt
```

현재 파일 크기는 0이다. 그 이유는 > 리다이렉션 연산자로 출력 방향을 지정할 때, 목적 파일은 항상 처음부터 다시 작성되기 때문이다. ls 명령어가 아무런 결과를 만들지 못했고 단지 오류 메시지만을 만들었기 때문에, 리다이렉션 명령은 파일을 처음부터 다시 쓴 뒤 오류 때문에 중단되어 잘림 현상이 생겼다. 사실, 언제든 파일을 잘라낼 필요가 있을 때(또는 새로운 빈 파일을 만들 때) 다음과 같이 트릭을 사용할 수 있다.

```
[me@linuxbox ~]$ > ls-output.txt
```

명령어 없이 리다이렉션 연산자만을 사용해서 기존 파일을 분리하거나 새 파일을 만들 수 있다.

그럼 어떻게 하면 파일을 덮어쓰는 대신 출력할 내용을 파일에 이어서 작성할 수 있을까? 이를 위해서 >> 리다이렉션 연산자를 다음과 같이 사용해보자.

```
[me@linuxbox ~]$ ls -l /usr/bin >> ls-output.txt
```

>> 연산자를 사용하면 파일에 이어 쓰기가 가능해진다. 존재하지 않는 파일이면 > 연산자를 사용한 것처럼 파일이 생성된다. 다음과 같이 테스트해보자.

```
[me@linuxbox ~]$ ls -l /usr/bin >> ls-output.txt
[me@linuxbox ~]$ ls -l /usr/bin >> ls-output.txt
[me@linuxbox ~]$ ls -l /usr/bin >> ls-output.txt
[me@linuxbox ~]$ ls -l ls-output.txt
-rw-rw-r-- 1 me   me   503634 2012-02-01 15:45 ls-output.txt
```

같은 명령을 세 번 반복해서 입력했고, 그 결과 파일 크기가 세 배가 되었다.

표준 오류 재지정

표준 오류를 재지정할 때는 리다이렉션 연산자가 필요 없다. 다만, **파일 디스크립터**를 참조한다. 프로그램은 번호로 지정된 파일 스트림 중에 어디에라도 출력을 할 수 있다. 우리는 앞서 표준 입출력과 표준 오류를 참조하였는데, 쉘은 내부적으로 이들을 각각 0, 1, 2번 파일 디스크립터로 표현한다. 쉘은 파일 디스크립터 번호를 이용해서 재지정할 수 있는 표기를 지원한다. 표준 오류는 파일 디스크립터 2와 같기 때문에 표준 오류를 재지정할 때 이 표기법을 사용할 수 있다.

```
[me@linuxbox ~]$ ls -l /bin/usr 2> ls-error.txt
```

파일 디스크립터 2는 리다이렉션 연산자 바로 앞에 위치하고 ls-error.txt 파일에 표준 오류 메시지를 보낸다.

표준 출력과 표준 오류를 한 파일로 재지정

명령어의 결과를 모두 한 파일에 저장하고 싶은 경우가 있을 것이다. 그러려면, 동시에 표준 출력과 표준 오류를 재지정해야 한다. 여기에는 두 방법이 있는데, 먼저 일반적인 방법으로 쉘의 예전 버전에서 사용할 수 있다.

```
[me@linuxbox ~]$ ls -l /bin/usr > ls-output.txt 2>&1
```

이 방법으로 두 번의 리다이렉션이 이뤄진다. 먼저 표준 출력이 ls-output.txt 파일로 재지정되고, 2>&1의 입력으로 파일 디스크립터 2(표준 오류)가 파일 디스크립터 1(표준 출력)로 재지정되도록 한다.

저자주: 리다이렉션 간의 순서는 매우 중요하다. 표준 오류의 재지정은 항상 표준 출력을 재지정한 뒤에 이루어져야 한다. 그렇지 않으면 올바르게 작동하지 않는다. 앞의 예제에서 > ls-output.txt 2>&1 명령은 표준 오류를 ls-output.txt 파일로 재지정하는 데 만약 2>&1 > ls-output.txt로 순서가 바뀌면 표준 오류의 출력 방향은 화면이 된다.

두 번째 방법은 bash의 최신 버전에서 사용 가능한 리다이렉션을 좀 더 간소화한 방법이다.

```
[me@linuxbox ~]$ ls -l /bin/usr &> ls-output.txt
```

이 예제에서는 단일 표기법 &>를 사용하고 있다. 이것은 표준 출력과 표준 오류를 ls-output.txt 파일로 재지정한다.

원치 않는 출력 제거

가끔은 정말로 침묵이 금인 경우가 있다. 명령어의 출력 결과를 원치 않고 그것을 단지 버리고 싶을 때가 있다. 특히 오류 및 상태 메시지가 그렇다. 시스템은 /dev/null이라는 특수한 파일로 출력 방향을 지정함으로써 이 문제의 해결 방법을 제공하고 있다. 이 파일은 **비트 버킷**(bit bucket)이라고 불리는 시스템 장치로 입력을 받고 아무것도 수행하지 않는다. 오류 메시지를 숨기기 위해서 다음과 같이 해보자.

```
[me@linuxbox ~]$ ls -l /bin/usr 2> /dev/null
```

유닉스 세상의 /DEV/NULL

비트 버킷은 오래된 유닉스 개념이다. 그 보편성으로 인해 유닉스 세상에 자주 출몰한다. 그래서 만일 누군가 여러분의 답변을 "dev null"로 보낸다고 얘기하면 이제 그것이 무엇을 의미하는지 알 수 있을 거다. 더 많은 예제는 위키피디아에서 확인할 수 있다. (http://en.wikipedia.org/wiki/Dev/null)

표준 입력 재지정

지금까지는 표준 입력을 사용하는 어떤 명령어도 본 적이 없다(사실 본 적은 있지만, 이제 곧 그 내용을 알아볼 것이다). 그래서 명령어 하나를 소개하려고 한다.

cat – 파일 붙이기

cat 명령어는 다음과 같이 하나 이상의 파일을 읽어 들여서 표준 출력으로 그 내용을 복사한다.

```
cat [file...]
```

대부분의 경우, cat 명령어가 TYPE이라는 명령어와 유사하다고 생각할 수 있다. 하지만 cat 명령어는 페이지 구분 없이 파일을 표시할 수 있다. 다음 예에서 확인해보자.

```
[me@linuxbox ~]$ cat ls-output.txt
```

이 명령을 입력하면 ls-output.txt 파일의 내용을 표시한다. cat은 주로 짧은 텍스트 파일을 표시할 때 사용하고, 또한 여러 파일을 명령 인자로 허용하기 때문에 파일을 하나로 합치는 데에도 사용 가능하다. 대용량 파일을 다운로드하려는데 이 파일은 작은 여러 파일로 나뉘어 있어서 다시 한 파일로 연결해야 한다고 가정해보자. 나뉜 여러 파일명은 다음과 같다.

```
movie.mpeg.001 movie.mpeg.002 ... movie.mpeg.099
```

다음과 같이 명령어를 사용해서 이 작업을 수행할 수 있다.

```
[me@linuxbox ~]$ cat movie.mpeg.0* > movie.mpeg
```

와일드카드는 항상 정렬된 순서로 확장되기 때문에 명령 인자는 올바른 순서로 나열될 것이다.

지금 이 예제는 제대로 작동한다. 하지만 표준 입력으로 무엇을 해야만 할까? 아직은 아무것도 할 일이 없다. 일단 다른 것을 먼저 해보자. cat 명령어에 아무런 명령 인자 없이 사용하면 어떤 현상이 나타날까?

```
[me@linuxbox ~]$ cat
```

아무 일도 일어나지 않는다. 마치 원래 있었던 것처럼 그대로 있다. 그렇게 보일 수 있지만, 실은 이 명령어가 수행해야 하는 작업을 정확히 하고 있는 중이다.

cat 명령어에 아무런 명령 인자가 따라오지 않는다면 표준 입력으로부터 데이터를 읽는다. 그리고 기본적으로 표준 입력은 키보드로 연결되어 있기 때문에 무엇인가 입력되기를 기다리고 있는 것이다.

다음과 같이 해보자.

```
[me@linuxbox ~]$ cat
The quick brown fox jumped over the lazy dog.
```

그 다음, CTRL-D(CTRL키를 누른 채 D를 입력한다)를 입력하면 표준 입력에 EOF 문자(파일의 끝을 나타내는)가 입력된다.

```
[me@linuxbox ~]$ cat
The quick brown fox jumped over the lazy dog.
The quick brown fox jumped over the lazy dog.
```

파일명 위치에 아무것도 입력하지 않았기 때문에, cat은 표준 입력을 표준 출력 위치에 복사한다. 따라서 텍스트가 반복된 것을 확인할 수 있다. 이러한 작업은 짧은 텍스트 파일을 만들 때 사용할 수 있다. 우리는 lazy_dog.txt라는 텍스트 파일을 생성하기 위해서 다음과 같이 할 수 있을 것이다.

```
[me@linuxbox ~]$ cat > lazy_dog.txt
The quick brown fox jumped over the lazy dog.
```

명령어 다음에 파일에 쓰고 싶은 텍스트를 입력하고, 끝에 CTRL-D를 꼭 입력해야 한다. 이로써 우리가 커맨드라인을 이용해서 세상에서 가장 멍청한 워드 프로세서를 만들었다! 결과를 보기 위해, cat 명령어를 다시 사용하여 표준 출력에 파일을 복사할 수 있다.

```
[me@linuxbox ~]$ cat lazy_dog.txt
The quick brown fox jumped over the lazy dog.
```

우리는 cat이 어떻게 표준 입력을 허용하는지 알기 때문에 추가적으로 표준 입력을 재지정해보자.

```
[me@linuxbox ~]$ cat < lazy_dog.txt
The quick brown fox jumped over the lazy dog.
```

< 리다이렉션 연산자를 사용해서 키보드로 연결된 표준 입력 방향을 lazy_dog.txt 파일로 변경했다. 여기서 우리는 단순히 파일명만을 입력한 것과 똑같은 결과를 볼 수 있다. 이렇게 연산자를 입력하는 것이 파일명만 입력하는 것과 비교해서 특별히 유용한 건 아니지만 표준 입력을 파일로 재지정했다는 사실을 보여준다. 표준 입력을 활용하는 데 도움을 주는 다른 명령어들도 곧 알아보도록 하자.

그에 앞서 cat 명령어는 여러 재미있는 옵션을 가지고 있으니 man 페이지에서 확인해보자.

파이프라인

표준 입력으로부터 데이터를 읽고, 표준 출력으로 데이터를 전송하는 명령어의 능력은 **파이프라인** 이라고 하는 셸의 기능으로 보다 더 응용될 수 있다. 파이프 연산자인 |(수직 바) 기호를 사용해서 명령어의 표준 출력을 또 다른 명령어의 표준 입력과 연결시킬 수 있다.

```
command1 | command2
```

이러한 기능을 충분히 드러내려면 몇 가지의 명령어가 더 필요하다. 우리가 표준 입력을 허용하는 명령어를 이미 알고 있다고 했던 것을 기억하는가? 바로 less 명령어다. 어떠한 명령어든 그 출력 내용을 페이지 단위로 표준 출력에 표시하도록 less 명령어를 사용할 수 있다.

```
[me@linuxbox ~]$ ls -l /usr/bin | less
```

이것은 아주 편리하다! 이 기능을 활용하면 표준 출력을 만들어내는 어떤 명령어라도 그 결과를 편리하게 확인할 수 있다.

필터

파이프라인은 데이터의 복잡한 연산을 수행할 때 종종 사용된다. 하나의 파이프라인에 여러 명령어를 입력하는 것이 가능하다. 주로 이러한 방식을 사용하는 명령어들을 필터라 일컫는다. 필터는 입력 받은 내용을 어떻게든 바꾸어 출력하게 한다. 첫 번째로 시도해볼 것은 sort 명령어다. 한 가지 상황을 상상해보자. 우리는 /bin 디렉토리와 /usr/bin 디렉토리에 있는 실행 프로그램들을 하나의 목록으로 만들어서 정렬한 뒤 그 목록을 보길 원한다.

```
[me@linuxbox ~]$ ls /bin /usr/bin | sort | less
```

두 디렉토리를 지정했기 때문에 ls의 결과로 정렬된 두 목록을 가져올 것이다. 파이프라인에 sort를 포함함으로써 하나로 정렬된 데이터 목록으로 바꿀 수 있었다.

uniq - 중복줄 제거 및 표시

uniq 명령어는 종종 sort와 연결하여 사용한다. uniq 명령어는 표준 입력이나 하나의 파일명 인자로부터 정렬된 데이터 목록을 입력받아 중복된 내용을 제거해준다(자세한 정보는 uniq man 페이지를 참조하라). 따라서 중복되는 부분이 없는지를 확실히 하려면(즉, /bin과 /usr/bin 디렉토리 내에서 보이는 동일한 이름의 프로그램) uniq 명령어를 파이프라인에 추가하면 된다.

```
[me@linuxbox ~]$ ls /bin /usr/bin | sort | uniq | less
```

이 예제에서는 uniq 명령어를 사용하여 sort 명령어의 출력 결과로 나타난 중복된 내용을 삭제하였다. 반대로 중복된 내용을 보고 싶다면 -d 옵션을 사용하면 된다.

```
[me@linuxbox ~]$ ls /bin /usr/bin | sort | uniq -d | less
```

wc – 라인, 단어 개수 및 파일 크기 출력

wc(word count: 단어 개수 세기) 명령어는 파일에 들어있는 단어 및 라인의 개수와 파일 크기를 표시해준다.

```
[me@linuxbox ~]$ wc ls-output.txt
7902    64566 503634 ls-output.txt
```

이 예제에서는 세 개의 숫자가 표시되는데 ls-output.txt 파일에 포함된 라인 수, 단어 개수, 그리고 파일 크기다. 이전의 명령어들처럼, 커맨드라인의 명령 인자 없이 실행을 하게 되면 wc는 표준 입력에 따라 작업을 수행할 것이다. -1 옵션은 라인 수만 보고 싶을 때 사용할 수 있다. wc 명령어를 파이프라인에 추가하면 무언가를 셀 때 매우 편리하다. 우리가 가지고 있는 정렬된 목록에서 항목 개수를 알고 싶다면 다음과 같이 할 수 있다.

```
[me@linuxbox ~]$ ls /bin /usr/bin | sort | uniq | wc -l
2728
```

grep – 패턴과 일치하는 라인 출력

grep 명령어는 파일의 텍스트 패턴을 찾을 때 사용하는 강력한 프로그램이다.

```
        grep pattern [file...]
```

grep은 파일 내에서 "패턴"을 만났을 때, 그 패턴을 가지고 있는 라인을 출력한다. grep으로 매우 복잡한 패턴도 찾을 수 있지만 지금은 단순한 텍스트 패턴만 보도록 하자. **정규 표현식**이라고 하는 고급수준의 패턴에 대해서는 이 책의 19장에서 다루게 될 것이다.

우리가 가지고 있는 프로그램 목록에서 이름에 zip이라는 글자가 포함된 모든 프로그램을 찾고 싶다고 하자. 이 검색 결과는 파일 압축과 관련된 작업을 하는 프로그램들일 거라는 생각이 들 것이다. 다음과 같이 해보자.

```
[me@linuxbox ~]$ ls /bin /usr/bin | sort | uniq | grep zip
bunzip2
bzip2
gunzip
gzip
unzip
zip
zipcloak
zipgrep
zipinfo
zipnote
zipsplit
```

grep에는 몇 가지 편리한 옵션이 있다. -i 옵션은 검색을 수행할 때 대소문자를 구분하지 않도록 하고(일반적으로 검색은 대소문자를 구별한다), -v 옵션은 패턴과 일치하지 않는 라인만 출력하도록 한다.

head / tail – 파일의 처음/끝 부분 출력

때때로 명령어의 모든 출력을 보고 싶지 않을 수 있다. 단지 처음 몇 줄이나 끝의 몇 줄만 확인하고 싶을지도 모른다. 그런 경우 head 명령어로 파일의 첫 10줄만 출력할 수 있고, tail 명령어로는 마지막 10줄을 표시할 수 있다. 기본적으로 이 두 명령어는 텍스트 10줄만을 출력하지만 -n 옵션을 사용해서 길이를 조절할 수 있다.

```
[me@linuxbox ~]$ head -n 5 ls-output.txt
total 343496
-rwxr-xr-x 1 root root     31316 2011-12-05 08:58 [
-rwxr-xr-x 1 root root      8240 2011-12-09 13:39 411toppm
-rwxr-xr-x 1 root root    111276 2011-11-26 14:27 a2p
-rwxr-xr-x 1 root root     25368 2010-10-06 20:16 a52dec
[me@linuxbox ~]$ tail -n 5 ls-output.txt
-rwxr-xr-x 1 root root      5234 2011-06-27 10:56 znew
-rwxr-xr-x 1 root root       691 2009-09-10 04:21 zonetab2pot.py
-rw-r--r-- 1 root root       930 2011-11-01 12:23 zonetab2pot.pyc
-rw-r--r-- 1 root root       930 2011-11-01 12:23 zonetab2pot.pyo
lrwxrwxrwx 1 root root         6 2012-01-31 05:22 zsoelim -> soelim
```

이 두 명령어 모두 다음과 같이 파이프라인에서 사용할 수 있다.

```
[me@linuxbox ~]$ ls /usr/bin | tail -n 5
znew
zonetab2pot.py
zonetab2pot.pyc
zonetab2pot.pyo
zsoelim
```

tail 명령어는 실시간으로 파일을 확인할 수 있는 옵션을 지원한다. 로그 파일이 기록되는 동안 최근 내용을 확인할 때 매우 편리하다. 다음 예제에서 /var/log 디렉토리에 있는 메시지 파일을 열어볼 것이다. 일부 리눅스 배포판에서는 이러한 작업을 위해서 슈퍼유저 권한이 필요하다. 그 이유는 /var/log/messages 파일에는 보안이 필요한 정보가 포함되어 있을지도 모르기 때문이다.

```
[me@linuxbox ~]$ tail -f /var/log/messages
Feb  8 13:40:05 twin4 dhclient: DHCPACK from 192.168.1.1
Feb  8 13:40:05 twin4 dhclient: bound to 192.168.1.4 -- renewal in 1652 seconds.
Feb  8 13:55:32 twin4 mountd[3953]: /var/NFSv4/musicbox exported to both
192.168.1.0/24 and twin7.localdomain in 192.168.1.0/24,twin7.localdomain
Feb  8 14:07:37 twin4 dhclient: DHCPREQUEST on eth0 to 192.168.1.1 port 67
Feb  8 14:07:37 twin4 dhclient: DHCPACK from 192.168.1.1
Feb  8 14:07:37 twin4 dhclient: bound to 192.168.1.4 -- renewal in 1771 seconds.
Feb  8 14:09:56 twin4 smartd[3468]: Device: /dev/hda, SMART Prefailure
Attribute: 8 Seek_Time_Performance changed from 237 to 236
Feb  8 14:10:37 twin4 mountd[3953]: /var/NFSv4/musicbox exported to both
192.168.1.0/24 and twin7.localdomain in 192.168.1.0/24,twin7.localdomain
Feb  8 14:25:07 twin4 sshd(pam_unix)[29234]: session opened for user me by (uid=0)
Feb  8 14:25:36 twin4 su(pam_unix)[29279]: session opened for user root by me(uid=500)
```

-f 옵션을 사용하면, tail은 지속적으로 로그 파일을 감시하고 새 내용이 추가될 때 곧바로 그 내용을 표시한다. CTRL-C키를 입력할 때까지 이 작업은 계속 수행된다.

tee – 표준 입력에서 데이터를 읽고, 표준 출력과 파일에 출력

배관 시설에 비유해서, 리눅스는 파이프 모양과 똑같은 "T"를 만드는 tee 명령어를 제공한다. 이 tee 프로그램은 표준 입력으로부터 데이터를 읽어서 표준 출력(배관을 따라 데이터가 계속 이동하는 것을 허용하는 것이다)과 하나 이상의 다른 파일에 동시에 출력한다. 이는 작업이 진행되고 있을 때, 중간 지점의 파이프라인에 있는 내용을 알고 싶을 때 유용하다. 이전에 사용했던 예제를 한 번 더 반복하는데, 이번에는 파이프라인 내용에 grep 필터가 적용되기 전 디렉토리의 목록 전부를 ls.txt 파일에 저장할 것이다.

```
[me@linuxbox ~]$ ls /usr/bin | tee ls.txt | grep zip
bunzip2
bzip2
gunzip
gzip
unzip
zip
zipcloak
zipgrep
zipinfo
zipnote
zipsplit
```

마무리 노트

항상 그랬듯이, 이번 장에서 다룬 명령어들의 문서를 확인하도록 하자. 여기서는 기본적인 명령어의 쓰임과 재미있는 몇 가지의 옵션만을 다루었다. 리눅스에 익숙해질수록 커맨드라인이 가지고 있는 리다이렉션 기능이 특수한 문제들을 해결할 때 아주 유용하다는 것을 깨닫게 될 것이다. 많은 명령어들이 표준 입출력을 활용하고, 대부분의 커맨드라인 프로그램들은 필요한 정보를 표시하기 위해서 표준 오류를 사용하기 때문이다.

리눅스는 상상 그 자체

필자는 윈도우와 리눅스를 비교하여 설명할 때 장난감에 비유하곤 한다. 윈도우는 게임보이(휴대용 게임기)와 같다. 여러분이 가게에 가서 최신 게임을 하나 구매한다. 집에 가져와서는 그 게임을 시작한다. 그래픽이 상당히 화려하고 사운드도 꽤 좋다. 잠시 후에 그 게임이 지루해지면 다시 가게에 가서 다른 게임을 구입한다. 이러한 상황이 계속 반복된다. 끝내 여러분은 가게에 가서 점원에게 "나는 이런 기능이 있는 게임을 원해요!"라고 말하지만 점원은 그런 게임은 시장 수요가 없기 때문에 있을 수 없다고 답변한다. 다시 여러분은 "하지만 한 가지만 바꾸기만 하면 된다고요!"라고 말한다. 그 점원은 또 다시 바꿀 수 없다며 받아 친다. 게임들이 모두 카트리지 안에 감춰 있기 때문이라고 말하면서 말이다. 그때서야 여러분은 자신의 게임기에는 한계가 있음을 깨닫게 된다. 그 게임기로는 원하든 원치 않든 다른 누군가가 결정해버린 게임들만 할 수 있기 때문이다.

반면에 리눅스는 세상에서 가장 큰 이렉터(Erector: 미국의 어린이용 조립 완구 상표명) 세트와 같다. 그것을 열면 엄청난 부품들이 보인다. 철 기둥, 나사, 장비, 도르래, 그리고 모터들과 같은 부품들이 정말 많이 있고 무엇을 만들 수 있는지에 대한 몇 가지 제안서도 볼 수 있다. 그래서 여러분은 그것으로 무엇이든 만들어보려한 것이다. 여러 추천 모델 중 하나를 택해서 만들기 시작한다. 잠시 후 여러분이 만들고 싶은 것이 무엇인지 알게 된

다. 다시 가게에 갈 필요 없이 이미 가지고 있는 부품들을 활용해서 상상하던 것을 이렉터 세트로 완성할 수 있을 것이다. 그것이 바로 여러분이 원하는 것이다.

어떤 장난감을 선택하느냐는 물론 개인적인 것이지만, 그렇다면 어떤 장난감이 더 만족스러울까?

7

확장과 인용

이 장에서는 커맨드라인에서 엔터를 입력할 때 발생하는 "마법"에 대해 살펴보려 한다. 쉘이 가지고 있는 재미있고 복잡한 여러 기능을 알아보기 위해 단 하나의 명령어만으로 살펴보려 한다.

- echo — 텍스트 라인 표시하기

확장

명령어를 입력하고 엔터키를 누르면 bash는 그 명령어를 수행하기 전에 텍스트에 몇 가지 프로세스를 진행한다. 예를 들면 * 기호처럼 쉘에 여러 의미를 주는 경우, 단순히 연속된 문자열로 처리되는 것과 같은 몇 가지 경우를 살펴보았다. 이러한 프로세스를 **확장**이라고 하는데, 이 기능으로 인해 무엇이든 입력하면 쉘이 그것을 처리하기 전에 다른 무언가로 확장된다. 이것이 정확하게 의미하는 바를 알아보려면 echo 명령어를 살펴봐야 한다. 이 명령어는 쉘 빌트인으로 굉장히 단순한 작업을 수행한다. 표준 출력상에 해당 텍스트 인자를 표시하는 것이다.

```
[me@linuxbox ~]$ echo this is a test
this is a test
```

꽤 직관적이다. 어떠한 명령 인자라도 echo 명령어에 의해 표시된다. 다른 것도 시도해보자.

```
[me@linuxbox ~]$ echo *
Desktop Documents ls-output.txt Music Pictures Public Templates Videos
```

어떠한 일이 벌어졌는가? 왜 * 기호가 표시되지 않았을까? 와일드카드를 떠올려보면, * 기호가 의미하는 것은 "파일명에 있는 어떤 글자라도 해당된다"라는 것이다. 그러나 본문에서 우리가 확인하지 않았던 것은 어떻게 쉘이 그것을 이해하고 수행하는가이다. 간단한 해답이 여기 있다. 바로 쉘이 echo 명령어가 실행되기 전에 * 기호를 다른 무언가로 확장시킨다는 것이다(이 예제에서는 현재 작업 디렉토리에 있는 모든 디렉토리의 이름으로 확장시켰다). 엔터키를 눌렀을 때, 쉘은 자동적으로 명령어가 실행되기 직전에 모든 한정 문자들을 확장시킨다. 따라서 echo 명령어는 * 기호 그 자체를 출력하지 않고 그 확장된 결과만을 보여준 것이다. 이것으로 이제 echo가 정상적으로 동작했다는 것을 알게 되었을 것이다.

경로명 확장

이처럼 와일드카드로 동작하는 방식을 **경로명 확장**이라고 한다. 이전 장에서 몇 가지 기술들을 시도해봤다면 그것들이 확장이었다는 것을 알게 되었을 것이다. 다음과 같이 홈 디렉토리가 있다.

```
[me@linuxbox ~]$ ls
Desktop      ls-output.txt  Pictures   Templates
Documents  Music          Public     Videos
```

다음과 같이 확장을 실행할 수 있다.

```
[me@linuxbox ~]$ echo D*
Desktop Documents
```

그리고

```
[me@linuxbox ~]$ echo *s
Documents Pictures Templates Videos
```

또는

```
[me@linuxbox ~]$ echo [[:upper:]]*
Desktop Documents Music Pictures Public Templates Videos
```

그리고 홈 디렉토리를 벗어나 다른 디렉토리도 살펴보자.

```
[me@linuxbox ~]$ echo /usr/*/share
/usr/kerberos/share /usr/local/share
```

숨김 파일의 경로명 확장

알다시피 마침표로 시작하는 파일명이 있다면 그것은 숨겨진 파일이다. 경로명 확장 또한 이러한 숨겨진 파일의
규칙을 따른다. 다음과 같은 확장 명령으로는 숨김 파일을 가져올 수 없다.

    echo *

언뜻 보기에는 다음과 같이 마침표를 앞에 두고 확장을 하면 숨김 파일도 같이 볼 수 있을 거라 생각할 수 있다.

    echo .*

거의 비슷하다. 하지만 결과를 자세히 들여다보면 파일명에 .과 ..이 포함된 파일까지도 결과로 출력되었음을
알 수 있다. 이 이름들이 의미하는 것은 현재 작업 디렉토리와 그 상위 디렉토리이기 때문에 이러한 패턴을 이
용하는 것은 정확한 결과를 가져오지 못한다. 다음 명령어로 이 결과를 확인해보도록 하자.

    ls -d .* | less

이러한 경우 올바른 경로명 확장을 수행하기 위해서는 보다 특별한 패턴을 적용해야 한다. 다음 명령어를 사용
하면 올바르게 수행될 것이다.

    ls -d .[!.]?*

이 패턴은 마침표로 시작하는 모든 파일명으로 확장시키며, 두 번째 마침표는 포함시키지 않으면서 추가로 하나
이상의 문자가 있어야 하며 그 뒤로는 어떠한 문자도 올 수 있다는 것을 나타낸다.

틸드 (~) 확장

cd 명령어에 대해 다시 상기시켜보자. ~(물결표) 기호 문자는 특별한 의미를 가지고 있다. 이 기호
가 맨 앞에 있다면, 지정된 사용자의 홈 디렉토리명을 나타내고, 이름을 지정하지 않으면 현재 사
용자의 홈 디렉토리명을 나타낸다.

```
[me@linuxbox ~]$ echo ~
/home/me
```

foo라는 사용자 계정을 가지고 있다면 다음과 같을 것이다.

```
[me@linuxbox ~]$ echo ~foo
/home/foo
```

산술 확장

쉘에서는 산술식 확장이 가능하다. 따라서 쉘 프롬프트를 계산기처럼 사용할 수 있다.

```
[me@linuxbox ~]$ echo $((2 + 2))
4
```

산술 확장은 다음과 같은 형태로 표현한다.

$((expression))

산술식에는 값과 산술 연산자가 포함될 수 있다.

산술 확장에서는 정수(소수 제외)만을 허용하긴 하지만 꽤 다양한 연산을 수행할 수 있다. 표 7-1에는 사용 가능한 연산자들이 나와 있다.

표 7-1 산술 연산자

연산자	설명
+	더하기
-	빼기
*	곱하기
/	나누기(산술 확장에서는 정수만 사용하기 때문에 표시되는 결과는 항상 정수다)
%	모듈로(Modulo), 나머지 값을 반환해주는 연산자
**	거듭제곱

산술식에서 공백은 중요하지 않으며, 또한 산술식은 중첩될 수 있다. 예를 들어서 5^2 곱하기 3을 해보자

```
[me@linuxbox ~]$ echo $(($((5**2)) * 3))
75
```

괄호는 여러 식을 표현할 때 사용할 수 있다. 이러한 기능으로 앞의 예제를 다시 작성해보자. 하나
의 확장만을 사용해서 똑같은 결과를 얻을 수 있다.

```
[me@linuxbox ~]$ echo $(((5**2) * 3))
75
```

다음에는 나누기와 나머지 연산자를 활용한 예제가 있다. 정수의 나눗셈 결과를 확인해보자.

```
[me@linuxbox ~]$ echo Five divided by two equals $((5/2))
Five divided by two equals 2
[me@linuxbox ~]$ echo with $((5%2)) left over.
with 1 left over.
```

산술 확장에 대해서는 34장에서 아주 자세히 살펴보게 될 것이다.

중괄호 확장

아마도 가장 어색한 확장 개념은 바로 **중괄호 확장**일 것이다. 중괄호 안에 표현된 패턴과 일치하는
다양한 텍스트 문자열을 만들 수 있다. 여기 예제를 보도록 하자.

```
[me@linuxbox ~]$ echo Front-{A,B,C}-Back
Front-A-Back Front-B-Back Front-C-Back
```

중괄호에 의해 확장된 패턴은 **프리앰블**(preamble)이라고 부르는 앞부분과 **포스트스크립트**(postscript)
라는 끝부분을 가진다. 중괄호 표현식은 그 자체가 쉼표로 구분된 문자열을 표현하거나 정수나 문
자의 범위를 표현할 수 있다. 또한 이러한 패턴에는 빈칸이 허용되지 않는다. 정수 범위를 표현한
예제를 살펴보도록 하자.

```
[me@linuxbox ~]$ echo Number_{1..5}
Number_1 Number_2 Number_3 Number_4 Number_5
```

역순으로 된 알파벳 결과를 보여주고 있다.

```
[me@linuxbox ~]$ echo {Z..A}
Z Y X W V U T S R Q P O N M L K J I H G F E D C B A
```

중괄호 확장식도 중첩될 수 있다.

```
[me@linuxbox ~]$ echo a{A{1,2},B{3,4}}b
aA1b aA2b aB3b aB4b
```

그렇다면 이러한 기능이 어떤 경우에 유용할까? 대부분 일반적인 어플리케이션은 파일 및 디렉토리 목록을 생성한다. 예를 들면, 우리가 사진작가고 연도별 또는 월별로 정리하려는 방대한 양의 사진이 있다면 첫 번째로 해야 할 것은 아마도 연도-월 형식의 디렉토리들을 만드는 것이다. 이런 식으로 디렉토리명들을 시간 순서대로 정렬할 것이다. 일일이 디렉토리명을 입력할 수도 있겠지만 그 작업량이 방대하고 또 실수할 가능성이 크다. 이런 방법 대신에 다음과 같이 할 수 있다.

```
[me@linuxbox ~]$ mkdir Pics
[me@linuxbox ~]$ cd Pics
[me@linuxbox Pics]$ mkdir {2009..2011}-0{1..9} {2009..2011}-{10..12}
[me@linuxbox Pics]$ ls
2009-01  2009-07  2010-01  2010-07  2011-01  2011-07
2009-02  2009-08  2010-02  2010-08  2011-02  2011-08
2009-03  2009-09  2010-03  2010-09  2011-03  2011-09
2009-04  2009-10  2010-04  2010-10  2011-04  2011-10
2009-05  2009-11  2010-05  2010-11  2011-05  2011-11
2009-06  2009-12  2010-06  2010-12  2011-06  2011-12
```

상당히 멋진 기능이다!

매개변수 확장

이번 장에서는 매개변수 확장에 대해서 간단하게만 알아보고 나중에 좀 더 집중적으로 다룰 것이다. 사실 커맨드라인보다 쉘 스크립트에서 더 유용한 기능이 바로 매개변수 확장이다. 이 기능은 작은 데이터 덩어리를 저장하고 각 덩어리마다 이름을 붙이는 시스템 기능과 함께 사용할 때 더 많은 능력을 발휘할 수 있다. 이러한 데이터 덩어리를 더 정확하게 표현하면 **변수**다. 각 변수들은 다음 예제처럼 확인할 수 있다. 예를 들면, USER라고 하는 변수는 여러분의 사용자명을 가지고 있는데, 매개변수 확장으로 USER 내용을 볼 수 있다. 다음과 같이 하면 된다.

```
[me@linuxbox ~]$ echo $USER
me
```

사용 가능한 변수 목록을 보기 위해서 다음과 같이 입력해보자.

```
[me@linuxbox ~]$ printenv | less
```

여기서 다른 형식의 확장과 함께 사용했을 경우, 패턴을 잘못 입력하면 그 확장은 작동하지 않고 echo 명령어는 단순히 잘못된 패턴을 출력한다. 매개변수 확장으로는 변수명을 잘못 입력하면 이 확장은 여전히 수행되지만, 빈 문자열을 반환해준다.

```
[me@linuxbox ~]$ echo $SUER

[me@linuxbox ~]$
```

명령어 치환

명령어 치환으로 명령어의 출력 결과를 확장으로 사용할 수 있다.

```
[me@linuxbox ~]$ echo $(ls)
Desktop Documents ls-output.txt Music Pictures Public Templates Videos
```

다음은 필자가 가장 좋아하는 방법 중 하나다.

```
[me@linuxbox ~]$ ls -l $(which cp)
-rwxr-xr-x 1 root root 71516 2012-12-05 08:58 /bin/cp
```

여기서 ls 명령어 인자로 which cp의 결과를 사용했음을 알 수 있다. 그렇게 함으로써 경로명 전체를 알지 못해도 cp 프로그램의 내용을 볼 수 있다. 이것은 단순히 명령어에 제한되지 않고 파이프라인 전체에서 사용될 수 있다(다음은 결과의 일부만을 표시했다).

```
[me@linuxbox ~]$ file $(ls /usr/bin/* | grep zip)
/usr/bin/bunzip2:      symbolic link to `bzip2'
/usr/bin/bzip2:        ELF 32-bit LSB executable, Intel 80386, version 1 (SYSV
), dynamically linked (uses shared libs), for GNU/Linux 2.6.9, stripped
/usr/bin/bzip2recover: ELF 32-bit LSB executable, Intel 80386, version 1
(SYSV), dynamically linked (uses shared libs), for GNU/Linux 2.6.9, stripped
/usr/bin/funzip:       ELF 32-bit LSB executable, Intel 80386, version 1 (SYSV
), dynamically linked (uses shared libs), for GNU/Linux 2.6.9, stripped
/usr/bin/gpg-zip:      Bourne shell script text executable
/usr/bin/gunzip:       symbolic link to `../../bin/gunzip'
/usr/bin/gzip:         symbolic link to `../../bin/gzip'
/usr/bin/mzip:         symbolic link to `mtools'
```

이 예제에서는 파이프라인 결과가 file 명령어의 명령 인자로 쓰였다.

bash나 예전 셸 프로그램에서는 명령어를 치환하는 다른 문법이 있다. $ 기호나 괄호를 사용하는 대신 **따옴표**(') 기호를 사용한다.

```
[me@linuxbox ~]$ ls -l 'which cp'
-rwxr-xr-x 1 root root 71516 2012-12-05 08:58 /bin/cp
```

따옴표 활용(Quoting)

지금까지 쉘의 다양한 확장 방법에 대해서 알아보았다. 이제는 그것을 제어하는 방법에 대해서 배울 시간이다. 다음 예제를 따라 해보자.

```
[me@linuxbox ~]$ echo this is a        test
this is a test
```

또는 다음과 같이 해보자.

```
[me@linuxbox ~]$ echo The total is $100.00
The total is 00.00
```

첫 번째 예제에서는 쉘이 echo 명령어의 인자에서 불필요한 공백을 삭제하여 **단어 분할**을 했다. 두 번째 예제에서는 매개변수 확장으로 정의되지 않은 변수로 처리된 $1이 빈 문자열로 치환되었다. 쉘은 원치 않는 확장을 선택적으로 감출 수 있도록 **따옴표 기호를 활용하는 기능**(Quoting)을 제공해준다.

쌍 따옴표 기호

따옴표를 활용한 첫 번째 형태는 **쌍 따옴표**다. 쌍 따옴표로 텍스트를 묶으면 쉘에서 사용하는 모든 특수한 기호들이 가진 의미가 없어지고 대신 일반적인 문자들로 인식된다. 단, $, \, ` 기호는 예외다. 즉 단어 분할, 경로명 확장, 틸드(~) 확장, 괄호 확장을 숨길 수 있지만 매개변수 확장, 산술 확장, 명령어 치환은 그대로 실행된다. 쌍 따옴표로 파일명에 있는 공백 문제를 해결할 수 있다. 예를 들어 우리는 two words.txt라는 파일명 때문에 애를 먹고 있는데, 커맨드라인에서 이 이름을 사용하면 하나의 파일이 아니라 단어 분할로 인해 두 개의 별도 명령 인자로 인식되기 때문이다.

```
[me@linuxbox ~]$ ls -l two words.txt
ls: cannot access two: No such file or directory
ls: cannot access words.txt: No such file or directory
```

쌍 따옴표를 사용해서 이러한 단어 분할 문제를 막고 원하는 결과를 얻을 수 있다. 심지어 이 문제로 인한 손상을 복원할 수도 있다.

```
[me@linuxbox ~]$ ls -l "two words.txt"
-rw-rw-r-- 1 me   me   18 2012-02-20 13:03 two words.txt
[me@linuxbox ~]$ mv "two words.txt" two_words.txt
```

바로 이것이다. 이제 귀찮게 쌍 따옴표를 입력할 필요가 없다.

저자주: 매개변수 확장, 산술 확장, 명령어 치환 시에는 쌍 따옴표 안에서도 그 작업을 그대로 수행한다.

```
[me@linuxbox ~]$ echo "$USER $((2+2)) $(cal)"
me 4  February  2012
Su Mo Tu We Th Fr Sa
          1  2  3  4
 5  6  7  8  9 10 11
12 13 14 15 16 17 18
19 20 21 22 23 24 25
26 27 28 29
```

명령어 치환 시 쌍 따옴표의 효과에 대해서 좀 더 자세히 살펴보려고 한다. 첫째, 단어 분할이 어떤 식으로 이루어지는가를 깊이 들여다보자. 이전 예제에서 단어 분할이 텍스트에 있는 빈칸을 어떻게 삭제하는지를 보았다.

```
[me@linuxbox ~]$ echo this is a        test
this is a test
```

기본적으로 단어 분할은 빈칸, 탭, 개행문자 유무를 확인하고 이들을 단어 사이의 구분자로 처리한다. 이 말은 따옴표가 없는 공백, 탭, 개행문자는 텍스트로 인식하지 않는다는 뜻이다. 그저 문자 정보를 분리해주는 기호일 뿐인 것이다. 이 때문에 단어가 다른 인자로 구분되어, 예제에 나타난 문장은 4개의 각기 다른 명령 인자로 표현된 것이다. 그러나 여기에 쌍 따옴표를 붙이면 문자 분할은 사라지고, 빈칸은 구분 기호로 처리되지 않으며, 명령 인자에 포함된 일부분으로 인식된다.

```
[me@linuxbox ~]$ echo "this is a        test"
this is a        test
```

일단 쌍 따옴표가 사용되면, 커맨드라인에서 하나의 명령 인자로 처리된다.

단어 분할 기능에 의해 새 줄이 구분 기호로 인식되는 사실은 미묘한 효과라 할지라도 명령어 치환

시에는 재미난 효과를 가져온다. 다음 예제를 생각해보자.

```
[me@linuxbox ~]$ echo $(cal)
February 2012 Su Mo Tu We Th Fr Sa 1 2 3 4 5 6 7 8 9 10 11 12 13 14 15 16 17
18 19 20 21 22 23 24 25 26 27 28 29
[me@linuxbox ~]$ echo "$(cal)"
      February 2012
Su Mo Tu We Th Fr Sa
          1  2  3  4
 5  6  7  8  9 10 11
12 13 14 15 16 17 18
19 20 21 22 23 24 25
26 27 28 29
```

첫 번째 입력은 따옴표가 없는 명령어 치환의 결과로, 38개의 명령 인자를 가진 명령어로 인식하게 되었다. 두 번째 입력은 빈칸과 개행 문자를 포함하여 하나의 명령 인자로 인식하게 되었다..

따옴표 기호

모든 확장을 숨겨야 한다면 따옴표 기호를 사용하면 된다. 따옴표가 없이, 따옴표, 쌍 따옴표를 활용한 결과를 비교해보자.

```
[me@linuxbox ~]$ echo text ~/*.txt {a,b} $(echo foo) $((2+2)) $USER
text /home/me/ls-output.txt a b foo 4 me
[me@linuxbox ~]$ echo "text ~/*.txt {a,b} $(echo foo) $((2+2)) $USER"
text ~/*.txt {a,b} foo 4 me
[me@linuxbox ~]$ echo 'text ~/*.txt {a,b} $(echo foo) $((2+2)) $USER'
text ~/*.txt {a,b} $(echo foo) $((2+2)) $USER
```

예제에서 볼 수 있듯이 각각 따옴표 기호가 늘어나면서 점점 확장이 없어지는 것을 알 수 있다.

이스케이프 문자

가끔씩 하나의 문자를 인용하고 싶을 때가 있다. 이를 위해서는 해당 문자 앞에 백슬래시를 추가하면 되는데, 이것을 **이스케이프 문자**(escape character)라고 부른다. 종종 이 문자는 선택적으로 확장을 막기 위해서 쌍 따옴표 안에서 사용된다.

```
[me@linuxbox ~]$ echo "The balance for user $USER is: \$5.00"
The balance for user me is: $5.00
```

또한 파일명에 있는 어떤 문자가 가지고 있는 특별한 의미를 없애고 싶을 때 흔히 사용된다. 쉘상에서 특별한 의미가 있는 문자를 파일명에 사용하고 싶은 경우가 바로 그 예다. 그러한 문자들 중에는 $, !, &, (공백) 등 여러 가지가 있다. 파일명에 이 기호들을 사용하고 싶다면 다음과 같이 하면 된다.

```
[me@linuxbox ~]$ mv bad\&filename good_filename
```

백슬래시 기호를 표시하고 싶으면 \\를 입력하라. 단, 따옴표 내에서는 백슬래시의 의미가 사라지고 평범한 문자로 인식된다.

백슬래시 확장 문자열(Backslash Escape Sequences)

백슬래시는 이스케이프 문자의 역할과 더불어 **제어 코드**로 불리는 특수한 문자를 대표하는 기호의 일부분으로써 사용된다. ASCII 코드 체계의 처음 32개의 문자들은 텔레타이프와 같은 장치로 명령어를 전송하는 역할을 한다. 이러한 코드들 중 일부는 이미 알고 있는 것들(탭, 백스페이스, 라인피드, 캐리지 리턴)이지만 나머지(null, EOT, ACK)는 그렇지 않다.

표 7-2 백슬래시 확장 문자열

확장 문자열	뜻
\a	벨 ("알림" – 컴퓨터에서 알림소리 발생)
\b	백스페이스
\n	새 줄 (유닉스와 같은 시스템에서는 라인피드를 생성한다)
\r	캐리지 리턴
\t	탭

이 표는 일반적인 백슬래시 확장 문자열의 일부를 보여준다. 백슬래시 개념은 원래 C 언어에서 유래됐다. 그 이후로 쉘에서처럼 다른 많은 곳에서 이 개념이 사용되어 온 것이다.

echo에 -e 옵션을 붙여 사용하면 이스케이프 문자를 해석한다. 또는 $' '문자를 다음과 같이 입력해도 되는데, sleep 명령어를 이용해서 지정된 시간(초)동안 기다린 후 종료하는 간단한 프로그램을 작성해보려고 한다. 이것으로 기본적인 카운트다운 타이머를 만들 수 있다.

```
sleep 10; echo -e "Time's up\a"
```

$' ' 문자를 사용할 수 있다.

```
sleep 10; echo "Time's up" $'\a'
```

마무리 노트

앞으로 쉘을 계속 사용하다 보면 확장과 따옴표 기능을 자주 사용하게 될 것이고 결국 이러한 기능들이 어떻게 작업을 수행하는지에 대해서 이해할 수 있을 것이다. 사실, 쉘에서 가장 중요한 부분이라고 말하기에는 조금 논란의 여지가 있을 수도 있다. 하지만 확장에 대한 정확한 이해 없이는, 쉘은 언제나 이해하기 힘들고 헷갈리는 존재로 인식되어 그 잠재된 능력을 허비할 수밖에 없게 될 것이다.

8

고급 키보드 기법

필자가 종종 농담 삼아 하는 이야기가 있다. "유닉스는 타이핑을 좋아하는 사람들을 위한 운영체제라는 것"이다. 유닉스에 커맨드라인이 있다는 사실이 바로 그 증거다. 하지만 커맨드라인 사용자는 타이핑을 **그다지** 좋아하지 않는다. 왜 그렇게 많은 명령어 이름은 cp, ls, mv, rm처럼 짧을까?

사실 커맨드라인의 가장 소망하는 목표 중 하나는 최소한의 키보드 조작으로 많은 일을 할 수 있는 일종의 게으름이다. 또 다른 목표는 키보드 외에 다른 곳으로 손가락을 사용하지 않는 것, 즉 마우스를 사용하지 않는 것이다. 이번 장에서는 키보드를 더 빠르고 효율적으로 사용할 수 있는 bash 기능을 자세히 살펴볼 것이다.

다음 명령어들이 이번 장에서 등장한다.

- clear — 화면 지우기
- history — 히스토리 표시하기

커맨드라인 편집

bash는 **Readline**이라고 하는 라이브러리(여러 프로그램이 사용할 수 있는 공유 루틴의 모음)를 사용하는데, 이것으로 커맨드라인을 편집할 수 있다. 우리는 이미 이것의 일부를 공부했다. 예를 들면, 화살표 키로 커서를 이동하는 것 같은, 하지만 더 많은 기능들을 가지고 있다. 이러한 기능들은 우리가 하려는 작업에서 얼마든지 활용할 수 있는 부가 도구임을 기억하자. 모두 다 알 필요는 없지만 대부분 아주 유용하다. 원하는 것을 선택해서 사용하도록 하자.

저자주: 다음에 있는 일부 키 입력 순서는 GUI 환경에서 정의된 기능과 충돌할 수도 있다. 가상 콘솔에서는 모든 키 시퀀스가 정상적으로 작동한다.

커서 이동

표 8-1은 커서를 이동할 때 사용하는 키 목록이다.

표 8-1 커서 이동 명령어

키	실행
CTRL-A	줄 맨 앞으로 커서 이동
CTRL-E	줄 맨 끝으로 커서 이동
CTRL-F	다음 한 글자로 커서 이동. 오른쪽 화살표 키와 동일함
CTRL-B	이전 한 글자로 커서 이동. 왼쪽 화살표 키와 동일함
ALT-F	다음 한 단어로 커서 이동
ALT-B	이전 한 단어로 커서 이동
CTRL-L	화면을 지우고 커서를 왼쪽 최상단으로 이동. clear 명령어와 동일함

텍스트 수정

표 8-2는 커맨드라인상에서 글자를 수정할 때 사용하는 키보드 명령어 목록이다.

텍스트 잘라내기 및 붙이기 (텍스트 지우고 복사하기)

Readline 문서는 **Killing**(텍스트 지우기)와 **Yanking**(텍스트 복사하기)라는 용어를 사용하는데 각각

의미하는 바는 잘라내기와 붙이기로 흔히 불린다. 표 8-3은 잘라내기와 붙이기에 유용한 명령어들이다. 잘라낸 데이터는 **kill-ring**이라고 하는 버퍼에 저장된다.

표 8-2 텍스트 편집 명령어

키	실행
CTRL-D	현재 커서 위치에 있는 글자 지우기
CTRL-T	현재 커서 위치에 있는 글자와 바로 앞 글자의 위치 바꾸기
ALT-T	현재 커서 위치에 있는 단어와 바로 앞 단어의 위치 바꾸기
ALT-L	현재 커서 위치에 있는 글자부터 그 단어 끝 부분까지 소문자로 바꾸기
ALT-U	현재 커서 위치에 있는 글자부터 그 단어 끝 부분까지 대문자로 바꾸기

표 8-3 잘라내기/붙이기 명령어

키	실행
CTRL-K	현재 커서 위치로부터 그 줄 끝 부분까지 텍스트 지우기
CTRL-U	현재 커서 위치로부터 그 줄 처음 부분까지 텍스트 지우기
ALT-D	현재 커서 위치에서부터 그 단어 끝 부분까지 텍스트 지우기
ALT-BACKSPACE	현재 커서 위치에서부터 그 단어 앞부분까지 텍스트 삭제하기. 단, 커서가 단어 맨 앞에 위치하고 있다면 바로 앞 단어를 삭제한다.
CTRL-Y	kill-ring에 있는 텍스트를 복사해서 현재 커서 위치에 삽입하기

메타 키(Meta Key)

bash man 페이지의 "READLINE" 섹션에 있는 Readline 문서를 살펴보다 보면 **메타 키**라는 용어를 보게 될 것이다. 요즘 키보드에는 ALT 키가 대신하고 있지만 꼭 그렇지만은 않다.

암흑의 시대(유닉스 세대 이후이지만 PC가 나오기 전의 시기)로 되돌아가보면 모두가 개인용 컴퓨터를 가지고 있지는 않았다. 다만 **터미널**이라고 하는 장치를 가지고 있을 순 있었다. 터미널은 텍스트 화면과 키보드가 있는 통신 장치로 텍스트나 커서를 이동할 수 있는 정도의 전자 장치였다. 이것은(보통 직렬 케이블로) 보다 큰 컴퓨터나 그런 컴퓨터의 통신 네트워크에 연결되었다. 다양한 브랜드의 터미널이 있었고 모두 각기 다른 화면과 키보드를 가지고 있었다. 또한, ASCII 코드를 최소한 이해하도록 만들어졌기 때문에, 호환성이 좋은 애플리케이션을 원하던 소프트웨어 개발자들은 최소한의 공통분모를 찾아서 프로그램을 만들었다. 유닉스 시스템은 터미널과 각기 다른 화면 표시 기능을 처리하는 매우 정교한 방법을 가지고 있다. Readline 개발자들은 기타 여분의 컨트롤 전용키가 있는지 확신할 수 없었기 때문에 **메타**(meta)라는 새로운 키를 만들어냈다. ALT 키가 요즘 키보드에서 메타 키를 대신하고 있지만 여전히 터미널을 사용하고 있다면(리눅스에서 여전히 작업 중이라면!), ALT 키를 누른 것과 똑같은 결과를 얻기 위해 ESC 키를 눌렀다 놓을 수 있다.

자동 완성

쉘이 작업을 수월하게 해주는 또 다른 방법은 바로 **자동 완성** 기능이다. 명령어를 입력하는 동안 탭 키를 누르면 자동 완성 기능이 작동한다. 어떻게 동작하는지 살펴보도록 하자. 다음과 같이 홈 디 렉토리를 살펴본다고 하자.

```
[me@linuxbox ~]$ ls
Desktop     ls-output.txt  Pictures  Templates  Videos
Documents   Music          Public
```

다음과 같이 입력하되 **엔터키를 누르지 않는다.**

```
[me@linuxbox ~]$ ls l
```

이제 탭키를 입력한다.

```
[me@linuxbox ~]$ ls ls-output.txt
```

자, 쉘이 어떻게 자동 완성을 하는지 보이는가? 하나 더 해보자. 역시 엔터키를 누르지 않는다.

```
[me@linuxbox ~]$ ls D
```

탭키를 입력한다.

```
[me@linuxbox ~]$ ls D
```

아무 반응이 없다. 다만 알림 소리가 난다. 그 이유는 디렉토리 내에 D로 시작하는 것이 하나 이상 이기 때문이다. 자동 완성 기능이 제대로 이루어지려면 여러분이 입력하는 일종의 "단서"가 모호해 서는 안 된다. 좀 더 진행해보자.

```
[me@linuxbox ~]$ ls Do
```

이제 탭키를 누르면,

```
[me@linuxbox ~]$ ls Documents
```

자동 완성을 성공했다.

이 예제는 경로명을 자동 완성해주는 것을 보여주고 있는데, 가장 흔히 경로명뿐만 아니라 변수(단어 시작이 $ 기호인 경우), 사용자명(~ 기호로 시작할 경우), 명령어(해당 줄 첫 단어일 경우), 그리고 호스트명(@ 기호로 시작할 경우)에도 사용될 수 있다. 호스트명에 대한 자동 완성은 /etc/hosts 디렉토리에 있는 호스트명에만 해당된다.

다양한 컨트롤 키와 메타 키 시퀀스는 자동 완성과 관련이 많다(표 8-4 참조).

표 8-4 자동 완성 명령어

키	실행
ALT-?	가능한 자동 완성 목록을 보여준다. 대부분의 시스템에서 탭 키를 두 번 입력하면 볼 수 있으며, 보다 작업이 수월해진다.
ALT-*	가능한 모든 자동 완성 목록을 삽입한다. 한 개 이상의 해당되는 목록을 보고 싶을 때 유용하다.

잘 알려지진 않았지만 몇 가지 필자가 알고 있는 것들이 있다. bash man 페이지의 "READLINE" 섹션에서 이 목록을 볼 수 있다.

프로그램 가능한 자동 완성

bash 최신 버전은 **프로그래머블**(programmable) **자동 완성**이라고 하는 기능을 지원한다. 이것은 사용자(혹은 배포판 제공자)가 직접 새로운 자동 완성 규칙을 추가할 수 있게 해준다. 보통 특수한 애플리케이션을 지원하고자 사용되는데, 예를 들어서 명령어의 옵션 목록에 대한 자동 완성 기능을 추가할 수 있고 또는 애플리케이션이 지원하는 특정한 파일 형식을 찾을 수 있다. 우분투는 상당히 방대한 규칙이 기본적으로 정의되어 있다. 프로그래머블 자동 완성은 일종의 작은 쉘 스크립트로 구현이 되는데, 이 부분은 추후에 다루게 될 것이다. 더 궁금하다면 다음과 같이 실행해보자.

```
set | less
```

그리고 그것들을 찾을 수 있다면 한번 살펴보아라. 단, 모든 리눅스 배포판에서 기본으로 지원되는 것은 아니다.

히스토리 활용

1장에서 살펴보았듯이, bash는 입력된 명령어에 대한 히스토리를 가지고 있다. 이러한 히스토리는 홈 디렉토리에 .bash_history라는 파일로 저장된다. 히스토리 기능은 키보드 입력하는 시간을 줄여주는 유용한 자원이다. 특히 커맨드라인에서 작업할 때 정말로 유용하다.

히스토리 검색

언제든지 히스토리 목록을 확인할 수 있다.

```
[me@linuxbox ~]$ history | less
```

기본값으로 bash는 사용자가 입력한 최근 500개의 명령어를 저장할 수 있다. 11장에서 이 값을 조정하는 방법을 다룰 것이다. 이제 /usr/bin 디렉토리에서 사용하던 명령어를 찾아보려고 한다. 다음에 우리가 할 수 있는 한 가지 방법이 있다.

```
[me@linuxbox ~]$ history | grep /usr/bin
```

다음과 같이 출력 결과 중 필요한 명령어가 포함된 줄을 찾았다고 하자.

```
88 ls -l /usr/bin > ls-output.txt
```

숫자 88은 히스토리 목록에서 그 명령어가 있는 줄 번호다. 이것을 **히스토리 확장**이라고 하는 다른 형식의 확장으로 활용할 수 있다.

```
[me@linuxbox ~]$ !88
```

bash는 !88을 히스토리 목록에 있는 88번째 줄의 내용으로 확장시킬 것이다. 조금 후에 히스토리 확장의 또 다른 형식들을 살펴볼 것이다.

bash는 또한 히스토리 목록 증가분에 따라 검색 기능을 제공한다. 이는 글자를 입력하면서 히스토리 목록을 검색하도록 bash에 명령을 주면 각 글자가 추가될 때마다 우리가 원하는 검색 결과를 골라서 보여준다는 것이다. 이러한 증분 검색을 시작하기 위해서 찾으려고 하는 텍스트에 CTRL-R키를 입력하라. 원하는 결과를 얻었다면 엔터키를 눌러서 명령어를 실행하거나 CTRL-J키를 입력하여 히스토리 결과를 복사하여 현재 커맨드라인에 붙이면 된다. 다음 텍스트를 찾을 때도 CTRL-R키를 다시 입력하면 된다. 검색을 마치려면 CTRL-G 또는 CTRL-C를 입력한다. 다음에 작업 중인 예제가 있다.

```
[me@linuxbox ~]$
```

CTRL-R키를 입력한다.

```
(reverse-i-search)`':
```

프롬프트는 역순 검색을 수행하도록 하고 있다. 즉 "현재"부터 지난 한 시점까지 검색하는 것이기 때문에 "역순"인 것이다. 그 다음, 검색하려는 텍스트를 입력한다. 이 예제에서는 /usr/bin 디렉토리를 검색하게 된다.

```
(reverse-i-search)`/usr/bin': ls -l /usr/bin > ls-output.txt
```

곧바로 검색 결과가 표시된다. 이제 엔터키를 눌러서 명령어를 바로 실행할 수 있다. 또는 CTRL-J키를 입력해서 추후 편집을 위해 현재 커맨드라인에 그 명령어를 복사할 수 있다.

```
[me@linuxbox ~]$ ls -l /usr/bin > ls-output.txt
```

셸 프롬프트는 결과를 보여주고 커맨드라인은 실행을 위한 준비가 완료된다.

표 8-5에는 히스토리 목록을 조작하는 몇 가지 키보드 조작법이 나와있다.

표 8-5 히스토리 명령어

키	실행
CTRL-P	이전 히스토리 항목으로 이동. 위쪽 화살표키와 동일함.
CTRL-N	다음 히스토리 항목으로 이동. 아래쪽 화살표키와 동일함.
ALT-<	히스토리 목록 처음으로 이동.
ALT->	히스토리 목록 마지막으로 이동(현재 커맨드라인 기준).
CTRL-R	역순 증분 검색. 현재 커맨드라인에서 히스토리 목록으로 증분 검색.
ALT-P	역순 검색. 증분 검색이 아님. 이 키 다음에, 검색 문자열을 입력한 후 검색이 실행되기 전에 엔터키를 누른다.
ALT-N	순방향(forward) 검색. 증분 검색 아님.
CTRL-O	히스토리 목록에 있는 현재 항목을 실행하고 다음 항목으로 이동한다. 히스토리 목록에 있는 순서대로 명령어를 재실행할 때 매우 편리하다.

히스토리 확장

셸은 ! 기호를 사용해서 히스토리 목록에 있는 항목들에 특수한 형식의 확장을 지원한다. 여러분은 이미 이 감탄사 기호가 어떻게 사용되는지 알고 있다. 히스토리 목록에서 하나의 항목을 가져오기 위해 번호 앞에 표시한다. 이 외에도 다양한 확장 기능이 있다(표 8-6 참조).

히스토리 목록에 있는 내용을 확실히 모른다면 !string과 !?string 형식 사용에 주의를 기울이길 바란다.

히스토리 확장에는 굉장히 많은 항목들을 활용할 수 있지만 이 장은 이미 너무나 이해하기 힘들기 때문에 더 많은 걸 알려고 하면 우리의 두뇌가 폭발할지도 모른다. 따라서 bash man 페이지에 있는 "히스토리 확장" 섹션에 자세하게 나와있는 내용을 부담 갖지 말고 천천히 살펴보도록 하자.

표 8-6 히스토리 확장 명령어

시퀀스	실행
!!	마지막 명령어를 반복하여 실행. 위쪽 화살표와 엔터키를 입력하는 것보다 아마 더 용이할 것이다.
!*number*	이 번호에 해당하는 항목을 실행.
!*string*	이 문자열로 시작하는 가장 최근에 입력된 항목을 실행.
!?*string*	이 문자열이 포함된 가장 최근에 입력된 항목을 실행.

스크립트

대부분의 리눅스 배포판에는 bash의 명령어 히스토리 기능뿐만 아니라, 스크립트라고 하는 프로그램을 가지고 있다. 이것은 모든 쉘 세션을 기록하고 파일에 저장하기 위해 사용될 수 있다. 기본적인 명령 형식은 다음과 같다.

```
script [file]
```

*file*에는 세션 기록을 저장할 파일명을 입력한다. 파일명이 지정되지 않으면 typescript라는 파일이 사용된다. 이 프로그램의 옵션과 기능에 대한 완벽한 정보가 들어있는 script man 페이지를 확인하길 바란다.

마무리 노트

이번 장에서는 키보드 마니아들의 작업량을 줄여주기 위해서 쉘이 제공하는 키보드 트릭들을 살펴보았다. 시간이 흘러, 커맨드라인에 조금 더 가까워질수록 키보드 트릭을 활용하기 위해서 이 부분을 다시 참고하게 될 것이다. 지금으로서는 부가적인 정보나 잠재적으로 도움이 될 정보라고만 생각해두자.

9

퍼미션

유닉스 계열 운영체제들은 MS-DOS 계열 운영체제들과 여러모로 다르다. MS-DOS 계열은 **멀티태스킹** 시스템도 아니고 **멀티유저** 시스템도 아니다.

이것은 정확히 무엇을 뜻하는 것일까? 바로 동시에 한 명 이상이 컴퓨터를 사용할 수 있다는 것을 의미한다. 일반적인 컴퓨터는 하나의 키보드와 모니터를 가지지만 여전히 한 명 이상이 사용할 수 있다. 예를 들면, 네트워크나 인터넷에 연결된 컴퓨터라면, 원격 사용자가 ssh(secure shell)를 통해 로그인해서 컴퓨터를 조작할 수 있다. 사실 원격 사용자들은 그래픽 응용 프로그램을 실행할 수 있고 원격 디스플레이에서 그래픽 출력 결과를 볼 수 있다. X 윈도우 시스템이 기본적인 설계의 일부로 이것을 지원한다.

리눅스의 멀티유저 지원은 최근의 "혁신"이 아니라, 운영체제 설계에서부터 깊이 내장된 기능이다. 유닉스가 만든 환경을 감안하면 이는 일리가 있다. 수년 전, 컴퓨터가 "개인용"이 되기 전에는 매우 크고, 값이 비싸고, 중앙집권적이었다. 일반적인 대학 컴퓨터 시스템을 예로 들면 한 빌딩 내에 위치한 큰 중앙 컴퓨터와 캠퍼스 전역에 걸쳐 위치하여 중앙 컴퓨터에 각각 연결된 작은 단말기들로 구성되어 있었다. 그 중앙 컴퓨터는 동시에 많은 사용자를 지원한다.

이를 실제적으로 사용하기 위해서는 다른 사용자로부터 각 사용자를 보호하기 위한 방법이 필요하다. 한 사용자의 동작으로 인해 컴퓨터가 고장 나지 말아야 한다는 것이다. 다른 사용자의 파일에 접속한 사용자도 역시 마찬가지다.

이 장에서는 시스템 보안의 필수적인 부분을 살펴보고 다음 명령어들을 소개한다.

- id — 사용자 ID 정보를 표시한다.
- chmod — 파일 모드를 변경한다.
- umask — 기본 파일 퍼미션을 설정한다.
- su — 다른 사용자로 쉘을 실행한다.
- sudo — 다른 사용자로 명령어를 실행한다.
- chown — 파일 소유자를 변경한다.
- chgrp — 파일 그룹 소유자를 변경한다.
- passwd — 사용자 비밀번호를 변경한다.

소유자, 그룹 멤버, 기타 사용자

4장에서 시스템을 탐색하면서, /etc/shadow와 같은 파일을 확인하려고 한 경우에 문제가 발생했을 지도 모른다.

```
[me@linuxbox ~]$ file /etc/shadow
/etc/shadow: regular file, no read permission
[me@linuxbox ~]$ less /etc/shadow
/etc/shadow: Permission denied
```

이 오류 메시지의 원인은 이 파일을 읽을 권한이 없는 일반 사용자이기 때문이다.

유닉스 보안 모델에서 사용자는 파일과 디렉토리를 **소유**할 수 있다. 사용자가 파일 또는 디렉토리를 소유할 때, 그 사용자는 소유물의 접근을 제어한다. 또한 사용자들은 한 명 이상으로 구성된 **그룹**에 속할 수 있다. 같은 그룹 사용자들은 그 소유자에 의해 파일과 디렉토리에 접근 권한을 얻는다. 그룹에 접근을 허용하는 것 이외에도, 소유자는 모든 사용자(유닉스 용어로는 **world**)에게 접근 권한 일부를 줄 수 있다. 자신의 사용자 ID 정보를 확인하기 위해서는 **id** 명령어를 사용한다.

```
[me@linuxbox ~]$ id
uid=500(me) gid=500(me) groups=500(me)
```

출력 결과를 살펴보자. 사용자 계정이 생성되면, 사용자들은 **사용자 ID**(user ID) 또는 uid라 불리는 번호를 할당 받는다. 그리고 나서 사용자를 위해서 사용자 이름을 할당한다. 그 사용자는 **주 그룹 ID(gid)**를 할당 받고 추가로 다른 그룹에도 속할 수 있다. 이전 예제는 페도라 시스템에서 나온 것이다. 우분투처럼 다른 시스템에서는 그 출력 결과가 조금 다를 수 있다.

```
[me@linuxbox ~]$ id
uid=1000(me) gid=1000(me)
groups=4(adm),20(dialout),24(cdrom),25(floppy),29(audio),30(dip),44(video),46(plugdev),
108(lpadmin),114(admin),1000(me)
```

uid와 gid의 번호를 보면, 이전 결과과와 이번 결과가 다르다. 이것은 단순히 페도라가 일반 사용자 계정에 500번부터 할당하고, 우분투는 1000번부터 할당하기 때문이다. 또한 우분투 사용자는 더 많은 그룹에 속해 있다는 것을 볼 수 있다. 이것은 시스템 디바이스와 서비스에 대한 특권을 우분투가 관리하는 방식과 관련이 있다.

그러면 이러한 정보는 어디에서 오는가? 리눅스에 존재하는 다른 것들처럼, 다수의 텍스트 파일에서 얻어온다. 사용자 계정은 /etc/passwd 파일에 정의되어 있고, 그룹은 /etc/group 파일에 정의되어 있다. 사용자 계정과 그룹이 생성되면, 이 파일들은 사용자 비밀번호에 관한 정보를 가진 /etc/shadow에 덧붙여 수정된다. 각각의 사용자 계정은 /etc/passwd 파일에 그 사용자 이름, uid, gid, 실제 사용자 이름, 홈 디렉토리와 로그인 쉘 정보가 저장된다. /etc/passwd와 /etc/group 파일의 내용을 확인하게 되면, 일반 사용자 계정뿐만 아니라 슈퍼유저(uid 0)와 다른 시스템 사용자 계정도 존재한다는 것을 알게 될 것이다.

10장에서 프로세스에 대해 다룰 때 사실 무척 바쁜 다른 "사용자들" 중 일부를 더 보게 될 것이다.

많은 유닉스형 시스템은 일반 사용자를 users와 같이 일반 그룹에 할당하는 반면, 현재 리눅스 계열에서는 사용자의 이름과 동일한 유일한 그룹에 하나의 멤버만을 할당한다. 이는 권한(permission) 할당 타입을 확인하기가 더 쉽다.

읽기, 쓰기, 실행

파일과 디렉토리의 접근권은 읽기 권한, 쓰기 권한, 실행 권한이란 용어로 정의된다. ls 명령어의 출력 결과를 보면 이들이 어떻게 구현되었는지 단서를 얻을 수 있다.

```
[me@linuxbox ~]$ > foo.txt
[me@linuxbox ~]$ ls -l foo.txt
-rw-rw-r-- 1 me   me    0 2012-03-06 14:52 foo.txt
```

처음 10개의 문자는 **파일 속성**을 나열한 것이다(그림 9-1 참조). 첫 문자는 **파일 종류**(file type)를 나타낸다. 표 9-1에 흔히 볼 수 있는 파일 종류에 대해 나열하였다(흔하진 않지만 다른 종류도 있다).

파일 속성의 나머지 9개의 문자는 **파일 모드**(file mode)라고 불린다. 그것은 파일 소유자, 파일 소유 그룹, 기타 사용자에 대한 읽기, 쓰기, 실행 권한을 나타낸다.

파일과 디렉토리에 r, w, x 모드 속성을 설정하면 표 9-2에 설명한 것과 같은 효과가 있다.

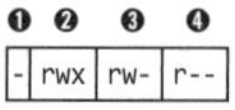

❶ ❷ ❸ ❹
`- rwx rw- r--`

❶ 파일 종류 (표 9-1 참조)
❷ Owner 퍼미션 (표 9-2 참조)
❸ Group 퍼미션 (표 9-2 참조)
❹ World 퍼미션 (표 9-2 참조)

그림 9-1 파일 속성 내역

표 9-1 파일 종류

속성	파일 종류
-	일반 파일.
d	디렉토리.
l	심볼릭 링크. 심볼릭 링크의 파일 속성은 항상 rwxrwxrwx이고 그것은 더미 값이다. 실제 파일 속성은 심볼릭 링크가 가리키는 파일의 속성이다.
c	문자 특수 파일. 이 파일 종류는 터미널이나 모뎀같이 바이트의 열로 데이터를 처리하는 디바이스를 나타낸다.
b	블록 특수 파일. 이 파일 종류는 하드 드라이브나 CD-ROM 드라이브같이 블록 단위의 데이터를 처리하는 디바이스를 나타낸다.

표 9-2 퍼미션 속성

속성	파일	디렉토리
r	파일 열기와 읽기를 허용한다.	실행 속성이 설정되어 있으면 디렉토리의 내용물을 나열할 수 있게끔 허용한다.
w	이 속성은 파일 쓰기 또는 잘라내기는 허용하지만, 이름 변경이나 파일 삭제는 허용하지 않는다. 파일 삭제나 파일 이름 변경은 디렉토리 속성에 의해 결정된다.	실행 속성이 설정되어 있으면 디렉토리 내의 파일들을 생성, 삭제, 이름 변경이 가능하도록 허용한다.
x	파일이 프로그램으로 처리되고 파일이 실행되도록 허용한다. 스크립트 언어에서 작성된 프로그램 파일들은 읽기 가능으로 설정되어 있어야만 실행 가능하다.	디렉토리에 들어올 수 있도록 허용한다(예를 들어 cd *directory*와 같이).

표 9-3에서는 파일 속성 설정의 예를 보여준다.

표 9-3 퍼미션 속성 예제

파일 속성	의미
-rwx------	파일 소유자에 의해 읽기, 쓰기, 실행 가능한 일반 파일이다. 다른 사용자는 아무도 접근할 수 없다.
-rw-------	파일 소유자에 의해 읽기, 쓰기 가능한 일반 파일이다. 다른 사용자는 아무도 접근할 수 없다.
-rw-r--r--	파일 소유자에 의해 읽기, 쓰기 가능한 일반 파일이다. 파일 소유 그룹의 멤버는 읽을 수 있고, 기타 사용자도 읽기 가능하다.
-rwxr-xr-x	파일 소유자에 의해 읽기, 쓰기, 실행 가능한 일반 파일이다. 그룹 멤버와, 기타 사용자도 읽고 실행 가능하다.
-rw-rw----	파일 소유자와 소유 그룹 멤버만이 읽고 쓰기 가능한 일반 파일이다.
lrwxrwxrwx	심볼릭 링크. 모든 심볼릭 링크는 가짜(dummy) 퍼미션을 가지고 있다. 실제 퍼미션은 심볼릭 링크가 가리키는 실제 파일을 가지고 있다.
drwxrwx---	디렉토리. 소유자와 소유 그룹 멤버는 디렉토리 안으로 들어갈 수 있고, 디렉토리 내의 파일들을 생성, 삭제 및 이름 변경이 가능하다.
drwxr-x---	디렉토리. 소유자는 디렉토리 안으로 들어갈 수 있고, 디렉토리 내의 파일들을 생성, 삭제 및 이름 변경이 가능하다. 소유 그룹 멤버는 디렉토리 안으로 들어갈 수 있지만 파일들을 생성, 삭제 및 이름 변경이 불가능하다.

chmod – 파일 모드 변경

파일 또는 디렉토리의 모드를 변경하기 위해서는 chmod 명령어를 사용한다. 그 모드의 변경은 오직 파일 소유자나 슈퍼유저만이 가능하다는 것을 명심해야 한다. chmod는 모드 변경을 표현하는 두 방법을 제공한다. 8진수의 숫자로 표현하는 법과, 문자로 표현하는 법이다. 먼저, 8진수로 표현하는 방법을 다룰 것이다.

8진법 표현

원하는 퍼미션 형태를 설정하기 위해 8진수 표기법을 사용한다. 8진수의 각 숫자는 3자리의 2진수로 표현하기 때문에, 이 맵은 파일 모드를 저장하기 위한 체계로 적합하다. 표 9-4은 우리가 뜻하는 바를 보여준다.

표 9-4 2진법과 8진법의 파일 모드

8진법	2진법	파일 모드
0	000	---
1	001	--x
2	010	-w-
3	011	-wx
4	100	r--
5	101	r-x
6	110	rw-
7	111	rwx

8진법이란 무엇인가?

8진법(기수 8)과 그의 사촌인 **16진법**(기수 16)은 컴퓨터에서 수를 표현하는 데 자주 사용하는 진법이다. 우리 인간은 10개의 손가락을 가지고 태어났다는 사실 때문에(적어도 대다수는), 10진법을 사용하여 수를 센다. 반면 컴퓨터는 오직 한 개의 손가락을 가지고 태어났고 따라서 **2진법**(기수 2)으로 모든 것을 센다. 그들의 진법은 오직 두 개의 숫자, 0과 1만을 가진다. 그래서 2진법에서는 다음과 같이 수를 센다.

0, 1, 10, 11, 100, 101, 110, 111, 1000, 1010, 1011 ...

8진법에서는 0부터 7까지의 수를 사용하여 다음과 같이 센다.

0, 1, 2, 3, 4, 5, 6, 7, 10, 11, 12, 13, 14, 15, 16, 17, 20, 21 ...

16진법에서는 숫자 0부터 9와 알파벳 A부터 F까지를 사용한다.

0, 1, 2, 3, 4, 5, 6, 7, 8, 9, A, B, C, D, E, F, 10, 11, 12, 13 ...

2진법에 대한 감은 느낄 수 있는 반면(컴퓨터는 오직 한 개의 손가락만 가지고 있기 때문에), 8진법과 16진법은 어디에 쓰이는 걸까? 그 답은 인간 편의와 관련이 있다. 많은 경우 데이터의 작은 부분은 **비트 패턴**으로 표현된다. RGB 색상도 그 예로 들 수 있다. 대부분의 컴퓨터 디스플레이는 한 픽셀당 8비트의 빨강, 8비트의 초록, 8비트의 파랑의 세 가지 색상으로 구성되어 있다. 사랑스러운 미디움 블루(medium blue)는 010000110110111111001101와 같이 24자리 수로 나타낸다.

하루 종일 저런 종류의 수를 읽고 쓴다면 어떨까? 생각하고 싶지 않다. 이것이 바로 다른 진법이 도움을 주는 부분이다. 16진수의 각 숫자는 2진법의 숫자 4개를 나타낸다. 8진수의 각 숫자는 2진수 세 자리를 나타낸다. 그래서 24자리 미디움 블루는 16진수 6자리(436FCD)로 압축할 수 있게 된다. 16진수의 각 숫자는 2진수에서 비트의 "나열"이기 때문에 빨강 값은 43, 초록은 6F, 파랑은 CD로 볼 수 있다.

요즘은 16진 표기법(또는 **hex**)이 8진법보다 흔하지만, 우리는 곧 2진수를 세 비트로 표현하는 8진법의 능력을 보게 될 것이다.

3자리의 8진수로 소유자, 그룹 소유자, 기타 사용자를 위한 파일 모드를 설정할 수 있다.

```
[me@linuxbox ~]$ > foo.txt
[me@linuxbox ~]$ ls -l foo.txt
-rw-rw-r-- 1 me   me   0    2012-03-06 14:52 foo.txt
[me@linuxbox ~]$ chmod 600 foo.txt
[me@linuxbox ~]$ ls -l foo.txt
-rw------- 1 me   me   0    2012-03-06-14:52 foo.txt
```

인자 600을 전달함으로써 파일 소유자는 읽고 쓸 수 있는 반면, 나머지 사용자들의 모든 권한을 제거할 수 있었다. 비록 8진-2진 변환이 불편해 보일지라도 기억해둬라. 다음과 같은 몇몇 표현을 항상 사용하게 될 것이다. 7 (rwx), 6 (rw-), 5 (r-x), 4 (r--), 0 (---).

기호 표현

chmod는 또한 파일 모드를 지정하기 위해 문자 표기법을 지원한다. 문자 표기법은 변경할 사용자, 수행할 명령, 설정할 퍼미션, 세 부분으로 나뉜다. 변경할 사용자를 지정하기 위해서는 표 9-5처럼 u, g, o 문자의 조합과 a를 사용한다.

표 9-5 chmod 기호 표기법

기호	의미
u	*user*의 약자로, 파일이나 디렉토리 소유자를 의미한다.
g	그룹 소유자.
o	*others*의 약자로, 기타 사용자를 의미한다.
a	*all*의 약자로, *u*, *g*, *o*의 조합이다.

아무런 문자를 사용하지 않으면, 자연스럽게 **all**로 추정하고 그 명령은 퍼미션이 추가된 a +가 될 것이다. a -는 퍼미션이 없어진다는 것을 나타내고, a =는 단지 지정된 퍼미션들만 적용되고 나머지 다른 것들은 제거될 것임을 나타낸다.

퍼미션은 r, w, x 문자로 지정된다. 표 9-6은 기호 표기법의 예제를 나열한 것이다.

표 9-6 chmod 기호 표기법 예제

표기법	의미
u+x	소유자에게 실행 권한을 추가한다.
u-x	소유자의 실행 권한을 제거한다.
+x	모든 사용자(소유자, 그룹, 기타 사용자)에게 실행 권한을 추가한다. a+x와 동일하다.
o-rw	소유자와 그룹 소유자가 아닌 사용자의 읽기, 쓰기 권한을 제거한다.
go=rw	그룹 소유자와 기타 사용자가 읽기, 쓰기 권한을 갖도록 한다. 그룹 소유자든 기타 사용자든 이전에 실행 권한을 가지고 있다면 그것은 제거된다.
u+x,go=rw	소유자에게 실행 권한을 추가하고 그룹 소유자와 기타 사용자에게 읽기, 쓰기 권한을 설정한다. 복수 지정은 콤마를 사용하여 구분한다.

어떤 사람은 8진 표기법 사용을 선호하고, 어떤 이들은 기호 표기를 무척 좋아한다. 기호 표기법은 다른 속성을 건드리지 않고 하나의 속성만을 설정할 수 있다는 이점을 제공한다.

chmod man 페이지를 살펴보면 좀 더 자세한 것과 옵션 목록을 확인할 수 있다. --recursive 옵션에 주의해야 한다. 그것은 파일과 디렉토리 모두에게 해당 파일 모드를 적용한다. 따라서 파일과 디렉토리에 똑같은 권한을 설정하는 것은 드문 일이기 때문에 우리가 생각하는 것처럼 유용한 옵션은 아니다.

GUI로 파일 모드 설정

파일과 디렉토리에 퍼미션을 설정하는 법을 보았기 때문에 GUI에서 퍼미션 대화상자를 잘 이해할 수 있을 것이다. 노틸러스(Gnome의 Nautilus)와 퀸커러(KDE의 Konqueror) 둘 다 파일 또는 디렉토리에서 오른쪽 클릭하면 속성 대화상자가 나타날 것이다. 그림 9-2는 KDE 3.5의 예제다.

여기에서 소유자, 그룹, 기타 사용자에 관한 설정을 볼 수 있다. KDE에서 고급 퍼미션 설정 버튼을 클릭하면 각각 따로 모드 속성을 설정할 수 있는 또 다른 대화상자를 띄운다. 커맨드라인 덕분에 쉽게 이해할 수 있지 않은가!

그림 9-2 KDE 3.5 파일 속성 대화상자

umask - 기본 권한 설정

umask 명령어는 파일이 생성될 때 주어진 기본 퍼미션을 제어한다. 파일 모드 속성에서 제거할 비트 **마스크**를 표현하기 위해 8진 표기법을 사용한다.

다음을 살펴보자.

```
[me@linuxbox ~]$ rm -f foo.txt
[me@linuxbox ~]$ umask
0002
[me@linuxbox ~]$ > foo.txt
[me@linuxbox ~]$ ls -l foo.txt
-rw-rw-r--  1 me   me   0 2012-03-06 14:53 foo.txt
```

깔끔하게 시작하기 위해 foo.txt 파일을 제거했다. 그 다음, 현재 마스크 값을 보기 위해 umask 명령어를 아무런 인자 없이 실행했다. 현재 마스크 값을 8진 표현인 0002(또 다른 일반적 기본값은 0022)로 반환했다. 끝으로 파일 foo.txt을 새로 생성하고 그것의 퍼미션을 확인했다.

소유자와 그룹 모두 읽기와 쓰기 권한을 가지고 있는 것을 볼 수 있다. 하지만 나머지 모든 사용자들은 오직 읽기 권한만을 가지고 있다. 기타 사용자는 마스크의 값 때문에 쓰기 권한을 가지고 있지 않다. 예제를 다시 한번 실행해보자. 이번에는 새로운 마스크 값을 설정해보자.

```
[me@linuxbox ~]$ rm -f foo.txt
[me@linuxbox ~]$ umask 0000
[me@linuxbox ~]$ > foo.txt
[me@linuxbox ~]$ ls -l foo.txt
-rw-rw-rw-  1 me   me   0 2012-03-06 14:53 foo.txt
```

마스크를 0000(사실상 끔)로 설정했을 때, 그 파일은 기타 사용자도 쓰기 가능해졌다. 이것이 어떻게 동작하는지 이해하기 위해서 8진수를 다시 살펴보자. 만약 마스크를 2진수로 확장하고 그 속성을 비교하면, 무슨 일이 벌어졌는지 확인할 수 있다.

원래 파일 모드	---	rw-	rw-	rw-
마스크	000	000	000	010
결과	---	rw-	rw-	r--

0들로 시작하는 것은 잠시 무시하고 마스크에 1이 나타나는 곳을 보니 속성이 제거되어 있다. 이 경우, 기타 사용자 쓰기 권한이 제거된 것이다. 마스크가 하는 일이 바로 이것이다. 어디든 마스크

의 2진수 값이 1을 나타내면 그 속성은 해제된다. 만약 마스크 값 **0022**를 살펴보면 그것이 무엇을 하는지 볼 수 있다.

원래 파일 모드	---	rw-	rw-	rw-
마스크	000	000	010	010
결과	---	rw-	r--	r--

다시, 2진수 값에서 1이 나타나는 곳은 해당 속성이 해제된다. 특정 값(7들로)을 가지고 어떻게 동작하는지 익숙해지자. 다 끝나면 정리작업을 잊지 마라.

```
[me@linuxbox ~]$ rm foo.txt; umask 0002
```

배포판에서 제공하는 기본값은 적당하기에 마스크를 거의 변경할 필요가 없다. 하지만 고도의 보안이 필요한 상황인 경우에는 조절하기를 원할 것이다.

특수 퍼미션

항상 세 자리 수로 이뤄진 8진법 퍼미션 마스크만 보았지만, 기술적으로는 네 자리 수로 표현하는 게 더 정확하다. 왜? 읽기, 쓰기, 실행 권한 외에 적게 사용되지만 다른 것이 또 있기 때문이다.

그 중 첫 번째가 **setuid 비트**(8진수 4000)다. 이를 실행 파일에 적용하면 실사용자(프로그램을 실제 실행 중인 사용자)에서 프로그램 소유자의 ID로 **유효 사용자 ID**가 변경된다. 이것은 대부분 슈퍼유저가 소유한 소수 프로그램들에만 주어진다. 일반 사용자가 그 프로그램을 실행하면 **setuid root**가 된다. 그 프로그램은 슈퍼유저의 유효한 특권들을 가지고 실행된다. 이는 그 프로그램이 일반 사용자의 접근이 금지된 파일과 디렉토리들에 접근하게 가능하게끔 해준다. 분명히 이러한 권한 상승 우려 때문에 setuid 프로그램의 수는 반드시 최소화해야 한다.

두 번째로 적게 사용되는 설정은 **setgid 비트**다(8진수 2000). setuid 비트처럼 유효 그룹 ID를 사용자의 **실제 그룹 ID**에서 파일 소유자의 **그룹 ID**로 변경한다. 만약 setgid 비트가 디렉토리에 설정되어 있으면, 이 디렉토리에 새로 생성된 파일들은 디렉토리 그룹 소유권보다 파일 생성자의 그룹 소유권을 얻게 될 것이다. 이는 일반 그룹의 멤버가 파일 소유자의 그룹과 상관없이 디렉토리 내의 모든 파일에 접근이 필요한 공유 디렉토리에 유용하다.

세 번째는 **sticky 비트**(8진수 1000)다. 이것은 고대 유닉스의 유산으로, "스왑(swap)되지 말아야 하는" 실행 파일에 표시 가능하다. 리눅스는 파일의 sticky 비트는 무시한다. 하지만 디렉토리에 적용되면 디렉토리 소유자거나 파일 소유자 또는 슈퍼유저가 아닌 이상 사용자들은 파일을 삭제하거나 이름을 변경하지 못하도록 막는다. 이는 /tmp 디렉토리처럼 공용 디렉토리 접근에 주로 사용된다.

이 특수 퍼미션들을 설정하기 위해 기호 표기법으로 chmod 명령을 사용하는 예제가 여기 있다. 먼저, 프로그램에 setuid를 할당해보자.

```
chmod u+s program
```

다음, 디렉토리에 setgid를 설정한다.

```
chmod g+s dir
```

마지막으로, 디렉토리에 sticky 비트를 할당한다.

```
chmod +t dir
```

ls로 출력 결과를 보면, 특수 퍼미션을 확인할 수 있다. 몇 가지 예를 보면, 먼저 setuid가 지정된 프로그램은

```
-rwsr-xr-x
```

다음, setgid 속성을 가진 디렉토리는

```
drwxrwsr-x
```

마지막으로, sticky 비트가 설정된 디렉토리다.

```
drwxrwxrwt
```

사용자 ID 변경

다양한 상황에서 다른 사용자의 ID가 필요할 수 있다. 우리가 관리 작업을 실행하기 위해 종종 슈퍼유저 특권을 얻기를 원하는 경우도 있지만, 테스트 계정으로 이러한 작업을 수행하기 위해 다른 일반 사용자가 "되는 것" 또한 원한다. 다른 사용자 ID를 사용하는 세 가지 방법이 있다.

- 로그아웃 후 다른 사용자로 로그인하기
- su 명령어 사용하기
- sudo 명령어 사용하기

첫 번째 방법은 이미 잘 알고 있고 다른 두 방법보다 편의성이 부족하기에 생략할 것이다. 자신이 소유한 쉘 세션에서, su 명령어를 사용하면 다른 사용자의 ID를 상정하고 그 ID로 새로운 쉘 세션을 시작하거나 그 사용자로서 명령어를 내보내게 된다. sudo 명령어는 관리자가 /etc/sudoers 설정 파일을 설정하게 해주고 다른 사용자의 권한을 가지고 특정 명령어를 실행할 수 있게 한다. 이 가운데 어느 명령어를 사용할 것인지는 대체로 사용 중인 리눅스 배포판에 의해 결정된다. 아마 사용 중인 배포판은 두 명령어 모두 포함하고 있지만, 그 환경설정에 따라 둘 중 하나에 도움이 될 것이다. 우리는 su 명령어로 시작해보자.

su – 다른 사용자 ID와 그룹 ID로 쉘 실행

su 명령어는 다른 사용자로 쉘을 시작하기 위해 사용한다. 명령어 문법은 다음과 같다.

```
su [-[l]] [user]
```

만약 -l 옵션을 사용하면, 반환된 쉘 세션은 이 명령에 지정된 사용자를 위한 로그인 쉘이 된다. 이는 해당 사용자 환경이 로드되고 작업 디렉토리가 그 사용자의 홈 디렉토리로 변경됨을 의미한다. 이것은 우리가 항상 원하던 것이다. 만약 사용자를 지정하지 않으면 슈퍼유저로 가정한다. 이상하게도 -l은 -로 줄여 쓸 수 있고, 대부분은 -를 사용한다. 슈퍼유저로 쉘을 시작하기 위해 이렇게 해봐라.

```
[me@linuxbox ~]$ su -
Password:
[root@linuxbox ~]#
```

명령어를 입력한 후, 슈퍼유저 비밀번호를 입력하기 위한 프롬프트가 나타난다. 성공적으로 입력하면, 슈퍼유저 특권을 가진 새로운 쉘 프롬프트($가 아닌 #로 시작하는)가 나타난다. 그리고 현재 작업 디렉토리는 이제 슈퍼유저의 홈 디렉토리(일반적으로 /root)가 된다. 새로운 쉘에서 슈퍼유저로 명령어를 수행할 수 있다. 작업을 마치면, exit를 입력하여 이전 쉘로 돌아간다.

```
[root@linuxbox ~]# exit
[me@linuxbox ~]$
```

또한 다음 방법으로 su 명령을 사용하면, 새로운 명령으로 시작하지 않고 단일 명령어 수행이 가능하다.

```
su -c 'command'
```

이 형태를 사용하면 단일 명령 행이 실행을 위한 새로운 쉘에 전달된다. 기존 쉘이 아닌 새로운 쉘에 확장이 발생하기를 원치 않기 때문에 명령어를 인용 부호로 감싸는 것은 중요하다.

```
[me@linuxbox ~]$ su -c 'ls -l /root/*'
Password:
-rw-------  1  root root   754 2011-08-11 03:19 /root/ananconda-ks.cfg

/root/Mail:
total 0
[me@linuxbox ~]$
```

sudo - 다른 사용자로 명령어 실행

sudo 명령어는 대부분 su와 비슷하지만 중요한 추가기능이 있다. 관리자는 매우 통제된 방법하에서 일반 사용자가 다른 사용자(대개 슈퍼유저)로 명령을 실행할 수 있게끔 sudo를 설정할 수 있다. 특히, 사용자는 하나 이상의 지정된 명령어로 제한되고 나머지는 불가하다. 또 다른 중요한 차이점은 sudo는 슈퍼유저의 비밀번호를 요구하지 않는다는 점이다. sudo 사용을 입증하기 위해 사용자는 단지 자신의 비밀번호를 입력한다. 예를 들면, sudo가 슈퍼유저 특권이 필요한 가상의 백업 프로그램인 backup_script 실행을 허용하게 설정했다고 치자.

sudo는 이처럼 완료될 것이다.

```
[me@linuxbox ~]$ sudo backup_script
Password:
System Backup Starting...
```

명령어를 입력한 뒤, 비밀번호(슈퍼유저의 비밀번호가 아닌) 입력을 위한 프롬프트가 나타나고 인증이 완료된다. 그리고 지정된 명령어는 실행된다. su와 sudo의 한 가지 중요한 차이점은 sudo는 새로운 쉘을 시작하지 않는 다는 것이다. 또한 다른 사용자의 환경도 로드하지 않는다. 즉 명령어들은 sudo를 사용하지 않을 때와 별반 다르지 않게 인용 부호 없이 사용할 수 있다. 이 동작이 지정한 옵션에 따라 무효화될 수 있다는 것을 유념해라. 자세한 것은 sudo의 man 페이지를 확인하라.

sudo로 허용된 특권을 확인하기 위해서는 -l 옵션을 사용하라.

```
[me@linuxbox ~]$ sudo -l
User me may run the following commands on this host:
    (ALL) ALL
```

우분투와 SUDO

일반 사용자에게 반복되는 문제 중 하나는 슈퍼유저 특권이 필요한 소프트웨어 설치와 업데이트, 시스템 설정 파일 편집, 장치 접근과 같은 작업들을 어떻게 수행하는가이다. 윈도우즈 세계에서는 이런 것들은 종종 관리자 권한이 주어진 사용자에 의해 진행된다. 사용자에게 이 작업들의 실행이 허용되고 또한 실행된 프로그램은 동일한 기능을 가지고 활성화된다. 이는 대부분의 경우에는 적절하지만 바이러스와 같은 **멀웨어**(악성 소프트웨어)의 실행 조차도 허용한다.

유닉스 세계에서는 항상 일반 사용자와 관리자 사이에 큰 구분을 둔다. 이는 유닉스 멀티유저 시스템의 유산이다. 유닉스의 이러한 접근법은 필요한 경우에만 슈퍼유저 특권을 허용한다. 이를 위해 su와 sudo 명령이 흔히 사용된다.

몇 년 전 만에도, 리눅스 배포판 대부분은 이 목적으로 su 명령에만 의지했다. su는 sudo에 필요한 설정이 필요하지 않았다. 그리고 유닉스는 전통적으로 루트 계정을 가지고 있다. 이는 문제를 불러왔다. 사용자들은 불필요하게 루트로 명령을 수행하는 유혹에 빠져들었다. 사실, 일부 사용자들은 오로지 "permission denied" 메시지를 피하기 위해서 루트 사용자로 자신의 시스템을 운영했다. 이렇게 해서 리눅스 시스템의 보안을 윈도우즈 수준으로 약화시킨다. 이것은 그리 좋은 생각이 아니다.

우분투가 처음 선보였을 때, 우분투의 창시자는 기존과 다른 방침을 취했다. 기본적으로, 우분투는 루트 계정 로그인을 비활성화하였고(계정 비밀번호 설정이 불가능하게) 대신에 sudo 명령어로 슈퍼유저 특권을 허용하였다. 처음 사용자 계정은 sudo 명령으로 슈퍼유저 특권에 완전한 접근이 허용되고 하위 계정에 대하여 슈퍼유저 권한을 보장한다.

chown – 파일 소유자와 그룹 변경

chown 명령어는 파일 또는 디렉토리의 소유자와 그룹 소유자를 변경하는 데 사용된다. 이 명령어를 사용하려면 슈퍼유저 권한이 필요하다. chown의 문법은 다음과 같다.

```
chown [owner][:[group]] file ...
```

chown은 명령의 첫 번째 인자에 의해 파일 소유자와 또는 파일 그룹 소유자 변경할 수 있다. 표 9–7은 일부 예제를 나타낸다.

표 **9–7** chown 인자 예제

인자	결과
bob	파일의 소유권을 현 소유자에서 *bob*으로 변경한다.
bob:users	파일의 소유권을 현 소유자에서 *bob*으로 변경하고 파일 그룹 소유자를 *users* 그룹으로 변경한다.
:admins	파일 그룹 소유자를 *admins* 그룹으로 변경한다. 파일 소유자는 바뀌지 않는다.
bob:	파일 소유자가 현 소유자에서 *bob*으로 변경되고 그룹 소유자는 *bob*의 로그인 그룹으로 변경된다.

자, 슈퍼유저 특권을 가진 자넷(janet)과 일반 사용자인 토니(tony), 이렇게 두 명의 사용자가 있다고 치자. 자넷은 자신의 홈 디렉토리에서 토니의 홈 디렉토리로 파일을 복사하기를 원한다. 자넷은 토니가 파일 편집이 가능하기를 원하기 때문에, 자넷은 복사된 파일의 소유권을 자넷에서 토니로 변경한다.

```
[janet@linuxbox ~]$ sudo cp myfile.txt ~tony
Password:
[janet@linuxbox ~]$ sudo ls -l ~tony/myfile.txt
-rw-r--r-- 1 root    root  8031 2012-03-20 14:30 /home/tony/myfile.txt
[janet@linuxbox ~]$ sudo chown tony: ~tony/myfile.txt
[janet@linuxbox ~]$ sudo ls -l ~tony/myfile.txt
-rw-r--r-- 1 tony    tony  8031 2012-03-20 14:30 /home/tony/myfile.txt
```

자넷이 자신의 홈 디렉토리에서 토니의 홈 디렉토리로 파일을 복사했다. 그 다음 자넷은 파일 소유자를 root(sudo 사용의 결과)에서 토니로 변경했다. 첫 번째 인자의 끝에 콜론(:)을 사용하여 파일 그룹 소유권 또한 토니의 로그인 그룹인 토니 그룹으로 변경했다.

처음 sudo 명령의 사용 이후에는, 왜 자넷에게 비밀번호 입력을 위한 프롬프트가 나타나지 않았나? 그 이유는 sudo의 환경설정에 "신뢰"할 수 있는 시간이 지정되어 있기 때문이다.

chgrp - 그룹 소유권 변경

유닉스의 예전 버전에서는 chown 명령어가 그룹 소유권이 아닌 파일 소유권만 변경할 수 있었다. 그래서 그룹 소유권을 변경하기 위한 독립된 명령어가 chgrp다. 더 많은 제한이 있다는 것을 제외하고는 chown과 동일한 방식으로 동작한다.

사용자 특권의 사용

지금까지 퍼미션이 하는 일을 배웠으므로 이제는 그것을 사용해볼 시간이다. 우리는 공유 디렉토리 설정에 관한 문제의 해결책을 보여줄 것이다. 빌(bill)과 캐런(karen)이라는 두 사용자가 있다고 생각해보자. 그 둘은 각자 음악 CD 컬렉션을 가지고 있다. 그리고 각각 Ogg Vorbis나 MP3 포맷의 음악 파일이 저장된 곳을 공유 디렉토리로 설정하기를 원한다. 빌은 sudo로 슈퍼유저 특권에 접근할 수 있게 한다.

먼저 빌과 캐런 모두를 멤버로 하는 그룹 생성이 필요하다. 그림 9-3처럼, 빌은 GNOME의 사용자 관리 툴을 사용하여 music 그룹을 생성하고 빌과 캐런을 멤버로 추가한다.

그림 9-3 GNOME에서 새 그룹 생성

그 다음, 빌은 음악 파일을 위한 디렉토리를 만든다.

```
[bill@linuxbox ~]$ sudo mkdir /usr/local/share/Music
Password:
```

빌은 자신의 홈 디렉토리 바깥에서 파일을 조작 중이기 때문에 슈퍼유저 특권이 필요하다. 디렉토리 생성 후에 다음과 같이 소유권과 퍼미션을 가진다.

```
[bill@linuxbox ~]$ ls -ld /usr/local/share/Music
drwxr-xr-x  2  root root 4096 2012-03-21 18:05 /usr/local/share/Music
```

우리가 보는 바와 같이, root가 디렉토리를 소유하고 퍼미션은 755가 된다. 이 디렉토리를 공유 가능하게 만들기 위해서 그룹 소유권과 그룹 퍼미션을 쓰기 권한을 가지도록 변경해야 한다.

```
[bill@linuxbox ~]$ sudo chown :music /usr/local/share/Music
[bill@linuxbox ~]$ sudo chmod 775   /usr/local/share/Music
[bill@linuxbox ~]$ ls -ld /usr/local/share/Music
drwxrwxr-x  2  root music 4096 2012-03-21 18:05 /usr/local/share/Music
```

그래서 이게 전부 무슨 뜻인가? 소유자가 root이고 music 그룹에 읽기, 쓰기 권한이 주어진 /usr/local/share/Music 디렉토리를 가지고 있다는 것을 의미한다. music 그룹에는 빌과 캐런이 멤버로 있다. 따라서 빌과 캐런은 /usr/local/share/Music 디렉토리에 파일을 생성할 수 있다. 기타 사용자들은 디렉토리의 목록은 볼 수 있지만 파일을 생성할 수는 없다.

하지만 여전히 문제가 남아있다. 빌과 캐런의 일반 퍼미션을 가지고 Music 디렉토리 내에 파일과 디렉토리가 생성된다.

```
[bill@linxubox ~]$ > /usr/local/share/Music/test_file
[bill@linxubox ~]$ ls -l /usr/local/share/Music
-rw-r--r-- 1 bill   bill   0 2012-03-24 20:03 test_file
```

사실 문제는 두 가지다. 먼저, 이 시스템의 기본 umask 값은 0022다. 이것은 해당 그룹 멤버들이 다른 멤버가 소유한 파일에 쓰기를 못하도록 막는다. 이는 오직 파일만을 가진 공유 디렉토리에는 문제가 되지 않을 수 있다. 그러나 이 디렉토리는 아티스트와 앨범의 계층으로 구성된 음악을 저장하기 때문에 그룹 멤버들은 다른 멤버가 생성한 디렉토리 내에 파일과 디렉토리를 만들 수 있는 권한이 필요할 것이다. 따라서 빌과 캐런이 사용할 umask 값을 0002로 변경할 필요가 있다.

둘째는, 한 멤버에 의해 생성된 파일과 디렉토리 각각은 music 그룹이 아닌 그 멤버의 주 그룹으로 설정될 것이다. 이는 디렉토리에 setgid 비트를 설정하여 고칠 수 있다.

```
[bill@linxbox ~]$ sudo chmod g+s /usr/local/share/Music
[bill@linxbox ~]$ ls -ld /usr/local/share/Music
drwxrwxr-x  2  root music 4096 2012-03-24 20:03 /usr/local/share/Music
```

이제 새 퍼미션으로 그 문제를 해결했다면 테스트를 해보자. 빌은 자신의 umask 값을 0002로 설정한다. 그리고 나서 이전 테스트 파일을 지우고 새 테스트 파일과 디렉토리를 만든다.

```
[bill@linxbox ~]$ umask 0002
[bill@linxbox ~]$ rm /usr/local/share/Music/test_file
[bill@linxbox ~]$ > /usr/local/share/Music/test_file
[bill@linxbox ~]$ mkdir /usr/local/share/Music/test_dir
[bill@linxbox ~]$ ls -l /usr/local/share/Music
drwxrwsr-x 2 bill   music 4096 2012-03-24 20:24 test_dir
-rw-r--r-- 1 bill   music 0 2012-03-24 20:22 test_file
[bill@linxubox ~]$
```

파일과 디렉토리 모두 올바른 퍼미션으로 만들어졌고, music 그룹에 Music 디렉토리 내에 파일과 디렉토리 생성 권한이 허용된다.

이제 남은 문제는 umask다. 이 필수적인 설정은 세션의 끝까지 유지되고 나서 반드시 재설정해야한다. 11장에서 umask의 영속성을 변경하는 것에 대해 살펴볼 것이다.

사용자 비밀번호 변경

이 장의 마지막 주제는 사용자 비밀번호 설정이다(슈퍼유저 특권을 가지고 있다면 자신과 다른 사용자의 비밀번호도). 비밀번호 설정하거나 변경하기 위해 passwd 명령어를 사용한다. 이 명령어의 문법은 다음과 같다.

    passwd [user]

자신의 비밀번호를 변경하기 위해서 passwd 명령어만 입력하면 된다. 이전 비밀번호와 새 비밀번호 입력을 위해 프롬프트가 표시될 것이다.

```
[me@linuxbox ~]$ passwd
(current) UNIX password:
New UNIX password:
```

passwd 명령어는 "강력한" 비밀번호의 사용을 강요할 것이다. 이는 비밀번호가 너무 짧거나 이전 비밀번호와 유사하거나, 사전 단어 또는 쉽게 유추할 수 있는 것이라면 설정을 거부할 것이다.

```
[me@linuxbox ~]$ passwd
(current) UNIX password:
New UNIX password:
BAD PASSWORD: is too similar to the old one
New UNIX password:
BAD PASSWORD: it is WAY too short
New UNIX password:
BAD PASSWORD: it is based on dictionary word
```

만약 슈퍼유저 특권을 가지고 있다면 passwd 명령의 첫 번째 인자에 사용자 이름을 지정해서 그 사용자의 비밀번호를 설정할 수 있다. 다른 옵션들은 슈퍼유저가 계정을 잠그거나 비밀번호 만료 등에 대해 설정이 가능하다. 좀 더 자세한 사항은 passwd의 man 페이지를 참조하라.

10

프로세스

현대 운영체제들은 한 프로그램에서 다른 프로그램으로 빠르게 이동함으로써 하나 이상의 작업이 실행되는 듯한 환상을 심어주는 **멀티태스킹** 방식이다. 리눅스 커널은 프로세스를 통해 이를 관리한다. **프로세스**란 리눅스가 CPU를 사용하기 위해 차례를 기다리는 각 프로그램들을 구조화한 것이다.

컴퓨터는 때때로 느려지고 프로그램들이 응답을 멈추는 경우가 있다. 이번 장에서는 커맨드라인에서 사용 가능한 프로세스 관련 툴들을 살펴볼 것이다. 이를 통해 실행 중인 프로그램을 확인하고 잘못된 프로세스를 종료하는 법을 배우게 될 것이다.

이번 장에서 배우게 될 명령어는 다음과 같다.

- ps — 현재 프로세스의 상태를 알려준다.
- top — 프로세스를 표시한다.
- jobs — 실행 작업(jobs)를 나열한다.
- bg — 프로세스를 백그라운드(background) 상태로 전환한다.
- fg — 프로세스를 포그라운드(foreground) 상태로 전환한다.
- kill — 프로세스에 시그널을 보낸다.

- `killall` — 프로세스명으로 프로세스를 종료시킨다.
- `shutdown` — 시스템을 종료하거나 재시작한다.

프로세스는 어떻게 동작하는가

시스템이 구동될 때, 커널은 몇몇 프로세스를 초기화하고 init이라는 프로그램을 실행한다. init 은 차례차례 모든 시스템 서비스를 시작하기 위해 init **스크립트**라고 불리는 쉘 스크립트(/etc에 위치에 있다)들을 실행한다. 이 많은 서비스들은 데몬 프로그램으로 구현되어 있다. **데몬 프로그램**은 아무런 사용자 인터페이스 없이 백그라운드 상태로 실행된다. 그래서 로그인하지 않은 상태에서도 시스템은 최소한의 필요 작업들을 수행한다.

프로그램은 또 다른 프로그램을 실행할 수 있다. 이를 프로세스 체계에서는 **부모 프로세스**가 **자식 프로세스**를 생성한다고 표현한다.

커널은 프로세스를 구조화된 형태로 유지하기 위해 각 프로세스의 정보를 가지고 있다. 예를 들면, 각각의 프로세스는 **프로세스 ID**(Process ID, PID)라고 불리는 번호를 할당 받는다. PID는 오름차순으로 할당되고 PID 1번은 항상 **init**이 된다. 또한 커널은 실행 재개를 대기중인 프로세스도 포함하여 각 프로세스에 할당된 메모리 공간을 유지한다. 프로세스도 파일처럼 소유자와 사용자 ID, 유효 사용자 ID 등을 가지고 있다.

ps 명령어로 프로세스 보기

(다수의) 프로세스를 보는 가장 일반적인 명령어는 ps다. ps 프로그램은 많은 옵션을 가지고 있지만 다음과 같이 아주 간단한 형태로 사용할 수 있다.

```
[me@linuxbox ~]$ ps
  PID TTY          TIME CMD
 5198 pts/1    00:00:00 bash
10129 pts/1    00:00:00 ps
```

이 예제의 결과는 두 프로세스를 나열한다. 프로세스 5198과 프로세스 10129는 각각 bash와 ps를 나타낸다. 앞서 볼 수 있듯이 기본적으로 ps는 많은 정보를 보여주지 않는다. 단지 현재 터미널 세션과 관련된 프로세스만 보여준다. 좀 더 자세하게 보려면 약간의 옵션을 추가해야 한다. 하지만 그전에 ps에 의해 생성된 다른 필드들을 살펴보자. TTY는 teletype의 약자로 프로세스용 **제어 터미**

널을 나타낸다. TIME 필드는 프로세스의 CPU 사용 시간을 나타낸다. 앞의 결과에서 알 수 있듯이 어느 프로세스도 컴퓨터를 열심히 일하게 만들지는 못했다.

다음과 같이 옵션 하나를 추가하면 시스템 전체의 상황을 살펴볼 수 있다.

```
[me@linuxbox ~]$ ps x
  PID TTY       STAT   TIME COMMAND
 2799 ?         Ssl    0:00 /usr/libexec/bonobo-activation-server -ac
 2820 ?         Sl     0:01 /usr/libexec/evolution-data-server-1.10 --
15647 ?         Ss     0:00 /bin/sh /usr/bin/startkde
15751 ?         Ss     0:00 /usr/bin/ssh-agent /usr/bin/dbus-launch --
15754 ?         S      0:00 /usr/bin/dbus-launch --exit-with-session
15755 ?         Ss     0:01 /bin/dbus-daemon --fork --print-pid 4 -pr
15774 ?         Ss     0:02 /usr/bin/gpg-agent -s -daemon
15793 ?         S      0:00 start_kdeinit --new-startup +kcminit_start
15794 ?         Ss     0:00 kdeinit Running...
15797 ?         S      0:00 dcopserver -nosid

... 그 외 ...
```

x 옵션을 추가하면(대시 기호를 사용하지 않는다) ps는 그것들이 제어되는 터미널에 상관없이 모든 프로세스를 보여준다. TTY 항목의 ? 표시는 아무런 제어 터미널이 없다는 것을 가리킨다. 이 옵션을 사용하면 소유한 모든 프로세스를 보게 된다.

시스템은 많은 프로세스를 실행하기 때문에 ps는 긴 목록을 생성한다. 좀 더 편하게 보기 위해 ps의 결과를 파이프를 통해 less에 전달하는 것이 도움이 될 것이다. 여러 옵션을 조합해서 쓰면 목록이 길어진다. 이때 터미널 에뮬레이터 창을 최대화하는 것도 좋은 방법이다.

출력 결과에 STAT라는 새 항목이 추가되었다. STAT는 state(상태)의 약자로 프로세스의 현재 상태를 나타낸다. 표 10-1에서 프로세스 상태에 대해 알아보자.

표 10-1 프로세스 상태

상태 값	의미
R	실행 상태. 프로세스는 실행 중이거나 실행 대기 중이다.
S	수면 상태. 프로세스는 실행 중이 아니고 키 입력이나 네트워크 패킷과 같은 이벤트를 기다리는 중이다.
D	인터럽트 불가능한 수면 상태. 프로세스는 I/O(입출력)을 기다리는 중이다. (디스크 입출력 등)
T	종료 상태. 프로세스는 종료 요청을 받았거나 종료된 상태다.

Z	현존하지 않거나 "좀비" 프로세스. 이것은 부모 프로세스에 의해 정리되지 않은 종료된 자식 프로세스다.
<	높은 우선순위 프로세스. 특정 프로세스에 더 중요성을 부여하는 것이 가능하다. 즉 CPU 시간을 더 줄 수 있다. 프로세스의 이러한 속성을 niceness라고 한다. 높은 우선순위의 프로세스는 다른 프로세스보다 더 많은 CPU 시간을 갖기 때문에 nice하지 않다고 말한다.
N	낮은 우선순위 프로세스. 낮은 우선순위 프로세스(nice 프로세스)는 더 높은 우선순위 프로세스가 사용한 뒤 프로세서 시간을 얻을 수 있다.

프로세스 상태는 각기 다른 문자로 표현한다. 이 문자들은 다양한 프로세스의 특징을 나타낸다. 좀 더 자세한 정보는 ps 명령어의 man 페이지를 참조하기 바란다.

또 다른 인기 있는 옵션 조합은 aux(대시 기호 없이)다. 이것은 더 많은 정보를 준다.

```
[me@linuxbox ~]$ ps aux
USER      PID %CPU %MEM    VSZ    RSS TTY      STAT START    TIME COMMAND
root        1  0.0  0.0   2136    644 ?        Ss   Mar05    0:31 init
root        2  0.0  0.0      0      0 ?        S<   Mar05    0:00 [kt]
root        3  0.0  0.0      0      0 ?        S<   Mar05    0:00 [mi]
root        4  0.0  0.0      0      0 ?        S<   Mar05    0:00 [ks]
root        5  0.0  0.0      0      0 ?        S<   Mar05    0:06 [wa]
root        6  0.0  0.0      0      0 ?        S<   Mar05    0:36 [ev]
root        7  0.0  0.0      0      0 ?        S<   Mar05    0:00 [kh]

... 그 외 ...
```

이 옵션 조합은 모든 사용자에 속한 프로세스들을 보여준다. 대시 기호 없이 옵션을 사용하는 것은 "BSD 스타일"로 명령을 실행하는 것이다. ps의 리눅스 버전은 여러 유닉스 호환 시스템에 있는 ps 프로그램을 흉내 낼 수 있다. 이 옵션으로 표 10-2와 같이 추가적인 항목을 볼 수 있다.

표 10-2 BSD 스타일의 ps 헤더들

헤더	의미
USER	사용자 ID. 프로세스 소유자를 나타낸다.
%CPU	CPU 사용량 (%)
%MEM	메모리 사용량 (%)
VSZ	가상 메모리 크기
RSS	사용 메모리 크기. 프로세스가 사용중인 물리적 메모리(RAM)량을 나타낸다. (KB)
START	프로세스가 시작된 시각. 24시간을 넘긴 값은 날짜를 사용한다.

top 명령어로 프로세스 변화 보기

ps 명령어가 시스템 동작에 관한 많은 정보를 주긴 하지만 오직 ps 명령어가 실행된 순간의 상태에 대해서만 제공한다. 시스템의 활동을 좀 더 동적으로 보기 위해서는 top 명령어를 사용하면 된다.

```
[me@linuxbox ~]$ top
```

top 프로그램은 프로세스 활동순으로 나열된 시스템 프로세스들을 지속적으로 갱신하여 보여준다 (기본적으로 3초마다). 그 이름은 시스템상의 "최상위" 프로세스들을 보기 위해 top 프로그램을 사용한다는 사실로부터 만들어졌다. top은 두 부분으로 나뉘어 표시한다. 최상위에 시스템 요약과 그 아래에 CPU 활동순으로 정렬된 프로세스 테이블이 표시된다.

```
top - 14:59:20 up 6:30, 2 users, load average: 0.07, 0.02, 0.00
Tasks: 109 total,  1 running,  106 sleeping,  0 stopped,  2 zombie
Cpu(s): 0.7%us,  1.0%sy,  0.0%ni,  98.3%id,  0.0%wa,  0.0%hi,  0.0%si
Mem:   319496k total,   314860k used,     4636k free,    19392k buff
Swap:  875500k total,   149128k used,   726372k free,   114676k cach

  PID USER      PR  NI  VIRT  RES  SHR S  %CPU  %MEM    TIME+   COMMAND
 6244 me        39  19 31752 3124 2188 S   6.3   1.0  16:24.42  trackerd
11071 me        20   0  2304 1092  840 R   1.3   0.3   0:00.14  top
 6180 me        20   0  2700 1100  772 S   0.7   0.3   0:03.66  dbus-dae
 6321 me        20   0 20944 7248 6560 S   0.7   2.3   2:51.38  multiloa
 4955 root      20   0  104m 9668 5776 S   0.3   3.0   2:19.39  Xorg
    1 root      20   0  2976  528  476 S   0.0   0.2   0:03.14  init
    2 root      15  -5     0    0    0 S   0.0   0.0   0:00.00  kthreadd
    3 root      RT  -5     0    0    0 S   0.0   0.0   0:00.00  migratio
    4 root      15  -5     0    0    0 S   0.0   0.0   0:00.72  ksoftirq
    5 root      RT  -5     0    0    0 S   0.0   0.0   0:00.04  watchdog
    6 root      15  -5     0    0    0 S   0.0   0.0   0:00.42  events/0
    7 root      15  -5     0    0    0 S   0.0   0.0   0:00.06  khelper
   41 root      15  -5     0    0    0 S   0.0   0.0   0:01.08  kblockd/
   67 root      15  -5     0    0    0 S   0.0   0.0   0:00.00  kseriod
  114 root      20   0     0    0    0 S   0.0   0.0   0:01.62  pdflush
  116 root      15  -5     0    0    0 S   0.0   0.0   0:02.44  kswapd0
```

시스템 요약 정보에는 유용한 것들이 많이 포함되어 있다. 표 10-3의 설명을 보자.

표 10-3 top 정보 필드

행	항목	의미
1	top	이 프로그램의 이름
	14:59:20	현재 시각
	up 6:30	시스템이 마지막 부팅된 시점부터 지금까지의 시간을 나타낸다. 이를 업타임 (*uptime*)이라 한다.
		이 예제에서 시스템은 부팅한 지 6시간 30분이 지났다.
	2 users	2명의 사용자가 로그인을 했다는 것을 나타낸다.
	load average:	**평균 부하**는 실행 대기중인 프로세스 수를 말한다. 즉 실행 가능한 상태며 CPU 를 공유하고 있는 프로세스 수다. 모두 세가지 값을 보여주는데 각각 시간 주기 를 나타낸다. 첫 번째는 최근 60초 동안의 평균값이고, 그 다음은 지난 5분, 그 리고 마지막은 지난 15분간의 평균을 나타낸다. 평균값이 1.0 아래이면 시스템이 별로 바쁘지 않다는 것을 나타낸다.
2	Tasks:	프로세스 수와 프로세스 상태별 수를 보여준다.
	0.7%us	CPU의 0.7%를 **사용자 프로세스**들이 사용 중이다. 이는 커널 바깥의 프로세스를 의미한다.
	1.0%sy	CPU의 1.0%를 **시스템**(커널) 프로세스에서 사용 중이다.
	0.0%ni	CPU의 0.0%를 nice(우선순위가 낮은) 프로세스가 사용 중이다.
	98.3%id	CPU의 98.3%가 유휴 상태다.
	0.0%wa	CPU의 0.0%가 I/O를 대기 중이다.
4	Mem:	물리메모리 사용현황을 보여준다.
5	Swap:	스왑 영역(가상 메모리) 사용현황을 보여준다.

top 프로그램은 수많은 키보드 명령어를 허용한다. 가장 많이 사용하는 두 가지는 h와 q다. h는 프로그램 도움말 화면을 보여주는 명령어고, q는 top 프로그램을 종료한다.

주요 데스크톱 환경 모두 top 프로그램과 유사한 그래픽 애플리케이션을 제공한다(윈도우즈에서는 작업관리자가 대체로 비슷하다). 하지만 필자가 발견한 바에 의하면, top이 그래픽 버전 프로그램 보다 더 낫다. top은 더 빠르고 더 적은 시스템 리소스를 사용한다. 결국 우리가 찾게 되는 것은 시스템 저하를 가져오지 않는 시스템 모니터 프로그램이다.

프로세스 제어

이제 우리는 프로세스를 보고 관찰할 수 있으니 이번에는 프로세스를 한번 제어해보자. 실험을 위해 xlogo라는 작은 프로그램을 실험대상으로 사용할 것이다. xlogo 프로그램은 X 윈도우 시스템(그래픽 화면을 표시하게 해주는 하부 엔진)이 제공하는 샘플 프로그램이다. 그것은 단순히 X라는 로고를 표시하는 크기조절 가능한 윈도우다. 먼저 실험 대상에 대해 알아볼 것이다.

```
[me@linuxbox ~]$ xlogo
```

명령어를 입력한 후, 화면 어딘가에 로고를 가진 작은 창이 표시될 것이다. 어떤 시스템에서는 xlogo가 경고 메시지를 출력할지도 모른다. 하지만 무시해도 무방하다.

저자주: 만약 시스템에 xlogo 프로그램이 없다면, gedit나 kwrite 프로그램을 사용하라.

그 윈도우의 크기 변경으로 xlogo가 실행 중임을 확인할 수 있다. 만약 로고가 새로운 크기로 다시 그려진다면 프로그램은 실행 중이다.

이제 쉘 프롬프트로 돌아가지 않는 것은 알아챘는가? 이는 쉘이 프로그램 종료를 기다리고 있기 때문이다. 우리가 지금까지 실행했던 다른 프로그램들도 xlogo와 다를 바 없다. xlogo 창을 닫으면 비로소 프롬프트로 돌아온다.

프로세스 인터럽트하기

다시 xlogo 프로그램을 실행하여 무슨 일이 벌어지는지 살펴보자. 먼저 xlogo 명령어를 입력하고 프로그램 실행을 확인하자. 그 다음 터미널 창으로 돌아와 CTRL-C를 눌러보자.

```
[me@linuxbox ~]$ xlogo
[me@linuxbox ~]$
```

터미널에서 CTRL-C를 누르면 프로그램을 중단시킨다. 이는 프로그램 종료를 공손하게 요청하는 것이다. CTRL-C를 누르면 xlogo 창은 닫히고 쉘 프롬프트로 돌아간다.

많은(전부는 아닌) 커맨드라인 프로그램들은 이 입력으로 프로그램을 중단시킬 수 있다.

프로세스를 백그라운드로 전환

xlogo 프로그램의 종료 없이 쉘 프롬프트로 돌아가기를 원한다고 치자. 프로그램을 **백그라운드**로 전환하는 것으로 이를 할 것이다. 터미널이 **포그라운드**(쉘 프롬프트처럼 화면에 표시되는 것을 가진)와 백그라운드(화면 뒤로 숨겨진 것을 가진)를 가진다고 생각해보자. 다음처럼 & 기호를 명령어와 함께 사용하면 프로그램을 실행 즉시 백그라운드로 이동한다.

```
[me@linuxbox ~]$ xlogo &
[1] 28236
[me@linuxbox ~]$
```

명령어 입력 후에 xlogo 창이 나타나고 쉘 프롬프트로 돌아온다. 하지만 재미있는 숫자들도 함께 출력된다. 이 메시지는 **작업 제어**(job control)라고 부르는 쉘 기능의 일부다. 쉘은 이 메시지로 PID가 28236인 1번([1]) 작업이 시작되었다는 것을 알려준다. ps를 실행하면 이 프로세스를 볼 수 있다.

```
[me@linuxbox ~]$ ps
    PID TTY          TIME CMD
10603 pts/1    00:00:00 bash
28236 pts/1    00:00:00 xlogo
28239 pts/1    00:00:00 ps
```

또한 쉘의 작업 제어 시스템은 터미널에 실행 중인 작업을 나열해준다. jobs 명령어를 사용하면 다음과 같은 목록을 볼 수 있다.

```
[me@linuxbox ~]$ jobs
[1]+ Running                 xlogo &
```

우리가 가지고 있는 하나의 작업을 결과로 보여준다. 그 작업은 번호가 1이고, 실행 중이며, 명령어는 xlogo &라는 것을 뜻한다.

프로세스를 포그라운드로 전환

백그라운드에 있는 프로세스는 CTRL-C를 통한 프로세스 중단을 포함해 어떤 키보드 입력도 영향을 받지 않는다. 프로세스를 포그라운드로 전환하기 위해서는 다음 예제처럼 fg 명령어를 사용한다.

```
[me@linuxbox ~]$ jobs
[1]+ Running                    xlogo &
[me@linuxbox ~]$ fg %1
xlogo
```

fg 명령어는 퍼센트 기호(%)와 작업 번호(jobspec)를 사용한다. 만약 하나의 백그라운드 작업만을 가지고 있다면 jobspec은 생략 가능하다. 여기서 xlogo를 종료하려면 CTRL-C를 누르면 된다.

프로세스 정지 (일시 정지)

때때로 프로세스를 종료하지 않고 멈추고 싶을 때가 있을 것이다. 이것은 종종 포그라운드 프로세스를 백그라운드로 이동하기 위해 행해진다. 포그라운드 프로세스를 정지하기 위해서는 CTRL-Z를 누르면 된다. 시도해보자. 명령어 프롬프트에서 xlogo를 입력하고 ENTER 키를 누른 후, CTRL-Z를 입력해보자.

```
[me@linuxbox ~]$ xlogo
[1]+ Stopped                    xlogo
[me@linuxbox ~]$
```

xlogo가 멈춘 후에 xlogo 창 크기를 변경해보면 프로그램이 정지됐다는 것을 확인할 수 있을 것이다. 마치 죽은 것처럼 보일 것이다. fg 명령어를 사용해서 프로그램을 포그라운드로 복원하거나, bg 명령어로 프로그램을 백그라운드로 이동할 수 있다.

```
[me@linuxbox ~]$ bg %1
[1]+ xlogo &
[me@linuxbox ~]$
```

fg 명령어처럼 하나의 작업만 존재할 때는 jobspec을 생략할 수 있다.

만약 명령어로 그래픽 프로그램을 실행한다면, 프로세스를 포그라운드에서 백그라운드로 이동하는 것이 간편하다. 하지만 & 기호를 이용해 백그라운드로 이동하는 것은 잊어라.

왜 커맨드라인에서 그래픽 프로그램을 실행하려고 하는가? 두 가지 이유가 있다. 첫째는, 실행하기를 원하는 프로그램이 (xlogo처럼) 윈도우 관리자의 메뉴에 목록화되지 않아서일 것이다.

둘째는, 커맨드라인에서 프로그램 실행으로 그래픽 화면으로 실행된 프로그램의 가려진 오류 메시지를 볼 수 있기 때문이다. 때때로 프로그램을 메뉴에서 실행할 때 시작하면서 실패할 경우가 있다. 대신 커맨드라인으로 실행하면 해당 문제에 관한 오류 메시지를 보게 될 지도 모른다. 또한 어떤 그래픽 프로그램들은 흥미롭고 유용한 커맨드라인 옵션을 많이 가지고 있다.

시그널

kill 명령어는 프로세스를 종료("kill")하기 위해 사용된다. 이는 비정상적으로 동작하거나 그렇지 않으면 종료를 거부하는 프로그램의 실행이 끝나게 해준다. 예제를 보자.

```
[me@linuxbox ~]$ xlogo &
[1] 28401
[me@linuxbox ~]$ kill 28401
[1]+ Terminated                    xlogo
```

먼저 **xlogo**를 백그라운드에서 실행한다. 쉘에는 백그라운드 프로세스의 PID와 jobspec이 출력된다. 그 다음, 종료할 프로세스 PID와 함께 kill 명령어를 사용한다. PID 대신에 jobspec(예를 들면, **%1**)을 사용하여 프로세스를 명시할 수도 있다.

이 모든 과정은 매우 간단하지만, 더 필요한 것이 있다. 정확히 kill 명령어는 프로세스를 종료 ("kill")하지는 않는다. 오히려 프로세스에 시그널을 보낸다는 표현이 옳다. 시그널은 운영체제가 프로그램들과 통신하기 위한 여러 방법 중 하나다. 이미 CTRL-C와 CTRL-Z의 사용에서 시그널을 본 적이 있을 것이다. 터미널이 이 키 입력들 중 하나를 받을 때 포그라운드에 있는 프로세스에 시그널을 보낸다. CTRL-C의 경우에는 INT(인터럽트) 시그널을 보내고 CTRL-Z는 TSTP(터미널 정지) 시그널을 보낸다. 프로그램들은 결국 시그널을 귀 기울이고("listen") 있다가 받은 시그널에 따라 행동하게 될 것이다. 프로그램이 시그널을 들을 수 있고 그에 따라 행동한다는 사실은 종료 시그널을 받았을 때 진행 중인 작업을 저장하는 것과 같은 동작이 가능하다는 것을 나타낸다.

kill로 시그널 보내기

kill 명령어의 일반적인 문법은 다음과 같다.

```
kill [-signal] PID ...
```

커맨드라인에 지정된 시그널이 없다면, 기본적으로 TERM(종료) 시그널을 보낸다. kill 명령어는 표 10-4에 있는 시그널들을 주로 사용한다.

표 10-4 주요 시그널

번호	이름	의미
1	HUP	Hang up. 이는 전화선과 모뎀으로 원격 컴퓨터에 연결하는 터미널을 사용하던 그리운 옛날의 흔적이다. 이 시그널은 제어 터미널과 "연결이 끊어진" 프로그램을 가리키는 데 사용된다. 이 시그널은 터미널 세션 종료에 의해 나타난다. 터미널에서 실행 중인 포그라운드 프로그램은 이 시그널을 받으면 종료될 것이다. 또한 재초기화를 위해 많은 데몬 프로그램에서 사용된다. 이는 데몬이 이 시그널을 받으면 재시작하고 환경설정 파일을 다시 읽어 들이게 된다는 것을 의미한다. Apache 웹 서버가 HUP 시그널을 이 방식으로 사용하는 데몬의 한 예다.
2	INT	Interrupt. 터미널에서 CTRL-C 키를 보낸 것과 동일한 기능을 한다. 프로그램을 항상 종료할 것이다.
9	KILL	Kill. 이 시그널은 조금 특별하다. 프로그램은 자신에게 보내진 시그널들을 모두 무시하거나 다른 방식으로 조작하는 것을 선택할지 모른다. KILL 시그널은 실제로 해당 프로그램에 보내지지 않는다. 오히려 커널이 즉시 프로세스를 종료한다. 이런 식으로 프로세스가 강제 종료되면 스스로 정리하거나 진행 중인 작업을 저장할 기회가 없다. 이런 이유로 KILL 시그널은 다른 종료 시그널이 실패한 경우에 마지막 수단으로 사용되어야 한다.
15	TERM	Terminate. 이것은 kill 명령어가 보내는 기본 신호다. 이 신호를 보냈을 때 만약 프로그램이 여전히 시그널을 받을 수 있을 정도로 "살아있다면" 프로그램은 종료될 것이다.
18	CONT	Continue. STOP 시그널로 정지된 프로세스를 복원한다.
19	STOP	Stop. 이 시그널은 프로세스를 종료 없이 일시 정지시킨다. KILL 시그널과 같이 해당 프로세스에 직접 보내지 않는다. 따라서 이 시그널을 무시할 수는 없다.

kill 명령어를 사용해보자.

```
[me@linuxbox ~]$ xlogo &
[1] 13546
[me@linuxbox ~]$ kill -1 13546
[1]+    Hangup               xlogo
```

이 예제에서는 xlogo 프로그램을 백그라운드로 시작하고 kill 명령어를 통해 그 프로그램에 HUP 시그널을 보냈다. xlogo 프로그램은 종료되고, 쉘은 hangup 시그널을 받은 백그라운드 프로세스를 보여준다. 그 메시지를 보려면 두서너 차례 ENTER 키를 눌러야 될지도 모른다. 시그널은 이름이든 번호로든 명시해야 한다는 것을 유념하라. SIG로 시작하는 시그널 이름을 사용할 수도 있다.

```
[me@linuxbox ~]$ xlogo &
[1] 13601
[me@linuxbox ~]$ kill -INT 13601
[1]+ Interrupt              xlogo
[me@linuxbox ~]$ xlogo &
[1] 13608
[me@linuxbox ~]$ kill - SIGINT 13608
[1]+ Interrupt              xlogo
```

다른 시그널들을 사용해서 이 예제를 반복해봐라. 또한 PID의 위치에 jobspec을 사용할 수 있다는 것도 기억해라.

프로세스들은 파일처럼 소유자를 가지고 있다. kill 명령어로 프로세스에 시그널을 보내려면 반드시 그 프로세스의 소유자거나 슈퍼유저여야 한다.

추가적으로 표 10-4에서 본 kill 명령어와 자주 사용하는 시그널 목록 외에 시스템에서 자주 사용하는 시그널들이 있다. 표 10-5에 그 다른 시그널들을 나열했다.

표 10-5 그 외 주요 시그널

번호	이름	의미
3	QUIT	Quit. (*역자주: 사용자가 종료 키(CTRL+\)를 입력하면 커널이 프로세스에 SIGQUIT 시그널을 보낸다.)
11	SEGV	Segmentation violation. 이 시그널은 프로그램이 잘못된 메모리 사용이 이뤄질 때 보내진다. 즉 허용하지 않은 영역에 쓰기를 시도했다는 것이다.
20	TSTP	Terminal Stop. 이 시그널은 CTRL-Z를 눌렀을 때 터미널에 의해 보내진다. STOP 시그널과 달리, TSTP 시그널은 프로그램에 의해 받게 된다. 하지만 프로그램은 이를 무시하도록 지정되어 있을 수도 있다.
28	WINCH	Window change. 이 시그널은 윈도우 크기가 변경된 경우에 시스템에 의해 보내진다. top과 less와 같은 프로그램들은 이 시그널을 받으면 새로운 윈도우 크기에 맞게 다시 그려질 것이다.

호기심 많은 이들을 위해, 전체 시그널 목록을 볼 수 있는 명령을 알려주겠다.

```
[me@linuxbox ~]$ kill -l
```

killall로 다수의 프로세스에 시그널 보내기

killall 명령어를 사용하면 명시된 프로그램 또는 사용자 이름과 일치하는 다수의 프로세스에 시그널을 보내는 것도 가능하다. 사용법은 다음과 같다.

```
killall [-u user] [-signal] name ...
```

xlogo 프로그램을 두 번 시작하면, 종료하는 것을 보여줄 것이다.

```
[me@linuxbox ~]$ xlogo &
[1] 18801
[me@linuxbox ~]$ xlogo &
[2] 18802
[me@linuxbox ~]$ killall xlogo
[1]-  Terminated              xlogo
[2]+  Terminated              xlogo
```

kill 명령어와 마찬가지로, 사용자가 소유하지 않은 프로세스들에 시그널을 보낼 때는 반드시 슈퍼유저여야 함을 명심해라.

기타 프로세스 관련 명령어들

프로세스를 모니터링하는 것은 중요한 시스템 관리 업무이기 때문에 많은 명령어들이 존재한다. 표 10-6에 그 명령어들 일부를 나열한다.

표 10-6 기타 프로세스 관련 명령어

명령어	설명
pstree	프로세스 간의 부모/자식 관계를 보여주는 트리 형태로 정렬해서 프로세스 목록을 출력한다.
vmstat	메모리, 스왑, 디스크 I/O를 포함한 시스템 자원 사용 현황을 출력한다. 지속적으로 갱신되는 정보를 보기 위해서는 시간 지연 값(초 단위)과 함께 명령어를 사용하면 된다(예를 들어, vmstat 5). CTRL-C를 누르면 출력은 종료된다.
xload	시간에 따라 시스템 부하를 그래프로 보여주는 그래픽 프로그램이다.
tload	xload 프로그램과 유사하지만 터미널에서 그래프를 보여준다. CTRL-C를 누르면 출력은 종료된다.

PART 2
환경과 설정

11

환경

앞서 살펴본 바와 같이 쉘은 쉘 세션이 진행되는 동안 모든 정보를 관리하는 **환경**을 유지한다. 쉘 환경에 저장된 데이터는 설정 프로그램에 의해 사용된다. 대부분의 프로그램은 **환경설정 파일**을 사용하지만, 일부 프로그램은 동작하기 위해 환경에 설정된 값을 찾아보기도 한다. 이러한 사실을 바탕으로 쉘 환경을 사용자에 맞게 설정해 보도록 하자.

이 장에서는 다음 명령어들을 사용하여 작업하게 될 것이다.

- printenv — 환경 일부 또는 전체 출력하기
- set — 쉘 옵션 설정하기
- export — 다음 실행 프로그램에 환경 적용하기
- alias — 명령어 별칭 생성하기

환경에는 어떤 것들이 저장될까?

비록 bash에서는 구분하기 힘들지만 쉘은 환경에 두 가지 기본적인 형식을 저장한다. 하나는 **환경 변수**고, 다른 하나는 **쉘 변수**다. 쉘 변수는 bash에 의해 저장된 작은 데이터고, 환경 변수는 기본적으로 그 밖의 모든 것이다. 쉘은 변수뿐만 아니라, **별칭** 그리고 **쉘 함수**와 같은 프로그램 데이터도 저장한다. 별칭에 관해서는 5장에서 이미 다루었고 쉘 함수(쉘 스크립트와 관련이 있는)는 4부에서 알아볼 것이다.

환경 검증하기

환경에 저장된 것이 무엇인지 보려면 bash에 내장된 set 명령어나 printenv 프로그램을 사용하면 된다. set 명령어는 쉘 변수와 환경 변수 모두 보여주며, printenv 명령어는 오직 환경 변수만을 출력한다. 환경 변수 내용이 상당히 길기 때문에 파이프라인을 활용해서 less 명령어를 사용하는 것이 좋을 것이다.

```
[me@linuxbox ~]$ printenv | less
```

이렇게 하면, 다음과 같은 결과를 보게 될 것이다.

```
KDE_MULTIHEAD=false
SSH_AGENT_PID=6666
HOSTNAME=linuxbox
GPG_AGENT_INFO=/tmp/gpg-PdOt7g/S.gpg-agent:6689:1
SHELL=/bin/bash
TERM=xterm
XDG_MENU_PREFIX=kde-
HISTSIZE=1000
XDG_SESSION_COOKIE=6d7b05c65846c3eaf3101b0046bd2b00-1208521990.996705-1177056199
GTK2_RC_FILES=/etc/gtk-2.0/gtkrc:/home/me/.gtkrc-2.0:/home/me/.kde/share/config/gtkrc-2.0
GTK_RC_FILES=/etc/gtk/gtkrc:/home/me/.gtkrc:/home/me/.kde/share/config/gtkrc
GS_LIB=/home/me/.fonts
WINDOWID=29360136
QTDIR=/usr/lib/qt-3.3
QTINC=/usr/lib/qt-3.3/include
KDE_FULL_SESSION=true
USER=me
LS_COLORS=no=00:fi=00:di=00;34:ln=00;36:pi=40;33:so=00;35:bd=40;33;01:cd=40;33
;01:or=01;05;37;41:mi=01;05;37;41:ex=00;32:*.cmd=00;32:*.exe:
```

지금 보고 있는 것은 환경 변수의 목록과 그 값들이다. 예를 들어 USER라는 변수를 보면 me라는 값을 가지고 있다. printenv 명령어로 이러한 특수한 변수의 값을 나열할 수 있다.

```
[me@linuxbox ~]$ printenv USER
me
```

옵션이나 명령 인자 없이 set 명령어를 사용하면 쉘과 환경 변수, 둘 다 볼 수 있다. 그 밖에도 정의된 쉘 함수가 있다면 그것 또한 표시된다.

```
[me@linuxbox ~]$ set | less
```

printenv와는 달리 set 명령어는 친절하게도 결과를 알파벳순으로 정렬해준다. 다음과 같이 echo 명령어로 변수 내용을 보는 것도 가능하다.

```
[me@linuxbox ~]$ echo $HOME
/home/me
```

set이나 printenv 명령어가 표시하지 않는 하나의 환경 요소는 바로 별칭이다. 이를 보려면, alias 명령어를 인자 없이 입력하면 된다.

```
[me@linuxbox ~]$ alias
alias l.='ls -d .* --color=tty'
alias ll='ls -l --color=tty'
alias ls='ls --color=tty'
alias vi='vim'
alias which='alias | /usr/bin/which --tty-only --read-alias –show-dot --showtilde'
```

흥미로운 몇 가지 변수들

환경에는 수많은 변수가 있는데 사용자의 환경이 여기서 소개하는 것들과는 다를 수는 있어도, 표 11-1에 있는 변수들과는 어느 정도 유사할 것이다.

표 11-1 환경 변수

변수	내용
DISPLAY	그래픽 환경 사용자인 경우 디스플레이명. 보통은 :0인데 X 서버에 의해 생성된 가장 첫 번째 디스플레이라는 것이다.
EDITOR	텍스트 편집에 기본적으로 사용되는 프로그램 이름.
SHELL	사용자의 쉘 프로그램 이름.
HOME	홈 디렉토리 경로명.
LANG	사용자 언어의 문자셋과 정렬 방식 정의하기.
OLD_PWD	이전 작업 디렉토리.
PAGER	페이지 출력에 사용되는 프로그램 이름. 주로 /usr/bin/less가 설정되어 있다.
PATH	실행 프로그램명을 입력할 때, 그 이름을 찾는 디렉토리 목록(콜론으로 구분).
PS1	프롬프트 문자열 1. 쉘 프롬프트 내용을 정의한다. 추후에 살펴보겠지만 광범위한 설정이 가능하다.
PWD	현재 작업 디렉토리.
TERM	사용자 터미널 타입 이름. 유닉스형 시스템에서는 터미널 프로토콜을 지원하는데 이 변수로는 사용자의 터미널 에뮬레이터와 함께 사용할 수 있는 프로토콜을 정의한다.
TZ	사용자의 시간대를 설정한다. 대부분의 유닉스형 시스템은 국제 표준시(UTC)에 따라 시간을 유지하지만 이 변수로 시간을 차감하여 사용자의 지역 시간을 표시할 수 있다.
USER	사용자 이름.

실제 환경에서 여기에 있는 항목이 보이지 않는다고 해도 걱정하지 마라. 배포판마다 조금씩 다르다.

환경은 어떻게 설정할까?

시스템에 로그인하면 bash 프로그램이 시작되면서 **시작 파일**(startup files)이라고 하는 일련의 환경설정 스크립트를 읽는다. 이 시작 파일은 모든 사용자에게 공유되는 기본적인 환경설정 값을 규정한다. 이어서 개인 사용자의 환경을 정의하는 홈 디렉토리 내의 시작 파일이 구성된다. 정확한 순서는 실행된 쉘 세션에 따라 달라지게 된다.

로그인 여부에 따른 쉘 환경

두 종류의 쉘 세션이 있다. 로그인 쉘 세션과 비로그인 쉘 세션이다.

로그인 쉘 세션에서는 사용자 이름과 비밀번호를 입력하도록 되어 있는데 예를 들면 가상 콘솔 세션이 시작할 때다. **비로그인 쉘 세션**은 일반적으로 GUI 환경에서 터미널 세션을 실행할 때 나타난다.

로그인 쉘은 표 11-2에 나타낸 하나 이상의 시작 파일을 읽어 들인다.

표 11-2 로그인 쉘 세션용 시작 파일

파일	내용
/etc/profile	모든 사용자에게 적용되는 일반 환경설정.
~/.bash_profile	개인 사용자 시작 파일. 일반 환경설정을 확장하거나 무시할 수 있다.
~/.bash_login	~/.bash_profile 파일이 없으면 bash는 이 스크립트를 읽게 된다.
~/.profile	~/.bash_profile이나 ~/.bash_login 모두 없으면 bash는 이 파일을 읽는다. 우분투와 같은 데비안 배포판에서는 이 파일이 기본으로 설정되어 있다.

비로그인 쉘 세션은 표 11-3에 있는 시작 파일을 읽는다.

표 11-3 비로그인 쉘 세션용 시작 파일

파일	내용
/etc/bash.bashrc	모든 사용자에게 적용되는 일반 환경설정.
~/.bashrc	개인 사용자 시작 파일. 일반 환경설정을 확장하거나 무시할 수 있다.

비로그인 쉘은 이 시작 파일을 읽는 것뿐만 아니라 주로 로그인 쉘 같은 상위 프로세스로부터 환경값을 물려 받는다.

자신의 시스템을 한번 살펴보고, 이 중 어떠한 시작 파일이 있는지 확인해보자. 상단에 나열된 대부분의 시작파일은 마침표(숨김 파일)로 시작하기 때문에 ls에 -a 옵션을 사용해야 할 것이다.

~/.bashrc 파일은 일반 사용자 관점에서 아마도 가장 중요한 파일일 것이다. 왜냐하면 항상 참조되는 파일이기 때문이다. 비로그인 쉘은 기본적으로 이 파일을 읽고, 로그인 쉘용의 시작파일 대부분은 ~/.bashrc 파일을 기본적으로 참조하도록 만들어지기 때문이다.

시작 파일에는 어떤 것이 있을까?

전형적인 .bash_profile(CentOS-4 환경에서 가져왔다) 파일을 들여다보자. 다음과 같은 모습일 것이다.

```
# .bash_profile

# Get the aliases and functions
if [ -f ~/.bashrc ]; then
        . ~/.bashrc
fi

# User specific environment and startup programs

PATH=$PATH:$HOME/bin
export PATH
```

기호로 시작하는 줄은 **주석을 달아놓은 것**이고 쉘이 참조하는 부분이 아니다. 사용자를 위한 정보다. 재미있는 것은 4번째 줄에 있는 다음과 같은 코드다.

```
if [ -f ~/.bashrc ]; then
        . ~/.bashrc
fi
```

이것은 **if 합성 명령어**라고 하는데 4부에서 쉘 스크립트를 공부할 때 아주 자세하게 알게 될 테니 여기에서는 어떤 의미인지만 확인하자.

```
If the file "~/.bashrc" exists, then
        read the "~/.bashrc" file.
```

여기서 이 작은 코드로 어떻게 로그인 쉘이 .bashrc 파일 내용을 가져오는지 볼 수 있다. 시작 파일에 있는 나머지 내용은 PATH 변수와 함께 수행된다.

커맨드라인에 명령어를 입력하면 쉘이 어떻게 찾아내는지 궁금해 본 적이 있는가? 예를 들면, ls 명령어를 입력했을 때, 쉘은 /bin/ls(ls 명령어의 전체 경로명)를 찾기 위해서 쉘이 컴퓨터 전체를 검색하는 것이 아니라 PATH 변수에 있는 디렉토리를 대상으로만 검색을 하게 된다.

PATH 변수(리눅스 배포판에 따라 다르다)는 주로 /etc/profile 시작 파일에서 다음 코드로 설정이 된다.

```
PATH=$PATH:$HOME/bin
```

PATH는 $HOME/bin 디렉토리를 목록 끝에 추가하도록 설정되어 있다. 다음은 매개 변수 확장 예제로 7장에서 살펴본 것이다. 이 설정이 어떻게 작동하는지 보여주기 위해서 다음과 같이 해보자.

```
[me@linuxbox ~]$ foo="This is some"
[me@linuxbox ~]$ echo $foo
This is some
[me@linuxbox ~]$ foo=$foo" text."
[me@linuxbox ~]$ echo $foo
This is some text.
```

이 방법을 활용해서 변수 내용 끝에 텍스트를 삽입할 수 있다.

PATH 내용 끝에 $HOME/bin 문자열을 추가함으로써 $HOME/bin 디렉토리는 명령어가 입력될 때 검색되는 디렉토리 목록에 덧붙여진다. 즉 사용자만의 프로그램을 저장하기 위해서 홈 디렉토리 내에 디렉토리를 생성하고 싶다면, 쉘은 그것을 수용할 준비가 되어있다. 우리가 할 일은 그것을 bin이라고 부르는 것이고, 이제 작업할 준비가 다됐다.

저자주: 많은 배포판에서는 이러한 PATH 설정을 기본적으로 제공하고 있다. 우분투와 같이 일부 데비안 배포판은 로그인 시에 ~/bin 디렉토리 존재 여부를 확인하고 존재한다면 자동으로 PATH 변수에 이 디렉토리를 추가한다.

마지막으로 할 일이다.

```
export PATH
```

export 명령어는 쉘과 이 쉘의 자식 프로세스들에 PATH 내용을 적용하라고 알려준다.

환경 편집

이제 시작 파일이 어디에 있는지 또 어떤 내용이 들어있는지 알기 때문에, 우리만의 환경을 설정할 수 있다.

어떤 파일을 수정해야 할까?

일반적인 규칙에 따라, 사용자의 PATH에 디렉토리를 추가하거나 부가적인 환경 변수를 정의하기 위해서는 .bash_profile 파일(또는 배포판에 따라 그에 준하는 파일, 우분투에서는 .profile 파일) 내용을 수정해야 한다. 그 밖의 다른 것들은 .bashrc 파일에서 변경한다. 자신이 시스템 관리자가 아니고 시스템에 있는 모든 사용자의 기본값을 수정할 필요가 없다면 홈 디렉토리에 있는 파일만을 편집하도록 한다. profile처럼 /etc에 있는 파일도 변경이 가능하고 대부분 민감한 작업이지만, 지금은 안전하게 시작해보도록 하자.

텍스트 편집기

시작 파일뿐만 아니라 시스템에 있는 다른 환경설정 파일을 편집하기 위해서는 **텍스트 편집기**라고 하는 프로그램을 사용한다. 텍스트 편집기는 커서 이동으로 화면상의 단어를 편집할 수 있다는 점에서는 워드 프로세서와 비슷하다. 다른 점은 텍스트만을 지원한다는 것과 편집 프로그램을 위한 기능들이 주로 포함되어 있다는 것이다. 텍스트 편집기는 코드를 작성하는 소프트웨어 개발자들과 시스템을 제어하기 위해서 설정 파일을 관리해야 하는 시스템 관리자들이 사용하는 중심적인 도구다.

리눅스에는 수많은 텍스트 편집기들이 있다. 여러분의 시스템에도 몇 개 설치되어 있을 것이다. 왜 그렇게 종류가 많을까? 아마도 프로그래머들이 그 프로그램을 만드는 것을 좋아하기 때문인 것 같다. 그리고 프로그래머들은 광범위하게 편집기를 사용하기 때문에 그들이 생각했을 때 편집기가 갖추어야 하는 기능을 편집기에 표현해두려고 한다.

텍스트 편집기에는 두 가지 카테고리가 있는데 하나는 그래픽 환경이고 다른 하나는 텍스트 기반 환경이다. GNOME와 KDE 모두 인기 있는 그래픽 환경의 편집기를 가지고 있다. GNOME에는 gedit라고 하는 편집기가 있는데 GNOME 메뉴에서는 보통 Text Editor로 불린다. KDE에는 세 가지의 편집기가 있는데 (복잡성이 작은 순서대로) kedit, kwrite, kate이다.

또한 텍스트 기반의 편집기도 굉장히 많이 있으며 이들 중 가장 유명한 것은 nano, vi, emacs다. nano 편집기는 간단하면서 사용하기 쉬운 편집기로 PINE 이메일 프로그램에서 제공하는 pico 편집기의 확장판으로 설계되었다. vi 편집기(대부분의 리눅스 시스템에서 Vi IMproved의 준말인 vim 이라는 프로그램 이름으로 나타냄)는 유닉스형 시스템을 위한 전통적인 편집기다. 이것은 12장의 주제이기도 하다. emacs 편집기는 원래 리차드 스톨만(Richard Stallman)이 만든 것이다. 이것은 아주 방대하고, 다용도로, 모든 것을 수행하는 프로그램 환경이다. 구하기는 쉽지만 대부분의 리눅스 시스템에는 기본적으로 설치되어 있진 않다.

텍스트 편집기 사용하기

모든 텍스트 편집기는 커맨드라인에서 편집하려는 파일명 앞에 편집기 이름을 입력하면 해당 파일을 불러올 수 있다. 만약 파일이 존재하지 않으면 편집기는 사용자가 새 파일을 만든다고 생각할 것이다. 다음 gedit를 이용한 예제가 있다.

```
[me@linuxbox ~]$ gedit some_file
```

이 명령어는 **gedit** 텍스트 편집기를 실행하고 some_file이라는 파일이 있다면 그 파일을 불러올 것이다.

그래픽 환경의 텍스트 편집기들은 사용이 직관적이기 때문에 여기서는 다루지 않을 것이다. 대신, 우리의 첫 번째 텍스트 편집기인 nano에 집중할 것이다. nano 편집기를 실행하고 .bashrc 파일을 편집해보자! 일단 이 작업에 앞서, 안전한 사용을 위해 선행 작업을 몇 가지 하도록 하자. 중요한 설정 파일을 편집할 때마다 항상 백업 파일을 만들어두는 것이 좋다. 잘못된 편집으로 파일이 엉망이 될 경우를 대비해두는 것이다. .bashrc 파일을 백업하려면 다음과 같이 입력한다.

```
[me@linuxbox ~]$ cp .bashrc .bashrc.bak
```

이 파일을 굳이 백업 파일이라고 하지 않아도 상관없다. 그저 알아볼 수 있는 이름을 사용하면 된다. .bak, .sav, .old, .orig와 같은 확장자는 모두 백업 파일을 표시하는 인기 있는 방법이다. 한 가지 더, cp 명령어는 **기존 파일을 아무 경고 없이 덮어쓴다는 사실**을 기억하기 바란다.

자, 이제 백업 파일이 생겼다. 편집기를 시작해보자.

```
[me@linuxbox ~]$ nano .bashrc
```

nano 편집기를 실행하면, 다음과 같은 화면을 볼 수 있다.

```
  GNU nano 2.0.3              File: .bashrc

# .bashrc

# Source global definitions
if [ -f /etc/bashrc ]; then
        . /etc/bashrc
fi

# User specific aliases and functions




                    [ Read 8 lines ]
^G Get Help^O WriteOut^R Read Fil^Y Prev Pag^K Cut Text^C Cur Pos
^X Exit ^J Justify ^W Where Is^V Next Pag^U UnCut Te^T To Spell
```

저자주: 사용자 컴퓨터에 nano 편집기가 없다면 그래픽 환경의 편집기를 대신 사용해도 좋다.

화면 상단에는 헤더, 중앙에는 편집할 텍스트, 아래에는 명령어 메뉴가 있다. nano 편집기는 이메일 클라이언트와 함께 제공된 텍스트 편집기의 확장판으로 설계된 것이어서 편집 기능은 다소 부족한 편이다.

모든 편집기에서 배워야 할 가장 첫 번째 명령은 바로 그 프로그램을 종료하는 방법이다. nano의 경우 CTRL-X키를 입력하면 된다. 화면 하단에 있는 메뉴에도 종료가 있다. ^X는 CTRL-X를 의미하는데 많은 프로그램에서 사용되는 제어 문자 표기법이다.

우리가 알아야 하는 두 번째 명령은 작업을 저장하는 방법이다. nano에서는 CTRL-O키를 사용하면 된다. 이 두 가지를 잘 이해했다면 편집할 준비가 완료된 것이다. 아래쪽 화살표 키와 page-down 키를 사용해서 커서를 파일 끝으로 이동하자. 그런 다음 .bashrc 파일에 다음 내용을 추가해보자.

```
umask 0002
export HISTCONTROL=ignoredups
export HISTSIZE=1000
alias l.='ls -d .* --color=auto'
alias ll='ls -l --color=auto'
```

저자주: 사용자의 리눅스 배포판에는 이미 이러한 내용들이 포함되어 있을 수 있지만 다시 한다고 해서 나쁠 것은 없다.

표 11-4에 우리가 추가한 내용에 대한 의미를 설명해두었다.

표 11-4 .bashrc에 추가한 내용

내용	의미
Umask 0002	9장에서 설명한 공유 디렉토리에서 발생하는 문제를 해결하기 위해 umask를 설정.
export HISTCONTROL=ignoredups	쉘 히스토리에 똑같은 명령어가 기록되어 있다면 그 명령어의 기록은 무시하도록 한다.
export HISTSIZE=1000	명령어 히스토리 크기를 최대 500개에서 1000개로 수정함.
alias l.='ls -d .* --color=auto'	l.이라는 명령어를 새로 만들어서 마침표로 시작하는 모든 디렉토리 항목을 표시하도록 한다.
alias ll='ls -l -color=auto'	ll이라는 명령어를 새로 만들어서 디렉토리 목록을 자세히 보기 형식(long 포맷)으로 표시한다.

보다시피 추가된 내용들이 직관적으로 이해하긴 힘들다. 그래서 .bashrc 파일에 사용자가 쉽게 이해할 수 있도록 주석을 달면 좋을 것이다. 편집기를 사용해서 다음과 같이 추가된 내용으로 바꿔보자.

```
# Change umask to make directory sharing easier
umask 0002

# Ignore duplicates in command history and increase
# history size to 1000 lines
export HISTCONTROL=ignoredups
export HISTSIZE=1000

# Add some helpful aliases
alias l.='ls -d .* --color=auto'
alias ll='ls -l --color=auto'
```

훨씬 보기 좋다! 여기까지 했으면 CTRL-O키를 입력해서 수정된 .bashrc 파일을 저장하고 CTRL-X로 nano를 종료하자.

변경 사항 적용하기

.bashrc 파일에 편집한 내용들은 터미널 세션을 종료하고 다시 새로 실행할 때까지 적용되지 않는다. 왜냐하면 .bashrc 파일은 최초 세션이 시작될 때 참조되는 파일이기 때문이다. 하지만 bash에 강제로 이 파일을 참조하도록 명령할 수 있다.

```
[me@linuxbox ~]$ source .bashrc
```

이 명령을 한 후에, 변경 사항이 적용됐는지 반드시 확인해봐야 한다. 새로 추가한 명령어 별칭 가운데 하나를 실행해보자.

```
[me@linuxbox ~]$ ll
```

> ## 왜 주석이 중요할까?
>
> 환경설정 파일을 수정할 때마다 변경사항을 설명해주는 주석을 다는 것이 좋다. 당연히, 내일 정도면 여러분이 무엇을 수정했는지 기억할 수 있을 것이다. 하지만 6개월 뒤에는 어떻겠는가? 여러분 자신을 위해서 주석을 꼭 추가하길 바란다. 작업을 하는 동안 어떤 변경 사항이 있는지에 대한 로그를 남기는 것도 나쁘지 않다.
>
> 쉘 스크립트와 bash 시작 파일은 # 기호로 주석을 표시한다. 다른 설정 파일에서는 다른 기호를 사용할 수도 있다. 하지만 대부분 설정 파일에는 주석을 나타낼 수 있으므로 해당 기호나 사용법을 확인하면 된다.
>
> 설정 파일을 보면 해당 프로그램에 영향을 막기 위해서 **주석 처리한 경우**를 볼 수 있는데, 사용자에게 가능한 설정 정보나 올바른 사용 예제들을 보여줄 때 사용한다. 예를 들어 우분투 8.04에 있는 .bashrc 파일에는 다음과 같은 정보가 있다.
>
> ```
> # some more ls aliases
> #alias ll='ls -l'
> #alias la='ls -A'
> #alias l='ls -CF'
> ```
>
> 마지막 세 줄은 주석 처리된 예제로 사용 가능한 또 다른 별칭을 보여주고 있다. 만일 앞에 있는 # 기호를 제거하면, 즉 **주석을 풀면** 이 별칭은 시스템에 적용된다. 반대로 #을 추가하면 기존에 가지고 있는 정보를 유지하면서 그 내용은 설정되지 않는다.

마무리 노트

이 장에서는 중요한 스킬을 숙지했다. 파일 편집기를 사용해서 환경설정 파일을 수정하였다. 좀 더 하다 보면 명령어들의 man 페이지를 읽고, 그 명령어들이 지원하는 환경 변수들을 참고할 수 있을 것이다. 주옥 같은 정보들이 많다. 이 책 후반부에는 쉘 함수에 대해서 배우게 될 텐데 이는 아주 강력한 기능이다. 자신만의 명령어 환경을 위해 이 역시 bash 시작 파일에 포함할 수 있다.

12

VI 맛보기

뉴욕을 방문하는 사람들에 관한 오래된 농담이 있다. 지나가는 사람에게 뉴욕에서 가장 유명한 클래식 음악 공연장의 위치를 묻는다.

> 방문객: 실례하겠습니다. 카네기홀에 가려면 어떻게 하나요?

> 행인: 연습, 연습, 또 연습이지!

커맨드라인을 배우는 것은 아주 숙련된 피아니스트가 되는 것처럼 오후에 갑자기 습득할 수 있는 것이 아니다. 수년간의 연습이 필요한 것이다. 이번 장에서는 vi("브이 아이"라고 발음한다) 편집기에 대해서 소개하려고 한다. 이것은 유닉스 고유의 핵심 프로그램 중 하나다. vi는 사용자 인터페이스가 어렵기로 악명이 높다. 하지만 어떤 전문가가 자리에 앉아 키보드로 "연주"를 시작하는 것을 보게 되면, 진정으로 위대한 예술을 만나게 될 것이다. 이 장에서 배우는 것만으로 전문가가 될 수는 없다. 하지만 일단 이 장이 끝나고 나면, 적어도 vi의 "젓가락 행진곡" 정도는 연주할 수 있는 방법을 터득하게 될 것이다.

vi를 왜 배워야 할까?

그래픽 환경이나 nano같이 사용하기 편리하도록 만든 텍스트 기반의 편집기를 사용하는 요즘 시대에 vi를 왜 배워야 할까? 세 가지의 타당한 이유가 있다.

- vi는 어디에서나 사용할 수 있다. 원격 서버나 X의 환경설정이 망가진 로컬 시스템처럼 그래픽 환경이 지원되지 않는 시스템을 접하게 됐을 때, vi의 덕을 보게 될 것이다. 물론 nano의 인기는 갈수록 높아지고 있으나 여전히 광범위하게 사용되진 않는다. 유닉스 시스템상의 프로그램 호환성 표준인 POSIX는 vi를 필요로 한다.

- vi는 가볍고 빠르다. 많은 작업을 할 때, 시스템 메뉴에서 그래픽 텍스트 편집기를 불러와서 수 메가바이트의 용량에 달하는 프로그램이 실행될 때까지 기다리는 것보다는 vi 편집기를 불러오는 것이 훨씬 수월하다. 게다가 vi는 입력 속도를 중요시 설계되었기 때문에, 이제 곧 보게 되겠지만 숙련된 vi 사용자는 편집하는 동안 절대 마우스를 사용하지 않는다.

- 세 번째 이유는 우린 다른 리눅스나 유닉스 사용자에게 뒤쳐지고 싶지 않다.

그래, 진짜 이유는 앞의 두 가지뿐이다.

VI의 역사

vi의 첫 번째 버전은 1976년에 빌 조이(Bill Joy)가 만들었다. 그는 미국의 UC 버클리 학생이었는데 나중에 선 마이크로시스템즈의 공동 창업자가 되었다. vi란 이름은 visual(보이는 것)이란 단어에서 따온 것인데, 그 이유는 원래 이 편집기는 커서로 비디오 터미널상에서 편집하는 것이 가능하도록 만들어진 것이기 때문이다. **visual 편집기** 이전에는 **라인 편집기**가 있었다. 이것은 한 번에 한 줄씩만 처리가 가능하다. 변경할 내용을 입력하기 위해서 라인 편집기로 특정 줄로 이동해서 텍스트를 추가 또는 삭제하는 것과 같이, 적용할 변경 사항에 대해 구체적으로 설명해야 한다. 비디오 터미널의 등장(텔레타이프 장치와 같은 출력 기반의 터미널이 아닌)으로 visual 편집기 사용이 가능해졌다. vi는 사실 ex라고 하는 강력한 라인 편집기를 포함하는데, 그래서 vi를 사용하면서 라인 편집 명령어도 사용할 수 있다.

대부분의 리눅스 배포판에는 진짜 vi가 없다. 대신 브람 무어나르(Bram Moolenaar)가 만든 vim(Vi IMproved의 약자)이라고 하는 vi 확장판이 있다. vim은 전통적인 유닉스의 vi 이상의 상당한 개선이 이뤄진 버전으로, 대개 리눅스 시스템에서는 vi라는 이름으로 심볼릭 링크되어(또는 별칭으로)

사용된다. 이제 우리가 논의하게 될 것은 사실은 **vim**이지만 **vi**라는 이름으로 불리는 프로그램이다.

vi 시작과 종료

vi를 시작하려면 다음과 같이 간단하게 입력하면 된다

```
[me@linuxbox ~]$ vi
```

vi가 시작되면 다음 화면처럼 보일 것이다.

```
~
~
~                       VIM - Vi Improved
~
~                        version 7.1.138
~                      by Bram Moolenaar et al.
~             Vim is open source and freely distributable
~
~                      Sponsor Vim development!
~           type  :help sponsor<Enter> for information
~
~           type  :q<Enter>               to exit
~           type  :help<Enter> or <F1>  for on-line help
~           type  :help version7<Enter> for version info
~
~                      Running in Vi compatible mode
~           type  :set nocp<Enter> for Vim defaults
~           type  :help cp-default<Enter> for info on this
~
~
~
~
```

nano 편집에서 했던 것처럼 제일 먼저 배워야 할 것은 종료하는 방법이다. **vi** 편집기를 종료하려면 다음 명령어를 입력한다(콜론 기호도 명령어라는 사실을 알아두자).

```
:q
```

그럼, 쉘 프롬프트가 다시 나타난다. 어떤 이유에서든 **vi**가 종료되지 않으면(보통 파일을 저장하지 않았을 경우가 원인) 느낌표를 추가해서 강제 종료할 수 있다.

```
:q!
```

저자주: vi 편집기를 사용하다가 "길을 잃었다면" ᴇsᴄ 키를 두 번 입력하라. 그럼 다시 방향을 잡아줄 것이다.

편집 모드

다시 vi 편집기를 실행하자. 이번에는 존재하지 않는 파일 이름을 입력해보자. 이것은 vi로 새 파일을 만드는 방법이다.

```
[me@linuxbox ~]$ rm -f foo.txt
[me@linuxbox ~]$ vi foo.txt
```

이 명령이 잘 실행되었다면 다음과 같은 화면이 나타나야 한다.

```
~
~
~
~
~
~
~
~
~
~
~
~
~
~
~
~
~
~
~
~
~
~
"foo.txt" [New File]
```

앞에 나오는 ~ 기호들은 해당 줄에 아무런 텍스트가 없다는 것을 나타낸다. 즉 파일이 비어있다는 뜻이다. 아직은 아무것도 입력하지 마라!

vi 편집기에 대해 두 번째로 배워야 할 중요한 것(첫 번째는 vi 종료하기 방법)은 바로 vi는 **모달 편집기**(modal editor)라는 사실이다. vi가 실행되면, **명령어 모드**로 시작된다. 이 모드에서는 대부분의 모든 키가 명령어를 의미하기 때문에, 만약 타이핑하면, vi는 기본적으로 미쳐 날뛰고 모든 것을 엉망으로 만들지도 모른다.

텍스트 입력 모드로 들어가기

파일에 텍스트를 입력하기 위해서는 반드시 **텍스트 입력 모드**로 들어가야 한다. 입력 모드로 들어가기 위해서는 I 키(i)를 입력하면 된다. 그 다음엔 vim이 확장 모드에서 실행되고 있다면 화면 하단에 다음과 같이 보여야 한다(vi 호환 모드에서는 나타나지 않을 것이다).

```
-- INSERT --
```

이제 텍스트를 입력하자.

```
The quick brown fox jumped over the lazy dog.
```

텍스트 입력 모드를 종료하고 명령어 모드로 돌아가려면 ESC 키를 입력하면 된다.

저장하기

파일에 변경된 사항을 저장하기 위해서는 반드시 **ex 명령어**를 명령어 모드에서 입력해야 한다.

: 키의 입력으로 간단하게 할 수 있다. 그런 다음엔 콜론 기호가 화면 아래에 나타나야 한다.

```
:
```

변경된 파일을 저장하려면, 콜론 다음에 w 문자를 입력하고 엔터키를 누른다.

```
:w
```

파일은 하드 드라이브에 저장되고 다음과 같은 확인 메시지가 화면 아래쪽에 나타날 것이다.

```
"foo.txt" [New] 1L, 46C written
```

저자주: VIM 문서를 본 적이 있다면, 혼란스럽게도 명령어 모드를 일반 모드라고 하고, ex 명령어를 명령어 모드라고 표현하고 있다는 것을 알 것이다. 이 점을 참고해두자.

> ## 호환성 모드
>
> 앞에서 시작 화면 예제를 통해(우분투 8.04 기준) vi 호환 모드에서 실행되고 있는 텍스트를 보았다. 이는 vim이 확장 기능 대신 기본적인 기능에 가까운 모드에서 실행된다는 뜻이다. 이 장의 목적에 맞게 vim의 확장 기능까지 다루고 싶다. 그러기 위해서는 두 가지 옵션을 알아야 한다.
>
> - vi 대신 vim을 실행한다(실행이 되면, .bashrc 파일에 vi='vim'이라고 별칭을 추가하는 것도 좋다).
> - 다음 명령어로 vim 환경설정 파일에 한 줄을 추가하라
>
>   echo "set nocp" >> ~/.vimrc
>
> 다른 리눅스 배포판에서는 다른 방식으로 vim을 패키징한다. 일부 배포판에서는 기본적으로 vim의 미니 버전이 설치되어 있어서 제한된 기능만 지원된다. 앞으로 예제를 실습하다 보면 몇 가지 기능이 없을지도 모르니, 그런 경우 vim 풀 버전을 설치하기 바란다.

커서 이동

vi의 명령어 모드 상태에는 굉장히 많은 커서 이동 명령어가 있는데, 일부는 less 명령과 동일하다. 표 12-1을 살펴보자.

표 12-1 커서 이동 키

키	커서 이동 방향
L 또는 오른쪽 방향키	오른쪽 한 문자
H 또는 왼쪽 방향키	왼쪽 한 문자
J 또는 아래쪽 방향키	한 줄 아래로
K 또는 위쪽 방향키	한 줄 위로
0 (zero)	현재 줄 처음으로
SHIFT-6 (^)	현재 줄 첫 번째 공백이 아닌 글자로
SHIFT-4 ($)	현재 줄 마지막으로
W	다음 단어나 구두점 기호 처음으로
SHIFT-W (W)	다음 단어 처음으로, 구두점 기호 무시
B	이전 단어나 구두점 기호 처음으로
SHIFT-B (B)	이전 단어 처음으로, 구두점 기호 무시
CTRL-F 또는 PAGE DOWN	한 페이지 아래로

CTRL-B 또는 PAGE UP	한 페이지 위로
number-SHIFT-G	줄 번호로 이동 (1G를 입력하면 파일의 첫 번째 줄로 이동)
SHIFT-G (G)	파일의 마지막 줄로

왜 H, J, K, L과 같은 문자가 커서 이동에 사용될까? 그 이유는 vi가 처음 만들어졌을 때, 모든 비디오 터미널이 화살표 키를 가지고 있지는 않았고 또한 숙련된 키보드 사용자들은 키보드에서 다른 곳으로 손가락을 들어올리지 않고 커서를 이동하기 위해서 일반 키보드 키들을 사용했기 때문이다.

vi에 있는 많은 명령어 앞에 숫자를 붙일 수 있다. 표 12−1에 있는 명령어 G의 쓰임과 같이 말이다. 명령어 앞에 숫자를 붙임으로써 명령어가 실행되어야 할 횟수를 지정할 수도 있다. 예를 들어, 5j는 커서를 5줄 아래로 이동시켜준다.

기본 편집

대부분의 편집은 텍스트를 입력하거나 삭제 또는 텍스트를 자르고 붙이기를 통해 이동하는 등의 몇 가지 기본적인 작업으로 이루어진다. 물론 vi는 vi만의 방법으로 이러한 모든 작업을 지원한다. 또한 제한적 형태로나마 실행취소 기능도 지원한다. U키를 명령어 모드에서 입력하게 될 경우, 마지막으로 했던 작업을 취소할 수 있다. 이는 기본적인 편집 명령어를 실행할 때 매우 편리한 기능이 될 것이다.

텍스트 덧붙이기

vi에는 몇 가지의 텍스트 입력 모드가 있다. 그 중에서도 이미 텍스트를 입력하기 위해 i 명령을 사용했다.

잠시 우리가 만든 foo.txt 파일로 되돌아가 보자.

```
The quick brown fox jumped over the lazy dog.
```

만약 이 문장 맨 끝에 텍스트를 추가했다면, i 명령어는 이러한 작업을 수행하지 않음을 발견했을 것이다. 왜냐하면 줄의 맨 끝 쪽으로 커서를 이동시킬 수 없기 때문이다. vi는 텍스트를 덧붙이기 위한 명령어를 제공한다. 알아보기 쉽게 a라는 명령어를 사용한다. 이 문장의 맨 끝으로 커서를 이동하고 a를 입력하면 커서는 그 줄 끝을 지나 추가된다. 그러면 vi는 텍스트 입력 모드로 들어가게

된다. 텍스트를 입력해보자.

```
The quick brown fox jumped over the lazy dog. It was cool.
```

입력 모드를 종료하려면 ESC 키를 입력하라.

줄의 맨 끝에 텍스트를 덧붙이고 싶다면 vi가 제공하는 단축키를 활용해보자. 현재 줄의 맨 끝으로 이동해서 텍스트를 덧붙이기 할 수 있는 단축키가 바로 A 명령어다.

우선 0(zero) 명령어로 문장의 맨 앞으로 커서를 이동한 다음 A를 입력해서 다음과 같이 텍스트를 덧붙인다.

```
The quick brown fox jumped over the lazy dog. It was cool.
Line 2
Line 3
Line 4
Line 5
```

ESC 키로 입력 모드를 종료하자.

보는 바와 같이 A 명령어는 입력 모드가 실행되기 전에 이미 커서를 줄의 맨 끝으로 이동시켜주기 때문에 매우 편리하다.

빈줄 추가

텍스트를 입력할 수 있는 다른 방법으로는 줄을 "띄우는" 것이다. 즉 기존의 두 줄 사이를 띄워서 입력 모드로 들어가는 것이다. 두 명령어가 표 12-2에 나와있다.

표 12-2 빈 줄 추가 키

명령어	실행
o	현재 줄 아래에 빈 줄 추가
O	현재 줄 위에 빈 줄 추가

다음과 같이 이것을 증명할 수 있다. 커서를 3번째 줄에 두고 o를 입력하라.

```
The quick brown fox jumped over the lazy dog. It was cool.
Line 2
Line 3

Line 4
Line 5
```

새로운 줄이 3번째 줄 아래에 생기고 입력 모드로 들어갔다. ESC 키로 입력 모드를 종료하자. **u**를 입력해서 방금한 작업을 취소도 해보자.

O를 입력하면 현재 커서 위치 상단에 줄을 추가하게 될 것이다.

```
The quick brown fox jumped over the lazy dog. It was cool.
Line 2

Line 3
Line 4
Line 5
```

ESC 키로 입력 모드를 종료하고 **u** 명령어로 실행취소도 해보자.

텍스트 삭제

예상한 대로 vi에는 텍스트를 삭제할 방법이 여럿 있다. 모두 키보드를 활용할 수 있다. 우선 X 키는 현재 커서 위치에 있는 문자 한 개를 삭제한다. x 문자 앞에 숫자가 나오면 그 숫자에 해당하는 개수만큼 문자가 삭제된다. D 키는 일반적인 삭제 용도로 쓰인다. x처럼 앞에 숫자가 나오는데 이는 몇 번의 삭제가 이루어질 것인지를 말해준다. 또한 d는 항상 삭제 크기를 결정하는 이동 명령어와 함께 쓰인다.

텍스트의 첫 번째 줄에 있는 It라는 단어 앞에 커서를 두고 그 문장의 나머지 문자가 다 삭제될 때까지 반복해서 **x**를 입력하라. 그런 다음 **u**를 방금 삭제한 작업이 모두 취소될 때까지 반복해서 입력하라.

저자주: 실제 vi는 한 단계 수준의 실행취소만 지원한다. vim은 몇 단계까지도 가능하다.

표 12-3 텍스트 삭제 명령어

명령어	삭제 내용
x	현재 문자
3x	현재 문자를 포함한 다음 2개 문자
dd	현재 줄
5dd	현재 줄을 포함한 다음 4줄
dW	현재 커서 위치부터 다음 단어 앞까지
d$	현재 커서 위치부터 현재 줄 끝까지
d0	현재 커서 위치부터 현재 줄 맨 앞까지
d^	현재 커서 위치부터 그 줄의 공백이 아닌 첫 번째 글자까지
dG	현재 줄부터 그 파일 끝까지
d20G	현재 줄부터 파일의 20번째 줄까지

다시 삭제해보자. 이번에는 d 명령어를 사용해볼 것이다. 다시 커서를 It 단어 앞에 두고 그 글자를 지우기 위해서 **dW**를 입력하라.

```
The quick brown fox jumped over the lazy dog. was cool.
Line 2
Line 3
Line 4
Line 5
```

d$를 입력하면 현재 커서 위치에서 그 줄 맨 끝까지 모두 삭제할 수 있다.

```
The quick brown fox jumped over the lazy dog.
Line 2
Line 3
Line 4
Line 5
```

dG를 입력하면 현재 줄에서부터 그 파일 끝까지 모두 삭제한다.

```
~
~
~
~
~
```

u 명령어를 세 번 입력하면 지금까지 해온 삭제 작업이 취소된다.

텍스트 자르기, 복사하기 그리고 붙이기

d 명령어가 단순히 텍스트를 삭제만 하는 것이 아니라 텍스트 "자르기"도 수행한다. d 명령어를 사용할 때마다, 삭제된 내용은 붙이기 버퍼(클립보드를 생각하자)에 복사되어 p 명령어로 그 내용을 다시 불러와서 커서 앞 또는 뒤로 붙이기를 수행한다.

y 명령어는 d 명령과 매우 비슷한 방법으로 텍스트를 자르고 "복사"하는 기능을 수행한다. 표 12-4 에서 y 명령어와 함께 사용하는 다양한 이동 명령어들을 소개한다.

표 12-4 복사 명령어

명령어	복사 내용
yy	현재 줄
5yy	현재 줄을 포함한 다음 4줄
yW	현재 커서 위치부터 다음 단어 앞까지
y$	현재 커서 위치부터 현재 줄 끝까지
y0	현재 커서 위치부터 현재 줄 맨 앞까지
y^	현재 커서 위치부터 그 줄의 공백이 아닌 첫 번째 글자까지
yG	현재 줄부터 그 파일 끝까지
y20G	현재 줄부터 파일의 20 번째 줄까지

복사와 붙여넣기를 실행해보자. 커서를 텍스트의 첫 번째 줄에 두고 **yy**를 입력해서 현재 줄을 복사하자. 그 다음, 커서를 마지막 줄(**G**)로 이동해서 **p**를 입력하여 현재 줄 아래에 복사된 줄을 붙여보자.

```
The quick brown fox jumped over the lazy dog. It was cool.
Line 2
Line 3
Line 4
Line 5
The quick brown fox jumped over the lazy dog. It was cool.
```

이전처럼, u 명령어로 실행을 취소할 수 있다. 커서가 여전히 파일의 맨 마지막 줄에 있다면 **p**를 입력하여 현재 줄 상단에 텍스트를 붙여보자.

```
The quick brown fox jumped over the lazy dog. It was cool.
Line 2
Line 3
Line 4
The quick brown fox jumped over the lazy dog. It was cool.
Line 5
```

표 12-4에 있는 다른 명령어를 실행해보고 p와 P 명령어가 어떤 결과를 보여주는지 이해하도록 하자. 했다면 파일을 원래 상태로 되돌려 놓자.

줄 합치기

vi에서는 줄 개념이 상당히 까다롭다. 일반적으로, 줄 끝으로 커서를 이동하는 것이 불가능하고 이전 줄과 합치기 위해서 라인 끝(EOL, End Of Line) 문자를 삭제하는 것이 불가능하다. 이러한 이유 때문에, vi는 특별한 명령어를 제공하는데, 바로 J(커서 이동에 사용하는 j와 혼동하지 말라) 명령어로 줄을 연결하는 데 사용한다.

세 번째 줄에 커서를 두고 J 명령어를 실행하면 어떤 결과가 나타날지 확인해보자.

```
The quick brown fox jumped over the lazy dog. It was cool.
Line 2
Line 3 Line 4
Line 5
```

검색 및 치환

vi는 검색된 위치로 커서를 이동하는 기능이 있다. 라인 내뿐만 아니라 파일 전체를 통틀어서 이동이 가능하다. 또한 사용자에게 확인 메시지를 주거나 혹은 없이 텍스트 치환이 가능하다.

줄에서 텍스트 검색

f 명령어는 줄을 검색해서 찾으려는 문자 위치로 커서를 이동시킨다. 예를 들어 fa 명령어는 현재 줄에 있는 a 문자를 찾아 이동시킨다. 검색을 수행하고 나서 세미콜론을 입력하면 반복 검색이 가능하다.

파일에서 텍스트 검색

단어나 문장에서 검색된 위치로 커서를 이동하기 위해서 / 명령어가 사용된다. 3장에서 배운 less 명령어와 동일한 방식으로 작동한다. / 명령어를 입력하면, 슬래시가 화면 아래쪽에 나타난다. 그 다음, 검색하려는 단어나 문장을 입력하고 엔터키를 누른다. n 명령어를 사용하면 이전 검색어로 검색을 반복해준다. 예제를 살펴보자.

```
The quick brown fox jumped over the lazy dog. It was cool.
Line 2
Line 3
Line 4
Line 5
```

커서를 파일의 첫 번째 줄에 두고 다음과 같이 입력한 뒤 엔터키를 누르자.

```
/Line
```

커서는 2번째 줄로 이동될 것이고, n을 입력하면 커서는 3번째 줄로 이동될 것이다. n 명령어를 반복하여, 커서를 검색된 내용이 더 이상 나오지 않을 때까지 이동해보자. 지금까지 단어나 문장만을 검색 패턴으로 사용했는데, 복잡한 텍스트 패턴을 표현해주는 강력한 방법인 **정규 표현식**으로도 검색이 가능하다. 이에 대해서는 19장에서 자세히 살펴볼 것이다.

전체 검색 및 치환

vi는 ex 명령어를 사용하여 해당 줄이나 파일 전체에서 검색할 내용을 찾아서 바꾸기 작업(vi에서는 치환으로 불림)을 수행한다. 파일 전체에서 Line을 line으로 바꾸기 위해 다음과 같은 명령어를 입력해야 한다.

```
:%s/Line/line/g
```

이 명령을 하나 하나 살펴보자(표 12-5 참조).

표 12-5 전체 검색 및 바꾸기 사용 예제

항목	뜻
:	콜론 문자는 ex 명령어를 실행한다.
%	작업을 수행할 줄 범위를 보여주고 있다. % 기호의 의미는 첫 번째 줄부터 마지막 줄까지라는 것을 담고 있다. 그렇지 않으면 1, 5와 같이 범위를 지정할 수 있다(여기에서는 현재 5줄까지만 있다). 또는 1, $ 를 입력하면 "1번 줄부터 파일의 끝까지"라는 의미로 해석된다. 줄 범위를 지정하지 않으면 현재 라인에만 작업이 수행된다.
s	작업을 지정한다. 이 경우에는 치환 작업이다(검색하여 바꾸기).
/Line/line/	검색 패턴과 바꾸고자 하는 텍스트를 입력한다.
g	전체를 의미한다. 치환 작업은 매 줄마다 검색 문자열 하나씩 실행되는데, g를 사용하지 않으면 각 줄마다 첫 번째 검색 문자열만 변경된다.

검색하여 바꾸기 명령어를 실행하고 나면 파일은 다음과 같이 변경됐을 것이다.

```
The quick brown fox jumped over the lazy dog. It was cool.
line 2
line 3
line 4
line 5
```

사용자 확인 메시지를 표시하는 치환 명령어를 사용할 수 있다. 명령어 끝에 c를 입력하기만 하면 된다.

```
:%s/line/Line/gc
```

이 명령은 이 파일을 이전 형식으로 바꿔줄 것이다. 하지만 각각의 치환이 실행되기 전에, vi는 확인 메시지를 다음과 같이 보여준다.

```
replace with Line (y/n/a/q/l/^E/^Y)?
```

괄호 안에 있는 문자들과 그에 상응하는 결과를 표 12-6에서 살펴보자.

표 12-6 치환 명령 확인 메시지 키

키	실행
y	치환 실행.
n	이번 치환 건너뛰기.
a	전체 치환 실행.
q or ESC	치환 중단.
l	이번 치환 후 종료(*last*).
CTRL-E, CTRL-Y	스크롤 위 아래로 이동하기. 치환 내용을 확인할 때 유용하다.

다중 파일 편집

이번에는 한 번에 하나 이상의 파일을 수정할 때 유용한 방법을 소개한다. 여러 파일을 수정해야 할 경우나 한 파일에서 다른 파일로 내용을 복사해야 할 경우가 있을 수 있다. 커맨드라인에 다음과 같이 여러 파일을 지정하여 연 다음 vi로 편집할 수 있다.

> vi *file1 file2 file3...*

일단 이전 vi 세션을 종료하고 새 파일을 편집하자. **:wq**를 입력해서 vi를 종료하고, 수정된 사항을 저장하자. 그 다음, 우리가 작업할 홈 디렉토리에 다른 파일을 만들자. ls 출력 결과를 가져와서 파일을 만들 것이다.

```
[me@linuxbox ~]$ ls -l /usr/bin > ls-output.txt
```

vi로 이전 파일과 새 파일을 편집하자.

```
[me@linuxbox ~]$ vi foo.txt ls-output.txt
```

vi가 실행되면 첫 번째 파일이 화면에 나타날 것이다.

```
The quick brown fox jumped over the lazy dog. It was cool.
Line 2
Line 3
Line 4
Line 5
```

파일 간 전환

현재 파일을 다음 파일로 전환하려면, ex 명령어를 사용한다.

```
:n
```

이전 파일로 되돌아가려면 다음과 같이 입력한다.

```
:N
```

vi는 다른 파일로 전환할 때, 현재 파일이 저장되지 않았으면 파일을 전환할 수 없도록 하고 있다. 강제로 파일을 전환하고 변경 사항을 저장하지 않으려면 명령어에 느낌표(!)를 붙이면 된다.

앞서 설명했듯이 vim(또는 vi의 일부 버전만)은 여러 파일을 관리하기 쉽도록 ex 명령어 일부를 지원한다. :buffers 명령어로 수정 중인 파일 목록을 볼 수 있다. 이렇게 하면 화면 아래에 파일 목록이 표시된다.

```
:buffers
  1 %a   "foo.txt"                  line 1
  2      "ls-output.txt"            line 0
Press ENTER or type command to continue
```

다른 버퍼(파일)로 전환하려면 :buffer 명령어 다음에 수정하려는 버퍼 번호를 입력하면 된다. 예를 들어, foo.txt 파일이 있는 버퍼 1에서 ls-output.txt가 있는 버퍼 2로 전환하고 싶으면 다음과 같이 입력하면 된다.

```
:buffer 2
```

그럼 화면에는 두 번째 파일이 표시될 것이다.

다른 파일 열어서 편집

현재 편집 세션에 파일을 추가할 수도 있다. ex 명령어인 :e(edit의 준말) 다음에 파일명을 입력하면 다른 파일을 열 수 있다. 일단 현재 편집 세션을 종료하고 커맨드라인으로 돌아가자.

그리고 하나의 파일로 vi 편집기를 다시 시작하자.

```
[me@linuxbox ~]$ vi foo.txt
```

두 번째 파일을 열기 위해서 다음과 같이 입력한다.

```
:e ls-output.txt
```

그럼 화면에 이 파일이 나타난다. 첫 번째 파일이 여전히 열려있음을 확인할 수 있다.

```
:buffers
  1 #    "foo.txt"                    line 1
  2 %a   "ls-output.txt"             line 0
Press ENTER or type command to continue
```

저자주: :n이나 :N이 아닌 :e 명령어로 로드된 파일들은 전환이 불가능하다. 파일을 전환하려면 :buffer 명령어 다음에 버퍼 번호를 입력하라.

파일 내용을 다른 파일로 복사

여러 파일을 편집할 때, 파일의 일부를 현재 편집하고 있는 다른 파일로 복사하고 싶을 때가 종종 있을 것이다. 이 작업은 이미 알고 있는 복사와 붙여넣기 명령어로 쉽게 할 수 있다. 이를 다음과 같이 보여주려 한다. 우선 두 파일을 가지고 다음과 같이 입력하여 버퍼 1(foo.txt)로 바꿀 것이다.

```
:buffer 1
```

다음과 같이 내용이 나타난다.

```
The quick brown fox jumped over the lazy dog. It was cool.
Line 2
Line 3
Line 4
Line 5
```

그 다음, 커서를 첫째 줄로 이동하여 **yy**를 입력해서 그 줄을 복사하자.

다음과 같이 입력하면 두 번째 버퍼로 바뀌게 된다.

```
:buffer 2
```

화면에는 다음과 같이 몇 개의 파일이 보일 것이다(여기에서는 일부만 표시하였다).

```
total 343700
-rwxr-xr-x 1 root root        31316 2011-12-05 08:58 [
-rwxr-xr-x 1 root root         8240 2011-12-09 13:39 411toppm
-rwxr-xr-x 1 root root       111276 2012-01-31 13:36 a2p
-rwxr-xr-x 1 root root        25368 2010-10-06 20:16 a52dec
-rwxr-xr-x 1 root root        11532 2011-05-04 17:43 aafire
-rwxr-xr-x 1 root root         7292 2011-05-04 17:43 aainfo
```

커서를 첫째 줄로 이동하여 p 명령어로 이전 파일에서 복사한 줄을 붙여 넣자.

```
total 343700
The quick brown fox jumped over the lazy dog. It was cool.
-rwxr-xr-x 1 root root        31316 2011-12-05 08:58 [
-rwxr-xr-x 1 root root         8240 2011-12-09 13:39 411toppm
-rwxr-xr-x 1 root root       111276 2012-01-31 13:36 a2p
-rwxr-xr-x 1 root root        25368 2010-10-06 20:16 a52dec
-rwxr-xr-x 1 root root        11532 2011-05-04 17:43 aafire
-rwxr-xr-x 1 root root         7292 2011-05-04 17:43 aainfo
```

파일 전체를 다른 파일에 삽입

현재 편집중인 파일에 다른 파일 내용 전체를 삽입하는 것도 가능하다. 실행 과정을 보기 위해서, 현재 vi 세션을 종료하고 하나의 파일로 다시 vi 편집기를 실행하자.

```
[me@linuxbox ~]$ vi ls-output.txt
```

다음과 같은 내용이 나타난다.

```
total 343700
-rwxr-xr-x 1 root root        31316 2011-12-05 08:58 [
-rwxr-xr-x 1 root root         8240 2011-12-09 13:39 411toppm
-rwxr-xr-x 1 root root       111276 2012-01-31 13:36 a2p
-rwxr-xr-x 1 root root        25368 2010-10-06 20:16 a52dec
-rwxr-xr-x 1 root root        11532 2011-05-04 17:43 aafire
-rwxr-xr-x 1 root root         7292 2011-05-04 17:43 aainfo
```

커서를 세 번째 줄로 이동하여 다음과 같은 ex 명령어를 입력한다.

```
:r foo.txt
```

:r 명령어(read의 준말)는 지정한 파일을 커서 위치 바로 앞에 삽입한다. 화면에는 다음과 같이 나타나야 한다.

```
total 343700
-rwxr-xr-x 1 root root        31316 2011-12-05 08:58 [
-rwxr-xr-x 1 root root         8240 2011-12-09 13:39 411toppm
The quick brown fox jumped over the lazy dog. It was cool.
Line 2
Line 3
Line 4
Line 5
-rwxr-xr-x 1 root root       111276 2012-01-31 13:36 a2p
-rwxr-xr-x 1 root root        25368 2010-10-06 20:16 a52dec
-rwxr-xr-x 1 root root        11532 2011-05-04 17:43 aafire
-rwxr-xr-x 1 root root         7292 2011-05-04 17:43 aainfo
```

저장하기

vi의 다른 기능들처럼 편집한 파일을 저장하는 데에도 여러 방법이 있다. 이미 ex 명령어인 :w를 알고 있지만 도움이 될 만한 다른 명령어들도 있다.

명령어 모드에서는 ZZ를 입력하여 현재 파일을 저장하고 vi를 종료할 수 있다. 유사하게, ex 명령어인 :wq는 :w와 :q 명령어가 결합한 형태로 파일을 저장하고 종료하는 작업을 수행한다.

:w 명령어는 파일명을 지정할 수도 있다. 이는 다른 이름으로 저장하기와 비슷한 것이다. 예를 들어, foo.txt 파일을 편집하고 foo1.txt라는 다른 이름으로 저장하고 싶다면, 다음과 같이 입력하면 된다.

```
:w foo1.txt
```

저자주: 파일은 새 이름으로 저장되지만 편집 중인 현재 파일명은 변경되지 않는다. 따라서 편집을 계속한다면, foo.txt 파일을 수정하게 되는 것이지 foo1.txt 파일을 수정하는 것은 아니다.

13

프롬프트 커스터마이징

이 장에서 살펴볼 내용은 겉으로 보기엔 얼핏 사소해 보이는 쉘 프롬프트다. 이 내용을 통해 쉘과 터미널 에뮬레이터 프로그램 내부에서 일어나는 작업들을 깨닫게 될 것이다.

리눅스의 수많은 기능들처럼 쉘 프롬프트도 정교한 환경설정이 가능하다. 사실 우리는 프롬프트를 너무나 당연한 것으로 여기고 있지만 일단 제어하는 방법만 터득하면 아주 유용한 장치가 되어줄 것이다.

프롬프트 해부하기

기본 프롬프트 모양은 다음과 같다.

```
[me@linuxbox ~]$
```

사용자이름, 호스트명, 현재 작업 디렉토리를 보여주고 있다. 하지만 어떻게 이러한 정보를 표시했을까? 매우 간단하게 그 이유를 알 수 있다. 프롬프트는 PS1(Prompt string 1의 준말)이라고 하는 환경 변수에 의해 정의된다. echo 명령어로 PS1 내용을 살펴보자.

```
[me@linuxbox ~]$ echo $PS1
[\u@\h \W]\$
```

저자주: 이 예제와 사용자가 실습한 예제가 정확하게 일치하지 않더라도 걱정하지 마라. 모든 리눅스 배포판은 조금씩 다르게 프롬프트 문자열을 정의하는데, 그 중 일부가 색다르게 설정된 것이다.

결과를 보면 PS1에는 대괄호라든지, @ 기호와 $ 기호처럼 프롬프트에서 볼 수 있는 몇 가지의 문자들이 들어있음을 알 수 있다. 그 외 나머지 기호들은 여전히 알 수 없지만, 눈치 빠른 사용자라면 **백슬래시 확장 문자**임을 이미 알아차렸을 것이다. 이 문자들은 표 7-2에서 이미 확인한 것이다. 다음 표 13-1에는 프롬프트 문자열에서 쉘이 특별 대우하는 몇 개의 문자들이 있다.

표 13-1 쉘 프롬프트에서 사용되는 이스케이프 문자

시퀀스	표시 값
\a	ASCII 벨소리. 이 문자가 사용되면 컴퓨터에서 알림 소리가 난다
\d	현재 날짜(예: Mon May 26)
\h	로컬 장치의 호스트명(도메인명 제외)
\H	호스트명
\j	현재 쉘 세션에서 실행중인 작업 개수
\l	현재 터미널 장치 이름
\n	개행 문자
\r	캐리지 리턴
\s	쉘 프로그램 이름
\t	24시간 기준, 시간:분:초 포맷의 현재 시간
\T	12시간 기준, 현재시간
\@	12시간 기준, AM/PM 포맷의 현재 시간
\A	24시간 기준, 시간:분 포맷의 현재 시간
\u	현재 사용자의 사용자 이름
\v	쉘 버전정보
\V	쉘 버전 및 릴리즈 정보
\w	현재 작업 디렉토리의 전체 경로명
\W	현재 작업 디렉토리명

\!	현재 명령어의 히스토리 번호
\#	현재 쉘 세션에 입력된 명령어 개수
\$	슈퍼유저 권한일 경우 $ 값을 표시한다. 현재는 # 값을 표시.
\[	이 기호는 하나 이상의 출력되지 않는 일련의 문자들의 시작을 나타낸다. 커서를 이동한다거나 텍스트 색상을 변경하는 것과 같은 터미널 에뮬레이터를 조작하는 비출력 제어 문자들을 끼워 넣을 때 사용한다.
\]	이 기호는 비출력 제어 문자의 끝을 나타낸다.

다른 형태의 프롬프트 사용해보기

이러한 특수 문자를 활용해서 프롬프트에 변화를 줄 수 있다. 우선, 기존 문자열은 백업해두고 추후에 다시 되돌릴 수 있도록 해두자. 그러기 위해서 기존 문자열을 우리가 만들려고 하는 또 다른 쉘 변수로 복사해두자.

```
[me@linuxbox ~]$ ps1_old="$PS1"
```

ps1_old라고 하는 새로운 변수 하나를 만들고 PS1 값을 할당해주었다. echo 명령어로 이 결과를 확인해보자.

```
[me@linuxbox ~]$ echo $ps1_old
[\u@\h \W]\$
```

위와 같이 간단한 작업을 통해 터미널 세션이 살아있는 동안 언제든지 원래 프롬프트로 되돌려 놓을 수 있다.

```
[me@linuxbox ~]$ PS1="$ps1_old"
```

자, 이제 작업을 진행할 준비가 되었다. 빈 프롬프트 문자열을 가지고 있다면 어떻게 보일지 살펴보자.

```
[me@linuxbox ~]$ PS1=
```

아직은 아무것도 없다. 프롬프트 문자열에 아무것도 보이지 않는다. 프롬프트가 있긴 하지만 일부러 그렇게 만들었기 때문에 아무것도 표시되지 않고 있다. 이렇게 당황스러운 모양이 나타나게 되면, 축소형 프롬프트로 바꿔볼 수 있다.

```
PS1="\$ "
```

훨씬 보기 좋다. 최소한 우리가 지금 무엇을 하고 있는지 알 수 있다. 따옴표 사이에 빈칸이 있음을 주의하라. 이것은 프롬프트가 화면에 표시될 때, 달러 기호와 커서 사이의 공간이 된다.

프롬프트에 알림 소리도 추가해보자.

```
$ PS1="\a\$ "
```

이젠, 프롬프트가 표시될 때마다 알림 소리가 들려야 한다. 다소 성가실 수도 있지만, 특히 오랜 시간 실행되는 명령어라면 우리에겐 알림이 필요하고, 이때 활용할 수 있다.

다음으로, 호스트명과 현재 시간 정보를 보여주는 프롬프트를 만들어보자.

```
$ PS1="\A \h \$ "
17:33 linuxbox $
```

특정한 작업을 수행한 시간을 알고 싶을 때, 이 기능은 매우 쓸만하다. 마지막으로, 프롬프트 모양을 원래 모양과 비슷한 형태로 다시 만들어보자.

```
17:37 linuxbox $ PS1="<\u@\h \W>\$ "
<me@linuxbox ~>$
```

표 13-1에 나와 있는 다른 시퀀스들도 사용해보고 자신만의 멋진 프롬프트를 탄생시켜보길 바란다.

색상 추가

대부분의 터미널 에뮬레이터 프로그램은 문자 속성(텍스트 색상, 굵기, 깜박임)과 커서 위치 등을 제어하기 위해 특정한 비출력 문자 시퀀스를 사용할 수 있다. 커서 위치에 관한 것은 나중에 살펴보도록 하고 일단 색상에 대해서 먼저 알아보자.

터미널 춘추전국시대

고대로 거슬러 올라가보면, 원격 컴퓨터에 터미널이 연결되어 있을 시절에는 아주 다양한 터미널 제품들이 있었고 모두 제각기 다르게 작동되었다. 각각 다른 키보드를 사용할 뿐만 아니라 제어 정보를 해석하는 데에도 차이가 있었다. 유닉스와 유닉스형 시스템 모두 복잡한 하위시스템(termcap 또는 terminfo)을 가지고 있는데 이는 각기 다른 터미널 제어를 관리하기 위해서다. 만약 터미널 에뮬레이터 설정을 샅샅이 살펴보면 터미널 에뮬레이션의 타입을 설정하는 부분이 보일 것이다.

터미널을 일종의 공통 언어를 사용하게끔 만들려는 노력의 일환으로, 미국표준협회(ANSI)는 비디오 터미널을 제어하기 위한 표준 문자 셋을 개발하였다. 오래된 DOS 사용자들은 ANSI.SYS 파일을 기억할 것이다. 이 파일은 이 문자들을 해석하기 위해서 사용됐다.

문자 색상은 표시될 문자열에 내장된 **ANSI 이스케이프 코드**를 터미널 에뮬레이터에 전송함으로써 제어된다. 제어 코드는 화면에 "출력"되는 것이 아니라 하나의 명령어로 터미널에 의해 해석된다. 표 13-1에서 확인했듯이 \[및 \] 시퀀스는 비출력 문자를 나타나게 할 때 사용된다. ANSI 이스케이프 코드는 8진법의 033으로 시작하고(이 코드는 ESC 키에 의해 생성된다), 그 뒤에 오는 것은 부가적인 문자 속성이나 명령이다. 예를 들어 일반적인 검은색으로 텍스트 색상을 설정했다면 코드는 \033[0;30m이다.

표 13-2에 적용 가능한 색상 목록이 있다. 색상은 크게 두 그룹으로 분류된다. 글자 볼드 속성(1)의 적용에 따라 나뉘는데, 이 값은 "밝은" 색상을 표현해준다.

표 13-2 텍스트 색상 설정을 위한 이스케이프 시퀀스

시퀀스	텍스트 색상
\033[0;30m	검정
\033[0;31m	빨강
\033[0;32m	초록
\033[0;33m	갈색
\033[0;34m	파랑
\033[0;35m	보라
\033[0;36m	청록
\033[0;37m	연회색
\033[1;30m	진회색
\033[1;31m	밝은 빨강

\033[1;32m	연초록
\033[1;33m	노랑
\033[1;34m	연파랑
\033[1;35m	연보라
\033[1;36m	연청록
\033[1;37m	흰색

자, 이제 프롬프트를 빨간색(이 책에서는 회색으로 표시된다)으로 바꿔보자. 맨 첫 부분에 이스케이프 코드를 추가한다.

```
<me@linuxbox ~>$ PS1="\[\033[0;31m\]<\u@\h \W>\$ "
<me@linuxbox ~>$
```

색상이 바뀌었다. 하지만 프롬프트 다음에 입력하는 글자들도 빨갛게 나온다. 이 부분을 고치고 싶다면, 다른 이스케이프 코드를 프롬프트 끝에 넣어서 이전 색상으로 표시되도록 하자.

```
<me@linuxbox ~>$ PS1="\[\033[0;31m\]<\u@\h \W>\$\[\033[0m\] "
<me@linuxbox ~>$
```

훨씬 보기 좋다!

표 13-3에 있는 코드를 활용해서 텍스트 바탕색을 설정할 수 있다. 바탕색은 볼드 속성을 지원하지 않는다.

표 13-3 바탕색 설정을 위한 이스케이프 시퀀스

시퀀스	바탕색
\033[0;40m	검정
\033[0;41m	빨강
\033[0;42m	초록
\033[0;43m	갈색
\033[0;44m	파랑
\033[0;45m	보라
\033[0;46m	청록
\033[0;47m	연회색

첫 번째 이스케이프 코드의 변경으로 프롬프트의 바탕을 빨간색으로 바꿔보자.

```
<me@linuxbox ~>$ PS1="\[\033[0;41m\]<\u@\h \W>\$\[\033[0m\] "
<me@linuxbox ~>$
```

다른 색상도 적용해보길!

저자주: 보통 (0) 및 볼드 (1) 문자 속성 외에도 텍스트는 밑줄 (4), 깜박임 (5), 그리고 역순 (7)과 같은 속성이 지원된다. 적당한 모양을 유지하기 위해 많은 터미널 에뮬레이터에서는 깜박임 속성을 지원하지 않는다.

커서 이동

이스케이프 코드는 커서의 위치를 결정할 때도 사용된다. 화면상의 다른 위치에 있는 시간이나 다른 종류의 정보를 표현하고자 할 때 주로 쓰인다. 예를 들면, 프롬프트가 표시될 때마다 화면 상단에 그 정보를 보여주는 것이다.

표 13-4 커서 이동 이스케이프 시퀀스

이스케이프 코드	실행
\033[l;cH	l줄 c열로 커서 이동
\033[nA	n줄만큼 위로 이동
\033[nB	n줄만큼 아래로 이동
\033[nC	n개 문자만큼 앞으로
\033[nD	n개 문자만큼 뒤로
\033[2J	화면을 지우고 좌측 상단으로 (위치: 줄 0, 열 0)
\033[K	현재 커서 위치에서부터 현재 라인 끝까지 삭제
\033[s	현재 커서 위치 저장
\033[u	저장된 커서 위치 불러오기

이 코드들을 활용하여, 화면 상단에 빨간 줄의 시간 정보(노란색 텍스트)가 있는 프롬프트를 만들 수 있다. 이것은 프롬프트가 표시될 때마다 나타나는데 다음과 같이 코드 길이가 어마어마하다.

```
PS1="\[\033[s\033[0;0H\033[0;41m\033[K\033[1;33m\t\033[0m\033[u\]<\u@\h \W>\$ "
```

표 13-5에서 이 코드를 분석해보도록 하자.

표 13-5 복잡한 프롬프트 문자열 파헤치기

시퀀스	실행
\[	비출력 문자열의 시작. 사용 목적은 나타나는 프롬프트의 크기를 bash가 정확하게 계산할 수 있도록 하기 위함이다. 이것이 없으면 커맨드라인 편집 기능은 커서의 위치를 제대로 구현하지 못한다.
\033[s	현재 커서 위치 저장. 화면 상단에 시간 정보가 표시된 후 프롬프트 위치를 되돌려 놓을 때 필요하다. 일부 터미널 에뮬레이터에서는 이 기능이 지원되지 않는다.
\033[0;0H	좌측 상단으로 커서 이동 (위치: 줄 0, 열 0).
\033[0;41m	바탕색을 빨간색으로 설정.
\033[K	현재 커서 위치(좌측 상단)에서부터 그 줄 끝까지 삭제. 바탕색이 현재 빨간색이기 때문에, 빨간 줄을 만들게 된다. 줄 끝까지 삭제하는 것은 커서 위치를 변경하는 것이 아니다. 커서는 좌측 상단에 남아있다.
\033[1;33m	텍스트 색상을 노란색으로 설정.
\t	현재 시각 표시. 이 문자는 "출력" 가능하지만 여전히 비출력 문자에 넣을 수 있다. 왜냐하면 표시된 프롬프트의 크기를 계산할 때엔 시각이 표시되지 않아도 되기 때문이다.
\033[0m	색상 지우기. 텍스트의 색상 및 바탕색에 모두 적용된다.
\033[u	저장된 커서 위치 불러오기.
\]	비출력 문자 시퀀스 종료.
<\u@\h \W>\$	프롬프트 문자열.

프롬프트 저장

당연히 저렇게 긴 코드를 매번 입력하고 싶지 않을 것이다. 따라서 이러한 프롬프트 설정 코드를 따로 저장해두도록 하자. .bashrc 파일에 이 정보를 저장하게 되면 이 프롬프트를 계속 사용할 수 있다. 다음 두 줄을 파일에 삽입하자.

```
PS1="\[\033[s\033[0;0H\033[0;41m\033[K\033[1;33m\t\033[0m\033[u\]<\u@\h \W>\$ "

export PS1
```

마무리 노트

믿거나 말거나, 쉘 함수나 쉘 스크립트를 통해 훨씬 더 많은 작업으로 프롬프트를 꾸밀 수 있지만 아직 우리가 다루지 못한 부분이다. 하지만 좋은 출발이다. 모두가 이러한 프롬프트 설정에 대해서 관심이 있는 것이 아니다. 왜냐하면 대체적으로 기본 프롬프트 모양이 만족스럽기 때문이다. 그러나 좀 더 특이한 것을 좋아하는 몇몇 사용자들에게는 이러한 기능이 사소한 재미를 더해줄 것이다.

PART 3

기본 작업과
필수 도구

14

패키지 관리

리눅스 커뮤니티에서 지내다 보면, 어떤 리눅스 배포판이 "최고"인지에 대한 많은 이야기들이 오가곤 한다. 때론 이러한 논쟁들이 유치하게 느껴지기도 한다. 특히 데스크톱 배경화면이나 그 외 소소한 것들에 대해서 논할 때 그렇다(일부는 우분투의 기본 색상 체계가 맘에 들지 않아서 우분투를 사용하지 않는다).

리눅스 배포판을 평가함에 있어 가장 결정적이고 중요한 요인은 바로 **패키지 시스템**과 그 배포판을 대상으로 한 리눅스 커뮤니티의 활성화 여부다. 많은 시간 리눅스를 다루다 보면 리눅스용 소프트웨어의 범위가 굉장히 광범위하다는 것을 깨닫게 된다. 사실 모든 것은 변하기 마련이다. 최고의 리눅스 배포판 대부분도 6개월마다 새 버전을 릴리즈하고 개별 프로그램들은 매일매일 업데이트된다. 이렇게 어마어마한 양의 소프트웨어를 유지하기 위해서는 패키지 관리를 위한 좋은 툴이 필요하다.

패키지 관리란 시스템에 소프트웨어를 설치하고 유지 및 관리하는 방법을 말한다. 오늘날, 대다수의 사람들이 배포업체로부터 **패키지**를 설치함으로써 그들이 필요한 모든 소프트웨어를 충족시킬 수 있다. 이것은 리눅스 초기와는 상반된 현상이다. 그 당시에는 소프트웨어를 설치하려면 **소스 코드**를 다운로드 받아서 컴파일까지 직접 했어야 했다. 소스 코드를 컴파일하는 것 자체가 문제가 되는 것은 아니다. 사실 그런 소스 코드에 접근할 수 있다는 것 자체가 리눅스의 경이로움 아닌가. 이로 인해 우리뿐만 아니라 리눅스 사용자 모두가 시스템을 검증하고 개선시킬 수 있다. 컴파일되기 전의 소스 코드로 작업하는 것이 조금 더 빠르고 쉬운 것뿐이다.

이 장에서는 패키지 관리에 필요한 몇 가지 커맨드라인 툴에 대해 살펴보도록 한다. 유명한 배포판에서는 시스템 관리를 위해 매우 강력하고 세련된 그래픽 환경을 지원하지만, 커맨드라인 프로그램에 대해서 알아두는 것도 매우 중요하다. 왜냐하면 그래픽 환경에서는 아주 까다로운 (또는 불가능한) 작업들까지도 커맨드라인 프로그램에선 가능하기 때문이다.

패키지 시스템

리눅스 배포판마다 각기 다른 패키지 시스템을 운영한다. 그리고 일반적으로 특정 배포판을 위해 만들어진 패키지는 다른 배포판과 호환되지 않는다. 대부분의 배포판들은 크게 두 진영으로 나뉘는데, 그 첫째가 바로 데비안 .deb 진영이고, 나머지가 레드햇 .rpm 진영이다. 물론 예외도 있다. 젠투(Gentoo), 슬랙웨어(Slackware), 포어사이트(Foresight) 등 이 예외에 해당하지만 다음의 표 14-1 에서 볼 수 있듯이 대부분의 배포판은 두 진영 중 하나에 해당된다.

표 14-1 주요 패키지 시스템 분류

패키지 시스템	배포판 (일부만 나열)
데비안 스타일	Debian, Ubuntu, Xandros, Linspire
레드햇 스타일	Fedora, CentOS, Red Hat Enterprise Linux, openSUSE, Mandriva, PCLinuxOS

패키지 시스템 동작 원리

상업용 소프트웨어 산업에서 소프트웨어를 배포하는 방법은 주로 "설치 디스크"를 구매한 후 "설치 마법사"를 실행하여 시스템에 최신 애플리케이션을 설치하는 방식이다.

반면 리눅스는 그렇지 않다. 사실상 거의 대부분의 리눅스용 소프트웨어들을 인터넷에서 다운로드 하게 되어 있다. 리눅스 배포업체가 제공하는 소프트웨어들은 대개 패키지 파일 형태거나 직접 설치할 수 있도록 소스 코드 형태로도 제공한다. 23장에서 소스 코드를 직접 컴파일하여 시스템에 설치하는 방법에 대해서 알아볼 것이다.

패키지 파일

패키지 시스템에서 소프트웨어의 가장 기본적인 단위를 패키지 파일이라고 한다. **패키지 파일**은 소프트웨어 패키지를 구성하고 있는 파일들의 압축된 형태다. 패키지는 해당 프로그램을 지원하는 수많은 프로그램들과 데이터 파일들로 구성되어 있을 것이다. 패키지 파일은 설치될 파일뿐만 아니라 해당 패키지 자체에 대한 메타데이터도 가지고 있다. 이를테면 패키지와 그 내용에 대한 텍스트 명세서와 같은 것이다. 또한, 패키지에는 패키지 설치 전과 설치 후에 각각의 설정 작업을 수행하는 스크립트가 있다.

패키지 파일은 **패키지 관리자**(package maintainer)라고 하는 사람에 의해 만들어지는데, 주로(항상 그런 것은 아니다) 배포판 회사 직원일 것이다. 패키지 관리자는 **상위 배포자**(프로그램 원작자)에게 소스 코드 형태의 소프트웨어를 받아서 컴파일하고 패키지 메타데이터와 기타 필요한 설치 스크립트들을 만든다. 패키지 관리자는 종종 배포판의 다른 부분과 프로그램 통합을 향상시키기 위해 원본 소스 코드를 수정하기도 한다.

저장소

일부 소프트웨어 프로젝트에서는 직접 패키징과 배포를 함께 수행하기도 하지만, 요즘은 대다수의 패키지들이 배포판 회사와 관심을 가진 서드 파티(third parties)에 의해 만들어진다. 메인 저장소에서 보관하고 있는 수많은 패키지들은 단일 배포판 사용자만을 위한 것이고 이는 특별히 해당 배포판만을 위해 제작되고 관리된다.

하나의 배포판은 소프트웨어 개발주기의 각 단계에 따라 여러 개의 다른 저장소들을 운영할 수도 있다. 예를 들면, **테스트용 저장소**가 있다. 여기에 빌드된 패키지들을 올려서 일반적인 배포 형태로 릴리즈하기 전, 버그를 찾고자 하는 용감한 사용자들이 먼저 사용할 수 있도록 한다. 또한 **개발용 저장소**가 있는데 여기에는 다음에 주요 배포판에 포함될 작업 중인 패키지들이 저장된다.

이외에도 배포판은 서드 파티 저장소들과도 연관될 수 있다. 특허, 디지털 권리 관리(Digital Rights Management, DRM) 반 우회덤핑 문제와 같은 법적인 이유로 배포판에 포함시킬 수 없는 소프트웨어를 제공하기 위해 이러한 저장소가 필요하다. 아마도 가장 잘 알려진 예가 암호화된 DVD를 제공하는 경우인데 이는 미국에서 불법이기 때문이다. 서드 파티 저장소들은 소프트웨어 특허 및 반 우회덤핑 법이 적용되지 않는 국가에서 사용 가능하다. 이러한 저장소들은 보통 그들이 지원하는 배포판에 완전히 독립적이다. 그리고 그것을 사용할 누군가가 반드시 알아야 하는 내용들은 패키지 관리 시스템용 설정 파일에 포함시켜야 한다.

의존성

프로그램들은 거의 독립적이지 않다. 프로그램 작업을 수행하기 위해서는 다른 소프트웨어 구성 요소들을 의존하게 된다. 예를 들면 입출력과 같은 기본 작업도 많은 프로그램들의 공유 루틴에 의해 제어된다. 이러한 루틴들은 **공유 라이브러리**라고 하는 공간에 저장되고 다수의 프로그램들에 필수 서비스를 제공한다. 만일 패키지가 공유 라이브러리와 같은 공유 자원을 필요로 한다면 **의존성**이 있다고 말한다. 최신 패키지 관리 시스템은 모두 **의존성 문제를 해결**하기 위한 방안을 몇 가지 제공한다. 패키지가 설치될 때, 해당 패키지와 관련된 모든 의존성들까지 설치되도록 보장하기 위함이다.

고수준과 저수준 패키지 툴

패키지 관리 시스템은 보통 두 가지 형태의 툴을 가지고 있다. 하나는 저수준 툴로 패키지 파일을 설치하고 삭제하는 작업을 관리하고, 다른 하나인 고수준 툴은 메타데이터 검색 및 의존성 문제 해결과 같은 작업을 수행한다. 이 장에서는 데비안 계열 시스템(우분투를 비롯한 기타 여러 시스템)에서 제공하는 툴들과 최신 레드햇 제품에서 많이 사용되는 툴을 함께 살펴볼 것이다. 모든 레드햇 형식의 배포판들이 동일한 저수준 프로그램(rpm)에 의존하는 반면, 고수준 툴은 서로 다른 것을 사용한다. 우리가 다루게 될 것은 페도라, 레드햇 엔터프라이즈 리눅스, 센트OS에서 사용하는 yum이다. 그 외 다른 레드햇 형식의 배포판들은 비슷한 기능의 고수준 툴을 제공한다(표 14-2 참고).

표 14-2 패키지 시스템 도구

배포판	저수준 도구	고수준 도구
데비안 형식	dpkg	apt-get, aptitude
페도라, 레드햇 엔터프라이즈 리눅스, 센트OS	rpm	yum

일반적인 패키지 관리 작업

많은 작업들이 커맨드라인 패키지 관리 도구로 수행된다. 그 중에서도 가장 일반적인 것을 살펴보려고 한다. 한 가지 알아야 할 것은, 이 책의 범위 내에서 다루지 않는 패키지 파일 생성 작업은 저수준 도구에서 또한 지원된다는 것이다.

다음 논의는 *package_name*은 실제 패키지의 이름이지만 *package_file*은 해당 패키지를 포함하고 있는 파일 이름을 가리킨다는 것이다.

저장소에서 패키지 찾기

저장소 메타데이터 검색 시 고수준 도구를 이용하여 패키지 이름이나 설명을 기반으로 패키지를 찾을 수 있다(표 14-3 참조).

표 14-3 패키지 검색 명령어

형식	명령어
데비안	apt-get update apt-cache search *search_string*
레드햇	yum search *search_string*

예시: 레드햇 시스템에서 emacs 텍스트 편집기에 대한 yum 저장소를 검색해보자.

```
yum search emacs
```

저장소에 있는 패키지 설치하기

고수준 도구로 저장소에 있는 패키지를 다운로드하여 의존성 패키지들과 함께 설치할 수 있다(표 14-4 참조).

표 14-4 패키지 설치 명령어

형식	명령어
데비안	apt-get update apt-get install *package_name*
레드햇	yum install *package_name*

예시: apt 저장소에 있는 emacs 텍스트 편집기를 데비안 시스템에 설치해보자.

```
apt-get update; apt-get install emacs
```

패키지 파일에서 패키지 설치하기

저장소가 아닌 다른 출처에서 다운로드한 패키지 파일이라면 저수준 도구를 이용해서 직접 설치할 수 있다(의존성 문제는 해결되지 않는다)(표 14-5 참조).

표 14-5 저수준 패키지 설치 명령어

형식	명령어
데비안	dpkg --install *package_file*
레드햇	rpm -i *package_file*

예시: emacs-22.1-7.fc7-i386.rpm 패키지 파일을 저장소가 아닌 다른 곳에서 다운로드한 것이라면 다음과 같이 레드햇 시스템에 설치하면 된다.

```
rpm -i emacs-22.1-7.fc7-i386.rpm
```

저자주: 이 방법은 저수준의 rpm 프로그램을 사용하여 설치하는 것이기 때문에 어떠한 의존성 문제도 해결되지 않는다. rpm은 설치되지 않은 의존성 패키지가 발견되면 오류를 출력하고 종료할 것이다.

패키지 삭제하기

고수준 도구나 저수준 도구든 패키지를 삭제할 수 있다. 고수준 도구에 해당하는 명령어들을 표 14-6에서 살펴보자.

표 14-6 패키지 삭제 명령어

형식	명령어
데비안	apt-get remove *package_name*
레드햇	yum erase *package_name*

예시: 데비안 시스템에서 emacs 패키지를 삭제해보자.

```
apt-get remove emacs
```

저장소로부터 패키지 업데이트하기

가장 일반적인 패키지 관리 작업은 시스템을 항상 최신 버전 패키지로 유지하는 것이다. 고수준 도구로 이러한 중요한 작업을 한 번에 해결할 수 있다(표 14-7 참고).

표 14-7 패키지 업데이트 명령어

형식	명령어
데비안	apt-get update; apt-get upgrade
레드햇	yum update

예시: 데비안 시스템에 설치된 패키지 업데이트 적용하기

```
apt-get update; apt-get upgrade
```

패키지 파일에서 패키지 업그레이드하기

최신 버전의 패키지를 저장소가 아닌 다른 곳에서 다운로드했더라도 이전 버전에서 최신 버전으로 재설치할 수 있다(표 14-8 참조).

표 14-8 저수준 패키지 업그레이드 명령어

형식	명령어
데비안	dpkg --install *package_file*
레드햇	rpm -U *package_file*

예시: 레드햇에서 기존에 설치된 emacs를 emacs-22.1-7.fc7-i386.rpm 패키지 파일에 포함된 최신 버전으로 업데이트하기

```
rpm -U emacs-22.1-7.fc7-i386.rpm
```

저자주: dpkg는 rpm과 같이 패키지 설치할 때와는 달리 업그레이드를 위한 별도의 옵션을 지원하지 않는다.

설치된 패키지 확인하기

표 14-9에 있는 명령어들은 시스템에 설치된 패키지를 확인할 때 사용하는 것들이다.

표 14-9 패키지 목록 명령어

형식	명령어
데비안	dpkg --list
레드햇	rpm -qa

패키지 설치여부 알아보기

표 14-10에 있는 저수준 도구로 해당 패키지가 설치되어 있는지 확인할 수 있다.

표 14-10 패키지 설치확인 명령어

형식	명령어
데비안	dpkg --status *package_name*
레드햇	rpm -q *package_name*

예시: 데비안 시스템에서 emacs 패키지 설치 여부 확인하기

```
dpkg –status emacs
```

설치된 패키지 정보 표시하기

설치된 패키지 이름을 알고 있다면 표 14-11에 있는 명령어로 해당 패키지 정보를 표시할 수 있다.

표 14-11 패키지 정보 확인 명령어

형식	명령어
데비안	apt-cache show *package_name*
레드햇	yum info *package_name*

예시: 데비안 시스템의 emacs 패키지 정보 보기

```
apt-cache show emacs
```

특정 파일과 관련된 패키지 검색하기

특정 파일을 설치하는 패키지를 확인할 때 표 14-12에 있는 명령어를 사용한다.

표 14-12 패키지 파일(출처) 확인 명령어

형식	명령어
데비안	dpkg --search *file_name*
레드햇	rpm -qf *file_name*

예시: 레드햇 시스템에서 /usr/bin/vim 파일이 어떤 패키지에 의해 설치되었는지 알아보기

```
rpm -qf /usr/bin/vim
```

마무리 노트

향후 우리가 살펴볼 것은, 광범위한 애플리케이션 영역을 포함하여 많은 프로그램들에 대한 내용이다. 대부분 이러한 프로그램들은 기본적으로 설치되어 있지만, 이따금 부가 기능을 위해 패키지를 설치해야 할 때도 있을 것이다. 따라서 패키지 관리에 대한 새로운 지식과 인지를 통해, 필요한 프로그램을 설치하고 관리하는 일에 능숙해져야 할 것이다.

리눅스 소프트웨어 설치에 관한 미신

다른 플랫폼을 사용하다가 리눅스로 옮겨온 사용자들은 리눅스에 소프트웨어를 설치하는 것이 상당히 까다롭다든지 리눅스 배포판마다 다른 패키지 구조는 오히려 방해가 된다는 이야기에 속아 넘어가곤 한다. 아마도 소프트웨어를 베일에 쌓인 바이너리 형태로 배포하기만을 원하는 상업용 소프트웨어 벤더들에게는 방해물일 것이다.

리눅스 소프트웨어의 생태계는 오픈소스 코드라는 개념에 기반을 두고 있다. 프로그램 개발자가 어떤 제품에 대한 소스 코드를 공개하면 특정 배포판을 사용하는 사람은 그 제품을 패키지화하고 해당 저장소에서 공유할 것이다. 이러한 방식 덕분에 그 제품이 특정 배포판에 문제 없이 잘 통합되어 있음을 보장하고 사용자는 각 제품마다 웹사이트를 일일이 검색해야 하는 대신 편리하게 한 곳에서 모두 원하는 것들을 찾을 수 있게 된다.

장치 드라이버 또한 거의 비슷한 방법으로 관리된다. 다른 점이 있다면 배포판별로 각각 나뉘어 있는 것이 아니라 리눅스 커널 단위로 구분된다는 것이다. 즉 리눅스에는 "드라이버 디스크"라는 것은 존재하지 않는다. 커널은 장치를 지원하거나 그렇지 않을 수도 있지만 다양한 장치를 지원하고 있다. 사실 윈도우가 지원하는 것보다는 훨씬 많다. 물론 여러분에게 필요한 장치가 지원되지 않는다면 이러한 사실이 위로가 될 순 없을 것이다.

만일 이러한 경우라면 그 원인을 우선 살펴볼 필요가 있다. 드라이버 지원이 안 되는 경우는 보통 다음의 세 경우 중 하나에 해당된다.

- **가장 최신 장치인 경우:** 많은 하드웨어 제조사들이 리눅스 개발 지원을 적극적으로 하지 않기 때문에 커널 드라이버 코드의 작성은 리눅스 커뮤니티의 몫이다. 따라서 시간이 걸릴 수 밖에 없다.

- **이례적인 장치인 경우:** 모든 리눅스 배포판에서 가용한 모든 장치 드라이버를 지원해줄 수 없다. 각 배포판마다 고유의 커널이 빌드되고 그 커널들은 설정에 따라 달라지기 때문에(즉 리눅스는 손목시계에서부터 메인프레임까지 그 용도가 아주 다양하다) 용도에 따라 지원하지 않는 장치가 있을 수 있다. 드라이버의 소스 코드를 찾아서 다운로드하면 해당 드라이버를 직접 컴파일하고 설치할 수 있다. 이 과정은 그다지 어렵진 않지만 다소 복잡하긴 하다. 소프트웨어의 컴파일에 대한 것은 23장에서 알아볼 것이다.

- **하드웨어 제조사가 감추고 싶은 것이 있을 때:** 리눅스 드라이버용으로 공개된 소스 코드가 없거나 드라이버를 만드는 데 필요한 기술 문서를 지원하지 않는 경우다. 즉 하드웨어 제조사가 장치에 대한 프로그램 인터페이스를 공개하려고 하지 않는다는 것이다. 일단 필자는 이러한 문제가 있는 하드웨어를 제거하고 다른 쓸모 없는 것들과 함께 휴지통에 던져버리기를 제안한다.

15

저장 장치

지금까지 우리는 파일 수준에서 자료를 관리하는 법에 대해 알아보았다. 이 장에서는 장치 수준에서의 자료를 살펴보려고 한다. 리눅스는 저장 장치를 제어하는 데 있어서 굉장히 놀라운 능력을 가지고 있다. 그 장치가 하드 디스크, 네트워크 스토리지 또는 RAID(복수 배열 독립 디스크)나 LVM(논리적 볼륨 관리자)과 같은 가상 저장 장치거나 물리적 장치든 상관없이 말이다.

하지만, 이 책은 시스템 관리를 위한 것이 아니기 때문에 이 주제에 대해 깊이 있게 다루지는 않을 것이다. 다만 몇 가지 중요한 개념과 저장 장치를 관리할 때 사용하는 명령어들만 알아보려고 한다.

이 장에서 실습 차원으로 필요한 것들이 있는데, USB 플래시 드라이브와 CD-RW 디스크(CD-ROM 레코더가 장착된 시스템인 경우) 그리고 플로피 디스크(역시, 플로피 디스크 드라이브가 장착된 경우)다.

이제 다음 명령어들을 살펴보도록 하자.

- mount — 파일시스템 마운트하기
- umount — 파일시스템 마운트 해제하기

- `fdisk` — 표 방식으로 파티션 설정하기

- `fsck` — 파일시스템 검사 및 복구하기

- `fdformat` — 플로피 디스크 포맷하기

- `mkfs` — 파일시스템 생성하기

- `dd` — 블록 기반 자료를 장치에 직접 쓰기

- `genisoimage` (`mkisofs`) — ISO 9660 이미지 파일 생성하기

- `wodim` (`cdrecord`) — 광학 저장 장치에 자료 쓰기

- `md5sum` — MD5 체크섬 계산하기

저장 장치 마운트하기와 해제하기

리눅스 데스크톱 환경에서 최근 개선된 부분 중 하나는 바로 저장 장치를 손쉽게 관리할 수 있게 했다는 점이다. 대부분의 경우, 장치를 장착하기만 하면 바로 동작한다. 2004년으로 거슬러 올라가면 이러한 작업은 수동으로 이루어져야만 했다. 또한 데스크톱이 아닌 다른 환경(서버와 같은)하에서는 여전히 많은 수작업이 필요한데, 서버의 경우에는 엄청난 대용량 저장소가 필요하고 그 설정 과정이 매우 복잡하기 때문이다.

저장 장치 관리에 있어 첫 번째로 해야 할 작업은 파일시스템 트리에 장치를 연결하는 것이다. 이러한 과정을 마운트한다 즉 **장착한다**라고 하는데 장치가 운영체제와 연결되는 과정을 말한다. 2장의 내용을 떠올려보면 리눅스처럼 유닉스형 운영체제에서는 여러 지점에서 장착된 장치일지라도 단일의 파일시스템 트리로 관리된다는 것을 기억할 것이다. 이것은 MS-DOS와 같은 타 운영체제와 대조되는 것으로 윈도우 시스템의 경우 장치별로 별도의 파일시스템을 운용한다(예를 들면 C:\, D:\, 등).

/etc/fstab 파일은 부팅 시에 마운트된 장치(일반적으로 하드 디스크 파티션) 목록을 표시한다. 다음에서 페도라 7 시스템의 /etc/fstab 파일을 보자.

```
LABEL=/12           /              ext3      defaults          1 1
LABEL=/home         /home          ext3      defaults          1 2
LABEL=/boot         /boot          ext3      defaults          1 2
tmpfs               /dev/shm       tmpfs     defaults          0 0
devpts              /dev/pts       devpts    gid=5,mode=620    0 0
sysfs               /sys           sysfs     defaults          0 0
proc                /proc          proc      defaults          0 0
LABEL=SWAP-sda3     swap           swap      defaults          0 0
```

이 예제에 표시된 대부분의 파일시스템들은 가상 장치고 이번 주제에 해당되지 않는 것들이다. 우리가 관심 가져야 할 부분은 처음 세 줄이다.

```
LABEL=/12           /              ext3      defaults          1 1
LABEL=/home         /home          ext3      defaults          1 2
LABEL=/boot         /boot          ext3      defaults          1 2
```

이 정보는 하드 디스크 파티션에 관한 것으로 모두 6개의 항목으로 구성되어 있다. 다음의 표 15–1 에서 항목별로 그 내용을 알아보도록 하자.

표 15–1 /etc/fstab 정보

항목	정보	설명
1	장치	일반적으로 이 항목은 /dev/hda1(첫 번째 IDE 채널에서 마스터 장치의 첫 번째 파티션)과 같은 물리적 장치와 관련된 장치 파일명을 보여준다. 하지만 요즘에는 핫 플러그 형식의 장치들(USB 드라이브와 같은)이 많기 때문에 최신 리눅스 배포판은 장치에 텍스트 라벨을 지원한다. 장치가 시스템에 마운트되면 운영체제가 이 라벨(저장 장치가 포맷될 때 붙여짐)을 참조한다. 이렇기에, 실제 물리 장치로 할당된 어떤 장치 파일이든 제대로 인식될 수 있다.
2	마운트 포인트	파일시스템 트리에 연결된 장치의 디렉터리
3	파일시스템 타입	리눅스는 다양한 파일시스템 타입을 마운트할 수 있다. 대부분 리눅스 파일시스템의 기본인 ext3뿐만 아니라 다른 형식도 다양하게 지원된다. 예를 들면, FAT16(msdos), FAT32(vfat), NTFS(ntfs), CD-ROM(iso9660) 등이 있다.
4	옵션	다양한 옵션으로 파일시스템을 마운트할 수 있다. 예를 들면, 읽기전용이라든지 프로그램 실행을 차단시키는 옵션(핫 플러그 장치에 대한 보안기능을 제공)을 적용하여 파일시스템에 마운트할 수 있다.
5	빈도수	dump 명령어로 파일시스템을 백업한 횟수(한자리 수)
6	순서	fsck 명령어로 검사될 파일시스템 순서(한자리 수)

마운트된 파일시스템 목록 보기

mount 명령어는 파일시스템을 마운트할 때 사용된다. 명령 인자 없이 단독으로 명령어를 입력하면 현재 마운트된 모든 파일시스템 목록을 보여줄 것이다.

```
[me@linuxbox ~]$ mount
/dev/sda2 on / type ext3 (rw)
proc on /proc type proc (rw)
sysfs on /sys type sysfs (rw)
devpts on /dev/pts type devpts (rw,gid=5,mode=620)
/dev/sda5 on /home type ext3 (rw)
/dev/sda1 on /boot type ext3 (rw)
tmpfs on /dev/shm type tmpfs (rw)
none on /proc/sys/fs/binfmt_misc type binfmt_misc (rw)
sunrpc on /var/lib/nfs/rpc_pipefs type rpc_pipefs (rw)
fusectl on /sys/fs/fuse/connections type fusectl (rw)
/dev/sdd1 on /media/disk type vfat (rw,nosuid,nodev,noatime, uhelper=hal,uid=500,utf8,shortname=lower)
twin4:/musicbox on /misc/musicbox type nfs4 (rw,addr=192.168.1.4)
```

이 목록은 장치, 마운트 포인트, 파일시스템 타입(옵션) 정보를 보여주고 있다. 예를 들어, 첫 번째 줄을 보면 /dev/sda2 장치가 루트 파일시스템으로 마운트되어 있고 그 형식은 ext3이며 읽기 쓰기 (옵션 rw)가 모두 가능함을 알 수 있다. 여기서 흥미로운 것들은, 이 목록의 끝에서 두 번째 항목인 /media/disk에 마운트된 카드 리더기의 2기가바이트 SD 메모리 카드와 가장 마지막 항목인 /misc/musicbox에 마운트된 네트워크 드라이브다.

처음으로 실습할 내용은 CD-ROM으로 작업하는 것이다. CD-ROM을 넣기 전에 먼저 시스템의 상태를 알아보도록 하자.

```
[me@linuxbox ~]$ mount
/dev/mapper/VolGroup00-LogVol00 on / type ext3 (rw)
proc on /proc type proc (rw)
sysfs on /sys type sysfs (rw)
devpts on /dev/pts type devpts (rw,gid=5,mode=620)
/dev/hda1 on /boot type ext3 (rw)
tmpfs on /dev/shm type tmpfs (rw)
none on /proc/sys/fs/binfmt_misc type binfmt_misc (rw)
sunrpc on /var/lib/nfs/rpc_pipefs type rpc_pipefs (rw)
```

이 목록은 루트 파일시스템을 생성하기 위해 LVM을 사용한 CentOS 5 시스템에서 볼 수 있는 내용이다. 최신 리눅스 배포판들처럼 이 시스템 역시 CD-ROM을 삽입하면 자동 마운트된다. 디스크를 삽입하면 다음과 같은 내용을 볼 수 있다.

```
[me@linuxbox ~]$ mount
/dev/mapper/VolGroup00-LogVol00 on / type ext3 (rw)
proc on /proc type proc (rw)
sysfs on /sys type sysfs (rw)
devpts on /dev/pts type devpts (rw,gid=5,mode=620)
/dev/hda1 on /boot type ext3 (rw)
tmpfs on /dev/shm type tmpfs (rw)
none on /proc/sys/fs/binfmt_misc type binfmt_misc (rw)
sunrpc on /var/lib/nfs/rpc_pipefs type rpc_pipefs (rw)
/dev/hdc on /media/live-1.0.10-8 type iso9660 (ro,noexec,nosuid,nodev,uid=500)
```

방금 전에 본 장치 목록과 똑같다. 한 가지 추가된 것이 있다면 목록 맨 마지막에 있는 CD-ROM(현재 시스템의 /dev/hdc 장치)이 /media/live-1.0.10-8에 마운트되었고 그 타입은 iso9660 (CD-ROM 형식)이라는 내용이다. 여기서 우리의 관심사는 장치의 이름이다. 이러한 작업을 직접 하게 되면 아마도 장치 이름은 다를 것이다.

저자주: 사용자 시스템에서 사용하는 실제 장치 이름에 매우 주의해야 한다. 예제에 쓰인 이름을 사용하면 안 된다. 또한, 오디오 CD는 CD-ROM과 같은 것이 아니다. 파일시스템에 포함되지 않고, **CD-ROM처럼 마운트되지 않는다.**

자, 이제 CD-ROM 드라이브명을 알았으니 이 디스크를 마운트 해제하고 파일시스템상의 다른 위치를 찾아 그 곳에 다시 마운트해보자. 이를 위해서는 (시스템에 적합한 명령어를 사용할 수 있는) 슈퍼유저 권한이 있어야 한다. 다음과 같이 umount 명령어로 디스크를 마운트 해제해보자.

```
[me@linuxbox ~]$ su -
Password:
[root@linuxbox ~]# umount /dev/hdc
```

그리고 나서 이 디스크에 대한 새로운 마운트 포인트를 지정하자. 마운트 포인트란 별다른 것이 아닌 파일시스템 어딘가에 있는 디렉토리를 의미한다. 심지어 빈 디렉토리가 아니어도 상관없고, 또한 디스크 마운트가 해제될 때까지 해당 디렉토리가 가지고 있는 기존의 내용은 볼 수조차 없다. 다시 본론으로 돌아와서 새 디렉토리를 만들어보자.

```
[root@linuxbox ~]# mkdir /mnt/cdrom
```

이제 CD-ROM을 새로운 마운트 포인트에 연결하자. -t 옵션을 사용하여 파일시스템 타입을 설정할 수 있다.

```
[root@linuxbox ~]# mount -t iso9660 /dev/hdc /mnt/cdrom
```

그 다음, 새로운 마운트 포인트에서 CD-ROM의 내용을 검증해볼 수 있다.

```
[root@linuxbox ~]# cd /mnt/cdrom
[root@linuxbox cdrom]# ls
```

이 CD-ROM의 연결을 해제하려고 하면 어떤 일이 일어나는지 확인해보자.

```
[root@linuxbox cdrom]# umount /dev/hdc
umount: /mnt/cdrom: device is busy
```

이것은 무슨 뜻일까? 그 장치가 다른 사용자나 프로세스에 의해 사용 중이라면 장치의 연결을 해제할 수 없다는 뜻이다. 지금의 경우는 작업 디렉토리를 CD-ROM 마운트 포인트로 변경했기 때문에 장치가 현재 사용 중이라고 나타나는 것이다. 이러한 문제는 작업 디렉토리를 마운트 포인트가 아닌 다른 곳으로 바꿔주기만 하면 쉽게 해결된다.

```
[root@linuxbox cdrom]# cd
[root@linuxbox ~]# umount /dev/hdc
```

자, 이제 장치가 성공적으로 해제되었다.

왜 마운트 해제가 필요한가

free 명령어로 메모리 사용 현황에 대한 통계내역을 볼 수 있는데 그 중에서 **버퍼**라고 하는 것이 있다. 컴퓨터 시스템은 가능한 빨리 실행되도록 설계되는데 시스템의 성능을 저해하는 장애요인 중 하나가 느린 장치들이다. 프린터가 좋은 예가 될 수 있다. 아무리 빠른 프린터라 해도 컴퓨터 기준으로 볼 땐 한없이 느리기만 하다. 프린터가 한 페이지 인쇄를 마칠 때까지 컴퓨터가 기다려야 한다면 컴퓨터 속도는 매우 느려지게 될 것이다. PC 사용의 초창기(멀티태스킹 기능이 없던 시절)에 이것은 아주 큰 골칫거리였다. 텍스트 문서나 스프레드시트로 작업하다 보면 출력을 할 때마다 컴퓨터가 멈추고 사용할 수 없게 되었다. 컴퓨터는 프린터가 수용할 수 있는 만큼 빠른 속도로 데이터를 전송하지만 인쇄 속도는 그만큼 빠르지 않기 때문에 느려질 수 밖에 없다. 이 문제는 **프린터 버퍼**라는 것이 생기면서부터 해결되었다. 프린터 버퍼란, RAM 메모리를 가지고 있는 장치로 컴퓨터와 프린터 사이에 있는 것이다. 컴퓨터는 출력 내용을 프린터 버퍼에 전송을 하고 이 내용은 속도가 빠른 RAM에 저장된다. 그러면 컴퓨터는 인쇄 작업이 완료될 때까지 기다리지 않아도 다시 원래의 작업으로 돌아갈 수 있게 되는 것이다. 그러는 동안에 프린터 버퍼는 천천히 프린터의 속도에 맞추어 버퍼 메모리에 저장된 내용을 프린터로 보내 인쇄 작업을 진행시킨다(이를 **스풀링**이라 한다).

이러한 버퍼 기능으로 아주 빠르게 저장 장치에 데이터 쓰기가 가능해졌다. 왜냐하면 물리적 장치에 대한 쓰기 작업을 미래 시점으로 연기할 수 있기 때문이다. 그러는 동안 장치에 기록될 데이터는 메모리에 쌓인다. 운영체제는 드문드문 이 데이터들을 물리적 장치에 쓰게 될 것이다.

마운트 해제는 아직 저장되지 않은 데이터들을 장치에 모두 쓰게끔 한다. 그렇기 때문에 안전하게 장치가 제거될 수 있다. 만약 마운트 해제 없이 장치가 제거되면 저장할 데이터들이 전부 복사되지 않을 가능성이 있다. 만약 그 저장되지 않은 데이터가 필수적인 디렉토리 업데이트 정보를 가지고 있다면, 컴퓨터에서 발생할 수 있는 가장 나쁜 상황인 **파일시스템 오류**가 생길 수도 있다.

장치 이름 확인하기

장치의 이름을 확인하는 것은 가끔 어려운 일이다. 예전에는 그렇게 어렵지 않았다. 장치는 항상 똑같은 장소에 있고 변함이 없었기 때문이다. 유닉스형 시스템들이 대개 그런 식이다. 유닉스가 개발되었을 당시를 생각해보면, "디스크 드라이브를 바꾼다는 것"은 컴퓨터실에 있는 세탁기만한 크기의 장치를 제거하기 위해 지게차를 사용해야 가능한 일이었다. 최근에는 일반적인 데스크톱 하드웨어 설정이 꽤 동적인 환경으로 바뀌었고, 리눅스는 이전에 비하여 훨씬 더 유연성을 갖게 되었다.

앞선 예제에서, 우리는 "자동적으로" 장치가 마운트되는 리눅스 데스크톱 기능을 활용하여 장치의 이름을 확인할 수 있다. 하지만 서버를 관리한다거나 다른 일부 환경에서 이러한 자동 마운트 기능이 실행되지 않는다면 어떻게 할까? 어떻게 이 작업을 수행할 수 있을까?

먼저, 시스템이 어떤 식으로 장치의 이름을 설정하는지를 알아본다. 만약 /dev 디렉토리(모든 장치가 존재하는)의 내용을 확인해보면 굉장히 많은 장치들이 있음을 알 수 있다.

```
[me@linuxbox ~]$ ls /dev
```

장치 이름에는 몇 가지 패턴이 있는데 다음의 표 15-2를 통해 그 가운데 일부를 알아보자.

표 15-2 리눅스 저장 장치명

패턴	장치
/dev/fd*	플로피 디스크 드라이브
/dev/hd*	구식 장비에 쓰이던 IDE (PATA) 디스크. 일반적인 메인보드는 두 IDE 커넥터 또는 채널이 있으며 드라이브당 두 연결점에 해당하는 케이블이 들어 있다. 케이블의 첫 번째 드라이브를 마스터 장치라고 하고 두 번째는 슬레이브 장치라고 부른다. 이 장치들의 이름은 다음과 같은 순서로 정렬이 되는데, /dev/hda는 첫 번째 채널의 마스터 드라이브, /dev/hdb는 첫 번째 채널의 슬레이브 드라이브, 그리고 /dev/hdc는 두 번째 채널의 마스터 장치, 이런 식으로 장치 이름이 정해진다. 끝에 따라 붙는 숫자는 장치의 파티션 번호다. 예를 들어, /dev/hda1은 시스템의 첫 번째 하드 드라이브의 1번 파티션이고 /dev/hda는 드라이브 전체를 말한다.
/dev/lp*	프린터
/dev/sd*	SCSI 디스크. 최신 리눅스 시스템에서는 커널이 모든 디스크류의 장치(PATA/SATA 하드 디스크, 플래시 드라이브, 휴대용 음악 재생기나 디지털 카메라와 같은 USB 대용량 저장 장치 등)를 관리한다. 장치 이름을 설정하는 방식은 /dev/hd*의 방식과 비슷하다.
/dev/sr*	광학 드라이브(CD/DVD 리더기 및 레코더)

/dev/cdrom, /dev/dvd, /dev/floppy와 같은 심볼릭 링크를 자주 볼 수 있는데 이들은 편의를 도모하기 위해 실제 장치 파일을 가리키도록 되어 있다.

이동식 장치를 자동 마운트하지 않는 시스템에서 작업을 하게 될 경우, 그러한 장치가 연결될 때 이름을 확인하기 위해 다음과 같은 방법을 사용하면 된다. 우선 /var/log/messages 파일을 실시간으로 계속 확인한다(이 작업을 수행하려면 슈퍼유저 권한이 필요하다).

```
[me@linuxbox ~]$ sudo tail -f /var/log/messages
```

그 파일의 마지막에 몇 줄이 표시되고 멈추게 된다. 그런 다음 이동식 디스크를 연결한다. 이 예제에서는 16MB 플래시 드라이브를 사용한다. 대부분 곧바로 커널이 이 장치를 인식하고 검사하기 시작한다.

```
Jul 23 10:07:53 linuxbox kernel: usb 3-2: new full speed USB device using uhci_h cd and address 2
Jul 23 10:07:53 linuxbox kernel: usb 3-2: configuration #1 chosen from 1 choice
Jul 23 10:07:53 linuxbox kernel: scsi3 : SCSI emulation for USB Mass Storage devices
Jul 23 10:07:58 linuxbox kernel: scsi scan: INQUIRY result too short (5), using 36
Jul 23 10:07:58 linuxbox kernel: scsi 3:0:0:0: Direct-Access Easy Disk 1.00 PQ: 0 ANSI: 2
Jul 23 10:07:59 linuxbox kernel: sd 3:0:0:0: [sdb] 31263 512-byte hardware sectors (16 MB)
Jul 23 10:07:59 linuxbox kernel: sd 3:0:0:0: [sdb] Write Protect is off
Jul 23 10:07:59 linuxbox kernel: sd 3:0:0:0: [sdb] Assuming drive cache: write through
Jul 23 10:07:59 linuxbox kernel: sd 3:0:0:0: [sdb] 31263 512-byte hardware sectors (16 MB)
Jul 23 10:07:59 linuxbox kernel: sd 3:0:0:0: [sdb] Write Protect is off
Jul 23 10:07:59 linuxbox kernel: sd 3:0:0:0: [sdb] Assuming drive cache: write through
Jul 23 10:07:59 linuxbox kernel: sdb: sdb1
Jul 23 10:07:59 linuxbox kernel: sd 3:0:0:0: [sdb] Attached SCSI removable disk
Jul 23 10:07:59 linuxbox kernel: sd 3:0:0:0: Attached scsi generic sg3 type 0
```

다시 파일 표시가 멈춘 후, CTRL-C를 입력하여 프롬프트로 돌아간다. 출력된 내용 가운데 재미있는 부분은 [sdb]를 반복적으로 참조한다는 것이다. 이것은 우리의 예상대로 SCSI 디스크 드라이브 이름일 것이다. 그렇다면 다음 두 줄의 내용이 특별히 눈에 띄게 될 것이다.

```
Jul 23 10:07:59 linuxbox kernel: sdb: sdb1
Jul 23 10:07:59 linuxbox kernel: sd 3:0:0:0: [sdb] Attached SCSI removable disk
```

여기서 우리는 /dev/sdb는 전체 장치의 이름이라는 것과 /dev/sdb1은 장치의 첫 번째 파티션인 것을 알 수 있다. 늘 그렇듯이, 리눅스 작업은 정말 흥미로운 탐정 수사와 같지 않은가!

저자주: `tail -f /var/log/messages` 기술은 시스템 상태를 거의 실시간 수준으로 확인할 수 있는 훌륭한 방법이다.

이제 우리가 알고 있는 장치명으로 간단히 플래시 드라이브를 마운트할 수 있다.

```
[me@linuxbox ~]$ sudo mkdir /mnt/flash
[me@linuxbox ~]$ sudo mount /dev/sdb1 /mnt/flash
[me@linuxbox ~]$ df
Filesystem        1K-blocks      Used    Available   Use%   Mounted on
/dev/sda2         15115452    5186944      9775164    35%   /
/dev/sda5         59631908   31777376     24776480    57%   /home
/dev/sda1           147764      17277       122858    13%   /boot
tmpfs               776808          0       776808     0%   /dev/shm
/dev/sdb1            15560          0        15560     0%   /mnt/flash
```

장치 이름은 장치가 컴퓨터에 물리적으로 연결되어 있고 재부팅되지 않는 한 변하지 않을 것이다.

새로운 파일시스템 만들기

자, 이제 우리는 FAT32 시스템이 아닌 리눅스의 기본 파일시스템으로 플래시 드라이브를 재포맷하려고 한다. 이것은 두 단계의 작업이 필요하다. (선택 사항) 기존의 파티션을 바꾸고 싶을 경우 새로운 파티션을 생성하는 것과 드라이브상에 새로운 빈 파일시스템을 생성하는 것이다.

저자주: 이제 우리가 실습할 사항들은 플래시 드라이브를 포맷하는 것이다. 내용이 완전히 삭제되기 때문에 필요 없거나 중요하지 않은 드라이브를 사용하길 바란다. **다시 한 번 더 말하지만 현재 사용하고 있는 장치 이름이 책에 나와 있는 예제 이름이 아니라 실제 사용하는 이름인지를 확인하라. 이 주의사항을 숙지하지 않으면 잘못된 드라이브가 포맷(즉, 삭제)될 수도 있다.**

fdisk로 파티션 설정하기

fdisk 프로그램으로 디스크류의 장치(하드 디스크 및 플래시 드라이브)를 매우 저수준에서 직접 작업을 할 수 있다. 이것으로 장치의 파티션을 수정 및 삭제하고 또한 생성할 수도 있다. 플래시 드라이브로 작업하기 위해서 우선 (마운트된 상태라면) 장치 연결을 해제하고 다음과 같이 fdisk 프로그램을 실행하자.

```
[me@linuxbox ~]$ sudo umount /dev/sdb1
[me@linuxbox ~]$ sudo fdisk /dev/sdb
```

여기서 주의해야 할 것은 파티션 번호가 아닌 장치 전체를 지정해줘야 한다. fdisk가 실행되면 다음과 같은 프롬프트를 확인할 수 있을 것이다.

```
Command (m for help):
```

m을 입력하여 fdisk 프로그램의 메뉴를 표시하자.

```
Command action
   a   toggle a bootable flag
   b   edit bsd disklabel
   c   toggle the dos compatibility flag
   d   delete a partition
   l   list known partition types
   m   print this menu
   n   add a new partition
   o   create a new empty DOS partition table
```

```
p    print the partition table
q    quit without saving changes
s    create a new empty Sun disklabel
t    change a partition's system id
u    change display/entry units
v    verify the partition table
w    write table to disk and exit
x    extra functionality (experts only)


Command (m for help):
```

첫 번째로 해야 할 일은 기존 파티션 레이아웃을 확인하는 것이다. p를 입력하여 장치의 파티션 테이블을 출력하자.

```
Command (m for help): p

Disk /dev/sdb: 16 MB, 16006656 bytes
1 heads, 31 sectors/track, 1008 cylinders
Units = cylinders of 31 * 512 = 15872 bytes

   Device Boot      Start         End      Blocks   Id  System
/dev/sdb1                2        1008       15608+   b  W95 FAT32
```

이 예제에는 단일 파티션(1)을 가진 16MB 저장 장치가 보인다. 이것은 장치의 사용 가능한 1008개의 실린더 중 1006개를 사용하고 있다. 이 파티션은 윈도우 95 FAT32 파티션으로 확인된다. 일부 프로그램은 이러한 식별자를 사용하여 디스크에서 수행될 수 있는 작업을 제한할 수 있긴 하지만 대부분의 경우 식별자를 바꾸는 것 자체가 중요한 문제가 되진 않는다. 다만 시현을 위해서 리눅스 파티션을 지정하도록 한번 바꿔보도록 하자. 이를 위해서 리눅스 파티션을 구분하는 데 사용할 ID 정보를 우선 알아야 한다. 이 예제에서 ID는 b로 기존의 파티션을 가리키고 있다. 사용 가능한 파티션 타입을 알아보기 위해 프로그램 메뉴로 돌아가보자. 다음과 같은 메뉴가 있을 것이다.

```
l    list known partition types
```

프롬프트에서 l을 입력하면 가능한 파티션 타입 정보가 표시될 것이다. 그 중에서 기존 파티션인 b와 리눅스용 83을 볼 수 있다.

메뉴로 돌아가서 파티션 ID를 변경하기 위한 메뉴를 찾아보자.

```
t    change a partition's system id
```

t를 입력하고 새로운 ID를 설정하자.

```
Command (m for help): t
Selected partition 1
Hex code (type L to list codes): 83
Changed system type of partition 1 to 83 (Linux)
```

우리가 원하는 대로 작업이 변경되었다. 아직까지는 장치 자체에 직접 작업하지 않았다(모든 변경 사항은 메모리에 저장했을 뿐 물리적 장치에 적용하지 않았다). 그렇기 때문에 수정한 파티션 테이블 정보를 모두 장치에 쓰게 하고 종료하도록 하자.

이를 위해 w를 프롬프트에 입력한다.

```
Command (m for help): w
The partition table has been altered!

Calling ioctl() to re-read partition table.

WARNING: If you have created or modified any DOS 6.x
partitions, please see the fdisk manual page for additional
information.
Syncing disks.
[me@linuxbox ~]$
```

만약 이 장치를 변경하지 않으려면 프롬프트에 q를 입력하여 변경사항을 저장하지 않고 프로그램을 종료할 수 있다. 이때 발생하는 경고음과 경고 메시지는 그냥 무시하면 된다.

mkfs로 새 파일시스템 만들기

파티션 설정이 완료되었고(작업이 비교적 단순했다), 이제 플래시 드라이브에 새 파일시스템을 만들 차례다. 이를 위해서 mkfs(make filesystem의 약어) 명령어를 사용할 것이다. 이 명령어는 다양한 포맷의 파일시스템 생성을 지원한다. ext3 형식의 파일시스템을 장치에 생성하려고 한다. -t 옵션으로 ext3 시스템 타입을 지정하고 그 다음에 포맷하고자 하는 파티션을 포함한 장치의 이름을 입력하자.

```
[me@linuxbox ~]$ sudo mkfs -t ext3 /dev/sdb1
mke2fs 1.40.2 (12-Jul-2012)
Filesystem label=
OS type: Linux
Block size=1024 (log=0)
Fragment size=1024 (log=0)
3904 inodes, 15608 blocks
780 blocks (5.00%) reserved for the super user
First data block=1
Maximum filesystem blocks=15990784
2 block groups
8192 blocks per group, 8192 fragments per group
1952 inodes per group
Superblock backups stored on blocks:
        8193

Writing inode tables: done
Creating journal (1024 blocks): done
Writing superblocks and filesystem accounting information: done

This filesystem will be automatically checked every 34 mounts or
180 days, whichever comes first. Use tune2fs -c or -i to override.
[me@linuxbox ~]$
```

ext3 타입을 파일시스템으로 선택하면 많은 정보를 표시해줄 것이다. 이 장치의 이전 타입인 FAT32 파일시스템으로 재포맷하려면 파일 타입에 vfat을 지정하면 된다.

```
[me@linuxbox ~]$ sudo mkfs -t vfat /dev/sdb1
```

파티션을 설정하고 포맷하는 절차는 시스템에 이동식 저장 장치를 설치할 때마다 적용될 수 있다. 여기서는 아주 작은 플래시 드라이브로 작업을 진행했지만 내장 하드디스크뿐만 아니라 USB 하드 드라이브와 같은 이동식 저장 장치에도 똑같은 절차가 적용된다.

파일시스템 검증 및 복구

이전에 /etc/fstab 파일에 대해 언급할 때, 파일의 행 끝마다 수상한 숫자가 있음을 보았다. 시스템이 부팅될 때마다, 그 장치들이 마운트되기 전에 파일시스템의 무결성을 매번 확인한다. 이러한 작업은 fsck라는 프로그램(filesystem check의 약어)에 의해 이루어진다. 각 fstab 항목마다 존재하는 마지막 숫자는 검사하게 될 장치의 순서를 가리킨다. 앞의 예제에서는 루트 파일시스템이 가장 먼저 확인이 되고, 그 다음으로 home, boot 파일시스템순으로 확인된다. 값이 0인 장치는 매번 확인되는 것이 아님을 나타낸다.

또한 fsck는 파일시스템의 무결성을 확인하는 것뿐만 아니라 오류가 있는 파일시스템을 각각 손상된 수준에 맞추어 복구시켜준다. 유닉스형 파일시스템에서는 복구된 파일들은 lost+found 디렉토리에 저장되는데 이 디렉토리는 각 파일시스템의 루트에 위치한다.

지금 사용하고 있는 플래시 드라이브를 검사하기 위해서(먼저, 마운트가 해제되어야 한다) 다음과 같은 작업을 수행할 것이다.

```
[me@linuxbox ~]$ sudo fsck /dev/sdb1
fsck 1.40.8 (13-Mar-2012)
e2fsck 1.40.8 (13-Mar-2012)
/dev/sdb1: clean, 11/3904 files, 1661/15608 blocks
```

필자의 경험상 파일시스템의 오류는 디스크 드라이브가 손상된 경우와 같이 하드웨어에 문제가 있는 것이 아니라면 그리 흔한 일이 아니다. 대부분의 시스템에서 파일시스템 오류는 부팅 시에 감지가 되기 때문에 시스템은 멈추고 부팅이 진행되기 전에 fsck를 실행하도록 한다.

WHAT THE FSCK?

유닉스 세상에서는 fsck라는 단어가 현실에서 굉장히 많이 쓰이는 단어의 세 글자와 일치하기에 그 단어를 대신해서 자주 사용되곤 한다. 그것이 시사하는 것도 상당히 맞아 떨어진다. 시스템을 사용하다가 fsck를 실행해야 하는 상황을 맞닥뜨리게 될 경우, 위에서 언급한 단어를 자연스럽게 사용할지도 모른다.

플로피 디스크 포맷하기

플로피 디스크 드라이브가 장착된 오래된 컴퓨터를 사용하는 사람들을 위해 플로피 디스크 드라이브를 관리하는 방법에 대해서도 알아보도록 하자. 테스트를 위한 빈 플로피 디스크를 만들기 위해 두 단계가 필요하다. 먼저, 디스크를 저수준 포맷해야 하고 그런 다음 새로운 파일시스템을 생성한다. 포맷을 완료하기 위해서 플로피 장치명(주로 /dev/fd0)을 지정해주는 프로그램인 fdformat을 사용한다.

```
[me@linuxbox ~]$ sudo fdformat /dev/fd0
Double-sided, 80 tracks, 18 sec/track. Total capacity 1440 kB.
Formatting ... done
Verifying ... done
```

그 다음, mkfs로 디스크를 FAT 파일시스템 타입으로 지정하자.

```
[me@linuxbox ~]$ sudo mkfs -t msdos /dev/fd0
```

여기서 주의할 점은 예전 방식인 (그리고 작은) 파일 할당 테이블을 설정하기 위해 msdos 파일시스템을 사용해야 한다는 것이다. 빈 디스크가 준비가 되면, 다른 장치들처럼 마운트될 것이다.

장치에 데이터 직접 송수신하기

우리는 컴퓨터상의 자료가 파일로 잘 정리되어 있다고 생각한다. 또한 그 자료는 "가공되지 않은" 상태라는 것도 생각해볼 수 있다. 예를 들어, 디스크 드라이브를 살펴보면 수많은 데이터 "블록"으로 구성되어 있음을 알 수 있고 이것을 운영체제는 디렉토리와 파일로 인식한다. 만약 우리가 이러한 디스크 드라이브를 하나의 거대한 데이터 블록들의 집합으로 다룰 수만 있다면, 장치를 복제하는 것과 같이 유용한 작업을 수행할 수 있을 것이다.

dd 프로그램은 이러한 작업을 할 수 있도록 도와준다. 이 프로그램으로 장치 간에 데이터 블록을 복사할 수 있다. 여기에는 독특한 명령어 문법을 사용(역사적인 이유 때문에)하는데 다음에서 확인해보자.

```
dd if=input_file of=output_file [bs=block_size [count=blocks]]
```

우리에게 똑같은 크기의 USB 플래시 드라이브 2개가 있다고 가정해보자. 그리고 한 쪽에 있는 내용을 그대로 다른 한 드라이브에 복사하고 싶다. 이 두 장치를 컴퓨터에 모두 연결하고 각각 /dev/sdb와 /dev/sdc라는 장치명으로 할당되었다면 다음과 같이 첫 번째 드라이브를 두 번째 드라이브로 복사할 수 있을 것이다.

```
dd if=/dev/sdb of=/dev/sdc
```

혹은, 컴퓨터에 첫 번째 장치만 연결하고 나중에 복구나 복사하기 위해 일반 파일에 복사할 수도 있다.

```
dd if=/dev/sdb of=flash_drive.img
```

저자주: dd 명령어는 아주 강력하다. 이 명령어의 이름은 데이터를 정의하기(data definition)라는 뜻이지만 가끔은 디스크를 파괴한다(destroy disk)라는 뜻으로 불리기도 한다. 왜냐하면 종종 if나 of의 인자를 혼동하기 때문이다. 따라서 **항상 엔터키를 입력하기 전에 입출력 내용이 정확한지를 두 번 이상 확인하길 바란다.**

CD-ROM 이미지 만들기

편집 가능한 CD-ROM(CD-R 또는 CD-RW)에 쓰기 작업은 두 단계로 이루어진다. CD-ROM의 파일시스템 이미지인 **ISO 이미지 파일**을 구성하는 것과 CD-ROM에 **이미지 파일**을 복사하는 것이다.

CD-ROM 이미지 복사본 만들기

기존 CD-ROM의 ISO 이미지를 만들고 싶다면 dd 명령어를 사용해서 CD-ROM에 있는 모든 데이터 블록을 읽어 들여 그것을 로컬 파일에 복사한다. 예를 들어, 지금 우리에게 우분투 CD가 있고 나중에 여러 복사본을 만들기 위해 ISO 파일을 만들고 싶다고 하자. 그 CD를 컴퓨터에 삽입한 후 장치명(/dev/cdrom이라고 하자)을 확인한 다음, 다음과 같이 ISO 파일을 만들 수 있다.

```
dd if=/dev/cdrom of=ubuntu.iso
```

이러한 방법은 데이터 DVD에는 잘 통하지만 저장용 파일시스템을 사용하지 않는 오디오 CD에는 통하지 않는다. 오디오 CD는 별도의 프로그램인 cdrdao 명령어를 사용한다.

다른 이름 같은 프로그램...

CD-ROM이나 DVD와 같은 광학 매체를 만들고 레코딩하는 것에 대한 온라인 지침서를 보면, mkisofs와 cdrecord라는 두 프로그램을 종종 보게 된다. 이들은 외르크 쉴링(Jörg Schilling)이 만든 cdrtools라는 유명한 패키지의 일부다. 2006년 여름, 쉴링은 리눅스 커뮤니티의 대다수 의견에 따라 cdrtools 패키지의 일부에 대하여 라이선스 정책을 변경했고 GNU GPL과는 맞지 않는 라이선스 정책을 세웠다. 결국, cdrtools 프로젝트의 분기가 생기기 시작했고 지금은 cdrecord와 mkisofs를 대신하여 각각 wodim 및 genisoimage라는 대체 프로그램을 포함하게 되었다.

파일 이미지 만들기

디렉토리 내용을 포함하는 ISO 이미지 파일을 생성하려면 genisoimage라는 프로그램을 사용하면 된다. 이를 위해, 우선 이미지 파일에 포함하려고 하는 파일이 들어갈 디렉토리를 만들어야 한다. 그런 다음 genisoimage 명령어를 실행하여 이미지 파일을 생성한다. 예를 들면, ~/cd-rom-files라고 하는 디렉토리를 만들고 이 디렉토리를 CD-ROM에 복사할 파일로 채웠다면 cd-rom.iso라는 이미지 파일을 다음과 같은 명령어로 생성할 수 있다.

```
genisoimage -o cd-rom.iso -R -J ~/cd-rom-files
```

-R 옵션은 Rock Ridge 확장용 메타데이터를 추가하여 긴 파일명과 POSIX 형식의 파일 퍼미션을 사용할 수 있게 한다. 마찬가지로, -J 옵션으로 Joliet 확장을 지원하여 윈도우에서 긴 파일명을 사용할 수 있게 한다.

CD-ROM 이미지 쓰기

이미지 파일을 만들고 나면, 광학 매체에 이미지 파일을 기록할 수 있다. 지금부터 알아볼 대부분의 명령어는 쓰기가 가능한 CD-ROM과 DVD 매체에 모두 적용될 수 있다.

ISO 이미지를 직접 마운트하기

ISO 이미지가 하드 디스크에 저장되어 있지만 마치 광학 매체에 기록되어 있는 것처럼, 이미지 자체를 직접 마운트할 수 있는 방법이 있다. mount 명령어에 -o loop 옵션을 사용하면(-t iso9660으로 파일시스템 타입을 지정해줘야 한다), 이미지 파일이 마치 하나의 장치로 인식되어 이것을 마운트하여 파일시스템 트리에 연결할 수 있다.

```
mkdir /mnt/iso_image
mount -t iso9660 -o loop image.iso /mnt/iso_image
```

이 예제에서 우리는 /mnt/iso_image라는 이름의 마운트 포인트를 만들고, 그런 다음 이 위치에 image.iso 이미지 파일을 마운트하였다. 이미지 파일이 파일시스템에 연결되면 이 파일은 실제 CD-ROM이나 DVD와 같은 것으로 인식된다. **이미지 파일도 역시 마운트 해제 명령어를 꼭 실행하도록 하자.**

CD-RW 지우기

쓰기 가능한 CD-RW 매체를 재사용하려면 이전의 내용을 삭제하거나 **빈 상태**로 만들어야 한다. wodim 명령어를 이용하여 CD 레코더의 장치 이름을 지정하고 지울 방법을 선택한다. wodim 프로그램이 여러 방식을 지원하는 데 가장 최소 시간이 걸리는 (그리고 빠른) 방법은 fast를 지정하는 것이다.

```
wodim dev=/dev/cdrw blank=fast
```

이미지 쓰기

이미지 쓰기 작업을 수행할 때도 wodim 명령어를 사용한다. 광학 매체 레코더명과 이미지 파일의 이름을 지정해준다.

```
wodim dev=/dev/cdrw image.iso
```

wodim에는 장치의 이름과 이미지 파일뿐만 아니라 다양한 옵션을 사용할 수 있다. 흔히 사용되는 옵션이 두 가지 있는데, 하나는 -v로 자세한 내용을 보여주는 것이고 다른 하나는 -dao로 **디스크 단위 기록**(disc-at-once) 모드로 디스크 쓰기를 실행할 때 사용하는 것이다. 디스크 단위로 기록하는 모드는 상업적인 생산을 목적으로 디스크를 만들 때 주로 사용하는 것이다. wodim의 기본 쓰기 모드는 **트랙 단위 기록**(track-at-once) 모드로 음악을 레코딩할 때 유용하게 쓰인다.

추가 학습

ISO 이미지 파일의 무결성을 검증하는 작업에 종종 유용하다. 대부분의 경우에 ISO 이미지 배포자들은 **체크섬**(검사용 합계) **파일**을 함께 배포한다. 체크섬은 대상 파일의 내용을 나타내는 숫자들을 수학적으로 연산한 결과다. 파일 내용 중 하나의 비트라도 바뀌게 되면 체크섬의 결과는 매우 달라진다. 체크섬을 생성하는 가장 일반적인 방법은 md5sum 프로그램이다. md5sum 프로그램은 유일한 16진수를 생성한다.

```
md5sum image.iso
34e354760f9bb7fbf85c96f6a3f94ece image.iso
```

이미지를 다운로드 후, 해당 파일에 md5sum 프로그램을 실행하고 그 결과가 제작자가 제공한 md5sum 값과 같은지를 비교하도록 한다.

md5sum으로 다운로드한 파일의 무결성을 검사하는 것뿐만 아니라, 새롭게 쓰인 광학 매체도 검증할 수 있다. 이를 위해, 먼저 이미지 파일의 체크섬을 계산하고, 그 다음 매체도 확인한다. 매체를 검증하는 방법은 이미지를 포함하고 있는 광학 매체의 일부만 계산하도록 제한될 수 있다. 이를 위해 이미지 파일이 포함된 2048바이트의 블록 수(광학 매체는 항상 2048바이트 블록 단위로 쓰인다)를 결정하고 매체로부터 그 많은 블록들을 읽어 온다. 이는 매체 형식에 따라 필요하지 않을 수도 있다. 디스크 단위 쓰기 모드로 작성된 CD-R 매체는 다음과 같이 검증할 수 있다.

```
md5sum /dev/cdrom
34e354760f9bb7fbf85c96f6a3f94ece /dev/cdrom
```

DVD와 같은 형식 대부분은 정확한 블록 숫자가 계산되어야 한다. 다음의 예에서, 우리는 dvd-image.iso 이미지 파일과 DVD 리더기에 있는 디스크 /dev/dvd의 무결성을 확인하려 한다.

여러분은 이 동작을 이해할 수 있는가?

```
md5sum dvd-image.iso; dd if=/dev/dvd bs=2048 count=$(( $(stat -c "%s" dvd-image
.iso) / 2048 )) | md5sum
```

16

네트워킹

네트워킹에 관한 한 리눅스로 못 하는 것은 아마 없을 것이다. 리눅스는 모든 종류의 네트워킹 시스템과 방화벽, 라우터, 네임서버, NAS(Network-Attached Storage) 박스 등과 같은 네트워크 장비를 구축할 때 사용된다.

네트워킹이란 주제 자체가 굉장히 방대하기 때문에, 수많은 명령어들이 네트워크를 설정하고 관리하는 데 사용된다. 우리는 그 중에서 몇 가지 자주 사용되는 것들만 살펴보고자 한다. 이 명령어들은 주로 네트워크 상태를 모니터링하고 파일을 전송하는 데 사용하는 것들이다. 또한 원격 로그인 작업을 수행하는 ssh라는 프로그램을 다룰 예정이다. 이 장에서는 다음과 같은 내용을 다루게 될 것이다.

- ping — ICMP ECHO_REQUEST를 네트워크 호스트에 전송하기
- traceroute — 네트워크 호스트로 가는 패킷 경로 보기
- netstat — 네트워크 연결 상태, 라우팅 테이블, 인터페이스 통계, masquerade 접속, 멀티캐스트 현황 등 보기
- ftp — 인터넷 파일 전송 프로그램
- lftp — 개선된 인터넷 파일 전송 프로그램

- wget — 비대화식 네트워크 다운로더
- ssh — OpenSSH SSH 클라이언트 (원격 로그인 프로그램)
- scp — 원격 보안 복사하기 (원격 파일 복사 프로그램)
- sftp — 보안 파일 전송 프로그램

네트워킹에 대한 약간의 지식이 있다는 전제하에, 인터넷 시대에 살고 컴퓨터를 사용하는 사람이라면 누구나 네트워킹 개념에 대한 기본적인 이해가 요구된다. 이 장을 최대한 활용하기 위해서 다음과 같은 용어들을 알아야 할 것이다.

- IP (인터넷 프로토콜) 주소
- 호스트 및 도메인명
- URI (통합 자원 식별자)

저자주: 우리가 다루게 될 명령어들 중 일부는 (리눅스 배포판에 따라서) 사용 중인 배포판의 저장소에서 별도의 패키지 설치가 필요할 수도 있다. 또한 명령어 실행을 위해서 슈퍼유저 권한이 필요할 수도 있다.

네트워크 점검 및 모니터링

여러분이 시스템 관리자가 아니라도 네트워크의 성능이나 운영 상태를 확인하는 일은 상당히 도움이 된다.

ping – 네트워크 호스트로 고유 패킷 전송하기

네트워크와 관련된 명령어 중 가장 기본적인 것이 바로 ping 명령어다. ping 명령어는 IMCP ECHO-REQUEST라고 하는 고유의 네트워크 패킷을 지정된 호스트로 전송한다. 이러한 패킷을 수신하는 대부분의 네트워크 장비들을 이에 응답하여 네트워크 연결을 확인시켜준다.

저자주: 대부분의 네트워크 장비(리눅스 호스트를 포함하여)는 이 패킷들을 무시하도록 설정할 수 있다. 주로 보안적인 이유 때문인데, 잠재적인 공격자에게 호스트를 부분적으로 알아보지 못하게 하기 위해서다. 또한 IMCP 트래픽을 차단하기 위해서 방화벽을 설정하기도 한다.

예를 들면, 필자가 가장 좋아하는 사이트 중 한 곳인 http://www.linuxcommand.org/에 접속하려고 하면, 다음과 같이 ping 명령어를 사용할 수 있다.

```
[me@linuxbox ~]$ ping linuxcommand.org
```

명령이 실행되면, ping은 패킷을 중단이 없는 한 지정된 간격(기본적으로 1초)에 따라 계속 전송한다.

```
[me@linuxbox ~]$ ping linuxcommand.org
PING linuxcommand.org (66.35.250.210) 56(84) bytes of data.
64 bytes from vhost.sourceforge.net (66.35.250.210): icmp_seq=1 ttl=43 time=10 7 ms
64 bytes from vhost.sourceforge.net (66.35.250.210): icmp_seq=2 ttl=43 time=10 8 ms
64 bytes from vhost.sourceforge.net (66.35.250.210): icmp_seq=3 ttl=43 time=10 6 ms
64 bytes from vhost.sourceforge.net (66.35.250.210): icmp_seq=4 ttl=43 time=10 6 ms
64 bytes from vhost.sourceforge.net (66.35.250.210): icmp_seq=5 ttl=43 time=10 5 ms
64 bytes from vhost.sourceforge.net (66.35.250.210): icmp_seq=6 ttl=43 time=10 7 ms

--- linuxcommand.org ping statistics ---
6 packets transmitted, 6 received, 0% packet loss, time 6010ms
rtt min/avg/max/mdev = 105.647/107.052/108.118/0.824 ms
```

CTRL-C 키를 눌러서 연결을 중단(이 경우 6번째 패킷 전송 이후에)하면, ping 명령어로 네트워크 성능 현황을 확인할 수 있다. 적당히 수행된 네트워크는 0%의 패킷 손실을 보인다. 성공적인 ping 이란 네트워크 요소들(인터페이스 카드, 케이블, 라우팅 및 게이트웨이 등)이 정상적으로 잘 작동하고 있다는 것을 의미한다.

traceroute – 네트워크 패킷 경로 추적하기

traceroute 프로그램(일부 시스템에서는 이와 비슷한 tracepath라는 프로그램을 대신 사용하기도 한다)은 로컬 시스템부터 지정된 호스트까지의 모든 네트워크 이동 "구간(hop)들"을 보여준다. 예를 들면, http://www.slashdot.org/ 사이트까지 도달 경로를 보려면 다음과 같이 할 수 있을 것이다.

```
[me@linuxbox ~]$ traceroute slashdot.org
```

결과는 다음과 같다.

```
traceroute to slashdot.org (216.34.181.45), 30 hops max, 40 byte packets
 1 ipcop.localdomain (192.168.1.1) 1.066 ms 1.366 ms 1.720 ms
 2 * * *
 3 ge-4-13-ur01.rockville.md.bad.comcast.net (68.87.130.9) 14.622 ms 14.885 ms 15.169 ms
```

```
 4 po-30-ur02.rockville.md.bad.comcast.net (68.87.129.154) 17.634 ms 17.626 ms 17.899 ms
 5 po-60-ur03.rockville.md.bad.comcast.net (68.87.129.158) 15.992 ms 15.983 ms 16.256 ms
 6 po-30-ar01.howardcounty.md.bad.comcast.net (68.87.136.5) 22.835 ms 14.233 ms 14.405 ms
 7 po-10-ar02.whitemarsh.md.bad.comcast.net (68.87.129.34) 16.154 ms 13.600 ms 18.867 ms
 8 te-0-3-0-1-cr01.philadelphia.pa.ibone.comcast.net (68.86.90.77) 21.951 ms 21.073 ms 21.557 ms
 9 pos-0-8-0-0-cr01.newyork.ny.ibone.comcast.net (68.86.85.10) 22.917 ms 21.884 ms 22.126 ms
10 204.70.144.1 (204.70.144.1) 43.110 ms 21.248 ms 21.264 ms
11 cr1-pos-0-7-3-1.newyork.savvis.net (204.70.195.93) 21.857 ms cr2-pos-0-0-3-1.newyork.savvis.
   net (204.70.204.238) 19.556 ms cr1-pos-0-7-3-1.newyork.savvis.net (204.70.195.93) 19.634 ms
12 cr2-pos-0-7-3-0.chicago.savvis.net (204.70.192.109) 41.586 ms 42.843 ms cr2-tengig-0-0-2-0.
   chicago.savvis.net (204.70.196.242) 43.115 ms
13 hr2-tengigabitethernet-12-1.elkgrovech3.savvis.net (204.70.195.122) 44.215 ms 41.833 ms 45.658 ms
14 csr1-ve241.elkgrovech3.savvis.net (216.64.194.42) 46.840 ms 43.372 ms 47.041 ms
15 64.27.160.194 (64.27.160.194) 56.137 ms 55.887 ms 52.810 ms
16 slashdot.org (216.34.181.45) 42.727 ms 42.016 ms 41.437 ms
```

출력된 내용을 보면, 현재 테스트 중인 시스템에서 http://www.slashdot.org/ 사이트까지 16개의 경로를 거쳤다. 라우터별로 정보를 보면, 호스트명, IP 주소, 그리고 로컬 시스템에서 라우터까지의 왕복 시간에 대한 3번의 테스트 결과 데이터를 볼 수 있다. 하지만 라우터를 식별할 수 없는 경우 (라우터 환경설정, 네트워크 정체 상황, 방화벽 등의 이유로)엔 두 번째 구간에서와 같이 별표로 표시되는 것을 볼 수 있다.

netstat – 네트워크 설정 및 통계 정보 확인하기

netstat 프로그램은 다양한 네트워크 설정 사항이나 통계 정보를 확인하는 데 사용된다. 많은 옵션들을 사용하여 네트워크 설정 환경에서 다양한 기능을 살펴볼 수 있다. -ie 옵션으로 시스템의 네트워크 인터페이스 정보를 확인하도록 하자.

```
[me@linuxbox ~]$ netstat -ie
eth0      Link encap:Ethernet HWaddr 00:1d:09:9b:99:67
          inet addr:192.168.1.2 Bcast:192.168.1.255 Mask:255.255.255.0
          inet6 addr: fe80::21d:9ff:fe9b:9967/64 Scope:Link
          UP BROADCAST RUNNING MULTICAST MTU:1500 Metric:1
          RX packets:238488 errors:0 dropped:0 overruns:0 frame:0
          TX packets:403217 errors:0 dropped:0 overruns:0 carrier:0
          collisions:0 txqueuelen:100
          RX bytes:153098921 (146.0 MB) TX bytes:261035246 (248.9 MB)
          Memory:fdfc0000-fdfe0000
```

```
lo          Link encap:Local Loopback
            inet addr:127.0.0.1 Mask:255.0.0.0
            inet6 addr: ::1/128 Scope:Host
            UP LOOPBACK RUNNING MTU:16436 Metric:1
            RX packets:2208 errors:0 dropped:0 overruns:0 frame:0
            TX packets:2208 errors:0 dropped:0 overruns:0 carrier:0
            collisions:0 txqueuelen:0
            RX bytes:111490 (108.8 KB) TX bytes:111490 (108.8 KB)
```

이 예제에서 테스트 시스템은 두 네트워크 인터페이스가 있음을 알 수 있다. 첫 번째 인터페이스는 eth0라는 것인데, 이는 이더넷 인터페이스를 말하고, 두 번째 lo는 **루프백 인터페이스**로 시스템 "자체"에서 네트워크 상태를 테스트할 때 사용하는 가상 인터페이스다.

일반적인 네트워크 진단 작업을 수행할 때, 중요한 것은 각 인터페이스 정보 중 4번째 줄의 시작인 UP라는 단어의 존재 여부다. 이것은 네트워크 인터페이스가 현재 활성화된 상태를 나타낸다. 또한 두 번째 줄의 inet addr 필드에 유효한 IP 주소가 있는지도 확인한다. 동적 호스트 설정 프로토콜(DHCP)을 사용하는 시스템에서 유효한 IP 주소를 사용하여 DHCP가 잘 작동하는지 확인할 수 있다.

-r 옵션은 커널의 네트워크 라우팅 테이블 정보를 보여준다. 이 정보를 통해 네트워크 간에 패킷을 송신하기 위해 네트워크가 어떤 식으로 설정되었는지를 알 수 있다.

```
[me@linuxbox ~]$ netstat -r
Kernel IP routing table
Destination  Gateway    Genmask          Flags   MSS Window  irtt Iface
192.168.1.0  *          255.255.255.0    U         0 0          0 eth0 default
192.168.1.1  0.0.0.0                     UG        0 0          0 eth0
```

이 간단한 예제는 방화벽과 라우터가 있는 근거리 통신망(LAN)에 연결되어 있는 클라이언트 장치의 전형적인 라우팅 테이블에 관한 정보를 보여준다. 첫 번째 줄에 있는 정보는 목적지 IP 주소인 192.168.1.0인데 0으로 끝나는 IP 주소는 개별 호스트 주소가 아닌 네트워크 주소를 의미하기 때문에 이 목적지는 즉 LAN에 연결되어 있는 한 호스트임을 뜻한다. Gateway 필드는 현재 호스트에서 목적지 네트워크까지 가는 데 사용되는 게이트웨이(라우터)의 IP 주소나 이름을 담고 있다. Gateway 필드에 별표가 있다는 것은 여기서 게이트웨이가 필요하지 않다는 것을 의미한다.

마지막 줄은 기본 목적지를 포함하고 있다. 이는 라우팅 테이블에 목록화되지 않은 네트워크를 위해 정해진 경로를 의미한다. 이 예제에서는 게이트웨이가 192.168.1.1 주소의 라우터로 정의되어 있고 아마 그 라우터는 목적지 경로에 관한 것을 알고 있을 것이다.

netstat 프로그램에는 많은 옵션이 있는데 그 중 두어 개만 살펴보았다. 보다 더 많은 옵션 정보는 netstat 명령어의 man 페이지를 참고하도록 하자.

네트워크로 파일 전송하기

네트워크를 통해 파일을 송수신하는 방법을 모른다면 제대로 활용하지 못하는 것이다. 그러나 다행히도 네트워크상에서 데이터를 이동시켜주는 많은 프로그램들이 존재한다. 이 시간에는 그 중 두 가지 방법에 대해 다룰 예정이고 그 외 나머지는 추후에 살펴볼 것이다.

ftp – 파일 전송 프로토콜로 파일 전송하기

"전형적인" 네트워크 프로그램 중 하나인 ftp는 네트워크에서 사용되는 프로토콜인 **파일 전송 프로토콜**이라는 이름에서 따온 것이다. FTP는 파일 다운로드용으로 인터넷상에서 광범위하게 사용된다. 대부분(모든 경우는 아님) 웹 브라우저에서는 FTP를 지원하기 때문에 ftp://로 시작하는 URI를 종종 보았을 것이다.

웹 브라우저가 사용되기 이전에는 ftp라는 프로그램이 있었다. 이것은 네트워크상에서 업로드 및 다운로드를 위해 파일을 저장하고 있는 **FTP 서버**와 통신한다.

FTP(본래의 형식)는 보안에 취약하다. 왜냐하면, 계정 정보가 **평문**으로 전송되기 때문이다. 암호화되지 않아서 누구든 그 정보를 쉽게 볼 수 있다. 그래서 인터넷상에서 FTP를 사용할 땐 **anonymous FTP 서버**를 사용한다. **익명** 서버를 사용하면 익명의 사용자명과 의미 없는 비밀번호를 사용하여 로그인할 수 있다.

다음 예제를 통해, 우리는 익명의 FTP 서버인 **fileserver**에서 /pub/cd_images/Ubuntu-8.04 디렉토리의 우분투 ISO 이미지를 다운로드하는 전형적인 세션을 볼 수 있다.

```
[me@linuxbox ~]$ ftp fileserver
Connected to fileserver.localdomain.
220 (vsFTPd 2.0.1)
Name (fileserver:me): anonymous
331 Please specify the password.
Password:
230 Login successful.
Remote system type is UNIX.
```

```
Using binary mode to transfer files.
ftp> cd pub/cd_images/Ubuntu-8.04
250 Directory successfully changed.
ftp> ls
200 PORT command successful. Consider using PASV.
150 Here comes the directory listing.
-rw-rw-r--    1 500        500       733079552 Apr 25 03:53 ubuntu-8.04-desktopi386.iso
226 Directory send OK.
ftp> lcd Desktop
Local directory now /home/me/Desktop
ftp> get ubuntu-8.04-desktop-i386.iso
local: ubuntu-8.04-desktop-i386.iso remote: ubuntu-8.04-desktop-i386.iso
200 PORT command successful. Consider using PASV.
150 Opening BINARY mode data connection for ubuntu-8.04-desktop-i386.iso
(733079552 bytes).
226 File send OK.
733079552 bytes received in 68.56 secs (10441.5 kB/s)
ftp> bye
```

이 세션이 진행되는 동안 표 16-1에서 입력한 명령어에 대해 살펴볼 수 있다.

표 16-1 ftp 명령어 예제

명령어	설명
ftp fileserver	ftp 프로그램을 호출하여 FTP 파일서버에 연결한다.
anonymous	로그인명. 로그인 프롬프트에 입력하면 비밀번호를 입력할 수 있는 프롬프트가 나타난다. 일부 서버에서는 비밀번호 없이 로그인이 가능하다. 또는 이메일 형식의 비밀번호를 사용하기도 한다. 그런 경우에는 *user@example.com*과 같은 비밀번호를 입력하라.
cd pub/cd_images/Ubuntu-8.04	다운로드하려는 파일이 있는 원격 시스템의 디렉토리로 이동하는 것이다. 대부분의 익명 FTP 서버에서는 다운로드할 수 있도록 공개된 파일들을 *pub* 디렉토리에 저장하고 있다는 점을 알아두자.
ls	원격 시스템의 디렉토리 목록을 표시한다.
lcd Desktop	로컬 시스템의 디렉토리를 *~/Desktop* 디렉토리로 이동. 예를 들면, ftp 프로그램이 작업 디렉토리가 ~일 때 실행되면 이 명령어로 작업 디렉토리를 *~/Desktop* 디렉토리로 변경할 수 있다.
get ubuntu-8.04-desktop-i386.iso	*ubuntu-8.04-desktop-i386.iso* 파일을 원격 시스템에서 로컬 시스템으로 전송하는 명령어다. 로컬 시스템의 작업 디렉토리가 *~/Desktop*으로 변경됐기 때문에, 파일은 이 디렉토리에 다운로드된다.
bye	원격 서버에서 로그아웃한 후 ftp 프로그램 세션을 종료한다. quit이나 exit 명령어도 같은 뜻이다.

ftp> 프롬프트에 help를 입력하면 지원되는 명령어 목록을 볼 수 있다. 많은 권한이 주어진 서버에서 ftp를 사용하면 다양한 파일 관리 작업을 수행할 수 있다. 다루긴 힘들지만 잘 동작한다.

lftp – 향상된 ftp

ftp만이 유일한 커맨드라인 FTP 클라이언트는 아니다. 사실, 굉장히 많다. 알렉산더 루크야노프 (Alexander Lukyanov)가 개발한 lftp라는 것이 있는데 ftp보다 좋은 (그리고 훨씬 유명한) 프로그램이다. 기존의 ftp 프로그램과 거의 비슷한 기능을 가지지만 그 외 편리한 부가적인 기능이 제공된다. 예를 들면, 다중 프로토콜을 지원(HTTP 포함)한다거나, 다운로드 실패 시 자동으로 재시도하기, 백그라운드 프로세스, 탭으로 경로명 자동 완성 등의 기능이 있다.

wget – 비대화식 네트워크 다운로더

파일을 다운로드할 때 사용되는 또 다른 유명한 커맨드라인 프로그램으로는 wget이 있다. 웹이나 FTP 사이트를 통해 컨텐츠를 다운로드할 때 유용한 프로그램이다. 단일의 파일이든 다중 파일이든 혹은 사이트 전체까지도 다운로드할 수 있다. http://www.linuxcommand.org/ 사이트의 첫 번째 페이지를 다운로드하려면 다음과 같이 할 수 있을 것이다.

```
[me@linuxbox ~]$ wget http://linuxcommand.org/index.php
--11:02:51--  http://linuxcommand.org/index.php
           => `index.php'
Resolving linuxcommand.org... 66.35.250.210
Connecting to linuxcommand.org|66.35.250.210|:80... connected.
HTTP request sent, awaiting response... 200 OK
Length: unspecified [text/html]

    [ <=>                            ] 3,120           --.--K/s

11:02:51 (161.75 MB/s) - `index.php' saved [3120]
```

wget과 다양한 옵션을 사용하면 반복적인 다운로드도 가능해진다. 백그라운드에서 파일을 다운로드한다거나(로그아웃을 해도 다운로드는 계속 진행됨), 일부 다운로드된 파일의 다운로드를 완료할 수 있다. 이러한 기능에 대해서는 man 페이지에 자세히 나와있다.

원격 호스트와 안전하게 통신하기

수년간, 유닉스형 운영체제는 네트워크를 통해 원격으로 시스템을 관리할 수 있는 기능이 있었다. 인터넷이 사용되기 이전에는 원격 호스트에 접속하기 위해 사용되던 몇 개의 유명한 프로그램이 있었다. 이러한 프로그램들은 공통적으로 치명적인 문제를 가지고 있었는데 그것은 ftp 프로그램처럼 평문으로 통신 정보(사용자 계정을 포함하여)를 송수신한다는 점이다. 이것은 인터넷 시대에 사용하기란 아주 부적절할 수 밖에 없다.

ssh – 원격 컴퓨터에 안전하게 로그인하기

이러한 문제를 해결하기 위해 SSH(안전한 쉘)라고 하는 새로운 프로토콜이 개발되었다. SSH로 원격 호스트와의 통신에 존재하는 보안 문제 중 두 가지 기본적인 문제를 해결할 수 있다. 첫째로는 원격 호스트에 대한 진위성(중간자 공격을 방지)을 입증해준다. 둘째로는 로컬과 원격 호스트 간의 모든 통신을 암호화한다.

SSH는 두 부분으로 구성된다. 원격 호스트에서 구동 중인 22번 포트로 연결을 기다리는 SSH 서버와 원격 서버와 통신하기 위해 로컬 시스템에서 사용되는 SSH 클라이언트다.

대부분의 리눅스 배포판에는 BSD 프로젝트의 OpenSSH가 포함되어 있다. 일부 배포판에는 기본적으로 클라이언트와 서버 모두 지원(레드햇)되지만 클라이언트만 지원되는 경우(우분투)도 있다. 원격 접속을 받기 위해서는, OpenSSH-server 패키지가 시스템에 설치되어 환경설정 후 실행 중이어야 한다. 그리고 TCP 22번 포트로 들어오는 네트워크 연결을 허용하도록 설정해야 한다.

저자주: 지금까지의 작업을 테스트할 수 있는 원격 시스템이 없지만, 예제를 실행해보고 싶다면 사용자의 시스템에 OpenSSH-server 패키지를 설치하고 원격 호스트로 localhost를 사용하면 된다. 이런 식으로 사용자의 컴퓨터에서 네트워크 접속 상태를 만들 수 있다.

SSH 클라이언트 프로그램은 원격 SSH 서버에 연결할 때 사용되는데 ssh라고 지칭해도 무방하다. remote-sys라는 이름의 원격 호스트에 연결하기 위해서 다음과 같이 ssh 클라이언트 프로그램을 사용해보자.

```
[me@linuxbox ~]$ ssh remote-sys
The authenticity of host 'remote-sys (192.168.1.4)' can't be established.
RSA key fingerprint is 41:ed:7a:df:23:19:bf:3c:a5:17:bc:61:b3:7f:d9:bb.
Are you sure you want to continue connecting (yes/no)?
```

첫 번째 연결 시도 후에 원격 호스트를 인증할 수 없다는 메시지가 표시되었다. 지금 사용 중인 클라이언트 프로그램이 해당 원격 호스트를 한 번도 연결한 적이 없기 때문이다. 어쨌든 원격 호스트의 자격을 얻기 위해서 yes를 프롬프트에 입력해보도록 하자. 일단 연결이 이뤄지면 사용자는 비밀번호를 입력해야 한다.

```
Warning: Permanently added 'remote-sys,192.168.1.4' (RSA) to the list of known hosts.
me@remote-sys's password:
```

비밀번호를 입력하고 나면 원격 시스템의 셸 프롬프트를 보게 된다.

```
Last login: Tue Aug 30 13:00:48 2011
[me@remote-sys ~]$
```

사용자가 exit 명령어를 원격 셸 프롬프트에 입력하기 전까지는 원격 셸 세션은 지속되고, exit 명령어를 입력하게 되면 연결은 종료된다. 그럼 다시 로컬 셸 세션이 시작되고 셸 프롬프트가 보이게 된다.

다른 사용자명으로 원격 시스템에 연결하는 것도 가능하다. 예를 들면, me라는 사용자가 bob이라는 이름의 계정을 원격 시스템에 가지고 있다면, 사용자 me는 bob 계정으로 원격 시스템에 로그인할 수 있을 것이다.

```
[me@linuxbox ~]$ ssh bob@remote-sys
bob@remote-sys's password:
Last login: Tue Aug 30 13:03:21 2011
[bob@remote-sys ~]$
```

앞서 말한 바와 같이 ssh는 원격 호스트의 진위성을 검증한다. 원격 호스트가 인증되지 않으면 다음과 같은 메시지가 표시될 것이다.

```
[me@linuxbox ~]$ ssh remote-sys
@@@@@@@@@@@@@@@@@@@@@@@@@@@@@@@@@@@@@@@@@@@@@@@@@@@@@@@@@@@
@  WARNING: REMOTE HOST IDENTIFICATION HAS CHANGED!  @
@@@@@@@@@@@@@@@@@@@@@@@@@@@@@@@@@@@@@@@@@@@@@@@@@@@@@@@@@@@
IT IS POSSIBLE THAT SOMEONE IS DOING SOMETHING NASTY!
Someone could be eavesdropping on you right now (man-in-the-middle attack)!
It is also possible that the RSA host key has just been changed.
The fingerprint for the RSA key sent by the remote host is
41:ed:7a:df:23:19:bf:3c:a5:17:bc:61:b3:7f:d9:bb.
Please contact your system administrator.
```

```
Add correct host key in /home/me/.ssh/known_hosts to get rid of this message.
Offending key in /home/me/.ssh/known_hosts:1
RSA host key for remote-sys has changed and you have requested strict checking.
Host key verification failed.
```

이러한 메시지는 보통 두 가지 상황 중 하나다. 첫 번째 상황은 중간자 공격이 시도되고 있을지도 모르는 경우다. 이는 ssh가 사용자에게 미리 경고해주기 때문에 흔한 일은 아니다. 보다 정확한 원인은 원격 시스템이 어떠한 이유에서든 변경되어서일 수도 있다. 예를 들면, 운영체제나 SSH 서버가 재설치된 경우다. 보안과 안전을 우선시한다면 첫 번째 상황의 가능성을 지나치면 안 된다. 이 메시지가 보일 경우 항상 원격 시스템 관리자에게 문의해봐야 한다.

이 메시지가 별다른 이유가 없음이 확인되면 클라이언트 쪽의 문제를 수정하는 것이 안전하다. 이를 위해 텍스트 편집기(vim 편집기)로 ~/.ssh/known_hosts파일에서 필요 없는 키를 삭제하도록 한다. 앞의 예제에서 다음과 같은 메시지를 확인할 수 있다.

```
Offending key in /home/me/.ssh/known_hosts:1
```

이 메시지가 뜻하는 것은 known_hosts 파일의 첫 번째 줄에 문제가 될만한 키가 있다는 것이다. 그 파일에서 이 줄을 삭제하면 ssh 프로그램은 원격 시스템의 새로운 인증 자격을 허용하게 된다.

원격 시스템의 쉘 세션이 열리면, 명령어를 실행할 수 있다. 예를 들면, free 명령어를 원격 호스트 remote-sys에 실행해보면 다음과 같은 결과가 로컬 시스템에 표시된다.

```
[me@linuxbox ~]$ ssh remote-sys free
me@twin4's password:
             total       used       free     shared    buffers     cached
Mem:        775536     507184     268352          0     110068     154596
-/+ buffers/cache:     242520     533016
Swap:      1572856          0    1572856
[me@linuxbox ~]$
```

조금 더 재미난 명령어를 입력해보자. 원격 시스템에서 ls 명령을 실행하고 그 결과를 로컬 시스템에 있는 파일로 보내보도록 하자.

```
[me@linuxbox ~]$ ssh remote-sys 'ls *' > dirlist.txt
me@twin4's password:
[me@linuxbox ~]$
```

여기서 따옴표 사용에 주의하자. 로컬 머신이 아닌 원격 시스템의 경로명 확장을 실행하기 위해 따옴표를 사용하였다. 마찬가지로 원격 시스템으로 출력 결과를 보내고 싶다면 따옴표 안에 리다이렉션 연산자와 파일명을 모두 입력하면 된다.

```
[me@linuxbox ~]$ ssh remote-sys 'ls * > dirlist.txt'
```

SSH 터널링

SSH로 원격 호스트와 연결할 경우 이뤄지는 작업 중 하나는 로컬 시스템과 원격 시스템 간에 **암호화된 터널**이 생성되는 것이다. 보통 이 터널은 로컬 시스템에 입력된 명령어가 안전하게 원격 시스템으로 전송되게 하며 또 그 결과를 안전하게 가져올 수 있도록 한다. SSH 프로토콜은 이러한 기본적 기능 외에도 로컬과 원격지 사이에 일종의 VPN(가상사설망)을 생성하여 네트워크 트래픽의 대다수 형식이 암호화된 터널을 통해 전송되는 것을 지원한다.

아마도 이러한 기능을 사용한 가장 흔한 경우는 X 윈도우 시스템 트래픽을 전송할 때다. X 서버가 실행 중인 시스템(GUI 환경)에서 X 클라이언트 프로그램(그래픽 환경의 애플리케이션)을 원격 시스템에 실행하고 화면을 로컬 시스템에 표시할 수 있다. 굉장히 쉬운 작업이다. 예를 들어보자. linuxbox라는 리눅스 시스템에 X 서버가 실행 중이다. 그리고 우리는 원격 시스템 remote-sys에 xload 프로그램을 실행하여 해당 프로그램의 그래픽 출력 결과를 로컬 시스템에 표시하려고 한다.

```
[me@linuxbox ~]$ ssh -X remote-sys
me@remote-sys's password:
Last login: Mon Sep 05 13:23:11 2011
[me@remote-sys ~]$ xload
```

원격 시스템에서 xload 명령어가 실행되면 그 윈도우 화면이 로컬 시스템에 나타난다. 일부 시스템에서는 -X 옵션 대신 -Y 옵션이 필요할 수도 있다.

---

scp와 sftp – 안전하게 파일 전송하기

OpenSSH 패키지에는 네트워크를 통해 파일을 복사할 때, SSH로 암호화된 터널을 활용할 수 있는 두 프로그램이 있다. 첫 번째 프로그램은 파일을 복사하는 cp 프로그램과 거의 유사하게 사용 가능한 scp(보안 복사)이다. 눈에 띌만한 차이점이 있다면 바로 목적지에 대한 경로명이나 대상이 되는 정보 앞에 원격 호스트명과 콜론 기호가 나온다는 것이다. 예를 들어 remote-sys라는 원격 시스템의 홈 디렉토리에 있는 document.txt 문서를 로컬 시스템의 현재 작업 디렉토리로 복사하고 싶다면 다음과 같이 할 수 있다.

```
[me@linuxbox ~]$ scp remote-sys:document.txt .
me@remote-sys's password:
document.txt                    100% 5581     5.5KB/s     00:00
[me@linuxbox ~]$
```

ssh로 사용하려는 리모트 호스트 계정명이 로컬 시스템명과 맞지 않을 경우 리모트 호스트명 앞에 사용자 이름을 적용할 수 있다.

```
[me@linuxbox ~]$ scp bob@remote-sys:document.txt .
```

두 번째 SSH 파일 복사 프로그램은 sftp이다. sftp란 이름은 ftp 프로그램의 보안 기능이 향상된 버전을 뜻한다. 이것 역시 ftp 프로그램과 거의 유사하게 작동하지만 평문 대신에 모든 것을 SSH 로 암호화된 터널을 사용한다. 원격 호스트에 실행할 FTP 서버가 필요하지 않다는 점에서는 ftp의 이점을 활용한다. sftp는 SSH 서버만 있으면 된다. 즉 SSH 클라이언트와 연결할 수 있는 어떠한 원격 머신이든 FTP와 같은 서버로써 사용될 수 있다는 것이다. 다음 예제 세션을 보자.

```
[me@linuxbox ~]$ sftp remote-sys
Connecting to remote-sys...
me@remote-sys's password:
sftp> ls
ubuntu-8.04-desktop-i386.iso
sftp> lcd Desktop
sftp> get ubuntu-8.04-desktop-i386.iso
Fetching /home/me/ubuntu-8.04-desktop-i386.iso to ubuntu-8.04-desktop-i386.iso

/home/me/ubuntu-8.04-desktop-i386.iso 100% 699MB 7.4MB/s 01:35
sftp> bye
```

저자주: SFTP 프로토콜은 리눅스 배포판의 그래픽 파일 관리자 형태로 지원된다. 노틸러스(GNOME)나 컹커러 (KDE) 모두, sftp://로 시작되는 URI를 주소 바에 입력할 수 있고 SSH 서버를 실행 중인 원격 시스템에 파 일을 저장하는 작업을 수행할 수 있다.

윈도우용 SSH 클라이언트는?

윈도우 시스템을 사용하지만 리눅스 서버에 접속해서 작업을 해야 하는 경우라면 어떻게 하겠는가? 당연히 윈 도우 시스템에 SSH 클라이언트 프로그램을 설치해야 할 것이다. 물론, 다양한 프로그램들이 있다. 아마도 가장 유명한 것은 시몬 다함(Simon Tatham)과 그의 팀이 개발한 PuTTY 프로그램일 것이다. PuTTY 프로그램은 터미 널 윈도우를 표시하고 윈도우 사용자가 SSH(또는 텔넷) 세션을 원격 호스트에서 열 수 있도록 해준다. 또한 scp 와 sftp 프로그램과 비슷한 기능도 제공한다.

PuTTY 프로그램은 다음 사이트에서 다운로드 받을 수 있다.

http://www.chiark.greenend.org.uk/~sgtatham/putty/

17

파일 검색

리눅스 시스템을 탐색하다 보면 한 가지 분명한 사실이 있다. 일반적인 리눅스 시스템에는 엄청나게 많은 파일들이 있다는 것! 여기서 "우리가 원하는 것을 어떻게 찾을 수 있을까"라는 질문이 떠오를 수 있다. 이미 우리는 유닉스형 시스템이 세대를 거쳐 전해 내려온 전통에 따라, 리눅스 파일시스템이 꽤나 체계적임을 알고 있다. 하지만 여전히 수많은 파일이 골치 아픈 문제를 일으킬 수 있다.

이 장에서는 시스템의 파일을 검색하는 데 사용되는 두 명령어를 알아볼 것이다.

- locate — 파일명으로 파일 위치 찾기
- find — 디렉토리 트리 내에서 파일 검색하기

또한, 파일 검색 결과를 처리하기 위한 명령어도 함께 살펴보자.

- xargs — 표준 입력으로부터 인자 목록을 만들고 실행하기

추가적으로 파일 탐색을 도와주는 두 명령어도 소개할 것이다.

- touch — 파일 시간을 변경하기
- stat — 파일이나 파일시스템 상태 표시하기

locate – 손쉽게 파일 찾기

locate 프로그램은 경로명에 대한 빠른 데이터베이스 검색을 수행하고 주어진 조건에 일치하는 모든 이름을 출력한다. 예를 들면, 이제 zip으로 시작하는 모든 프로그램을 찾으려고 한다. 우리는 프로그램을 찾는 것이기 때문에 bin/으로 끝나는 디렉토리명을 가정할 수 있다. 따라서 이런 식으로 찾아보도록 하자.

```
[me@linuxbox ~]$ locate bin/zip
```

locate 프로그램은 경로명을 검색하고 bin/zip 문자열이 포함된 결과를 보여줄 것이다.

```
/usr/bin/zip
/usr/bin/zipcloak
/usr/bin/zipgrep
/usr/bin/zipinfo
/usr/bin/zipnote
/usr/bin/zipsplit
```

만약 검색 조건이 이처럼 간단하지 않다면, locate를 다른 명령어나 옵션과 함께 사용하여 재미있는 검색 조건을 만들어볼 수 있다.

```
[me@linuxbox ~]$ locate zip | grep bin
/bin/bunzip2
/bin/bzip2
/bin/bzip2recover
/bin/gunzip
/bin/gzip
/usr/bin/funzip
/usr/bin/gpg-zip
/usr/bin/preunzip
/usr/bin/prezip
/usr/bin/prezip-bin
/usr/bin/unzip
/usr/bin/unzipsfx
/usr/bin/zip
/usr/bin/zipcloak
/usr/bin/zipgrep
/usr/bin/zipinfo
/usr/bin/zipnote
/usr/bin/zipsplit
```

locate 프로그램은 수년간 사용되어 왔고 여러 형태로 응용되어 사용되고 있다. 최신 리눅스 배포판에서 볼 수 있는 가장 유명한 것은 slocate와 mlocate다. 이들은 대개 locate라는 이름의 심볼릭 링크에 의해 사용된다. locate의 다른 버전들도 동일한 옵션들을 사용하고 있다. 일부 버전은 정규 표현 검색(19장에서 다룰 예정)과 와일드카드 사용을 지원한다. locate의 man 페이지에서 locate 의 어느 버전이 설치되어 있는지 확인해보도록 하자.

---

locate 데이터베이스의 정체?

이미 알고 있을지도 모르지만, 일부 리눅스 배포판에서는 시스템이 설치된 후 locate 프로그램이 제대로 작동하지 않을 수도 있다. 하지만 그 다음 날 다시 시도해보면 이번엔 제대로 작동한다. 무슨 일일까? locate 데이터베이스는 updatedb라는 또 다른 프로그램으로 만들어진다. 이 updatedb 프로그램은 **크론 잡**(cron job)으로 주기적으로 실행되는데, locate가 있는 대부분의 시스템은 하루에 한 번 이 프로그램을 실행한다. 데이터베이스가 지속적으로 업데이트되지 않기 때문에 locate로 파일을 검색하면 최신 파일은 검색되지 않았다는 것을 알 수 있을 것이다. 이 문제를 해결하기 위해서 슈퍼유저 권한으로 프롬프트에서 updatedb 프로그램을 실행하여 직접 업데이트할 수 있다.

---

find – 다양한 방법으로 파일 찾기

locate 프로그램은 오로지 파일명에 근거하여 파일을 찾을 수 있지만 find 프로그램은 다양한 속성에 근거하여 주어진 디렉토리(하위 디렉토리를 포함하여)를 검색하여 파일을 찾는다. 향후 프로그래밍 개념을 다루게 될 때 이 명령어를 반복적으로 사용하게 되기 때문에 find에 대해서 깊이 있게 다루려고 한다.

가장 단순한 예제로 find에 검색할 디렉토리명을 함께 입력해본다. 예를 들어 홈 디렉토리 내용을 검색해볼 수 있다.

```
[me@linuxbox ~]$ find ~
```

대부분의 사용자 계정에서는 엄청난 양의 결과를 보여줄 것이다. 이 결과는 표준 출력으로 보내지기 때문에 파이프라인을 이용하여 다른 프로그램과 함께 사용할 수 있다. 파일 개수를 세어보기 위해 wc 명령어를 사용해보자.

```
[me@linuxbox ~]$ find ~ | wc -l
47068
```

엄청난 수다. find의 훌륭한 점이 바로 특정 조건에 부합하는 파일을 찾아낼 수 있다는 것이다. find 는 **테스트, 액션, 옵션**을 적용하여 검색할 수 있다. 이 중에서 테스트부터 살펴보자.

테스트

검색 결과에서 디렉토리 목록만을 보고 싶을 때, 다음과 같은 테스트를 덧붙여볼 수 있다.

```
[me@linuxbox ~]$ find ~ -type d | wc -l
1695
```

-type d라는 테스트를 추가해서 디렉토리 검색으로 제한한 것이다. 역으로, 이 테스트를 활용하여 일반 파일만을 검색하게도 할 수 있다.

```
[me@linuxbox ~]$ find ~ -type f | wc -l
38737
```

표 17-1은 find가 지원하는 주요 파일 형식 테스트들이다.

표 17-1 파일 형식 찾기

파일 형식	설명
b	블록 특수 파일
c	문자 특수 파일
d	디렉토리
f	파일
l	심볼릭 링크 파일

또한, 다른 테스트를 활용하여 파일 크기와 파일명을 검색할 수 있다. 예를 들면, 와일드카드 패턴 *.JPG와 일치하면서 1메가바이트보다 큰 파일을 검색해보자.

```
[me@linuxbox ~]$ find ~ -type f -name "*.JPG" -size +1M | wc -l
840
```

이 예제에서는 -name이라는 테스트를 사용했고 이어 와일드카드 패턴을 추가했다. 여기서 주목할 점은 쉘에 의한 경로명 확장을 막기 위해서 쌍 따옴표 안에 패턴을 입력한 부분이다. 그 다음 -size 테스트를 +1M 조건과 함께 추가하였다. 여기서 플러스 기호는 지정된 숫자보다 큰 크기의 파일을 찾는다는 것을 의미한다. 마이너스 기호가 앞에 오면, 해당 숫자보다 작은 파일 크기를 지정하는 것이다. 플러스나 마이너스 기호가 없다면, 그 숫자와 정확하게 일치하는 크기의 파일을 찾는다는 것이다. 숫자 다음에 나오는 M이란 글자는 파일 크기를 메가바이트 단위로 지정한 것이다. 다음의 표 17-2에서 파일 크기를 지정할 때 사용되는 단위를 살펴보도록 하자.

표 17-2 파일 크기 단위

기호	크기 단위
b	512바이트 단위의 블록 (기본값)
c	바이트
w	2바이트 크기의 워드
k	킬로바이트 (1024바이트)
M	메가바이트 (1,048,576바이트)
G	기가바이트 (1,073,741,824바이트)

find 명령어는 수많은 종류의 테스트를 지원한다. 표 17-3에서 자주 사용되는 테스트에 대해 확인해보자. 숫자 인자를 지정해야 하는 경우에, 앞서 말한 + 기호와 − 기호가 동일한 의미로 적용됨을 기억하도록 하자.

표 17-3 find의 테스트 예제

테스트	설명
-cmin n	정확히 n분 전에 마지막으로 내용이나 속성이 변경된 파일 또는 디렉토리를 검색. n분을 기준으로 이전/이후의 시간을 설정할 때 −/+ 기호를 사용한다. 예) -n, +n
-cnewer *file*	*file*보다 더 최근에 마지막으로 내용이나 속성이 변경된 파일 또는 디렉토리를 검색
-ctime n	$n*24$시간 전에 마지막으로 내용이나 속성(예: 권한)이 변경된 파일 또는 디렉토리 검색
-empty	빈 파일이나 디렉토리 검색
-group *name*	*name* 그룹에 속한 파일 또는 디렉토리 검색. *name*은 그룹명이나 숫자로 된 그룹 ID로 지정한다.
-iname *pattern*	-name 테스트와 동일하지만 대소문자를 구분하지 않는다.
-inum n	n번 inode에 해당하는 파일 검색. 특정 노드상에 있는 모든 하드 링크를 검색할 때 유용하다.
-mmin n	n분 전에 내용이 변경된 파일 또는 디렉토리를 검색
-mtime n	$n*24$시간 이전에 내용만이 변경된 파일 또는 디렉토리를 검색
-name *pattern*	지정된 와일드카드 패턴과 일치하는 파일과 디렉토리를 검색

-newer *file*	지정된 *file*보다 최근에 내용이 변경된 파일과 디렉토리를 검색. 파일 백업을 위한 스크립트 작성 시에 유용하다. 백업을 만들 때마다, 파일(로그 파일)을 업데이트한 후 find를 이용하여 최근 업데이트 시기 이후에 어떠한 파일이 변경되었는지를 알아볼 수 있다.
-nouser	유효 사용자에게 속하지 않는 파일과 디렉토리를 검색. 삭제된 계정에 속한 파일을 찾거나 침입자의 행동을 감지하기 위해 사용될 수 있다.
-nogroup	유효한 그룹에 속하지 않는 파일과 디렉토리를 검색
-perm *mode*	지정된 *mode*로 퍼미션이 설정된 파일 또는 디렉토리를 검색. *mode*는 8진법이나 심볼릭 기호로 표현된다.
-samefile *name*	-*inum* 테스트와 유사한 것으로 *name*이란 파일과 같은 inode 번호를 공유하는 파일을 검색해준다.
-size *n*	*n* 크기의 파일 검색
-type *c*	*c* 형식의 파일 검색
-user *name*	*name* 사용자에 속한 파일 또는 디렉토리를 검색. *name*은 사용자명이나 숫자로 된 사용자 ID로 표현된다.

이것이 다가 아니다. find의 man 페이지에서 전체 내용을 확인할 수 있다.

연산자

find 명령어가 지원하는 모든 테스트들조차도 테스트 간의 **논리적인 관계**를 설명하기 위한 더 좋은 방법이 필요할 수도 있다. 예를 들면, 디렉토리 내의 모든 파일과 하위 디렉토리가 안전한 권한을 가지고 있는지 확인해야 할 경우, 해당 파일들의 퍼미션이 0600으로 설정되어 있지 않은지 그리고 디렉토리의 퍼미션이 0700으로 설정되어 있지 않은지를 확인해야 할 것이다. 다행히도 find 프로그램은 이보다 복잡한 논리적 관계를 설정할 수 있도록, **논리 연산자**를 사용하여 테스트들을 결합하는 방법을 제공한다. 앞서 언급한 테스트 상황을 표현하기 위해서 다음과 같이 할 수 있다.

```
[me@linuxbox ~]$ find ~ \( -type f -not -perm 0600 \) -or \( -type d -not -perm 0700 \)
```

굉장히 이상해 보인다. 이게 다 뭘 하는 걸까? 사실, 연산자를 활용하는 것은 일단 사용법을 알고 나면 그렇게 복잡하지만은 않다(표 17-4 참고).

표 17-4 find의 논리 연산자

연산자	설명
-and	연산자를 기준으로 양쪽 테스트 조건이 모두 참인 경우에 검색. -a로 줄여 쓸 수 있다. 아무런 연산자가 사용되지 않았을 경우, -and가 기본값으로 적용된다.
-or	연산자를 기준으로 양쪽 테스트 중 하나라도 참인 경우에 검색. -o로 줄여 쓸 수 있다.
-not	연산자 다음에 나오는 테스트가 거짓인 경우에 검색. -!로 줄여 쓸 수 있다.
( )	테스트와 연산자를 조합하여 표현한 내용을 하나로 그룹화할 때 사용된다. 논리 계산의 우선순위를 정하기 위한 것으로 기본적으로 find 명령어는 왼쪽에서 오른쪽으로 계산을 수행한다. 하지만 원하는 결과를 얻기 위해서 기본적인 계산 순서를 무시해야 할 경우가 종종 있다. 필요한 상황이 아니더라도 때론 명령어의 가독성을 높이기 위해 사용되기도 한다.

괄호는 쉘에서 특별한 의미를 갖고 있다는 사실을 명심하자. 커맨드라인에서 사용할 때는 반드시 인용 부호를 사용해야 find의 명령 인자로 인식될 수 있다. 보통은 백슬래시를 괄호와 함께 사용한다. |

이 논리 연산자를 활용하여 앞의 예제에서 쓰인 find 명령어를 분석해보도록 하자. 일단 가장 중요한 부분부터 살펴보면, -or 연산자를 중심으로 크게 두 그룹으로 구성되어 있는 것을 볼 수 있다.

```
(expression 1) -or (expression 2)
```

이 부분은 어렵지 않게 이해할 수 있다. 왜냐하면 우리는 애초에 파일에 설정된 권한 그리고 디렉토리에 설정된 권한 내용을 각각 검색하려고 했기 때문이다. 그렇다면 왜 두 경우를 모두 찾으려고 하는데 -and 연산자가 아닌 -or 연산자를 사용한 것일까? 그 이유는 바로 find 명령어가 파일과 디렉토리를 모두 탐색하면서 지정된 테스트에 대한 일치 여부를 하나하나 계산하기 때문이다. 우리는 **각각**의 경우가 잘못된 권한으로 설정된 파일인지 **또는** 디렉토리인지를 알고 싶다. 따라서 파일이면서 디렉토리인 경우는 될 수 없다. 그러면 그룹별 표현으로 확장하여 다음과 같이 다시 분석해보자.

```
(file with bad perms) -or (directory with bad perms)
```

다음으로 우리가 이해해야 할 부분은 "잘못된 퍼미션"을 테스트하는 법이다. 잘못된 퍼미션을 어떻게 알 수 있을까? 사실 방법이 없다. 우리가 테스트해야 할 것은 "올바르지 않은 퍼미션"이다. 그 이유는 "올바른 퍼미션"을 알고 있기 때문이다. 파일의 경우, 올바른 경우가 0600으로 권한 설정이 되어 있다는 것이고, 디렉토리는 0700으로 설정된 것이다. 올바르지 않은 퍼미션을 가진 파일을 테스트하는 식은 다음과 같다.

```
-type f -and -not -perms 0600
```

디렉토리에 대해서는,

```
-type d -and -not -perms 0700
```

이다.

표 17-4에 나와 있듯이, -and 연산자는 기본값이기 때문에 생략할 수 있다. 따라서 분석한 내용을 하나로 모아보면 최종으로 사용할 명령어 표현은 다음과 같을 것이다.

```
find ~ (-type f -not -perms 0600) -or (-type d -not -perms 0700)
```

여기서, 괄호는 쉘에서 특수한 의미를 갖고 있기 때문에 쉘이 이를 혼동하지 않도록 괄호 앞에 백 슬래시를 함께 사용해야 한다.

여기서 우리가 꼭 알아야 하는 또 다른 논리 연산자의 특징이 있다. 논리 연산자를 사이에 둔 두 표현식이 있다고 해보자.

```
expr1 -operator expr2
```

모든 경우, 항상 *expr1*이 실행된다. 하지만 *expr2*에 대해서는 연산자가 그 수행여부를 결정하게 된다. 각각의 경우를 표 17-5에서 살펴보도록 하자.

표 17-5 find 명령어의 AND/OR 연산자 로직

expr1 수행 결과	연산자	expr2 수행여부
참	-and	실행 O
거짓	-and	실행 X
참	-or	실행 X
거짓	-or	실행 O

왜 이런 것일까? 그것은 검색 성능을 개선하기 위해서다. -and의 경우를 살펴보자. *expr1* -and *expr2*이란 표현은 *expr1* 표현이 거짓인 경우 참이 될 수 없다. 따라서 *expr2* 표현을 수행할 필요가 전혀 없는 것이다. 마찬가지로, *expr1* -or *expr2*의 경우에 *expr1*이 참이라면 *expr2*를 실행하지 않아도 *expr1* -or *expr2* 표현이 참임을 알 수 있다.

그렇다. 검색 성능이 좋아졌다. 그렇다면 왜 이 부분이 중요한 것일까? 그 이유는 앞으로 보게 되겠지만 액션을 수행하는 방법을 제어할 때 이러한 동작에 의존하기 때문이다.

액션

자, 이제 본격적으로 작업을 해보도록 하자. find 명령의 결과 목록은 유용하지만 우리가 정말로 하고자 하는 것은 해당 목록에 있는 항목을 동작하는 것이다. 다행히도 find는 검색 결과를 토대로 액션을 구현할 수 있다.

미리 정의된 액션

액션에는 미리 정의된 액션과 사용자 지정의 액션이 있다. 우선 표 17-6에서 미리 정의된 액션 몇 가지를 살펴보자.

표 17-6 미리 정의된 find 액션

액션	설명
-delete	현재 검색된 파일을 삭제한다.
-ls	검색된 파일에 대하여 ls -dils와 같은 명령을 실행. 출력은 표준 출력으로 전송된다.
-print	검색 결과의 전체 경로명을 표준 출력으로 출력한다. 별도의 액션을 설정하지 않을 경우 이 액션이 기본값이다.
-quit	검색 조건에 해당하는 결과가 하나라도 나올 경우 검색 종료.

테스트처럼, 활용할 수 있는 액션도 아주 많다. find의 man 페이지에서 자세한 내용을 확인해보자.

find를 활용한 첫 번째 예제에서 우리는 다음과 같이 했다.

```
find ~
```

이 명령은 홈 디렉토리에 있는 모든 파일 및 하위 디렉토리를 목록을 보여준다. 사실 이것은 -print 액션이 함축된 것이다. 다른 어떤 액션도 지정되지 않았고, print 액션이 기본값이기에 해당 결과를 출력한 것이다. 따라서 다음과 같이 표현할 수도 있다.

```
find ~ -print
```

특정 조건에 해당하는 파일을 삭제하는 데 find 명령어를 사용할 수 있다. 예를 들어 .BAK(백업파일) 확장자를 가진 파일을 삭제하고 싶다면 다음과 같이 명령을 실행할 수 있다.

```
find ~ -type f -name '*.BAK' -delete
```

이 예제에서는 사용자의 홈 디렉토리에 있는 모든 파일에 대하여 .BAK으로 끝나는 파일명을 검색한다. 해당 파일들을 찾게 되면 모두 삭제될 것이다.

저자주: -delete 액션을 사용할 경우 아무런 메시지 없이 액션이 실행되기 때문에 **극도로 주의**를 기울여야 한다. 따라서 -delete를 사용하기 전에 -print 액션을 먼저 사용하여 명령어 결과를 확인하도록 하자.

더 진행하기에 앞서 논리 연산자가 액션에 어떠한 영향을 주는지에 대해서도 살펴보도록 하자. 다음 명령을 보자.

```
find ~ -type f -name '*.BAK' -print
```

이 명령은 .BAK(-name '*.BAK')으로 끝나는 모든 파일을 찾은 후 그 결과를 상대 경로명으로 표준출력에 출력할 것이다(-print). 하지만 이런 식으로 명령이 실행되는 이유는 각 테스트와 액션 사이에 존재하는 논리 연산자에 의해 결정되기 때문이다. -and 논리 연산자는 기본값으로 수행되고 있다는 사실을 기억하라. 함축된 이 연산자를 표시하여 조금 더 보기 좋게 명령을 표현해보자.

```
find ~ -type f -and -name '*.BAK' -and -print
```

이 명령에 대해서 논리 연산자가 어떤 식으로 실행하는 데 영향을 주게 되는지 표 17-7에서 알아보자.

표 17-7 논리 연산자 효과

테스트/액션	수행되는 경우
-print	-type f와 -name '*.BAK' 결과가 참인 경우.
-name '*.BAK'	-type f가 참인 경우.
-type f	이 표현은 항상 수행된다. 그 이유는 -and 관계에서 첫 번째 표현식이기 때문이다.

논리 표현식은 어떤 표현을 수행할지를 결정하기 때문에 수행되는 순서가 중요함을 알 수 있다. 예를 들면, 테스트 및 액션 수행 순서를 바꿔서 -print 액션이 먼저 실행되고자 했다면 명령은 아주 다르게 표현되었을 것이다.

```
find ~ -print -and -type f -and -name '*.BAK'
```

이 표현은 각 파일(-print 액션은 항상 참이다)을 출력하고 파일 형식과 지정된 파일 확장자에 대하여 테스트를 수행할 것이다.

사용자 정의 액션

미리 정의된 액션뿐만 아니라 임의의 명령어를 실행할 수도 있다. 대표적인 것으로 -exec 액션을 활용한 명령인데 다음과 같다.

```
-exec command {} ;
```

command 자리에는 명령어의 이름이 들어가고, {} 기호에는 현재 경로명에 대한 심볼릭 링크를 표시한다. 세미콜론은 명령어의 끝을 말해주는 구획 기호로 꼭 필요하다. 조금 전에 살펴본 -delete 액션과 동일한 기능을 하는 -exec 액션 예제가 있다.

```
-exec rm '{}' ';'
```

중괄호와 세미콜론 기호는 쉘에서 특수한 의미로 사용되기 때문에 반드시 인용되거나 확장되어야 한다.

또한 사용자 정의 액션을 대화식으로 실행하는 것도 가능하다. -ok 액션을 -exec 액션 자리에 대신 사용하면 지정된 명령을 실행하기 전, 사용자에게 확인 메시지를 띄운다.

```
find ~ -type f -name 'foo*' -ok ls -l '{}' ';'
< ls ... /home/me/bin/foo > ? y
-rwxr-xr-x 1 me me 224 2011-10-29 18:44 /home/me/bin/foo
< ls ... /home/me/foo.txt > ? y
-rw-r--r-- 1 me me 0 2012-09-19 12:53 /home/me/foo.txt
```

이 예제에서 우리는 foo 문자열로 시작하는 이름을 가진 파일을 검색한다. 그리고 파일을 찾을 때마다 ls -l 명령을 실행한다. -ok 액션은 ls 명령의 실행여부에 대해 확인하는 메시지를 띄운다.

능률 올리기

-exec 액션을 사용하면, 일치하는 파일이 발견될 때마다 지정된 명령을 매번 실행한다. 그런데 모든 검색 결과를 합쳐 한 번에 명령어를 실행하고 싶을 때가 있을 것이다. 예를 들면, 다음과 같이 명령을 실행하는 것이 아니라,

```
ls -l file1
ls -l file2
```

다음과 같이 한 번에 실행하는 것을 더 좋아할 수도 있다.

```
ls -l file1 file2
```

명령어를 반복적으로 수행하는 것이 아니라 단 한 번만 실행되도록 하자. 두 방법이 있다. 일반적인 방법으로는 xargs라는 외부 명령어를 사용하는 것이고, 대안으로는 find가 가지고 있는 새로운 기능을 활용하는 것이다. 우선 대안법부터 알아보자.

일단 맨 마지막의 세미콜론 기호 대신 + 기호를 사용하자. 그러면 원하는 명령이 한 번에 실행될 수 있도록 검색 결과들을 인자 목록으로 묶어주는 find의 기능이 활성화된다. 이전 예제를 다시 불러오자.

```
find ~ -type f -name 'foo*' -exec ls -l '{}' ';'
-rwxr-xr-x 1 me    me 224 2011-10-29 18:44 /home/me/bin/foo
-rw-r--r-- 1 me    me   0 2012-09-19 12:53 /home/me/foo.txt
```

이 예제는 일치하는 파일이 발견될 때마다 ls 명령을 실행한다. 따라서 이 표현을 다음과 같이 바꿔보자.

```
find ~ -type f -name 'foo*' -exec ls -l '{}' +
-rwxr-xr-x 1 me    me 224 2011-10-29 18:44 /home/me/bin/foo
-rw-r--r-- 1 me    me   0 2012-09-19 12:53 /home/me/foo.txt
```

결과는 동일하다. 다만 시스템은 ls 명령어를 한 번만 실행했을 뿐이다.

xargs 명령어를 사용해도 똑같은 결과를 얻을 수 있다. xargs 명령은 표준 입력으로부터 입력을 받아서 지정한 명령어를 위한 하나의 인자 목록으로 변환한다. 이 예제를 다음과 같이 바꿔보자.

```
find ~ -type f -name 'foo*' -print | xargs ls -l
-rwxr-xr-x 1 me    me 224 2011-10-29 18:44 /home/me/bin/foo
-rw-r--r-- 1 me    me   0 2012-09-19 12:53 /home/me/foo.txt
```

여기서 우리는 find 명령의 출력 결과가 xargs 명령어와 연결된 것을 볼 수 있다. 결국 ls 명령어용 인자 목록을 구성한 다음, 그 명령을 실행하게 된다.

저자주: 커맨드라인에는 수많은 명령 인자가 올 수 있다. 물론 그렇다고 제한이 없는 것은 아니다. 다만 쉘이 수용할 수 있는 선에서 최대한 길게 명령어를 구성할 수는 있을 것이다. 만약 시스템이 허용하는 최대 길이를 초과하게 될 경우 xargs 명령은 최대 가능한 길이만큼만 명시된 명령어에 적용하고 그런 다음 표준 입력이 다 끝날 때까지 반복적으로 이 작업을 진행한다. 커맨드라인의 최대 허용 길이를 알아보려면 xargs 명령어에 --show-limits 옵션을 실행하면 된다.

놀이터로 돌아가자

find 명령어를 실전에 적용해볼 시간이다. 우선, 수많은 파일들과 하위 디렉토리가 있는 놀이터를 만들자.

```
[me@linuxbox ~]$ mkdir -p playground/dir-{00{1..9},0{10..99},100}
[me@linuxbox ~]$ touch playground/dir-{00{1..9},0{10..99},100}/file-{A..Z}
```

커맨드라인의 능력이 경이로울 뿐이다! 우리는 단 두 줄로 놀이터에 각각 26개의 빈 파일들을 가진 100개의 하위 디렉토리를 만들었다. GUI 환경에서 이러한 작업을 해보길!

이러한 마술 같은 작업을 위해 사용한 방법은 우리에게 친숙한 명령어 mkdir, 중간 괄호를 사용한 쉘 확장과, 새로운 명령어 touch다. mkdir과 -p 옵션(이 옵션으로 지정된 경로의 상위 디렉토리를 생성한다)을 괄호 확장과 함께 사용함으로써 우리는 100개의 디렉토리를 만들 수 있다.

touch 명령어는 보통 파일이 수정된 시간을 갱신하거나 설정할 때 사용하지만 파일명 인자가 존재하지 않는 파일이라면 새로운 빈 파일을 만든다.

놀이터에 file-A라는 이름의 파일을 100개 만들었는데, 한번 확인해보자.

```
[me@linuxbox ~]$ find playground -type f -name 'file-A'
```

ls와는 달리 find 명령은 결과를 정렬하지 않는다. 정렬 기준은 저장 장치의 기준에 따른다. 다음과 같이 100개의 파일이 있음을 확인할 수 있다.

```
[me@linuxbox ~]$ find playground -type f -name 'file-A' | wc -l
100
```

그 다음, 파일이 수정된 시간을 기준으로 파일을 검색해보자. 이 작업은 백업하거나 시간 순서대로 파일을 정리할 때 유용하다. 일단 수정 시간을 비교할 예제 파일을 만들자.

```
[me@linuxbox ~]$ touch playground/timestamp
```

이 명령으로 인해 timestamp라는 빈 파일이 생성되었고 파일 수정 시간이 현재 시간으로 설정되었다. 이를 다른 유용한 명령어인 stat로 확인해보도록 하자. 이 명령어는 ls 확장 버전의 일종이다. stat 명령어로 시스템 기준의 파일과 그 속성에 대한 내용을 자세하게 볼 수 있다.

```
[me@linuxbox ~]$ stat playground/timestamp
  File: `playground/timestamp'
  Size: 0         Blocks: 0        IO Block: 4096 regular empty file
Device: 803h/2051d Inode: 14265061 Links: 1
Access: (0644/-rw-r--r--)  Uid: ( 1001/ me)   Gid: ( 1001/ me)
Access: 2012-10-08 15:15:39.000000000 -0400
Modify: 2012-10-08 15:15:39.000000000 -0400
Change: 2012-10-08 15:15:39.000000000 -0400
```

만약 여기서 다시 이 파일에 touch를 실행하고 stat로 확인해보면, 해당 파일의 시간이 업데이트 되었음을 확인할 수 있다.

```
[me@linuxbox ~]$ touch playground/timestamp
[me@linuxbox ~]$ stat playground/timestamp
  File: `playground/timestamp'
  Size: 0         Blocks: 0        IO Block: 4096 regular empty file
Device: 803h/2051d Inode: 14265061 Links: 1
Access: (0644/-rw-r--r--)  Uid: ( 1001/ me)   Gid: ( 1001/ me)
Access: 2012-10-08 15:23:33.000000000 -0400
Modify: 2012-10-08 15:23:33.000000000 -0400
Change: 2012-10-08 15:23:33.000000000 -0400
```

다음은 놀이터에 있는 다른 파일들을 find로 업데이트해보자.

```
[me@linuxbox ~]$ find playground -type f -name 'file-B' -exec touch '{}' ';'
```

이 명령으로 file-B라는 파일을 모두 업데이트한다. 예제 파일인 timestamp와 다른 모든 파일들을 비교하여 업데이트된 사실을 확인해보자.

```
[me@linuxbox ~]$ find playground -type f -newer playground/timestamp
```

결과는 100개의 file-B들를 모두 보여준다. `timestamp` 파일을 업데이트한 후에 file-B라는 이름의 파일 모두에 **touch**를 실행하였기 때문에, 그 파일들은 이제 timestamp 파일보다 "최근" 날짜가 적용되었고 이것을 `-newer` 테스트로 확인해볼 수 있다.

마지막으로, 앞서 수행했던 잘못된 퍼미션에 대한 테스트를 playground 디렉토리에 한번 적용해보자.

```
[me@linuxbox ~]$ find playground \( -type f -not -perm 0600 \) -or \( -type d -not -perm 0700 \)
```

이 명령은 playground에 있는 100개의 디렉토리와 2600개의 파일을 표시한다(timestamp와 playground 디렉토리를 포함하여 총 2,702개다). 왜냐하면 이 중 그 어느 것도 "올바른 퍼미션"과 일치하는 것이 없기 때문이다. 이미 알고 있는 연산자와 액션을 활용해서 놀이터에 있는 파일 및 디렉토리에 새로운 권한을 설정해보자.

```
[me@linuxbox ~]$ find playground \( -type f -not -perm 0600 -exec chmod 0600 '{}' ';' \)
-or \( -type d -not -perm 0700 -exec chmod 0700 '{}' ';' \)
```

그때 그때에 따라, 이 복잡한 합성 명령어보다 두 명령어를 사용하는 쉬운 방법을 발견하게 될지도 모른다. 한 명령어는 디렉토리를 위한 것이고 또 다른 하나는 파일에 적용하기 위한 것이다. 하지만 이런 방법을 아는 것도 나쁘지 않다. 여기서 중요한 것은 이런 유용한 작업을 위해 어떻게 연산자와 액션이 함께 사용되는지를 이해하는 것이다.

옵션

마지막으로, 드디어 옵션까지 왔다. 옵션은 find의 검색 범위를 설정할 때 사용된다. find 표현식을 만들기 위해 다른 테스트와 액션과 함께 사용될 수 있다. 표 17-8은 주로 사용되는 옵션 목록이다.

표 17-8 find 옵션

옵션	설명
-depth	디렉토리 자체 이전에 디렉토리의 파일에 대하여 find를 우선 실행하도록 한다. 이 옵션은 -delete 액션이 지정될 때 자동적으로 적용된다.
-maxdepth *levels*	테스트와 액션을 실행할 때, find 명령의 대상이 되는 디렉토리 최대 탐색 깊이를 숫자로 지정한다.
-mindepth *levels*	테스트와 액션을 적용하기 전에, find 명령의 대상이 되는 디렉토리 최소 탐색 깊이를 숫자로 지정한다.
-mount	다른 파일시스템에 마운트된 디렉토리의 탐색은 제외시킨다.
-noleaf	유닉스형 파일시스템을 검색한다는 가정하에서 find에 최적화를 사용하지 않도록 한다. DOS/윈도우 파일시스템이나 CD-ROM을 탐색할 때 필요한 옵션이다.

18

파일 보관 및 백업

컴퓨터 시스템을 관리하는 데 있어 가장 기초적인 작업 중 하나가 바로 시스템의 데이터를 안전하게 유지하는 것이다. 이 작업을 위한 하나의 방편으로 주기적으로 시스템 파일을 백업하는 것이 있다. 시스템 관리자가 아니더라도, 많은 양의 파일을 장치 간이나 특정 위치 간에 이동시키거나 복사하는 방법을 알아두면 유용할 것이다.

이 장에서는 파일을 관리하는 데 필요한 몇 가지의 일반적인 프로그램에 대해 살펴볼 것이다. 바로 파일 압축 프로그램들이다.

- `gzip` — 파일 압축 및 압축 해제하기
- `bzip2` — 블록 단위의 파일 압축 프로그램

그리고 파일 보관을 위한 프로그램들과,

- `tar` — 테이프 아카이빙 유틸리티
- `zip` — 파일을 묶고 압축하기

파일 동기화 프로그램도 알아보자.

- rsync — 원격 파일 및 디렉토리 동기화

파일 압축하기

컴퓨터 역사 전반에 걸쳐, 대용량의 데이터를 아주 작은 공간에 저장하기 위한 노력이 끊이지 않았다. 그 공간이 메모리, 저장 장치 혹은 네트워크 대역폭이냐에 상관없이 말이다. 오늘날 우리가 당연하다고 여기는 휴대용 음악 재생기, 고화질의 TV 또는 브로드밴드 인터넷과 같은 데이터 서비스의 대부분이 사실은 **데이터 압축** 기법이 있어 가능한 것들이다.

데이터 압축은 불필요하거나 중복된 데이터를 제거하는 과정을 말한다. 한번 상상을 해보자. 우리는 100*100 픽셀의 온통 검은색인 사진 한 장을 가지고 있다. 자료 저장 측면에서(픽셀당 24비트(3바이트)라고 가정), 이 이미지가 차지하는 공간은 30,000바이트가 된다(100 * 100 * 3 = 30,000).

하나의 색상으로 이루어진 이미지는 전체가 다 중복된 데이터다. 만약 우리가 현명하다면, 30,000개의 검은색 픽셀 블록을 가지고 있다는 사실을 간단히 표현하는 것으로 데이터를 인코딩할 수 있을 것이다. 즉 30,000개의 0(이미지 파일에서 검은색은 0으로 표현한다)이 포함된 데이터 블록을 모두 저장하는 대신 30,000이라는 숫자와 데이터를 대표하는 0만을 가지고 데이터를 압축해볼 수 있다. 이러한 데이터 압축 방법을 **run-length encoding**(연속된 데이터 길이를 부호화)이라고 하는데, 가장 기본적인 압축 방법 중 하나다.

압축 알고리즘(압축을 수행하는 데 사용되는 수학적 기법)은 두 가지의 카테고리로 구분되는데 바로 **무손실**과 **손실** 방식이다. 무손실 압축 알고리즘은 원본 그대로를 유지하는 방식이다. 즉 압축 파일이 복구되면 그 파일은 압축되기 이전의 원본과 정확히 똑같다는 것이다. 반면, 손실 압축 알고리즘은 압축이 수행될 때 데이터 일부를 삭제하는데 그 이유는 압축율을 더 높이기 위해서다. 데이터 손실이 발생한 파일이 복구되면 원본과는 똑같지 않지만 거의 비슷한 수준이다. 대표적인 손실 압축 알고리즘이 바로 JPEG(이미지용) 그리고 MP3(음악 파일용)다. 이제 우리는 무손실 압축 방법에 대해서만 집중적으로 다루게 될 텐데, 이는 컴퓨터의 대부분 자료는 어떠한 데이터 손실도 있어서는 안되기 때문이다.

gzip - 파일 압축 및 압축 해제하기

gzip 프로그램은 하나 이상의 파일을 압축할 때 사용된다. 이 프로그램을 실행하면 원본 파일은 압축 버전의 파일로 대체된다. 이와 함께 사용되는 gunzip 프로그램은 압축 파일을 압축되기 이전의 원본 상태로 복원시켜준다. 다음의 예제를 보자.

```
[me@linuxbox ~]$ ls -l /etc > foo.txt
[me@linuxbox ~]$ ls -l foo.*
-rw-r--r-- 1 me   me     15738 2012-10-14 07:15 foo.txt
[me@linuxbox ~]$ gzip foo.txt
[me@linuxbox ~]$ ls -l foo.*
-rw-r--r-- 1 me    me      3230 2012-10-14 07:15 foo.txt.gz
[me@linuxbox ~]$ gunzip foo.txt
[me@linuxbox ~]$ ls -l foo.*
-rw-r--r-- 1 me    me     15738 2012-10-14 07:15 foo.txt
```

이 예제에서 디렉토리 목록을 저장한 foo.txt라는 이름의 텍스트 파일을 만들었다. 그 다음 gzip을 실행하여 원본 파일을 foo.txt.gz라는 압축 파일로 바꿨다. foo.*이 포함된 디렉토리 내용을 보면 원본 파일이 압축 파일로 바뀌었고, 원본에 비해 1/5 수준의 크기밖에 되지 않음을 알 수 있다. 또한 압축 파일은 원본과 똑같은 퍼미션과 날짜, 시간을 가지고 있다는 것도 알 수 있다.

이제는 gunzip 프로그램을 실행하여 파일 압축을 해제해보자. 그럼 우리는 압축 파일이 원본 파일로 바뀌고, 역시 퍼미션과 타임스탬프는 그대로 유지됨을 확인할 수 있다.

gzip은 많은 옵션을 지원하는데, 그 중 일부를 표 18-1에서 확인해보도록 하자.

표 18-1 gzip 옵션

옵션	설명
-c	표준 출력에 결과를 쓰고, 원본 파일을 유지함. --stdout 및 –to-stdout로도 사용할 수 있다.
-d	압축 해제. gzip과 이 옵션을 함께 쓰면 gunzip과 같은 동작을 하게 된다. --decompress 또는 --uncompress로도 사용할 수 있다.
-f	압축 파일이 이미 존재해도 압축을 실행. --force로도 사용할 수 있다.
-h	도움말. --help로도 사용할 수 있다.
-l	각각의 압축 파일별로 압축 정보를 표시. --list로도 사용할 수 있다.
-r	커맨드라인의 인자가 디렉토리인 경우, 디렉토리를 순환하면서 포함되어 있는 파일들을 압축한다. --recursive로도 사용할 수 있다.
-t	압축 파일의 무결성을 검사한다. --test로도 사용할 수 있다.
-v	압축되는 과정을 자세히 표시한다. --verbose로도 사용할 수 있다.
-number	압축 정도를 설정. number에는 1(가장 빠르지만, 압축율은 최소)부터 9(가장 느리지만, 압축율은 최대)까지의 정수만 올 수 있다. 숫자 1과 9 대신 각각 --fast와 --best로도 사용할 수 있다. 기본값은 6으로 설정되어 있다.

앞의 예제를 다시 살펴보자.

```
[me@linuxbox ~]$ gzip foo.txt
[me@linuxbox ~]$ gzip -tv foo.txt.gz
foo.txt.gz:           OK
[me@linuxbox ~]$ gzip -d foo.txt.gz
```

여기서 우리는 foo.txt 파일을 foo.txt.gz라는 압축 파일로 바꾸었다. 그리고 압축 파일의 무결성을 검사하기 위해서 -t와 -v 옵션을 함께 사용했다. 마지막으로 파일을 원본 상태로 되돌린다.

또한 gzip은 표준 입력과 표준 출력을 흥미롭게 활용할 수 있다.

```
[me@linuxbox ~]$ ls -l /etc | gzip > foo.txt.gz
```

이 명령은 위에 표시된 디렉토리를 압축한다.

gzip 파일의 압축을 해제하는 gunzip 프로그램은 파일명이 .gz로 끝날 것이라고 가정하고 작업을 진행하기 때문에 굳이 .gz를 쓰지 않아도 된다. 단, 압축 해제 대상의 파일명이 기존에 압축되지 않은 파일명과 혼동되지 않는 경우에만 해당된다.

```
[me@linuxbox ~]$ gunzip foo.txt
```

압축된 텍스트 파일의 내용을 보고 싶다면 다음과 같이 할 수 있다.

```
[me@linuxbox ~]$ gunzip -c foo.txt | less
```

또는 gzip이 지원하는 프로그램인 zcat을 이용해서 gunzip -c와 같은 작업을 실행할 수 있다. gzip 압축 파일에 대해서 cat 명령어처럼 사용하면 된다.

```
[me@linuxbox ~]$ zcat foo.txt.gz | less
```

저자주: zless라는 프로그램도 있는데, 이것은 앞에서 사용된 파이프라인의 기능과 동일한 기능을 한다.

bzip2 – 속도는 느리지만 고성능 압축 프로그램

줄리안 시워드(Julian Seward)가 개발한 bzip2 프로그램은 gzip과 유사하나 다른 압축 알고리즘을 사용한다. 압축 속도는 느리지만 높은 압축율을 자랑한다. 하지만 gzip과 거의 같은 방식이다. bzip2로 압축된 파일은 .bz2로 표시된다.

```
[me@linuxbox ~]$ ls -l /etc > foo.txt
[me@linuxbox ~]$ ls -l foo.txt
-rw-r--r-- 1 me   me    15738 2012-10-17 13:51 foo.txt
[me@linuxbox ~]$ bzip2 foo.txt
[me@linuxbox ~]$ ls -l foo.txt.bz2
-rw-r--r-- 1 me   me     2792 2012-10-17 13:51 foo.txt.bz2
[me@linuxbox ~]$ bunzip2 foo.txt.bz2
```

bzip2 프로그램은 gzip과 같은 방식으로 사용할 수 있다. gzip에서 설명한 모든 옵션(-r을 제외한)들을 bzip2도 지원한다. 단, 압축율을 설정하는 옵션(-number)의 경우 다른 의미로 사용된다. bzip2와 짝을 이루는 압축 해제 프로그램은 bunzip2와 bzcat이다.

bzip2에는 bzip2recover라는 프로그램이 있는데 손상된 .bz2 파일을 복구시켜준다.

무조건 압축을 해야 한다는 강박관념을 버리자

필자는 가끔씩 사람들이 이미 효율적인 압축 알고리즘으로 압축된 파일을 또 압축하려고 하는 경우를 보곤 한다. 다음과 같이 말이다.

        $ gzip picture.jpg

절대 그러지 말길! 이러한 작업은 시간과 공간을 모두 낭비하는 것이다. 이미 압축된 파일에 한 번 더 압축하는 것은 결국 파일을 크게 만드는 것과 매한가지다. 그 이유는 모든 압축 기법들은 압축을 설명하는 오버헤드를 포함하기 때문에 이미 중복된 정보가 없는 파일을 또 다시 압축하면 여지없이 추가적인 오버헤드가 생길 것이다.

파일 보관하기(아카이빙)

압축 작업과 함께 주로 사용되는 파일 관리 작업은 **파일 보관**(archiving) 작업이다. 아카이빙이란 많은 파일들을 모아서 하나의 큰 파일로 묶는 과정을 말한다. 아카이빙은 시스템 백업의 일환으로 종종 수행되는 작업이다. 또한 일종의 장기 보관용 저장 장치에 오래된 데이터를 옮길 때 필요한 작업이다.

tar – 테이프 아카이빙 유틸리티

유닉스 세상에서 tar 프로그램은 파일 보관을 위한 전통적인 툴이다. 그 이름은 **tape archive**의 준말로, 백업 테이프를 만들기 위한 도구에서 유래되었음을 알 수 있다. 전통적인 파일 보관 작업 외에도 다른 저장 장치에서도 잘 사용된다. .tar나 .tgz를 확장자로 가진 파일을 종종 보게 되는데 이것은 각각 "일반적인" tar 아카이브와 gzip으로 압축된 아카이브라는 것을 뜻한다. tar 아카이브는 여러 파일로 구성된 그룹이거나, 하나 이상의 디렉토리 트리 또는 이 두 가지가 혼합된 형태일 수 있다. 사용법은 다음과 같다.

```
tar mode[options] pathname...
```

mode에는 표 18-2에 나와 있는 명령 모드 중 하나를 사용한다(표에는 일부만 설명되어 있다. 전체 내용을 보려면 tar의 man 페이지를 참고하라).

표 18-2 tar 모드

모드	설명
c	파일과(또는) 디렉토리의 목록에서 아카이브 생성하기
x	아카이브 해제하기
r	아카이브 끝에 지정된 경로명을 덧붙이기
t	아카이브 내용 보기

tar는 옵션을 사용하는 방식이 조금 특이하므로 어떻게 사용하는지 몇 가지 예를 통해 알아보도록 하자. 우선, 이전 장에서 만들었던 놀이터를 다시 구성해보자.

```
[me@linuxbox ~]$ mkdir -p playground/dir-{00{1..9},0{10..99},100}
[me@linuxbox ~]$ touch playground/dir-{00{1..9},0{10..99},100}/file-{A..Z}
```

그런 다음, 놀이터 전체를 tar 아카이브로 만들어보자.

```
[me@linuxbox ~]$ tar cf playground.tar playground
```

이 명령으로 playground.tar라는 이름의 tar 파일을 생성한다. 이 파일에는 놀이터 디렉토리에 있던 모든 디렉토리 트리가 포함된다. 여기서 우리는 모드와 f 옵션을 볼 수 있다. f 옵션은 tar 아카이브의 이름을 지정하고, 이와 같이 붙여서 사용하고 대시 기호가 필요하지 않는다. 하지만 항상 모드는 반드시 다른 옵션 앞에 명시되어야 한다.

아카이브 내용을 보기 위해서 다음과 같이 할 수 있다.

```
[me@linuxbox ~]$ tar tf playground.tar
```

더 자세하게 내용을 표시하고 싶으면 v(verbose) 옵션이 필요하다.

```
[me@linuxbox ~]$ tar tvf playground.tar
```

이제 놀이터 아카이브 파일을 새로운 위치에서 풀어보도록 하자. foo라는 이름의 새로운 디렉토리를 만들고 현재 작업 디렉토리를 새로 생성한 foo 디렉토리로 변경한 뒤 놀이터 아카이브 파일을 풀어보자.

```
[me@linuxbox ~]$ mkdir foo
[me@linuxbox ~]$ cd foo
[me@linuxbox foo]$ tar xf ../playground.tar
[me@linuxbox foo]$ ls
playground
```

~/foo/playground 내용을 확인하려면, 아카이브가 성공적으로 설치되고 원본 파일들이 정확하게 생성되는지를 보면 된다. 하지만 여기서 한 가지 주의할 점은 슈퍼유저가 아닌 한, 아카이브에서 생성된 새로운 파일과 디렉토리들에 대해서는 원 소유자가 아닌 아카이브를 해제한 사용자의 소유가 된다.

tar의 또 다른 흥미로운 부분은 아카이브의 경로명을 다루는 방법이다. 기본적인 경로명은 절대 경로명이 아닌 상대 경로명이다. tar는 아카이브가 생성될 때 경로명 앞에 오는 모든 슬래시 기호를 삭제함으로써 상대 경로명을 사용할 수 있다. 이를 확인하기 위해서 아카이브 파일을 다시 만든 후, 이번에는 절대 경로명을 지정해보자.

```
[me@linuxbox foo]$ cd
[me@linuxbox ~]$ tar cf playground2.tar ~/playground
```

여기서 엔터를 입력할 경우 ~/playground 경로명은 /home/me/playground로 확장될 것이다. 따라서 우리는 시현용 절대 경로명을 얻을 것이다. 그런 다음, 앞에서와 같이 아카이브를 해제하고 어떠한 일이 벌어지는 확인해보자.

```
[me@linuxbox ~]$ cd foo
[me@linuxbox foo]$ tar xf ../playground2.tar
[me@linuxbox foo]$ ls
home    playground
[me@linuxbox foo]$ ls home
me
[me@linuxbox foo]$ ls home/me
playground
```

여기서 우리가 두 번째 아카이브를 해제할 때, 루트 디렉토리에 상대적 경로가 아닌 현재 작업 디렉토리 ~/foo에 상대적 방식으로 마치 절대 경로명을 가진 경우처럼 /home/me/playground 디렉토리가 다시 생성된다. 다소 이상한 방식이긴 하지만 사실 더 유용한 방식이다. 왜냐하면 기존 위치가 아니더라도 다른 위치 어디에서든 아카이브를 해제할 수 있기 때문이다. v 옵션을 사용해서 다시 이 작업을 해보면 보다 구체적으로 그 내용을 이해할 수 있을 것이다.

여기서 tar 예제를 통해 한번 가설을 세워보자. 우리는 지금 홈 디렉토리와 그 안의 모든 자료를 다른 시스템으로 복사하고 싶다. 그리고 대용량의 USB 하드 드라이브를 자료를 옮기는 데 사용할 것이다. 최신 리눅스 시스템에서는 드라이브가 /media 디렉토리로 자동적으로 마운트된다. 또한 이 디스크의 볼륨명은 BigDisk라고 하자. 이제 tar 아카이브를 만들기 위해 다음과 같이 할 수 있다.

```
[me@linuxbox ~]$ sudo tar cf /media/BigDisk/home.tar /home
```

tar 파일을 만들고 난 후에 드라이브를 마운트 해제하고 다른 시스템에 드라이브를 연결한다. 다시 /media/BigDisk 디렉토리에 마운트될 것이다. 이 아카이브 파일을 해제하기 위해서 다음과 같이 해보자.

```
[me@linuxbox2 ~]$ cd /
[me@linuxbox2 /]$ sudo tar xf /media/BigDisk/home.tar
```

여기서 우리가 중요하게 봐야 할 것은, 맨 처음 디렉토리를 /로 변경해야 한다는 것이다. 그래야만 아카이브 해제가 root 디렉토리에 상대적 방식으로 이루어진다. 아카이브 내의 모든 경로명이 상대적이기 때문이다.

아카이브를 해제할 때, 해제할 대상을 제한하는 것도 가능하다. 예를 들면, 아카이브에서 하나의 파일만 풀고 싶다면 다음과 같이 하면 된다.

```
tar xf archive.tar pathname
```

pathname을 명령어 끝에 덧붙임으로써 tar 프로그램이 지정된 파일만을 복구하게끔 할 수 있다. 또한 여러 경로명을 지정할 수도 있다. 하지만 지정할 경로명은 반드시 아카이브에 저장된 대로, 정확히 일치하는 상대 경로명으로 표현되어야 한다. 경로명을 지정할 때, 와일드카드를 사용할 수 없다. 하지만 tar의 GNU 버전(리눅스 배포판에서 가장 많이 사용되는 버전)은 --wildcards 옵션을 지원하기 때문에 다음에서 이 옵션을 사용한 예제를 확인해보자.

```
[me@linuxbox ~]$ cd foo
[me@linuxbox foo]$ tar xf ../playground2.tar --wildcards 'home/me/playground/dir-*/file-A'
```

이 명령은 dir-* 와일드카드를 포함하고 있는 앞의 경로명과 일치하는 파일만을 해제한다.

tar는 종종 아카이브를 생성하기 위해 find 명령어와 함께 사용된다. 다음의 예제에서 find 명령어를 사용하여 아카이브에 포함시킬 파일들을 생성해보도록 하자.

```
[me@linuxbox ~]$ find playground -name 'file-A' -exec tar rf playground.tar '{}' '+'
```

여기서 playground에 있는 file-A라는 이름과 일치하는 모든 파일을 찾기 위해 find 명령어를 사용한다. 그런 다음 -exec 액션을 통해 일치하는 파일들을 playground.tar 아카이브에 추가하기 위해 tar를 append 모드(r)로 실행하였다.

tar를 find와 함께 사용하는 것은 디렉토리 트리나 시스템 전체에 대한 **증분 백업**을 만드는 데 있어 좋은 방법이다. 특정 시간 이후에 변경된 파일을 find로 찾아서 그 새로운 파일들만 최근 아카이브 뒤에 붙이기만 하면 되기 때문이다. 여기서 특정 시간 즉 타임스탬프 파일은 아카이브가 생성된 시점으로 항상 갱신된다고 가정을 한다.

tar는 또한 표준 입력과 표준 출력도 활용할 수 있다. 다음의 예제를 살펴보자.

```
[me@linuxbox foo]$ cd
[me@linuxbox ~]$ find playground -name 'file-A' | tar cf - --files-from=- | gzip > playground.tgz
```

find 프로그램을 사용하여 일치하는 파일 목록을 만들고 그것을 tar로 연결하였다. 필요에 따라 만약 파일명이 -로 지정되면, 그것은 표준 입력 혹은 표준 출력을 의미한다(- 기호를 표준 입·출력을 나타내는 기호로 사용하는 관습은 다른 다수의 프로그램에서도 동일하다). --files-from 옵션(-T로도 쓰임)은 tar 프로그램이 커맨드라인이 아닌 파일에서 직접 경로명 목록을 읽어오도록 한다. 그 다음, tar로 생성된 아카이브는 gzip에 연결되어 playground.tgz라는 압축 아카이브 파일로 생성한다. .tgz 확장자는 gzip으로 압축된 tar 파일이라는 의미다. 또한 .tar.gz 확장자로도 쓰인다.

압축 아카이브를 생성하기 위해 gzip 프로그램을 외부적으로 사용했었지만, GNU tar의 최신 버전은 각각 z와 j 옵션을 사용하여 gzip과 bzip2 압축 프로그램 둘 다 지원한다. 이 예제를 기초로 다음과 같이 명령을 단순화 시켜보자.

```
[me@linuxbox ~]$ find playground -name 'file-A' | tar czf playground.tgz -T -
```

gzip 대신에 bzip2 압축 아카이브를 만드는 것은 다음과 같이 할 수 있다.

```
[me@linuxbox ~]$ find playground -name 'file-A' | tar cjf playground.tbz -T -
```

옵션을 z에서 j로(bzip2로 압축된 파일임을 나타내기 위해 출력 파일의 확장자는 .tbz로 변경한다) 바꾸면 bzip2 압축이 실행된다.

tar 프로그램으로 표준 입·출력을 활용한 또 다른 예로는, 네트워크를 통해 시스템 간에 파일 전송을 하는 것이다. tar와 ssh 프로그램이 설치된 동작 중인 유닉스형 시스템이 두 대 있다고 가정해보자. 또한, 원격 시스템(이 예제에서는 remote-sys라는 이름의)으로부터 디렉토리 하나를 로컬 시스템으로 전송하려 한다고 가정하자.

```
[me@linuxbox ~]$ mkdir remote-stuff
[me@linuxbox ~]$ cd remote-stuff
[me@linuxbox remote-stuff]$ ssh remote-sys 'tar cf - Documents' | tar xf -
me@remote-sys's password:
[me@linuxbox remote-stuff]$ ls
Documents
```

원격 시스템 remote-sys에서 Documents 디렉토리를 로컬 시스템의 remote-stuff 디렉토리 안으로 복사하였다. 어떻게 된 것일까? 일단, ssh를 이용하여 원격 시스템에서 tar 프로그램을 실행하였다. ssh 프로그램은 네트워크로 연결된 컴퓨터에 원격으로 프로그램을 실행할 수 있다는 것과 그 결과를 로컬 시스템상에서 확인할 수 있다는 것을 상기하게 될 것이다. 원격 시스템에서 발생한 표준 출력이 로컬 시스템으로 전송되기 때문에 볼 수 있는 것이다. tar로 하여금 아카이브 파일(c 모드)을 생성하고 그것을 파일(f 옵션과 대시 기호)로 보내는 대신 표준 출력으로 보내게 한다. 그리고 ssh가 제공하는 암호화 터널을 통해 아카이브 파일이 로컬 시스템으로 전송된다. 로컬 시스템에서는 tar 프로그램을 실행하고 표준 입력(다시 f옵션과 대시 기호)에서 온 아카이브(x 모드)를 해제시킨다.

zip – 파일을 묶고 압축하기

zip 프로그램은 파일 압축과 보관을 한 번에 할 수 있는 프로그램이다. 이 프로그램이 지원하는 파일 형식은 윈도우 사용자에게 익숙한 .zip 파일이다. 하지만 리눅스에서는 gzip이 지배적인 압축 프로그램이고 그 다음 bzip2를 많이 사용한다. 리눅스 사용자는 zip 프로그램으로 파일을 압축하는 대신 주로 윈도우 시스템과 파일을 교환할 때 사용한다.

가장 기본적 사용법은 다음과 같다.

```
zip options zipfile file...
```

예를 들어, 놀이터에 zip 아카이브 파일을 하나 만들려면 다음과 같이 한다.

```
[me@linuxbox ~]$ zip -r playground.zip playground
```

반복 순회를 위한 -r 옵션을 사용하지 않으면 playground 디렉토리만(하위 내용은 해당되지 않음) 저장될 것이다. .zip 확장자는 자동적으로 붙여진다. 하지만 좀 더 명확히 하기 위해서 우리는 확장자를 사용할 것이다.

zip 아카이브가 생성되는 동안 다음과 같은 메시지를 연속적으로 보여준다.

```
adding: playground/dir-020/file-Z (stored 0%)
adding: playground/dir-020/file-Y (stored 0%)
adding: playground/dir-020/file-X (stored 0%)
adding: playground/dir-087/ (stored 0%)
adding: playground/dir-087/file-S (stored 0%)
```

아카이브에 추가될 각 파일의 상태 메시지를 보여주고 있다. zip 프로그램은 두 가지의 저장 방법 중 하나를 이용하여 파일을 아카이브에 포함시킨다. 여기 나와 있듯이 압축 과정 없이 "저장"할 수도 있고 아니면 "압축" 작업을 거칠 수도 있다. 압축 방법 뒤에 나오는 숫자는 압축률을 가리킨다. 우리 놀이터에는 오직 빈 파일만 있기 때문에 압축되지 않는다.

zip 파일을 해제할 때 unzip 프로그램을 사용하면 아주 쉽다.

```
[me@linuxbox ~]$ cd foo
[me@linuxbox foo]$ unzip ../playground.zip
```

zip 프로그램에 대해서 알아둬야 할 중요한 것은(tar와는 반대로), 기존 아카이브 파일이 지정되면 파일 자체가 교체되는 것이 아니라 업데이트된다는 점이다. 즉 기존의 아카이브는 유지되면서 새로운 파일은 추가되고 중복된 파일은 교체된다는 것이다.

unzip 프로그램으로 일부 파일을 지정하여 zip 아카이브를 선택적으로 해제할 수 있다.

```
[me@linuxbox ~]$ unzip -l playground.zip playground/dir-087/file-Z
Archive: ./playground.zip
  Length      Date    Time    Name
 --------    ----    ----    ----
        0  10-05-12  09:25   playground/dir-087/file-Z
 --------                    -------
        0                    1 file
[me@linuxbox ~]$ cd foo
[me@linuxbox foo]$ unzip ../playground.zip playground/dir-087/file-Z
Archive: ../playground.zip
replace playground/dir-087/file-Z? [y]es, [n]o, [A]ll, [N]one, [r]ename: y
extracting: playground/dir-087/file-Z
```

-l 옵션을 사용하면 압축을 해제하는 대신에 단지 아카이브의 내용만을 표시한다. 만약 아무런 파일이 지정되지 않으면, 아카이브의 모든 파일을 표시할 것이다. -v 옵션을 통해 그 내용을 자세하게 볼 수 있다. 아카이브 해제 시 기존 파일과 혼돈이 될 경우 파일이 교체되기 전 확인 메시지를 표시하도록 설정할 수 있다.

tar처럼 zip 프로그램도 표준 입출력을 활용할 수 있다. 하지만 그리 유용한 방법은 아니다. -@ 옵션으로 파일명들을 zip과 연결할 수 있다.

```
[me@linuxbox foo]$ cd
[me@linuxbox ~]$ find playground -name "file-A" | zip -@ file-A.zip
```

여기서 우리는 -name "file-A"와 일치하는 파일 목록을 불러오기 위해서 find 명령어를 사용하였고 그 다음 zip과 함께 해당 목록을 연결하였다. 그리하여 선택된 파일들만을 포함한 file-A.zip이라는 아카이브가 생성된다.

또한 zip 프로그램은 해당 결과를 표준 출력으로 보낼 수 있지만 일부 소수의 프로그램만 가능하기에 제한적이다. 그리고 아쉽게도 unzip 프로그램은 표준 입력을 허용하지 않는다. 이것은 zip과 unzip 프로그램이 tar처럼 네트워크 파일을 복사하는 데 함께 사용되는 것을 방지하기 위해서다.

하지만 zip 프로그램은 표준 입력을 허용하기 때문에 다른 프로그램의 출력을 압축하는 데 사용할 수 있다.

```
[me@linuxbox ~]$ ls -l /etc/ | zip ls-etc.zip -
  adding: - (deflated 80%)
```

이 예제에서는 ls의 출력과 zip을 연결하였다. tar처럼 zip은 마지막의 대시 기호를 "입력 파일로 표준 입력을 사용하라"라는 의미로 해석한다.

unzip 프로그램은 -p(파이프라인) 옵션을 사용하면 출력 결과를 표준 출력으로 전송할 수 있다.

```
[me@linuxbox ~]$ unzip -p ls-etc.zip | less
```

지금까지 zip과 unzip으로 할 수 있는 기본적인 것들을 다뤄보았다. 이 두 프로그램 모두 다양한 옵션을 활용하여 그 기능을 확대할 수 있다. 하지만 일부 옵션은 다른 시스템에만 고유한 것들이 있다. zip과 unzip의 man 페이지는 잘 짜여 있고 유용한 예제들이 많이 있다.

파일 및 디렉토리 동기화

시스템의 백업본을 관리하는 일반적인 전략은 하나 이상의 디렉토리를 또 다른 디렉토리(또는 여러 디렉토리들)와 동기화하여 로컬 시스템(보통은 이동식 저장 장치)이나 원격 시스템에 저장하는 것이다. 예를 들어 개발 중인 웹사이트의 로컬 복사본을 만들고 원격 웹 서버에 주기적으로 동기화하고 싶다고 가정해보자.

rsync – 원격 파일 및 디렉토리 동기화

유닉스 세계에는 동기화 작업에 선호하는 툴로 rsync라는 것이 있다. 이 프로그램은 rsync remote-update protocol을 이용하여 로컬과 원격 디렉토리 모두 동기화한다. 이 프로토콜은 rsync 프로그램이 빠르게 두 디렉토리 간의 차이를 감지하여 동기화할 내용을 최소한으로 유지할 수 있도록 한다. 이는 rsync를 다른 복사 프로그램들에 비해 더 빠르고 경제적으로 사용할 수 있도록 한다.

rsync는 다음과 같이 실행한다.

    rsync options source destination

*source*와 *destination*에는 다음 중 하나가 올 수 있다.

* 로컬 파일이나 디렉토리
* 원격 파일이나 디렉토리, [user@]host:path 형식
* rsync://[user@]host[:port]/path 형식의 URI로 지정된 원격 rsync 서버

source나 destination 둘 중 하나는 반드시 로컬 파일이어야 한다. 원격지 간의 복사는 지원되지 않

는다.

몇몇 로컬 파일에 rsync를 실행해보자. 우선 foo 디렉토리를 비우도록 하자.

```
[me@linuxbox ~]$ rm -rf foo/*
```

그 다음, playground 디렉토리를 foo 디렉토리에 동기화해보자.

```
[me@linuxbox ~]$ rsync -av playground foo
```

-a 옵션(아카이브 생성, 실행 반복 및 파일 속성을 유지시켜줌)과 -v 옵션(자세한 출력 방식)을 사용하여 playground 디렉토리의 내용을 foo에 **미러링**할 수 있다. 명령이 실행되는 동안 복사 중인 파일과 디렉토리 목록을 볼 수 있다. 결국, 이와 같은 복사량을 나타내는 요약 메시지를 보게 된다.

```
 sent 135759 bytes received 57870 bytes 387258.00 bytes/sec
total size is 3230  speedup is 0.02
```

명령을 다시 실행하게 되면 다른 결과를 볼 수 있다.

```
[me@linuxbox ~]$ rsync -av playgound foo
building file list ... done

 sent 22635 bytes  received 20 bytes 45310.00 bytes/sec
total size is 3230  speedup is 0.14
```

이번에는 파일 목록이 표시되지 않았다. 그 이유는 rsync 프로그램이 ~/playground 디렉토리와 ~/foo/playground 디렉토리 사이에 다른 점이 없다고 감지했기 때문이다. 따라서 어떠한 복사도 이뤄지지 않았다. 만약 playground의 파일을 수정하고 rsync 프로그램을 다시 실행하게 되면, rsync는 변경을 감지하고 업데이트된 파일에 대해서만 복사를 진행한다.

```
[me@linuxbox ~]$ touch playground/dir-099/file-Z
[me@linuxbox ~]$ rsync -av playground foo
building file list ... done
playground/dir-099/file-Z
sent 22685 bytes  received 42 bytes 45454.00 bytes/sec
total size is 3230  speedup is 0.14
```

실제 상황을 예로 들어보자. 이전에 tar 프로그램과 함께 사용했던 외장 하드 드라이브를 다시 떠올려보자. 우리 시스템에 이 드라이브를 연결하게 되면 그때처럼 /media/BigDisk 디렉토리에 자동 마운트될 것이다. 그럼 우리는 외장 하드 드라이브에 맨 먼저 /backup 디렉토리를 만들어서 시스템 백업 작업을 수행할 수 있다. 그런 다음 rsync를 이용하여 제일 중요한 것들을 시스템에서 외장 하드 드라이브로 복사한다.

```
[me@linuxbox ~]$ mkdir /media/BigDisk/backup
[me@linuxbox ~]$ sudo rsync -av --delete /etc /home /usr/local /media/BigDisk/backup
```

이 예제에서, /etc, /home, /usr/local 디렉토리를 상상 속의 외장 저장 장치로 복사하였다. --delete 옵션을 포함시켜 기존 시스템에는 더 이상 존재하지 않지만 백업 장치에는 남아있을지도 모르는 파일에 대해 삭제하도록 한다(처음 백업을 수행할 때는 이런 상황이 발생하지 않을 테지만 이후 복사부터는 유용한 옵션이다). 외장 하드 드라이브를 연결하고 rsync 명령을 실행하는 반복적인 절차에는 시스템 백업량을 최소한으로 유지할 수 있는 좋은 방법이다. 또한, 여기서 별칭(alias)을 활용하는 것도 유용하다. 이 작업에 별칭을 붙여 .bashrc 파일에 추가해보자.

```
alias backup='sudo rsync -av --delete /etc /home /usr/local /media/BigDisk/backup'
```

이제 남은 일은 외장 드라이브를 연결하여 새롭게 만든 backup 명령을 실행하기만 하면 된다.

네트워크상에서 rsync 실행하기

rsync의 진면모 중 하나는 네트워크상에서도 파일을 복사할 수 있다는 점이다. 어쨌든 rsync의 r이 의미하는 바가 remote이다. 원격 복사는 두 가지 중 하나를 통해 이뤄진다.

첫 번째 방법은 rsync 프로그램이 설치되어 있고 ssh와 같은 원격 셸 프로그램이 동작하고 있는 다른 시스템으로 복사하는 것이다. 로컬 네트워크상에 연결된 한 시스템이 있고 이 시스템에는 공간이 아주 많은 하드 드라이브가 있다고 해보자. 우리는 외장 하드 대신 원격 시스템을 이용해서 백업 작업을 수행하길 원한다. 파일을 복사해둘 /backup이란 디렉토리가 이미 있다고 가정하고 다음과 같이 해보도록 하자.

```
[me@linuxbox ~]$ sudo rsync -av --delete --rsh=ssh /etc /home /usr/local remote-sys:/backup
```

우리는 네트워크상에서 복사 작업을 하기 위해서 이 명령의 두 부분을 수정했다. 먼저 --rsh=ssh 옵션을 추가했다. 이 옵션은 rsync로 하여금 원격 셸로서 ssh를 사용하라는 뜻이다. 이로써 SSH로 암호화된 터널을 사용하여 로컬 시스템에서 원격 호스트까지 안전하게 데이터를 전송할 수 있다. 두 번째는 원격 호스트를 지정이다. 그 이름을 목적 경로명 앞에 덧붙였다(이 경우 원격 호스트명은 remote-sys).

원격 복사의 두 번째 방법은 **rsync server**를 이용하여 네트워크상에서 동기화하는 것이다. rsync 프로그램은 데몬으로 실행해서 동기화 요청에 응답할 수 있도록 설정할 수 있다. 이 방법은 원격 시스템을 미러링할 때 많이 사용된다. 예를 들어, 레드햇 소프트웨어사는 페도라 배포판 개발을 위해서 큰 규모의 소프트웨어 패키지 저장소를 운영한다. 배포판 테스트 기간 동안 해당 배포판에 대해서 미러링하는 것은 소프트웨어 테스터들에게는 매우 유용하다. 저장소에 있는 파일들은 자주 바뀌기 때문에(하루에 한 번 이상), 대량 복사를 통해 백업하는 것보다는 주기적인 동기화로 로컬 백업본을 유지하는 것이 바람직하다. 조지아 텍(Georgia Tech)에서 운영하는 저장소 중 하나를 살펴보자. 로컬 시스템의 rsync 프로그램과 조지아 텍의 rsync 서버를 이용하여 이 저장소를 미러링할 수 있다.

```
[me@linuxbox ~]$ mkdir fedora-devel
[me@linuxbox ~]$ rsync -av -delete rsync://rsync.gtlib.gatech.edu/fedoralinux-core/development/
i386/os fedora-devel
```

이 예제에서, 우리는 rsync://라는 프로토콜과 원격 호스트명(rsync.gtlib.gatech.edu), 저장소 경로명으로 구성된 원격 rsync 서버의 URI를 사용하였다.

19

정규 표현식

이 장부터는, 텍스트를 조작하는 툴을 살펴볼 것이다. 이미 본 것처럼, 텍스트는 리눅스와 같은 유닉스형 시스템들에서 매우 중요한 역할을 하고 있다. 하지만 이러한 툴들이 제공하는 모든 기능을 제대로 인식하기 전에, 우리는 툴과 함께 정교하게 사용되는 기술을 알아볼 필요가 있다. 그것이 정규 표현식이다.

우리는 커맨드라인이 제공하는 많은 기능과 편의들을 살펴보았고, 쉘 확장과 인용, 키보드 단축, 명령어 히스토리인 vi는 말할 나위 없이 정말로 신기한 쉘 기능과 명령어들도 접했다. 정규 표현식은 이 "전통"을 잇는, 그들 중 가장 (틀림없이) 신기한 기능일 것이다. 하지만 그것을 배우는 것은 시간이 아깝기 때문에 추천하지 않는다. 오히려 그 정반대다. 비록 그 모든 가치가 즉각적으로 나타나지는 않지만, 올바르게 이해하는 것은 놀라운 위업을 달성할 수 있게 할 것이다.

정규 표현식이란?

간단히 말해서, **정규 표현식**은 텍스트에서 패턴을 인식하는 심볼 표기법이다. 어떤 면에서는 파일과 경로명 매칭에 사용하는 쉘의 와일드카드 방식과 닮았지만 보다 웅장한 규모다. 정규 표현식은 텍스트 조작 문제의 해결을 용이하게 하기 위해 많은 커맨드라인 툴들과 대부분의 프로그래밍 언어에 제공된다. 하지만, 더 혼동스러운 것은 모든 정규 표현식이 같지 않다는 것이다. 도구들마다 조금씩 다르고 프로그래밍 언어들마다 다르다. 우리는 좀 더 크고 풍부한 표기 집합을 사용하는 프로그래밍 언어들(특히 Perl)과 대조적으로, POSIX 표준(커맨드라인 툴의 대부분이 다루는)의 정규 표현식으로 한정하여 이야기할 것이다.

grep – 텍스트를 통한 검색

우리가 정규 표현식과 함께 사용할 메인 프로그램은 오랜 친구인 grep이다. grep이란 실제 global regular expression print란 구절에서 유래된 이름이다. 따라서 grep이 정규 표현식과 관련이 있는 것을 볼 수 있다. 기본적으로 grep은 지정된 정규 표현식과 일치하는 표준 출력을 가진 행을 출력한다.

지금까지 우리는 다음과 같이 지정된 문자열만을 가지고 grep을 사용했다.

```
[me@linuxbox ~]$ ls /usr/bin | grep zip
```

이는 /usr/bin 디렉토리에 있는 zip이라는 문자열을 파일명에 포함한 모든 파일을 나열한다.

grep 프로그램은 이런 식으로 옵션과 인자들을 허용한다.

```
grep [options] regex [file...]
```

*regex*는 정규 표현식을 나타낸다.

표 19-1은 흔히 사용되는 grep 옵션들을 보여준다.

표 19-1 grep 옵션

옵션	설명
-i	대소문자 무시. 대문자와 소문자를 구분하지 않는다. --ignore-case로도 지정할 수 있다.
-v	반전 매치. 일반적으로 grep은 일치하는 행을 출력한다. 이 옵션은 grep이 일치하지 않는 모든 행을 출력하도록 한다. --invert-match로도 지정할 수 있다.
-c	일치한 행(-v 옵션을 사용하면 일치하지 않는 행) 자체가 아닌 행의 수를 출력한다. --count로도 지정할 수 있다.

-l	일치한 행 자체가 아닌 이를 포함한 각각의 파일 이름을 출력한다. --files-with-matches로도 지정할 수 있다.
-L	-l 옵션과 유사하지만, 일치하는 행이 없는 파일의 이름만을 출력한다. --files-without-match로도 지정할 수 있다.
-n	일치하는 행 앞에 파일의 행 번호를 붙인다. --line-number로도 지정할 수 있다.
-h	복수 파일 검색에서, 파일명의 출력을 숨긴다. --no-filename로도 지정할 수 있다.

충분한 grep 탐색을 위해, 검색을 위한 텍스트를 생성하자.

```
[me@linuxbox ~]$ ls /bin > dirlist-bin.txt
[me@linuxbox ~]$ ls /usr/bin > dirlist-usr-bin.txt
[me@linuxbox ~]$ ls /sbin > dirlist-sbin.txt
[me@linuxbox ~]$ ls /usr/sbin > dirlist-usr-sbin.txt
[me@linuxbox ~]$ ls dirlist*.txt
dirlist-bin.txt    dirlist-sbin.txt       dirlist-usr-sbin.txt
dirlist-usr-bin.txt
```

다음과 같이 파일 목록을 간단히 검색할 수 있다.

```
[me@linuxbox ~]$ grep bzip dirlist*.txt
dirlist-bin.txt:bzip2
dirlist-bin.txt:bzip2recover
```

이 예제에서 **grep**은 bzip 문자열을 가진 모든 파일 목록을 검색해서 dirlist-bin.txt 파일 내의 일치된 것을 둘 찾아낸다. 만약 일치된 것 자체보다 일치된 내용을 포함한 파일에만 관심이 있다면 -l 옵션을 사용할 수 있다.

```
[me@linuxbox ~]$ grep -l bzip dirlist*.txt
dirlist-bin.txt
```

만약 정반대로, 일치하지 않은 파일들만을 보고 싶다면 다음과 같이 할 수 있다.

```
[me@linuxbox ~]$ grep -L bzip dirlist*.txt
dirlist-sbin.txt
dirlist-usr-bin.txt
dirlist-usr-sbin.txt
```

메타문자와 리터럴

분명히 보이진 않겠지만, grep 검색은 간단하게 나마 내내 정규 표현식을 사용했다. 정규 표현식 bzip은 b, z, i, p 문자순으로 그 사이에 아무런 문자 없이 적어도 네 문자를 포함하는 파일 행과 일치함을 의미한다. bzip 문자열의 문자들은 모두 그 자체로 일치되는 **상수 문자**(literal characters)다. 정규 표현식은 리터럴 외에도 메타문자를 포함할 수 있다. 그것은 더 복잡한 매치 식을 지정하는 데 사용된다. 정규 표현 메타문자들은 다음으로 구성된다.

```
^ $ . [ ] { } - ? * + ( ) | \
```

비록 백슬래시 문자는 **메타시퀀스**를 생성하는 경우에 사용되긴 하지만 나머지 모든 문자들은 리터럴로 간주된다. 메타문자들도 메타문자로 인터프리트되는 대신에 확장되거나 리터럴로 처리될 수 있다.

저자주: 이미 본 것처럼, 다수의 정규 표현 메타문자들 또한 쉘에서 확장될 때 의미가 있는 문자다. 커맨드라인에서 메타문자를 포함한 정규 표현식을 전달할 때, 쉘에서 확장을 시도하지 않도록 메타문자들을 따옴표로 감싸는 것이 필요하다.

모든 문자

우리가 살펴볼 첫 번째 메타문자는 어떤 문자든지 일치하는 도트(.) 문자다. 만약 그 문자를 정규 표현식에 포함하면, 그 문자 위치의 어떤 문자든 일치할 것이다. 여기 예제가 있다.

```
[me@linuxbox ~]$ grep -h '.zip' dirlist*.txt
bunzip2
bzip2
bzip2recover
gunzip
gzip
funzip
gpg-zip
preunzip
prezip
prezip-bin
unzip
unzipsfx
```

우리는 정규 표현식 .zip과 일치하는 파일 행들을 검색했다. 결과에 관한 두 가지 흥미로운 것이 있다. 여러분은 zip 프로그램을 찾지 못했다는 것을 알아챘을 것이다. 그 이유는 앞선 정규 표현식의 도트 메타문자로 인해 최소 네 문자의 일치가 필요하기 때문이다. zip이라는 이름은 세 문자이기에 일치할 수 없다. 만약, 목록 중 어떤 파일이 파일 확장자로 .zip을 포함하고 있다면, 파일 확장자의 점 문자도 "해당 문자"로 처리되기 때문에 일치할 것이다.

앵커(Anchors)

정규 표현식에서 캐럿(^)과 달러 기호($) 문자는 **앵커**(anchors)로 처리된다. 이는 해당 정규 표현식이 행의 시작(^)이나 행의 끝($)에서 발견되는 경우에만 일치하게 된다는 것을 의미한다.

```
[me@linuxbox ~]$ grep -h '^zip' dirlist*.txt
zip
zipcloak
zipgrep
zipinfo
zipnote
zipsplit
[me@linuxbox ~]$ grep -h 'zip$' dirlist*.txt
gunzip
gzip
funzip
gpg-zip
preunzip
prezip
unzip
zip
[me@linuxbox ~]$ grep -h '^zip$' dirlist*.txt
zip
```

우리는 zip 문자열이 행의 시작, 행의 끝, 그리고 행의 시작과 끝 모두에 나타나는 경우(즉, 행 그 자체)에 해당하는 파일 목록을 찾았다. 정규 표현식 ^$(그 사이에 아무것도 없는)는 공백 줄과 일치하게 된다는 것을 명심해야 한다.

괄호 표현식과 문자 클래스

정규 표현식에서 정해진 위치의 문자와 일치하는 것뿐만 아니라 **괄호 표현식**을 사용하여 문자 집합의 한 문자와 일치하는지 확인할 수 있다. 괄호 표현식으로 비교할 문자(메타문자로 해석되는 것 이외의 문자들을 포함) 집합을 지정할 수 있다. 이 예제에서 두 문자 집합을 사용하여 `bzip` 또는 `gzip` 문자열을 포함한 모든 행을 출력한다.

```
[me@linuxbox ~]$ grep -h '[bg]zip' dirlist*.txt
bzip2
bzip2recover
gzip
```

집합은 여러 문자들을 포함할 수 있고 괄호 안에 놓인 메타문자들은 본래의 특수한 의미를 잃어버린다. 하지만 메타문자는 괄호 표현식에서 다른 의미로 사용되는 경우가 둘 있다. 첫째는 부정을 나타내는 캐럿(^)이고, 둘째는 대시(-)로 문자 범위를 나타낸다.

부정

만약 괄호 표현식의 첫 번째 문자가 캐럿이면, 나머지 문자들은 해당 문자 위치에 존재하지 않는 문자들의 집합으로 설정된다. 이전 예제를 수정해서 확인해보자.

```
[me@linuxbox ~]$ grep -h '[^bg]zip' dirlist*.txt
bunzip2
gunzip
funzip
gpg-zip
preunzip
prezip
prezip-bin
unzip
unzipsfx
```

부정의 활성으로 zip 문자열 바로 앞에 b나 g를 제외한 문자를 가진 파일 목록을 얻는다. zip 파일은 여기에 해당되지 않는다는 것을 알게 될 것이다. 부정 문자 집합은 여전히 해당 위치에 문자를 요구한다. 하지만 그 문자는 반드시 부정 집합의 멤버가 아니어야 한다.

캐럿 문자는 괄호 표현식의 첫 번째 문자인 경우에만 부정을 행한다. 반면, 그것은 자신의 특수한 의미를 잃어버리고 집합의 평범한 문자가 된다.

전통적인 문자 범위

목록에서 대문자로 시작하는 이름을 가진 모든 파일을 찾는 정규 표현식을 생성하려고 한다면, 이처럼 하면 된다.

```
[me@linuxbox ~]$ grep -h '^[ABCDEFGHIJKLMNOPQRSTUVWXZY]' dirlist*.txt
```

단지 26개의 대문자를 괄호 표현식에 넣은 것이다. 하지만 전부 타이핑하려면 상당한 문제가 될 것이다. 그래서 다른 방식이 존재한다.

```
[me@linuxbox ~]$ grep -h '^[A-Z]' dirlist*.txt
MAKEDEV
ControlPanel
GET
HEAD
POST
X
X11
Xorg
MAKEFLOPPIES
```

```
NetworkManager
NetworkManagerDispatcher
```

3-문자 범위를 사용하여, 26자를 줄일 수 있다. 문자 범위는 복수 범위를 포함한 방식으로 표현될 수 있다. 다음은 문자와 숫자로 시작하는 모든 파일명과 비교하는 표현식이다.

```
[me@linuxbox ~]$ grep -h '^[A-Za-z0-9]' dirlist*.txt
```

문자 범위에서 대시 문자는 특별하게 처리된다. 그럼 어떻게 괄호 표현식에 실제 대시 문자를 포함할 수 있을까? 그 문자를 표현식의 첫 문자로 만드는 것이다. 한번 생각해보자.

```
[me@linuxbox ~]$ grep -h '[A-Z]' dirlist*.txt
```

이것은 대문자를 가진 모든 파일명과 일치할 것이다. 반면 다음은

```
[me@linuxbox ~]$ grep -h '[-AZ]' dirlist*.txt
```

대시 또는 대문자 A나 Z를 포함한 모든 파일명과 일치하게 된다.

POSIX 문자 클래스

전통적인 문자 범위는 쉽게 이해되고 문자 집합을 빠르게 지정하기에 효율적인 방식이다. 하지만 불행히도 항상 동작하지는 않는다. 지금까지 우리가 grep을 사용하면서 어떤 문제와도 맞닥뜨리지 않았다면 다른 프로그램들을 사용하여 문제를 일으켜 볼 것이다.

우리는 4장에서 와일드카드가 어떻게 경로명 확장을 수행하는지 살펴보았다. 이와 비슷하게, 문자 범위는 정규 표현식에서 어느 정도 거의 비슷하게 사용될 수 있다. 하지만 문제가 있다.

```
[me@linuxbox ~]$ ls /usr/sbin/[ABCDEFGHIJKLMNOPQRSTUVWXYZ]*
/usr/sbin/MAKEFLOPPIES
/usr/sbin/NetworkManagerDispatcher
/usr/sbin/NetworkManager
```

(리눅스 배포판에 따라, 다른 파일 목록이나 빈 목록을 얻게 될 것이다. 이 예제는 우분투에 해당하는 것이다.) 이 명령어는 예상한대로, 대문자로 시작하는 이름을 가진 파일들만을 나열한다. 하지만 다음 명령은 완전히 다른 결과를 얻게 된다(일부 목록만을 나열).

역자주: 사용자의 로케일 설정에 따라, 두 결과가 일치하는 경우도 있을 것이다.

```
[me@linuxbox ~]$ ls /usr/sbin/[A-Z]*
/usr/sbin/biosdecode
/usr/sbin/chat
/usr/sbin/chgpasswd
/usr/sbin/chpasswd
/usr/sbin/chroot
/usr/sbin/cleanup-info
/usr/sbin/complain
/usr/sbin/console-kit-daemon
```

왜 이런 걸까? 조금 긴 이야기이지만, 여기서는 짧게 말하겠다.

유닉스가 처음 개발된 시절로 돌아가면, 단지 ASCII 문자에 대해서만 알려져 있었다. 그리고 이 기능은 다음 사실을 반영한다. ASCII에서 첫 32자(숫자 0-31)는 제어 코드다(탭, 백스페이스, 캐리지 리턴 같은). 그 다음 32자(32-63)는 구두점 기호와 숫자 0부터 9까지를 포함한 출력 가능 문자들이다. 다음 32자(64-95)는 대문자와 소수의 구두점 기호를 포함한다. 마지막 31자(96-127)는 소문자와 아직도 남은 구두점 기호를 포함한다. 이 배열을 기준으로 시스템은 ASCII를 이용하여 다음과 같은 **조합 순서**를 사용했다.

ABCDEFGHIJKLMNOPQRSTUVWXYZabcdefghijklmnopqrstuvwxyz

이것은 다음과 같이 올바른 사전 순서와는 다르다.

aAbBcCdDeEfFgGhHiIjJkKlLmMnNoOpPqQrRsStTuUvVwWxXyYzZ

이것은 유닉스의 인기처럼 미국을 벗어나 확산되고, 따라서 미국과 영어에 없는 문자들의 지원이 필요해졌다. ASCII 테이블은 총 8비트를 사용하도록 확장됐다. 더 많은 언어를 수용하기 위해 추가적으로 128-255번호의 문자를 지원한다. 이 기능을 제공하기 위해 POSIX 표준에서는 **로케일**(locale)이라는 개념을 도입했다. 그것은 특정 지역에 필요한 문자 집합을 선택하기 위해 조절 가능하도록 한 것이다. 다음 명령어로 시스템의 언어 설정을 볼 수 있다.

```
[me@linuxbox ~]$ echo $LANG
en_US.UTF-8
```

이 설정에 따라, POSIX 호환 응용프로그램들은 ASCII 순서보다 사전 조합 순서를 사용할 것이다. 이러한 이유로 사전순으로 해석될 때, 문자 범위 [A-Z]는 소문자 a를 제외한 알파벳 문자 모드를 포함한다.

이 문제를 부분적으로 해결하기 위해 POSIX 표준은 유용한 문자 범위를 제공하는 다수의 문자 클래스를 제공한다. 이 클래스들은 표 19-2에 설명되어 있다.

표 19-2 POSIX 문자 클래스

문자 클래스	설명
[:alnum:]	ASCII 알파벳과 숫자; [A-Za-z0-9]와 동일
[:word:]	[:alnum:]와 동일, 밑줄 (_) 문자 추가됨
[:alpha:]	ASCII 알파벳; [A-Za-z]와 동일
[:blank:]	스페이스와 탭 문자
[:cntrl:]	ASCII 제어코드; ASCII 문자 0부터 31과 127번
[:digit:]	숫자 0부터 9
[:graph:]	출력 가능한 그래픽 문자; ASCII 문자 33부터 126까지
[:lower:]	소문자
[:punct:]	ASCII 구두점 기호; [-!"#$%&'()*+,./:;<=>?@[\\\]_`{|}~]와 동일
[:print:]	출력 가능 문자; [:graph:]에 스페이스 문자 추가
[:space:]	공백 문자. ASCII의 스페이스, 탭, 캐리지 리턴, 개행, 수직 탭, 폼 피드를 포함; [\t\r\n\v\f]와 동일
[:upper:]	대문자
[:xdigit:]	16진수를 표현하는 ASCII 문자; [0-9A-Fa-f]와 동일

문자 클래스조차도 [A-M]과 같이 부분적인 범위를 지정하는 편리한 방법은 여전히 없다.

문자 클래스를 사용하여 디렉토리 나열을 반복할 수 있고 조금 더 향상된 결과를 볼 수 있다.

```
[me@linuxbox ~]$ ls /usr/sbin/[[:upper:]]*
/usr/sbin/MAKEFLOPPIES
/usr/sbin/NetworkManagerDispatcher
/usr/sbin/NetworkManager
```

하지만 이것은 정규 표현식의 예제가 아니다. 다만 경로명 확장을 수행하는 쉘일 뿐이다. POSIX 문자 클래스가 두 경우에 모두 사용될 수 있기 때문에 확인해본 것이다.

사용자는 LANG 환경 변수 값을 변경하여 전통적인 (ASCII) 조합 순서를 시스템에서 이용할 수 있다. 이전 섹션에서 본 것처럼 LANG 변수는 사용자 환경에서 사용되는 언어 이름과 문자셋을 포함하고 있다. 이 값은 원래 리눅스 인스톨 시에 설치 언어를 선택하여 결정되는 것이다.

사용자 환경설정을 확인하려면 locale 명령어를 사용하면 된다.

```
[me@linuxbox ~]$ locale
LANG=en_US.UTF-8
LC_CTYPE="en_US.UTF-8"
LC_NUMERIC="en_US.UTF-8"
LC_TIME="en_US.UTF-8"
LC_COLLATE="en_US.UTF-8"
LC_MONETARY="en_US.UTF-8"
LC_MESSAGES="en_US.UTF-8"
LC_PAPER="en_US.UTF-8"
LC_NAME="en_US.UTF-8"
LC_ADDRESS="en_US.UTF-8"
LC_TELEPHONE="en_US.UTF-8"
LC_MEASUREMENT="en_US.UTF-8"
LC_IDENTIFICATION="en_US.UTF-8"
LC_ALL=
```

유닉스 전통적인 방식으로 사용자 환경을 변경하려면 LANG 변수를 POSIX로 설정하라.

```
[me@linuxbox ~]$ export LANG=POSIX
```

이렇게 하면 시스템은 US English(조금 더 정확한 표현으로 ASCII)를 사용 언어로 지정하기 때문에 사용자가 실제로 원하는 언어인지에 대해서는 추가로 확인하길 바란다.

이 설정을 시스템에 영구 적용하려면 .bashrc 파일에 다음 내용을 추가하면 된다.

```
export LANG=POSIX
```

POSIX 기본 vs. 확장 정규 표현식

여러분은 이제 막 이해가 되는 듯 했는데, POSIX는 정규 표현식을 구현하는 방법을 또 두 가지로 구분한다는 사실을 알게 된다. 바로 **기본 정규 표현식**(BRE)과 **확장 정규 표현식**(ERE)이다. 지금까지 다룬 내용은 POSIX 방식의 BRE를 구현하는 응용들이다.

그럼 BRE와 ERE의 차이점은 무엇일까? 이는 메타문자와 관계가 있다. BRE는 다음과 같은 메타문자들을 구분한다. ^ $. [ ] *

그 외 다른 문자들은 리터럴 문자로 인식된다. ERE에는 다음과 같은 메타문자들(그와 관련된 기능

들까지)이 추가된다. ( ) { } ? + |

하지만 (재미있게도), () {} 기호는 BRE에서는 백슬래시가 항상 함께 쓰여야만 메타 문자로 인식되지만, ERE에서는 메타 문제 앞에 백슬래시 기호를 사용하게 되면 리터럴 문자임을 의미하게된다.

이제 우리가 다룰 부분은 ERE에 관한 것이며, 다른 버전의 **grep**을 사용하게 될 것이다. 일반적으로, **egrep**이라는 프로그램이 수행될 수 있다. 또한 GNU 버전의 **grep**도 **-E** 옵션을 사용되면 확장정규 표현식을 지원한다.

POSIX

1980년대, 유닉스는 가장 유명한 상업용 운영체제로 자리 잡았다. 하지만 1988년까지 유닉스 세계는 혼돈의 상태이기도 했다. 많은 컴퓨터 제조사들은 그 소유주인 AT&T에 유닉스 소스 코드를 허가 받았다. 그리고 자신의 시스템과 함께 다양한 버전의 운영체제를 제공했다. 하지만 제품을 차별화하기 위한 노력으로 각 생산업체마다 독점적인 내용과 확장 기능을 제공하였다. 이것으로 소프트웨어 호환성에 제한을 받기 시작했다. 다른 상업적인 벤더와 마찬가지로 제조사들이 소비자들과 시스템 비용 싸움에서 이기는 전략을 시도하고 있었다는 것이다. 유닉스 역사에서 암흑기라 할 수 있는 그 때를 **춘추전국시대**라 회자되고 있다.

IEEE(전기 전자 기술자 협회)가 들어섰다. 1980년대 중반에, IEEE는 유닉스(또는 유닉스형의) 시스템이 작동하는 방법에 대한 표준을 개발하기 시작했다. 이 표준은 IEEE 1003으로 보통 알려져 있는데, **애플리케이션 프로그래밍 인터페이스**(APIs), 쉘 그리고 표준 유닉스형 시스템에서 볼 수 있는 유틸리티들을 규정한다. POSIX라는 이름은 **Portable Operating System Interface**의 약어(자연스러운 약어를 만들기 위해 X가 끝에 붙었다)로 리차드 스톨만(그렇다, 바로 그 GNU의 리차드 스톨만이다)이 지었고 IEEE에 의해 사용되기 시작했다.

얼터네이션(Alternation)

확장 정규 표현식의 기능 중 첫 번째로 살펴볼 것은 **얼터네이션**(alternation)이라는 것이다. 이것은 표현식 집합 가운데에서 일치하는 것을 찾아주는 기능이다. 단지 괄호 표현식으로 여러 지정된 문자들 사이에서 일치하는 한 문자를 허용할 수 있다. 얼터네이션도 문자열 집합이나 다른 정규 표현식에서 일치하는 것을 찾아준다.

이를 증명해보기 위해서 echo와 grep 명령어를 함께 사용할 것이다. 우선, 단순하고 진부한 문자열 비교를 시도해보자.

```
[me@linuxbox ~]$ echo "AAA" | grep AAA
AAA
[me@linuxbox ~]$ echo "BBB" | grep AAA
[me@linuxbox ~]$
```

상당히 쉬운 예제다. 이 예제에서는 echo의 출력을 grep에 전달하여 그 결과를 볼 수 있다. 일치하는 것을 찾으면 출력되고, 그렇지 않은 경우엔 아무것도 출력되지 않다.

이제 얼터네이션을 추가할 것이다. 수직 파이프 메타 문자를 이용하여 표현한다.

```
[me@linuxbox ~]$ echo "AAA" | grep -E 'AAA|BBB'
AAA
[me@linuxbox ~]$ echo "BBB" | grep -E 'AAA|BBB'
BBB
[me@linuxbox ~]$ echo "CCC" | grep -E 'AAA|BBB'
[me@linuxbox ~]$
```

'AAA|BBB'라는 정규 표현식을 볼 수 있는데 AAA나 BBB 문자열 중에서 일치하는 것을 찾으라는 뜻이다. 이것은 확장 기능이기 때문에 grep에 -E 옵션을 사용하였다(이 대신 egrep 명령어를 사용할 수도 있다). 그리고 정규 표현식을 따옴표로 감싸는 것은 수직 파이프 메타문자를 파이프 연산자와 헷갈리는 것을 방지하기 위해서다. 얼터네이션이 두 가지 선택으로만 제한되는 것은 아니다.

```
[me@linuxbox ~]$ echo "AAA" | grep -E 'AAA|BBB|CCC'
AAA
```

얼터네이션과 다른 정규 표현식 요소들을 결합하여 사용하려면 () 기호로 얼터네이션을 구분해준다.

```
[me@linuxbox ~]$ grep -Eh '^(bz|gz|zip)' dirlist*.txt
```

이 표현식은 bz, gz, 또는 zip으로 시작하는 파일을 찾아줄 것이다. 만약 괄호를 사용하지 않았다면, 이 표현식의 뜻은 완전히 달라질 것이다. bz으로 시작하는 파일명이나, gz 또는 zip 문자열을 포함하는 파일명을 찾으라는 의미를 갖게 된다.

```
[me@linuxbox ~]$ grep -Eh '^bz|gz|zip' dirlist*.txt
```

수량 한정자

확장 정규 표현식은 하나의 요소를 찾는 횟수를 지정하는 여러 방법을 지원한다.

? – 항목이 없거나 한 번만 나타나는 경우

이 한정자가 의미하는 것은, 실제로는 "그 앞의 요소는 선택적인 것이다"라는 의미다. 예를 들어 전화번호의 유효성을 검사하고 싶다고 해보자. 그렇다면 다음과 같은 두 형식 중 하나와 일치하는 전화번호를 찾아야 할 것이다: (nnn)nnn-nnnn 또는 nnn nnn-nnnn

그렇다면 다음과 같이 정규 표현식을 만들어볼 수 있을 것이다.

   ^\(?[0-9][0-9][0-9]\)? [0-9][0-9][0-9]-[0-9][0-9][0-9][0-9]$

이 표현식에서는 괄호 기호 다음에 물음표를 사용하여 없거나 한 번만 일치하는 것을 찾도록 지정하고 있다. 괄호는 일반적으로 메타 문자(ERE에서)이기 때문에 백슬래시 기호를 선행하여 대신 리터럴 문자로 해석되도록 한다.

다음의 예제를 실행해보자.

```
[me@linuxbox ~]$ echo "(555) 123-4567" | grep -E '^\(?[0-9][0-9][0-9]\)? [0-9][0-9][0-9]$'
(555) 123-4567
[me@linuxbox ~]$ echo "555 123-4567" | grep -E '^\(?[0-9][0-9][0-9]\)? [0-9][0-9][0-9]-[0-9][0-9][0-9][0-9]$'
555 123-4567
[me@linuxbox ~]$ echo "AAA 123-4567" | grep -E '^\(?[0-9][0-9][0-9]\)? [0-9][0-9][0-9]-[0-9][0-9][0-9][0-9]$'
[me@linuxbox ~]$
```

여기서 우리는 이 표현식으로 일치하는 두 형식의 전화번호를 찾았다. 그리고 숫자가 아닌 문자가 포함된 것은 찾지 않는 것을 알 수 있다.

* – 항목이 없거나 여러 번 나타나는 경우

? 메타문자와 같이 * 기호는 임의의 사항을 입력할 때 사용된다. 하지만 ? 메타문자와는 달리, 요소가 여러 번 나타날 수 있다. 예를 들어, 한 문자열이 대문자로 시작하고 여러 대소문자와 공백을 포함하고 있으며 마지막은 마침표로 끝나는 문장을 원한다고 치자. 이러한 문장(아주 대충 만든 문장)을 찾기 위해서 우리는 다음과 같이 정규 표현식을 만들어볼 수 있다.

        [[:upper:]][[:upper:][:lower:]]*\.

이 표현식은 다음 세 가지로 구분할 수 있다. 1) [:upper:] 문자 클래스가 포함된 괄호식. 2) [:upper:]와 [:lower:] 문자 클래스와 공백이 포함된 괄호식. 3) 백슬래시와 함께 사용된 마침표. 두 번째 요소 다음에 * 메타문자가 따라오는데 이는 대문자로 시작하는 문자 다음에 여러 대소문자 및 공백이 있을 수도 있음을 의미한다. 결과는 다음과 같다.

```
[me@linuxbox ~]$ echo "This works." | grep -E '[[:upper:]][[:upper:][:lower:]]*\.'
This works.
[me@linuxbox ~]$ echo "This Works." | grep -E '[[:upper:]][[:upper:][:lower:]]*\.'
This Works.
[me@linuxbox ~]$ echo "this does not" | grep -E '[[:upper:]][[:upper:][:lower:] ]*\.'
[me@linuxbox ~]$
```

이 표현식은 앞의 두 테스트는 성공하지만 세 번째는 일치하지 않는다. 그 이유는 첫 글자가 대문자가 아니고 마침표로 끝나지 않기 때문이다.

+ – 항목이 한 번 이상 나타나는 경우

+ 메타 문자는 *와 거의 비슷하다. 단, 찾으려는 요소와 일치하는 개체가 하나 이상 있어야 한다는 것을 제외하곤 말이다. 단일 스페이스로 구분된 하나 이상의 알파벳으로 구성된 그룹을 찾는 정규 표현식 예제를 살펴보자.

        ^([[:alpha:]]+ ?)+$

다음과 같이 입력해보자.

```
[me@linuxbox ~]$ echo "This that" | grep -E '^([[:alpha:]]+ ?)+$'
This that
[me@linuxbox ~]$ echo "a b c" | grep -E '^([[:alpha:]]+ ?)+$'
a b c
[me@linuxbox ~]$ echo "a b 9" | grep -E '^([[:alpha:]]+ ?)+$'
[me@linuxbox ~]$ echo "abc  d" | grep -E '^([[:alpha:]]+ ?)+$'
[me@linuxbox ~]$
```

결과를 보면 "a b 9 "는 일치하지 않는데 그 이유는 알파벳이 아닌 다른 문자가 포함되어 있기 때문이다. 마지막 줄의 "abc d " 역시 c와 d 사이에 하나 이상의 스페이스가 포함되어 있기 때문이다.

{ } – 항목이 지정된 횟수만큼 나타나는 경우

{, } 메타 문자는 검색 횟수의 최소와 최대값을 지정할 때 사용된다. 표 19-3에서 표현할 수 있는 네 가지 방법을 소개한다.

표 19-3 일치 횟수 지정

명시자	의미
{n}	정확히 n번만 일치하는 선행 요소 검색
{n,m}	최소 n번, 하지만 m번 미만으로 일치하는 선행 요소 검색
{n,}	n번 이상 일치하는 선행 요소 검색
{, m}	m번 미만 일치하는 선행 요소 검색

전화번호를 검색했던 이전 예제를 다시 보면, 이 예제에서 반복 횟수를 지정함으로써 조금 더 간단하게 표현할 수 있을 것이다.

^\(?[0-9][0-9][0-9]\)? [0-9][0-9][0-9]-[0-9][0-9][0-9][0-9]$

에서

^\(?[0-9]{3}\)? [0-9]{3}-[0-9]{4}$

로 변경한다. 예제를 실행해보자.

```
[me@linuxbox ~]$ echo "(555) 123-4567" | grep -E '^\(?[0-9]{3}\)? [0-9]{3}-[0-9]{4}$'
(555) 123-4567
[me@linuxbox ~]$ echo "555 123-4567" | grep -E '^\(?[0-9]{3}\)? [0-9]{3}-[0-9]{4}$'
555 123-4567
[me@linuxbox ~]$ echo "5555 123-4567" | grep -E '^\(?[0-9]{3}\)? [0-9]{3}-[0-9]{4}$'
[me@linuxbox ~]$
```

살펴본 바와 같이 수정된 표현식은 괄호가 있건 없건 유효한 전화번호를 검색할 수 있었다. 또한 형식과 맞지 않는 전화번호는 제외되었다.

정규 표현식 활용

우리가 이미 알고 있는 명령어 몇 가지를 다시 살펴보고 정규 표현식과 응용해서 사용할 수 있는지 알아보자.

grep 명령어로 유효한 전화번호 찾기

앞의 예제에서 하나의 전화번호를 검사해서 주어진 형식에 맞는지 확인하였다. 좀 더 현실적으로 여러 개의 전화번호 목록을 확인하는 작업이 필요할 것이다. 먼저 전화번호 목록을 만들어보자. 이를 위해 커맨드라인에 마법 같은 주문을 걸어보자. 그것이 마법인 이유는 여기에 사용될 명령들이 아직 우리가 다루지 않은 것들이 대부분이기 때문이다. 하지만 걱정하지 않아도 된다. 금방 배울 것이다. 자, 이제 주문을 걸어보자.

```
[me@linuxbox ~]$ for i in {1..10}; do echo "(${RANDOM:0:3}) ${RANDOM:0:3}-${RANDOM:0:4}" >>
phonelist.txt; done
```

이 명령으로 10개의 전화번호를 가진 phonelist.txt라는 이름의 파일을 생성했다. 명령이 반복될 때마다 또 다른 10개의 번호가 파일에 추가될 것이다. 또한 커맨드라인 시작 부근의 숫자 10을 다른 값으로 변경하여 더 많거나 또는 더 적게 전화번호를 추가할 수 있다. 파일 내용을 확인해보면 약간의 문제가 있음을 알 수 있다.

```
[me@linuxbox ~]$ cat phonelist.txt
(232) 298-2265
(624) 381-1078
(540) 126-1980
(874) 163-2885
(286) 254-2860
(292) 108-518
(129) 44-1379
(458) 273-1642
(686) 299-8268
(198) 307-2440
```

그것이 유효한지 입증하기 위해 grep을 사용했기 때문에 일부 숫자 형식이 이상하다. 이는 우리의 목적에 완전히 부합하다.

유효성 검사 방법 중 유용한 것은 잘못된 숫자를 찾아서 표시하는 것이다.

```
[me@linuxbox ~]$ grep -Ev '^\([0-9]{3}\) [0-9]{3}-[0-9]{4}$' phonelist.txt
(292) 108-518
(129) 44-1379
[me@linuxbox ~]$
```

-v 옵션을 사용하면 명령의 원 결과와는 정반대인 결과를 보여주기 때문에 우리 표현식과 일치하지 않는 결과를 출력할 수 있다. 그 번호의 어느 쪽 끝에도 여분의 문자가 없어야 함을 보장하기 위해 이 표현식 자체는 각 끝에 앵커 메타 문자를 포함한다. 이 표현식은 또한 유효한 숫자에 대하여 괄호를 사용하고 있는데, 이 부분은 앞서 보았던 전화번호 예제와는 다른 부분이다.

find로 잘못된 파일명 찾기

find 명령어는 정규 표현식을 기초로 하여 테스트하는 데 사용될 수 있다. grep과 비교하여, find 명령에서 정규 표현식을 사용할 때 중요하게 짚고 넘어가야 하는 것이 있다. grep은 표현식과 일치하는 문자열이 포함된 결과를 출력하지만 find는 정규 표현식과 정확히 일치하는 경로명이 필요하다. 다음 예제에서는 정규 표현식을 find와 함께 사용하여 다음 문자 집합에 포함되지 않는 문자를 가진 모든 경로명을 찾을 것이다.

```
[-_./0-9a-zA-Z]
```

이런 검색으로 숨겨진 공백 문자나 잠재적으로 문제가 되는 다른 문자가 포함된 경로명을 찾아낼 수 있다.

```
[me@linuxbox ~]$ find . -regex '.*[^-_./0-9a-zA-Z].*'
```

경로명 전체와 정확하게 일치하는 조건을 명시하기 위해서 .*을 표현식 끝에 모두 사용하여 아무 문자가 존재하지 않거나 어떤 문자가 한 번 이상 존재하는 개체와 일치하는 것을 찾도록 하였다. 표현식 중간 부분을 보면 허용되는 경로명 문자들을 포함하고 있는 부정 괄호식을 사용하였다.

locate로 파일 검색하기

locate 프로그램은 기본 정규 표현식(--regexp 옵션) 및 확장 정규 표현식(--regex 옵션) 모두를 지원한다. 이 명령어로 이전에 dirlist 파일들에 수행했던 동일한 작업들을 실행할 수 있다.

```
[me@linuxbox ~]$ locate --regex 'bin/(bz|gz|zip)'
/bin/bzcat
/bin/bzcmp
/bin/bzdiff
/bin/bzegrep
/bin/bzexe
/bin/bzfgrep
/bin/bzgrep
/bin/bzip2
/bin/bzip2recover
/bin/bzless
/bin/bzmore
/bin/gzexe
/bin/gzip
/usr/bin/zip
/usr/bin/zipcloak
/usr/bin/zipgrep
/usr/bin/zipinfo
/usr/bin/zipnote
/usr/bin/zipsplit
```

얼터네이션을 활용하여 bin/bz, bin/gz, /bin/zip이 포함된 경로명을 검색할 수 있다.

less와 vim으로 텍스트 검색하기

less와 vim 프로그램은 텍스트를 검색하는 방법이 똑같다. / 키를 입력하고 정규 표현식을 입력하면 검색이 실행된다. phonelist.txt 파일을 보기 위해 less를 사용해보자.

```
[me@linuxbox ~]$ less phonelist.txt
```

그 다음 유효한 전화번호를 찾기 위해 표현식을 입력해보자.

```
(232) 298-2265
(624) 381-1078
(540) 126-1980
(874) 163-2885
(286) 254-2860
(292) 108-518
(129) 44-1379
(458) 273-1642
(686) 299-8268
(198) 307-2440
```

```
~
~
~
/^\([0-9]{3}\) [0-9]{3}-[0-9]{4}$
```

less는 일치하는 문자열을 강조해서 표시해주기 때문에 유효하지 않은 결과는 알아보기 쉬울 것이다.

```
(232)  298-2265
(624)  381-1078
(540)  126-1980
(874)  163-2885
(286)  254-2860
(292)  108-518
(129)  44-1379
(458)  273-1642
(686)  299-8268
(198)  307-2440
~
~
~
(END)
```

반면, vim 프로그램은 기본 정규 표현식을 지원하기 때문에 표현식은 다음과 같이 변경될 것이다.

```
/([0-9]\{3\}) [0-9]\{3\}-[0-9]\{4\}
```

표현식은 거의 비슷하다. 하지만 확장 표현식에서 메타문자로 여겨지는 문자들이 기본 표현식에서는 리터럴 문자로 받아들인다. 그것들은 백슬래시로 확장되어야만 메타문자로 인식된다. 시스템의 vim 환경설정에 따라 일치하는 값은 하이라이트될 수 있다. 그렇지 않다면 명령 모드의 명령어 :hlsearch를 사용해보길 바란다. 이 명령어는 검색 결과를 강조해준다.

저자주: 사용하는 배포판에 따라, vim 프로그램에서 텍스트 강조 기능이 지원여부가 달라진다. 우분투의 경우 기본적으로 가장 기본 기능만 있는 vim 프로그램이 설치되어 있기 때문에 이런 경우에는 패키지 관리자를 사용하여 확장 버전의 vim을 설치해야 할 것이다.

마무리 노트

이번 장에서 다룬 것은 정규 표현식의 빙산의 일각일 뿐이다. 우리는 정규 표현식의 추가 사용법을 찾기 위해 정규 표현식을 사용하는 것 또한 가능하다. 즉 이를 통해 man 페이지를 검색할 수 있다.

```
[me@linuxbox ~]$ cd /usr/share/man/man1
[me@linuxbox man1]$ zgrep -El 'regex|regular expression' *.gz
```

zgrep 프로그램은 grep의 프론트엔드로 압축 파일을 읽어올 수 있다. 이 예제에서는 압축된 man 페이지 섹션 1 파일을 man 페이지가 있는 위치에서 검색하고 있다. 이 명령의 결과는 regex 문자열 또는 regular expression이 포함된 파일들이다. 결과를 통해, 정규 표현식이 수많은 프로그램에서 사용되고 있는 것을 알 수 있다.

우리가 아직 다루지 않은 기본 정규 표현식 기능이 하나가 있다. **후방 참조**(back references)라는 것인데, 바로 다음 장에서 살펴볼 것이다.

20

텍스트 편집

모든 유닉스형 운영체제는 다양한 형태로 저장된 텍스트 파일에 매우 의존적이다. 따라서 텍스트 조작 툴이 많은 것은 당연하다. 이 장에서는 텍스트를 "자르고 써는" 프로그램을 살펴볼 것이다. 다음 장에서는 인쇄와 그 외 다양한 종류의 소비 형태를 위해 텍스트를 포맷하는 프로그램에 집중하여 더 많은 텍스트 처리 기능을 살펴볼 것이다.

이 장에서는 옛 친구들을 다시 만나게 되고, 다음과 같이 새로운 것들을 소개할 것이다.

- cat — 파일과 표준 출력을 연결시킨다.
- sort — 텍스트 파일의 행들을 정렬한다.
- uniq — 중복된 행을 생략하거나 보고한다.
- cut — 파일의 행에서 일부 영역을 제거한다.
- paste — 파일들의 행들을 합친다.
- join — 공통 필드로 두 파일의 행을 합친다.
- comm — 행 단위로 정렬된 두 파일을 비교한다.

- diff — 행 단위로 파일들을 비교한다.
- patch — diff 파일을 원본 파일에 적용한다.
- tr — 문자들을 변환하거나 삭제한다.
- sed — 텍스트의 필터링과 변환을 위한 스트림 편집기.
- aspell — 대화형 맞춤법 검사기.

텍스트의 응용

지금까지 우리는 두 개의 텍스트 편집기(nano와 vim)에 대해 배웠다. 설정 파일 묶음을 살펴보고, 여러 명령들의 출력을 확인했으며, 텍스트의 모든 것을 배웠다. 하지만 그 외에 텍스트가 어디에 쓰일까? 이제, 많은 것들을 살펴볼 것이다.

문서

많은 사람들이 일반 텍스트 형식을 사용하여 문서를 작성한다. 작은 텍스트 파일이 간단한 메모를 유지하기에 유용한 것은 어찌 보면 당연하다. 게다가 텍스트 형식으로 큰 문서를 작성하는 것도 가능하다. 텍스트 형식으로 큰 문서를 작성하는 것은 인기 있는 방법 중 하나다. 그리고 나서 최종 문서의 포맷을 기술하기 위해 **마크업 언어**(markup language)를 사용한다. 많은 과학지들이 이러한 방법으로 작성된다. 유닉스 기반 텍스트 처리 시스템은 기술학 저자들에게 필요한 고급 조판 레이아웃을 지원하는 첫 번째 시스템들 중 하나다.

웹 페이지

세계에서 가장 인기 있는 전자 문서 방식은 아마 웹 페이지일 것이다. 웹 페이지는 문서의 시각적 형식을 기술하기 위한 마크업 언어로 HTML(하이퍼텍스트 마크업 언어) 또는 XML(확장 마크업 언어)도 사용하는 텍스트 문서다.

이메일

이메일은 본질적으로 텍스트 기반 매체다. 텍스트가 아닌 첨부물조차도 전송을 위해 텍스트 표현 방식으로 변환된다. 다운로드한 이메일 메시지를 less로 보면 이를 확인할 수 있다. 메시지의 출발지와 그 수신 경로를 나타내는 **헤더**(header)로 시작하여 이어 실제 내용물인 **본문**(body)을 보게 될 것이다.

프린터 출력

유닉스형 시스템에서 프린터 출력은 일반 텍스트로 보내지거나, 만약 그래픽을 포함하면 **포스트스크립트**(PostScript)로 변환된다. 그 후 포스트스크립트는 인쇄될 그래픽 도트를 생성하는 프로그램에 보내진다.

프로그램 소스 코드

커맨드라인 프로그램의 다수는 유닉스형 시스템에서 쉽게 발견된다. 그 프로그램들은 시스템 관리와 소프트웨어 개발을 지원하고, 텍스트 처리 프로그램도 예외 없이 지원한다. 그것들 중 다수는 소프트웨어 개발 문제를 해결하기 위해 설계되었다. 텍스트 처리가 중요한 이유는 소프트웨어 개발자들 모든 소프트웨어를 텍스트로 시작하기 때문이다. **소스 코드**는 프로그래머가 실제로 작성한 프로그램의 부분으로 언제나 텍스트 형태다.

옛 친구들과의 재회

6장으로 돌아가보면, 우리는 커맨드라인 인자로 표준 입력을 받는 일부 명령어들에 대해 배웠다. 당시에는 간략하게만 다루었지만 이제는 그것들이 텍스트 처리를 위해 어떻게 사용되는지 더 자세히 살펴볼 것이다.

cat – 파일과 표준 출력을 연결

cat 프로그램은 흥미로운 옵션이 많이 있다. 그 중 다수는 텍스트 내용을 좀 더 시각적으로 보이게 한다. 한 예로 -A 옵션은 텍스트 내의 비출력 문자를 표시한다. 눈에 보이는 텍스트 이외에 내장된 제어 문자를 알고 싶을 때가 있을 것이다. 이 중 가장 흔히 사용하는 것은 탭 문자(스페이스가 아니라)와 개행 문자, MS-DOS 방식의 텍스트 파일에서 종종 나타나는 행 끝 문자들이 있다. 또 다른 흔한 상황은 공백들이 뒤따라오는 텍스트 줄을 포함한 파일이다.

이제 cat을 기초적인 워드 프로세서로 사용하여 테스트 파일을 만들자. 이를 위해서는, cat 명령어를 입력하고 텍스트를 타이핑한다. 각 줄의 끝은 적절히 엔터를 사용하여 나누고 CTRL-D로 cat에 파일의 끝을 알릴 수 있다. 이 예제에서는 선두를 탭으로 입력하고 스페이스 몇 개로 끝을 맺는다.

```
[me@linuxbox ~]$ cat > foo.txt
          The quick brown fox jumped over the lazy dog.
[me@linuxbox ~]$
```

다음은 -A 옵션을 사용하여 텍스트를 표시한 것이다.

```
[me@linuxbox ~]$ cat -A foo.txt
^IThe quick brown fox jumped over the lazy dog.  $
[me@linuxbox ~]$
```

결과에서 볼 수 있듯이, 텍스트 안의 탭 문자는 ^I로 표현된다. 이 표기법은 "CTRL-I"를 의미하고 탭 문자와 동일하다. 또한 실제 줄 끝에 나타난 $는 스페이스가 뒤따라옴을 가리킨다.

MS-DOS 텍스트 VS. 유닉스 텍스트

cat으로 비출력 문자를 보기 원하는 이유들 중 하나는 숨겨진 캐리지 리턴(carriage return)을 찾기 위해서다. 숨겨진 캐리지 리턴은 어디서 비롯된 것일까? 바로 도스와 윈도우즈! 유닉스와 도스는 텍스트 파일에서 동일한 방식으로 행 끝을 정의하지 않는다. 유닉스는 라인피드(linefeed) 문자(ASCII 10)로 행을 끝낸다. 반면 MS-DOS 계열은 각 행을 마치기 위해 캐리지 리턴(ASCII 13)과 라인피드 문자열을 사용한다.

도스에서 유닉스 포맷으로 파일을 변환하기 위한 여러 방법들이 있다. 많은 리눅스 시스템에서 dos2unix와 unix2dos라는 프로그램으로 텍스트 파일을 도스 포맷과 유닉스 포맷 간의 전환이 가능하다. 하지만 dos2unix 프로그램이 시스템에 없다면, 그래도 걱정은 하지 마라. 도스에서 유닉스 포맷으로 텍스트를 변환하는 절차는 매우 간단하다. 단순히 문제가 되는 캐리지 리턴만을 제거하면 된다. 그것은 이 장에서 후에 논의하게 될 두 쌍의 프로그램에 의해 쉽게 수행된다.

또한 cat은 텍스트를 수정하는 옵션들이 있다. 두 가지 가장 유명한 옵션은 줄 번호를 매기는 -n과 여러 공백 줄을 제거하는 -s이다. 다음과 같이 보여줄 수 있다.

```
[me@linuxbox ~]$ cat > foo.txt
The quick brown fox


jumped over the lazy dog.
[me@linuxbox ~]$ cat -ns foo.txt
     1  The quick brown fox
     2
     3  jumped over the lazy dog.
[me@linuxbox ~]$
```

이 예제에서는 새 버전의 foo.txt 파일을 만든다. 두 줄의 공백으로 구분된 두 줄의 텍스트를 가진 파일이다. cat에 -ns 옵션을 사용하면 여분의 공백 줄은 제거되고 남은 줄에는 번호가 매겨진다. 이것이 텍스트를 처리하는 대단한 뭔가는 아니다. 그저 하나의 절차일 뿐이다.

sort - 텍스트 파일의 행을 정렬

sort 프로그램은 표준 입력이나 커맨드라인에 명시된 하나 이상의 파일의 내용물들을 정렬하고 표준 출력으로 결과를 전달한다. cat과 동일한 방식으로 직접 키보드로부터 표준 입력을 처리할 수 있다.

```
[me@linuxbox ~]$ sort > foo.txt
c
b
a
[me@linuxbox ~]$ cat foo.txt
a
b
c
```

명령어를 입력 후, 문자 c, b, a를 타이핑하고 다시 한번 CTRL-D로 파일의 끝을 알린다. 그리고 나서 결과 파일을 보면 이제 그 줄들이 정렬된 것을 보게 된다.

sort는 커맨드라인 인자로 복수의 파일을 허용하기 때문에, 파일들을 전부 합쳐 하나의 정렬된 형태로 만들 수 있다. 예를 들어, 세 개의 텍스트 파일을 가지고 있고 하나의 정렬된 파일로 합치길 원한다면 다음과 같이 수행할 수 있다.

```
sort file1.txt file2.txt file3.txt > final_sorted_list.txt
```

sort는 여러 가지 재미있는 옵션을 가지고 있다. 표 20-1은 일부 목록을 보여준다.

표 20-1 sort 주요 옵션

옵션	Long 옵션	설명
-b	--ignore-leading-blanks	기본적으로 정렬은 각 줄의 첫 문자를 대상으로 전체에 실행한다. 이 옵션은 각 줄의 첫 공백들은 무시하고 공백이 아닌 첫 문자를 기준으로 계산하여 정렬하도록 한다.
-f	--ignore-case	정렬 시에 대소문자를 구분하지 않도록 한다.
-n	--numeric-sort	문자열의 숫자 값을 평가하여 정렬을 실행한다. 이 옵션을 사용하면 알파벳 대신 수치를 기준으로 정렬하도록 한다.

-r	--reverse	역순으로 정렬한다. 결과는 오름차순 대신 내림차순으로 정렬된다.
-k	--key= *field1*[,*field2*]	필드 전체가 아닌 키 필드로 지정된 *field1*부터 *field2*까지를 기준으로 정렬한다.
-m	--merge	이미 정렬된 파일명을 각각 인자로 처리한다. 복수의 파일을 추가적인 정렬 없이 하나의 정렬된 결과로 합친다.
-o	--output= *file*	정렬된 결과를 표준 출력이 아닌 *file*로 보낸다.
-t	--field-separator= *char*	필드 구분 문자를 정의한다. 기본적으로 스페이스나 탭으로 필드를 구분한다.

이 옵션 대부분이 부가 설명 없이도 잘 이해가 가지만 일부는 그렇지 않다. 먼저 숫자 값으로 정렬하는 -n 옵션을 살펴보자. 이 옵션은 숫자 값을 기반으로 값을 정렬한다. 디스크 사용량이 가장 많은 것들을 확인하기 위해 du 명령어의 결과를 정렬하여 보여줄 것이다. 일반적으로 du 명령은 경로명순으로 요약된 결과를 나열한다.

```
[me@linuxbox ~]$ du -s /usr/share/* | head
252             /usr/share/aclocal
96              /usr/share/acpi-support
8               /usr/share/adduser
196             /usr/share/alacarte
344             /usr/share/alsa
8               /usr/share/alsa-base
12488           /usr/share/anthy
8               /usr/share/apmd
21440           /usr/share/app-install
48              /usr/share/application-registry
```

이 예제에서는 결과를 head로 연결하여 처음 10줄만을 표시하도록 한다. 사용량이 가장 큰 10가지를 보기 위해서 다음과 같은 방식으로 숫자로 정렬된 목록을 만들 수 있다.

```
[me@linuxbox ~]$ du -s /usr/share/* | sort -nr | head
509940          /usr/share/locale-langpack
242660          /usr/share/doc
197560          /usr/share/fonts
179144          /usr/share/gnome
146764          /usr/share/myspell
144304          /usr/share/gimp
135880          /usr/share/dict
76508           /usr/share/icons
68072           /usr/share/apps
62844           /usr/share/foomatic
```

-nr 옵션을 사용하여, 결과에 가장 큰 값이 처음 나올 수 있도록 역순으로 숫자 값 정렬을 한다. 이 정렬은 각 행이 숫자 값으로 시작하기 때문에 동작한다. 하지만 만약 그 행에 있는 어떤 값을 기준으로 목록을 정렬하기 원한다면 어떻게 될까? 예를 들면 ls -l의 결과 값은 이와 같다.

```
[me@linuxbox ~]$ ls -l /usr/bin | head
total 152948
-rwxr-xr-x 1 root    root      34824 2012-04-04 02:42 [
-rwxr-xr-x 1 root    root     101556 2011-11-27 06:08 a2p
-rwxr-xr-x 1 root    root      13036 2012-02-27 08:22 aconnect
-rwxr-xr-x 1 root    root      10552 2011-08-15 10:34 acpi
-rwxr-xr-x 1 root    root       3800 2012-04-14 03:51 acpi_fakekey
-rwxr-xr-x 1 root    root       7536 2012-04-19 00:19 acpi_listen
-rwxr-xr-x 1 root    root       3576 2012-04-29 07:57 addpart
-rwxr-xr-x 1 root    root      20808 2012-01-03 18:02 addr2line
-rwxr-xr-x 1 root    root     489704 2012-10-09 17:02 adept_batch
```

ls가 크기를 기준으로 정렬할 수 있다는 사실은 잠시만 무시하고, 이 목록을 파일의 크기로 정렬하기 위해 sort도 사용할 수 있다.

```
[me@linuxbox ~]$ ls -l /usr/bin | sort -nr -k 5 | head
-rwxr-xr-x 1 root    root    8234216 2012-04-07 17:42 inkscape
-rwxr-xr-x 1 root    root    8222692 2012-04-07 17:42 inkview
-rwxr-xr-x 1 root    root    3746508 2012-03-07 23:45 gimp-2.4
-rwxr-xr-x 1 root    root    3654020 2012-08-26 16:16 quanta
-rwxr-xr-x 1 root    root    2928760 2012-09-10 14:31 gdbtui
-rwxr-xr-x 1 root    root    2928756 2012-09-10 14:31 gdb
-rwxr-xr-x 1 root    root    2602236 2012-10-10 12:56 net
-rwxr-xr-x 1 root    root    2304684 2012-10-10 12:56 rpcclient
-rwxr-xr-x 1 root    root    2241832 2012-04-04 05:56 aptitude
-rwxr-xr-x 1 root    root    2202476 2012-10-10 12:56 smbcacls
```

sort의 사용 대부분은 이 ls 명령의 결과처럼 표로 구성된 자료의 처리와 관련이 있다. 만약 위 표를 데이터베이스 용어로 적용해보면, 각 행은 **레코드**라 부르고 각 레코드는 파일 속성, 링크 수, 파일명, 파일 크기 등의 복수 **필드**로 구성된다. sort는 각각의 필드들을 처리할 수 있다. 데이터베이스 용어인, **정렬키**로 사용하기 위해 키 필드를 하나 이상 지정 가능하다. 이 예제에서 명시한 n과 r 옵션은 역순 숫자 값 정렬을 실행하고 -k 5 옵션은 다섯 번째 필드를 정렬키로 사용하게끔 한다.

k 옵션은 매우 흥미롭고 많은 기능이 있다. 하지만 먼저 어떻게 sort가 필드를 정의하는지에 대한 논의가 필요하다. 매우 단순하게 필자의 이름이 표시된 줄 하나로 구성된 텍스트 파일을 살펴보자.

```
William          Shotts
```

기본적으로 sort는 이 줄이 두 필드를 가진 것으로 본다. 첫 번째 필드는 William이라는 단어를 가진 것이고, 두 번째 필드는 Shotts이다. 이는 공백 문자들(스페이스와 탭)이 필드 사이의 구분자로 사용되고 그 구분자는 정렬할 때 그 필드에 포함된다는 뜻이다.

ls 출력 결과에서 다시 한번 한 줄을 살펴보면 그 줄이 8개의 필드를 가지고 있고 다섯 번째 필드는 파일 크기임을 볼 수 있다.

```
-rwxr-xr-x 1 root    root    8234216 2012-04-07 17:42 inkscape
```

다음 실습은 2006년부터 2008년까지 출시된 리눅스 배포판 기록을 담은 다음 파일을 살펴보는 것이다. 파일의 각 행은 세 필드로 나뉘어 있다. 배포판 이름, 버전 번호, MM/DD/YYYY 형식의 출시 날짜를 포함한다.

```
SUSE      10.2     12/07/2006
Fedora    10       11/25/2008
SUSE      11.0     06/19/2008
Ubuntu    8.04     04/24/2008
Fedora    8        11/08/2007
SUSE      10.3     10/04/2007
Ubuntu    6.10     10/26/2006
Fedora    7        05/31/2007
Ubuntu    7.10     10/18/2007
Ubuntu    7.04     04/19/2007
SUSE      10.1     05/11/2006
Fedora    6        10/24/2006
Fedora    9        05/13/2008
Ubuntu    6.06     06/01/2006
Ubuntu    8.10     10/30/2008
Fedora    5        03/20/2006
```

텍스트 편집기(아마도 vim)를 사용하여 이 자료를 입력하고 distos.txt라는 파일명으로 저장할 것이다.

그 다음에 파일을 정렬하고 결과를 살펴볼 것이다.

```
[me@linuxbox ~]$ sort distros.txt
Fedora    10       11/25/2008
Fedora    5        03/20/2006
```

```
Fedora       6         10/24/2006
Fedora       7         05/31/2007
Fedora       8         11/08/2007
Fedora       9         05/13/2008
SUSE         10.1      05/11/2006
SUSE         10.2      12/07/2006
SUSE         10.3      10/04/2007
SUSE         11.0      06/19/2008
Ubuntu       6.06      06/01/2006
Ubuntu       6.10      10/26/2006
Ubuntu       7.04      04/19/2007
Ubuntu       7.10      10/18/2007
Ubuntu       8.04      04/24/2008
Ubuntu       8.10      10/30/2008
```

거의 제대로 동작했다. 페도라 버전 번호의 정렬에 한 가지 문제가 발생했다. 1이 5보다 앞선 문자이기 때문에 결국 버전 10은 맨 위로 올라가는 반면 버전 9는 맨 끝으로 내려간다.

이 문제를 고치기 위해서는 복수 키로 정렬해야 한다. 첫 번째 필드는 알파벳 정렬을 세 번째 필드는 수 정렬을 한다. -k 옵션은 복수로 사용 가능하기에 여러 정렬키를 명시할 수 있다. 사실 키는 필드의 범위를 가질 수도 있다. 만약 범위를 지정하지 않으면, sort는 명시된 필드부터 행의 끝까지 확장된 키를 사용한다.

복수키 정렬을 위한 문법이 여기 있다.

```
[me@linuxbox ~]$ sort --key=1,1 --key=2n distros.txt
Fedora       5         03/20/2006
Fedora       6         10/24/2006
Fedora       7         05/31/2007
Fedora       8         11/08/2007
Fedora       9         05/13/2008
Fedora       10        11/25/2008
SUSE         10.1      05/11/2006
SUSE         10.2      12/07/2006
SUSE         10.3      10/04/2007
SUSE         11.0      06/19/2008
Ubuntu       6.06      06/01/2006
Ubuntu       6.10      10/26/2006
Ubuntu       7.04      04/19/2007
Ubuntu       7.10      10/18/2007
Ubuntu       8.04      04/24/2008
Ubuntu       8.10      10/30/2008
```

여기서는 명료함을 위해 long 옵션을 사용했지만, -k 1,1 -k 2n도 정확히 동일한 기능을 한다. 첫 번째 key 옵션은 첫 번째 키에 포함할 필드 범위를 명시한다. 첫 번째 필드로 정렬을 제한하기 위해 1,1로 지정했다. 이는 "1번 필드로 시작해서 1번 필드로 끝남"을 의미한다. 두 번째 key 옵션은 2n 으로 지정하였고 이는 2번 필드가 정렬키고 숫자 값 정렬을 의미한다. 실행할 정렬 방식을 나타내는 문자 옵션은 키 지정자 끝에 포함될 수 있다. 이들 옵션 문자는 sort 프로그램의 전역 옵션과 동일하다. 즉 b(시작 공백 무시), n(숫자 값 정렬), r(역순 정렬) 등을 사용할 수 있다.

목록의 세 번째 필드는 정렬을 위한 날짜를 포함하고 있다. 이는 조금 불편한 방식으로 지정되어 있다. 컴퓨터상에서 날짜는 시간순으로 정렬되기 쉽게 항상 YYYY-MM-DD 형식으로 지정된다. 그러나 이것은 미국식 포맷인 MM/DD/YYYY을 사용하고 있다. 우리는 어떻게 이 목록을 시간순으로 정렬할 수 있을까?

다행히도, sort는 이 방식을 지원한다. key 옵션은 필드 내의 특정 영역을 지정 가능하고 따라서 이로 필드 내의 키를 정의할 수 있다.

```
[me@linuxbox ~]$ sort -k 3.7nbr -k 3.1nbr -k 3.4nbr distros.txt
Fedora      10      11/25/2008
Ubuntu      8.10    10/30/2008
SUSE        11.0    06/19/2008
Fedora      9       05/13/2008
Ubuntu      8.04    04/24/2008
Fedora      8       11/08/2007
Ubuntu      7.10    10/18/2007
SUSE        10.3    10/04/2007
Fedora      7       05/31/2007
Ubuntu      7.04    04/19/2007
SUSE        10.2    12/07/2006
Ubuntu      6.10    10/26/2006
Fedora      6       10/24/2006
Ubuntu      6.06    06/01/2006
SUSE        10.1    05/11/2006
Fedora      5       03/20/2006
```

-k 3.7을 명시함으로써 sort에 3번째 필드의 7번째 문자에서 시작하는 정렬키를 사용하도록 지시한다. 이는 연도의 시작에 해당된다. 마찬가지로 -k 3.1과 k 3.4는 해당 날짜의 월과 일을 분리하는 데 사용한다. 또한 역순 숫자 값 정렬을 위해 n과 r 옵션을 추가한다. b 옵션은 날짜 필드의 시작이 공백인 경우를 제거한다(행마다 공백 수는 다르고, 정렬의 결과에 영향을 미친다).

어떤 파일은 탭과 스페이스를 필드 구분자로 사용하지 않는다. /etc/passwd 파일이 그 예다.

```
[me@linuxbox ~]$ head /etc/passwd
root:x:0:0:root:/root:/bin/bash
daemon:x:1:1:daemon:/usr/sbin:/bin/sh
bin:x:2:2:bin:/bin:/bin/sh
sys:x:3:3:sys:/dev:/bin/sh
sync:x:4:65534:sync:/bin:/bin/sync
games:x:5:60:games:/usr/games:/bin/sh
man:x:6:12:man:/var/cache/man:/bin/sh
lp:x:7:7:lp:/var/spool/lpd:/bin/sh
mail:x:8:8:mail:/var/mail:/bin/sh
news:x:9:9:news:/var/spool/news:/bin/sh
```

이 파일의 필드들은 콜론(:)으로 구분된다. 그러면 어떻게 키 필드를 사용하여 이 파일을 정렬할 수 있을까? sort는 필드 구분자를 지정하는 -t 옵션을 제공한다. passwd 파일의 7번째 필드(사용자 기본 쉘)를 기준으로 정렬하기 위해 다음과 같이 할 수 있다.

```
[me@linuxbox ~]$ sort -t ':' -k 7 /etc/passwd | head
me:x:1001:1001:Myself,,,:/home/me:/bin/bash
root:x:0:0:root:/root:/bin/bash
dhcp:x:101:102::/nonexistent:/bin/false
gdm:x:106:114:Gnome Display Manager:/var/lib/gdm:/bin/false
hplip:x:104:7:HPLIP system user,,,:/var/run/hplip:/bin/false
klog:x:103:104::/home/klog:/bin/false
messagebus:x:108:119::/var/run/dbus:/bin/false
polkituser:x:110:122:PolicyKit,,,:/var/run/PolicyKit:/bin/false
pulse:x:107:116:PulseAudio daemon,,,:/var/run/pulse:/bin/false
```

필드 구분자를 콜론 문자로 지정하여 7번째 필드를 정렬할 수 있다.

uniq - 중복행 생략 및 보고

sort와 달리 uniq는 경량 프로그램이다. uniq는 겉보기에 사소한 작업을 수행한다. 정렬된 파일이 주어진 경우(표준 입력을 포함), 이 프로그램은 모든 중복 행을 제거하고 그 결과를 표준 출력으로 보낸다. 그것은 중복 결과를 정리하기 위해 sort와 함께 종종 사용된다.

저자주: uniq는 sort와 함께 사용되는 전통적인 유닉스 툴인 반면, GNU 버전의 sort는 정렬된 결과로부터 중복을 제거하는 -u 옵션을 제공하여 동일한 기능을 한다.

이를 위해 텍스트 파일을 만들어보자.

```
[me@linuxbox ~]$ cat > foo.txt
a
b
c
a
b
c
```

표준 입력을 종료하기 위해 CTRL-D를 입력해야 한다. 이제 **uniq**를 텍스트 파일에 실행하면, 그 결과는 원본과 동일할 것이다. 중복된 내용이 제거되지 않았기 때문이다.

```
[me@linuxbox ~]$ uniq foo.txt
a
b
c
a
b
c
```

uniq로 작업을 하기 위해서는 먼저 입력 내용이 반드시 정렬되어 있어야 한다.

```
[me@linuxbox ~]$ sort foo.txt | uniq
a
b
c
```

uniq가 단지 인접한 행들의 중복만을 제거하기 때문에 이와 같이 보인다.

uniq의 옵션들 중 흔히 사용하는 것을 위주로 표 20-2에 나열하였다.

표 20-2 uniq 주요 옵션

옵션	설명
-c	중복 발생 횟수와 함께 중복 행의 목록을 출력한다.
-d	유일한 행이 아닌 중복된 행들만을 출력한다.
-f n	각 행에서 n필드까지 무시한다. sort에서 공백으로 필드를 구분한 것과 달리 uniq는 다른 필드 구분자를 설정하는 옵션이 없다.
-i	행 비교 시 대소문자 구별을 하지 않는다.
-s n	각 행의 n개의 문자까지 무시한다.
-u	유일한 행들만 출력한다. 이 옵션이 기본값이다.

여기서는 텍스트 파일의 중복된 행 수를 보기 위해 uniq의 -c 옵션을 함께 사용한다.

```
[me@linuxbox ~]$ sort foo.txt | uniq -c
    2 a
    2 b
    2 c
```

텍스트 자르고 붙이기

우리는 텍스트를 자르고 다시 결합하는 데 유용하게 사용되는 다음 세 가지 프로그램에 대해 논의할 것이다.

cut – 파일들의 각 행 일부를 삭제

cut 프로그램은 행에서 텍스트 일부를 추출하고 그 부분을 표준 출력으로 보낸다. 복수의 파일 인자나 표준 입력으로부터 입력을 허용한다. 행의 추출할 영역을 지정하는 것이 약간 어색하긴 하다. 이는 표 20–3의 옵션들을 사용하여 지정한다.

표 20–3 cut 선택 옵션

옵션	설명
-c char_list	char_list에 정의된 영역을 추출한다. 이 목록은 하나 이상의 콤마로 구분된 숫자 범위다.
-f field_list	field_list에 정의된 하나 이상의 필드를 추출한다. 이 목록은 하나 이상의 필드거나 콤마로 구분된 필드 범위다.
-d delim_char	-f를 지정했을 때, delim_char를 필드 구분자로 사용한다. 기본적으로 필드들은 하나의 탭문자로 구분되어야 한다.
--complement	-c와(또는) -f로 명시된 영역을 제외한 모든 부분을 추출한다.

우리가 볼 수 있듯이, cut이 텍스트를 추출하는 방법은 약간 융통성이 없다. cut은 사용자가 직접 입력한 텍스트보다 다른 프로그램이 생성한 파일의 텍스트를 추출하는 데 적합하다. 이제 distros. txt 파일을 살펴볼 것이다. 이 파일은 cut의 예제로 사용하기에 충분히 좋은 견본이다. cat과 -A 옵션을 사용하면, 탭 구분 필드의 요구 조건을 만족하는지 볼 수 있다.

```
[me@linuxbox ~]$ cat -A distros.txt
SUSE^I10.2^I12/07/2006$
Fedora^I10^I11/25/2008$
SUSE^I11.0^I06/19/2008$
Ubuntu^I8.04^I04/24/2008$
Fedora^I8^I11/08/2007$
SUSE^I10.3^I10/04/2007$
Ubuntu^I6.10^I10/26/2006$
Fedora^I7^I05/31/2007$
Ubuntu^I7.10^I10/18/2007$
Ubuntu^I7.04^I04/19/2007$
SUSE^I10.1^I05/11/2006$
Fedora^I6^I10/24/2006$
Fedora^I9^I05/13/2008$
Ubuntu^I6.06^I06/01/2006$
Ubuntu^I8.10^I10/30/2008$
Fedora^I5^I03/20/2006$
```

문자 사이에 공백 없이 탭 문자 하나만 제대로 들어간 것 같다. 이 파일은 스페이스가 아닌 탭을 사용했기에 -f 옵션을 사용하여 필드를 추출할 수 있다.

```
[me@linuxbox ~]$ cut -f 3 distros.txt
12/07/2006
11/25/2008
06/19/2008
04/24/2008
11/08/2007
10/04/2007
10/26/2006
05/31/2007
10/18/2007
04/19/2007
05/11/2006
10/24/2006
05/13/2008
06/01/2006
10/30/2008
03/20/2006
```

distros 파일은 탭으로 구분되었기 때문에 cut을 사용하여 문자가 아닌 필드를 추출하는 데 적합하다. 파일이 탭으로 구분되면, 각 행이 동일한 길이의 문자들이 있지 않을 것이다. 이는 행 내의 문자 위치를 계산하기 어렵게 하거나 불가능하게 만든다. 따라서 문자보다 필드를 구분하는 데 적절하다. 하지만 앞의 예제에서는 다행히 동일한 길이의 자료를 가진 필드를 추출했다. 그래서 각 행으로부터 연도를 가져오기 위해 어떻게 문자를 추출하는지 볼 수 있다.

```
[me@linuxbox ~]$ cut -f 3 distros.txt | cut -c 7-10
2006
2008
2008
2008
2007
2007
2006
2007
2007
2007
2006
2006
2008
2006
2008
2006
```

목록에 cut을 두 번 실행하여 7부터 10번까지 연도에 상응하는 문자를 추출할 수 있다. 7-10 표기법은 범위를 지정하는 예다. cut의 man 페이지는 어떻게 범위를 지정하는지에 대한 자세한 사항을 포함하고 있다.

필드를 가져올 때 문자가 아닌 다른 필드 구분자를 지정하는 것도 가능하다. 이제 /etc/passwd 파일에서 첫 번째 필드를 추출할 것이다.

```
[me@linuxbox ~]$ cut -d ':' -f 1 /etc/passwd | head
root
daemon
bin
sys
sync
games
man
lp
mail
news
```

-d 옵션을 사용하여 콜론 문자를 구분자로 지정할 수 있다.

paste – 파일들의 행을 합친다

paste는 cut의 반대 명령어다. 파일에서 텍스트 열을 추출하는 대신에, 파일에 하나 이상의 텍스트 열을 추가한다. 복수의 파일을 읽어 들이고, 각 파일에서 찾은 필드를 표준 출력의 단일 스트림으로 결합한다. cut과 유사하게, paste는 복수의 파일 인자와(또는) 표준 입력을 받아들인다. paste가 어떻게 동작하는지 보려면, 출시 목록을 연대순으로 만들기 위해 distros.txt 파일에 약간의 수정을 가해야 할 것이다.

sort로 했던 이전 작업에서, 먼저 날짜로 정렬된 배포판 목록을 만들고 그 결과를 distros-by-date.txt 파일로 저장할 것이다.

```
[me@linuxbox ~]$ sort -k 3.7nbr -k 3.1nbr -k 3.4nbr distros.txt > distros-bydate.txt
```

그 다음, 파일에서 cut으로 첫 두 필드(배포판명과 버전)를 추출하고 그 결과를 distro-versions.txt로 저장할 것이다.

```
[me@linuxbox ~]$ cut -f 1,2 distros-by-date.txt > distros-versions.txt
[me@linuxbox ~]$ head distros-versions.txt
Fedora 10
Ubuntu 8.10
SUSE 11.0
Fedora 9
Ubuntu 8.04
```

```
Fedora 8
Ubuntu 7.10
SUSE 10.3
Fedora 7
Ubuntu 7.04
```

준비 과정의 마지막은 출시 일자를 추출하고 distro-dates.txt 파일로 저장하는 것이다.

```
[me@linuxbox ~]$ cut -f 3 distros-by-date.txt > distros-dates.txt
[me@linuxbox ~]$ head distros-dates.txt
11/25/2008
10/30/2008
06/19/2008
05/13/2008
04/24/2008
11/08/2007
10/18/2007
10/04/2007
05/31/2007
04/19/2007
```

이제 우리는 필요한 부분을 가지고 있다. paste로 날짜 열을 배포판 이름과 버전 앞에 넣고 연대순 목록을 만드는 것으로 완료한다. 이것은 단순히 paste에 준비된 파일들을 순서대로, 인자로 나열하면 된다.

```
[me@linuxbox ~]$ paste distros-dates.txt distros-versions.txt
11/25/2008      Fedora      10
10/30/2008      Ubuntu      8.10
06/19/2008      SUSE        11.0
05/13/2008      Fedora      9
04/24/2008      Ubuntu      8.04
11/08/2007      Fedora      8
10/18/2007      Ubuntu      7.10
10/04/2007      SUSE        10.3
05/31/2007      Fedora      7
04/19/2007      Ubuntu      7.04
12/07/2006      SUSE        10.2
10/26/2006      Ubuntu      6.10
10/24/2006      Fedora      6
06/01/2006      Ubuntu      6.06
05/11/2006      SUSE        10.1
03/20/2006      Fedora      5
```

join – 공통 필드로 두 파일의 행을 합친다

어떤 점에서는 join이 파일에 열을 추가하는 paste와 같아 보인다. 하지만 그것은 어쩌면 유일한 방식이다. join은 항상 공유키 필드로 복수의 **테이블**에서 자료를 가져와 원하는 결과의 형태로 합치는 **관계형 데이터베이스**와 관련된 작업이다. join 프로그램도 이와 동일하게 동작한다. 공유키 필드 기반으로 복수의 파일로부터 자료를 합친다.

관계형 데이터베이스에서 join 명령이 어떻게 동작하는지 보기 위해 각각 하나의 레코드를 포함한 두 테이블을 가지고 있는 매우 작은 데이터베이스가 있다고 가정하자. 첫 번째 테이블인 CUSTOMERS는 고객 번호(CUSTNUM), 고객의 이름(FNAME), 고객의 성(LNAME) 이렇게 세 개의 필드가 있다.

```
CUSTNUM         FNAME       LNAME
=========       ======      ======
4681934         John        Smith
```

두 번째 테이블은 ORDERS로 주문 번호(ORDERNUM), 고객 번호(CUSTNUM), 주문량(QUAN), 물품(ITEM)순으로 네 개의 필드가 있다.

```
ORDERNUM        CUSTNUM         QUAN        ITEM
==========      =========       =====       ====
3014953305      4681934         1           Blue Widget
```

두 테이블 모두 CUSTNUM 필드를 공유하는 것에 주목하라. 이는 테이블 간의 관계형성을 허용하는 것으로 매우 중요하다.

join 명령의 실행은 송장을 준비하는 것처럼 유용한 결과를 얻기 위해 두 테이블을 합치는 것을 허용한다. 두 테이블의 CUSTNUM 필드에서 일치하는 값을 활용하여 join 명령을 수행하면 다음과 같은 결과가 만들어진다.

```
FNAME       LNAME       QUAN        ITEM
======      ======      =====       ====
John        Smith       1           Blue Widget
```

join 프로그램을 시현하기 위해 공유키를 가진 두 개의 파일을 만들어야 한다. 이를 위해, distros-by-date.txt 파일을 사용할 것이다. 이 파일로부터 두 개의 추가적인 파일을 생성할 것이다. 하나는 출시 일자(시현을 위해 공유키 필드가 될)와 배포판 이름을 포함한다.

```
[me@linuxbox ~]$ cut -f 1,1 distros-by-date.txt > distros-names.txt
[me@linuxbox ~]$ paste distros-dates.txt distros-names.txt > distros-key-names.txt
[me@linuxbox ~]$ head distros-key-names.txt
11/25/2008        Fedora
10/30/2008        Ubuntu
06/19/2008        SUSE
05/13/2008        Fedora
04/24/2008        Ubuntu
11/08/2007        Fedora
10/18/2007        Ubuntu
10/04/2007        SUSE
05/31/2007        Fedora
04/19/2007        Ubuntu
```

두 번째 파일은 출시 일자와 버전 번호를 포함한다.

```
[me@linuxbox ~]$ cut -f 2,2 distros-by-date.txt > distros-vernums.txt
[me@linuxbox ~]$ paste distros-dates.txt distros-vernums.txt > distros-keyvernums.txt
[me@linuxbox ~]$ head distros-key-vernums.txt
11/25/2008        10
10/30/2008        8.10
06/19/2008        11.0
05/13/2008        9
04/24/2008        8.04
11/08/2007        8
10/18/2007        7.10
10/04/2007        10.3
05/31/2007        7
04/19/2007        7.04
```

이제 두 파일은 공유키("출시 일자" 필드)를 가지게 된다. join이 제대로 동작하려면 파일들이 키 필드를 기준으로 정렬되어 있는 것이 중요하다.

```
[me@linuxbox ~]$ join distros-key-names.txt distros-key-vernums.txt | head
11/25/2008 Fedora 10
10/30/2008 Ubuntu 8.10
06/19/2008 SUSE 11.0
05/13/2008 Fedora 9
04/24/2008 Ubuntu 8.04
11/08/2007 Fedora 8
10/18/2007 Ubuntu 7.10
10/04/2007 SUSE 10.3
05/31/2007 Fedora 7
04/19/2007 Ubuntu 7.04
```

또한 기본적으로 join은 입력 필드 구분자로 공백문자를 사용하고 출력 필드 구분자로 하니의 스페이스를 이용한다. 이러한 방식은 옵션을 지정하여 변경할 수 있다. 좀 더 자세한 정보는 join의 man 페이지를 참조하라.

텍스트 비교

텍스트 비교는 텍스트 파일들의 버전을 비교하는 데 종종 유용하다. 이는 시스템 관리자들과 소프트웨어 개발자들에게 중요한 부분이다. 예를 들면, 시스템 관리자는 시스템 문제를 분석하기 위해 현 설정 파일을 이전 버전과 비교할지도 모른다. 프로그래머도 유사하게 프로그램을 만드는 동안 변경내역을 자주 확인할 필요가 있다.

comm – 정렬된 두 파일을 행 단위로 비교한다

comm 프로그램은 두 텍스트 파일을 비교하고 각각 유일한 행과 공통된 행들을 표시한다. 시현을 위해 cat을 사용하여 거의 동일한 텍스트 파일을 만들 것이다.

```
[me@linuxbox ~]$ cat > file1.txt
a
b
c
d
[me@linuxbox ~]$ cat > file2.txt
b
c
d
e
```

다음은 comm을 사용하여 두 파일을 비교할 것이다.

```
[me@linuxbox ~]$ comm file1.txt file2.txt
a
                b
                c
                d
        e
```

이 결과처럼, comm은 세 개의 열을 생성한다. 첫째 열은, 첫 번째 파일 인자의 유일한 행을 포함하고, 둘째 열은, 두 번째 파일 인자의 유일한 행을 포함한다. 그리고 셋째 열은, 두 파일의 공통된 행을 포함한다. comm은 1, 2, 3과 같은 형태의 -n(숫자) 옵션을 제공한다. 이 옵션은 제거할 열을 지정하는 데 사용된다. 예를 들면, 오직 두 파일의 공통된 행만 출력되기를 원한다면, 1열과 2열의 출력을 숨길 수 있다.

```
[me@linuxbox ~]$ comm -12 file1.txt file2.txt
b
c
d
```

diff – 파일을 행 단위로 비교한다

diff도 comm 프로그램처럼, 파일 간의 차이점을 찾을 때 사용된다. 그러나 diff는 좀 더 많이 복잡한 툴이며, 많은 출력 포맷을 지원하고 한꺼번에 많은 텍스트 파일들을 처리할 수 있는 능력이 있다. diff는 소프트웨어 개발자들이 프로그램 소스 코드의 버전 간의 차이점을 확인하기 위해 종종 사용되는데, 그 이유는 소스 트리라 불리는 소스 코드의 디렉토리를 재귀적으로 확인할 수 있는 능력을 가지고 있기 때문이다. diff의 일반적인 사용 중 하나는 diff **파일**을 만들거나 **패치**를 생성한다. 패치는 파일(또는 파일들)의 한 버전에서 다른 버전으로 변환하기 위해 patch(곧 논의될)와 같은 프로그램에서 사용된다.

이전 예제 파일들을 살펴보기 위해 diff를 사용하면, 기본적인 출력 형태를 보게 된다. 두 파일의 차이점을 간결하게 설명한다.

```
[me@linuxbox ~]$ diff file1.txt file2.txt
1d0
< a
4a4
> e
```

기본적인 출력 포맷은 각 변경 내역이 **범위 명령 범위** 형태의 변경 명령(표 20-4 참조)을 가지게 된다. 첫 번째 파일에서 두 번째 파일로 변환된 위치와 형태에 대해 설명한다.

표 20-4 diff 변경 명령

변경 명령	설명
r1ar2	두 번째 파일의 r2 위치에 있는 행을 첫 번째 파일의 r1 위치에 추가.
r1cr2	r1 위치에 있는 행을 두 번째 파일의 r2 위치의 행으로 변경.
r1dr2	두 번째 파일의 r2 범위에 있어야 할 행을 첫 번째 파일의 r1 위치에서 삭제.

이 포맷에서 범위는 시작 행과 마지막 행을 콤마로 구분한 목록이다. 이 포맷이 기본이긴 하지만 (주로 POSIX 표준과 전통적인 유닉스 버전의 하위 호환성을 가진 diff), 다른 것처럼 널리 사용되지 않는다. 이보다 더 인기 있는 포맷 두 가지는 **문맥 방식**(context format)과 **통합 방식**(unified format)이다.

문맥 방식(-c 옵션)을 사용하면 결과는 다음과 같다.

```
[me@linuxbox ~]$ diff -c file1.txt file2.txt
*** file1.txt    2012-12-23 06:40:13.000000000 -0500
--- file2.txt    2012-12-23 06:40:34.000000000 -0500
***************
*** 1,4 ****
- a
  b
  c
  d
--- 1,4 ----
  b


  c
  d
+ e
```

출력 결과는 두 파일의 이름과 타임스탬프로 시작한다. 첫 번째 파일은 별표들로 표시되고 두 번째 파일은 대시 기호들로 표시된다. 목록의 나머지 부분에 전반적으로 이 표시들이 각각의 파일에 나타나게 될 것이다. 그 다음에 변경 내역을 해당 영역의 주변 행을 기본값에 따라 함께 보여준다. 첫 번째 내역에서 *** 1,4 ****는 첫 번째 파일의 1번부터 4번 행까지를 가리킨다. 그 뒤 --- 1,4 ----는 두 번째 파일의 1번부터 4번 행까지를 가리킨다. 변경 내역에서 각 행은 표 20-5에 보이는 것처럼 네 가지 중 하나의 지시자로 시작한다.

표 20-5 diff 문맥 방식 변경 지시자

지시자	의미
(없음)	문맥 표시 행. 두 파일 간의 차이점을 나타내지 않는다.
-	삭제된 행. 이 행은 첫 번째 파일에는 나타나지만 두 번째 파일에는 나타나지 않을 것이다.
+	추가된 행. 이 행은 두 번째 파일에는 나타나지만 첫 번째 파일에는 나타나지 않을 것이다.
!	변경된 행. 이 행은 두 가지 버전이 표시될 것이다. 변경 내역의 각자의 영역에 각각 표시된다.

통합 방식은 문맥 방식과 유사하지만 더 간결하다. -u 옵션을 사용하면 다음과 같은 결과를 얻을 수 있다.

```
[me@linuxbox ~]$ diff -u file1.txt file2.txt
--- file1.txt    2012-12-23 06:40:13.000000000 -0500
+++ file2.txt    2012-12-23 06:40:34.000000000 -0500
@@ -1,4 +1,4 @@
-a
 b
 c
 d
+e
```

문맥 방식과 통합 방식 간의 가장 두드러진 차이점은 문맥의 중복 행 제거에 있다. 통합 방식의 결과는 문맥 방식보다 더 짧게 만들어진다. 이 예제를 보면 문맥 방식과 같은 파일 타임스탬프가 있다. 이어서 @@ -1,4 +1,4 @@ 문자열을 보게 된다. 이것은 변경 내역에 기술된 첫 번째 파일의 행들과 두 번째 파일의 행들을 나타낸다. 기본적으로 해당 행과 3줄이 더 따라오게 된다. 표 20-6에 보이는 것처럼, 각 행은 세 가지 가용한 문자로 시작한다.

표 20-6 diff 통합 방식 변경 지시자

문자	의미
(없음)	이 행은 두 파일 모두 공유한다.
-	이 행은 첫 번째 파일에서 삭제되었다.
+	이 행은 첫 번째 파일에 추가되었다.

patch – 원본에 diff 적용하기

patch 프로그램은 텍스트 파일에 수정 내용을 적용하기 위해 사용된다. diff의 출력 결과를 받아서 이전 버전의 파일을 새 버전으로 변환시키는 데 일반적으로 사용된다. 유명한 예를 하나 들어보자. 리눅스 커널은 작은 수정 사항들을 끊임없이 제출하는 기여자들로 구성된 거대하고 느슨한 구조의 팀에 의해 개발된다. 리눅스 커널은 수백만 줄의 코드로 이루어져 있지만 한 기여자에 의해 한 번에 만들어지는 수정 사항은 매우 작다. 소스 기여자들이 매번 작은 수정 사항을 만들 때마다 전체 커널 소스 트리의 개발자들에 그것을 보낸다는 것은 말도 안 된다. 그 대신에 diff 파일만이 보내진다. diff 파일은 커널의 예전 버전과 기여자가 변경한 새 버전 간의 변경 내역을 포함하고 있다. diff의 수신자는 patch 프로그램을 사용하여 자신의 소스 트리에 변경 내역을 적용한다. diff/patch의 사용은 두 가지 중요한 이점을 제공한다.

- diff 파일은 전체 소스 트리의 크기에 비해 매우 작다.
- diff 파일은 변경 내역을 간결하게 보여 준다. 따라서 패치 검토자가 평가를 빠르게 할 수 있게 한다.

물론 diff/patch는 소스 코드뿐만 아니라 모든 텍스트 파일에도 사용이 가능하다. 설정 파일이나 다른 텍스트 파일들에도 동일하게 적용할 수 있다.

patch용으로 diff 파일을 준비하기 위해 다음과 같이 GNU 문서에서 제안하는 diff의 사용법을 쓸 수 있다.

```
diff -Naur old_file new_file > diff_file
```

old_file과 new_file 위치에는 단일 파일들이나 파일을 포함하는 디렉토리들을 지정할 수 있다. r 옵션은 디렉토리 트리의 재귀 순회를 지원한다.

diff 파일이 생성되면 이전 파일을 새 파일로 패치하기 위해 다음과 같이 적용할 수 있다.

```
patch < diff_file
```

우리의 테스트 파일로 이를 보여줄 것이다.

```
[me@linuxbox ~]$ diff -Naur file1.txt file2.txt > patchfile.txt
[me@linuxbox ~]$ patch < patchfile.txt
patching file file1.txt
[me@linuxbox ~]$ cat file1.txt
b
c
d
e
```

이 예제에서는 patchfile.txt라는 diff 파일을 생성하고 patch 프로그램을 사용하여 패치했다. 패치를 위해 그 대상 파일을 지정하지 않았다는 것에 주목해라. diff 파일(통합 방식의)은 이미 헤더에 그 파일명을 포함하고 있다. 패치가 적용되면 이제 file1.txt가 file2.txt와 일치하는 것을 볼 수 있다.

patch는 많은 옵션들과 패치를 분석하고 편집할 수 있는 추가적인 유틸리티 프로그램도 있다.

신속한 편집

지금까지 경험한 텍스트 편집기는 대체로 **대화형**이었다. 즉 수동으로 커서를 여기저기 이동하고 변경 내용을 타이핑하였다. 하지만 텍스트 편집을 위한 **비대화형** 방식도 존재한다. 예를 들면, 하나의 명령어로 복수의 파일에 수정할 수 있다.

tr – 문자들을 변환 또는 삭제하기

tr 프로그램은 문자들을 **변환**(transliterate)하는 데 사용된다. 이것은 문자 기반 검색 및 치환 작업의 일종으로 생각될 수 있다. 문자 변환은 하나의 알파벳에서 다른 것으로 문자들을 변경하는 작업이다. 예를 들면, 소문자에서 대문자로 문자들을 변환하는 것이다. tr을 사용해서 다음과 같이 변환할 수 있다.

```
[me@linuxbox ~]$ echo "lowercase letters" | tr a-z A-Z
LOWERCASE LETTERS
```

보는 것처럼, tr은 표준 입력을 받아 표준 출력으로 결과를 전달한다. tr은 변환할 문자열 집합과 이에 상응하는 변환될 문자열 집합의 두 인자를 받는다. 문자 집합은 다음 세 가지 방식 중 하나로 표현된다.

- 열거 목록: 예를 들면, ABCDEFGHIJKLMNOPQRSTUVWXYZ.
- 문자 범위: 예를 들면, A-Z. 이 방식은 때때로 다른 명령어들과 동일한 문제를 겪게 된다(로케일 조합 순서 때문에). 따라서 주의 깊게 사용해야 한다.
- POSIX 문자 클래스: 예를 들면, [:upper:].

대부분의 경우에, 문자 집합은 동일한 길이여야 한다. 하지만, 특별히 여러 문자들을 하나의 문자로 변환하기를 원한다면 첫 번째 집합을 두 번째보다 더 크게 만들 수 있다.

```
[me@linuxbox ~]$ echo "lowercase letters" | tr [:lower:] A
AAAAAAAAA AAAAAAA
```

추가적인 문자 변환으로, tr은 문자열을 단순히 입력 스트림에서 삭제할 수 있다. 이 장 초반부에서 MS-DOS 텍스트 파일을 유닉스 스타일의 텍스트로 변환하는 문제에 대해 다루었다. 이 변환을 위해, 각 행의 끝에서 캐리지 리턴 문자를 제거할 필요가 있다. tr을 사용하여 다음과 같이 수행할 수 있다.

```
tr -d '\r' < dos_file > unix_file
```

*dos_file*에는 변환할 파일을, *unix_file*에는 결과 파일을 지정한다. 이 형식에서 이스케이스 문자열 \r을 사용하여 캐리지 리턴 문자를 표현한다. tr이 지원하는 문자열과 문자 클래스의 목록 전체를 보기 위해서는 다음 명령을 사용하라.

```
[me@linuxbox ~]$ tr -help
```

ROT13: 비밀스럽지 않은 디코더 링

tr의 재미있는 사용법 중 하나는 텍스트에 ROT13 **인코딩**을 수행하는 것이다. ROT13은 단순 치환 암호에 기반을 둔 기초적인 암호화 형태다. ROT13 **암호화**로 불리는 것은 관대한 표현이다. **텍스트 혼합**(text obfuscation)이라고 하는 게 좀 더 정확하다. 그것은 때때로 내용물을 보호하기 위해 텍스트를 모호하게 만드는 데 사용된다. 이 방식은 단순히 각 문자를 알파벳 13글자만큼 이동시킨 것이다. 이것은 알파벳 26개 문자의 절반이기 때문에 원래 형태로 복원하기 위해서는, 그 알고리즘을 두 번 실행하면 된다. 먼저 tr로 다음과 같이 인코딩한다.

```
echo "secret text" | tr a-zA-Z n-za-mN-ZA-M
frperg grkg
```

두 번째에는 그 변환 결과에 동일한 명령을 수행한다.

```
echo "frperg grkg" | tr a-zA-Z n-za-mN-ZA-M
secret text
```

많은 이메일 프로그램과 유즈넷 뉴스리더가 ROT13 인코딩을 지원한다. 위키피디아의 http://en.wikipedia.org/wiki/ROT13에서 이 주제에 대해 다루고 있다.

역자주: 한국어 페이지는 http://ko.wikipedia.org/wiki/ROT13 이다.

tr은 또 다른 트릭을 사용할 수 있다. -s 옵션을 사용하여 문자의 반복 개체를 축소할(삭제할) 수 있다.

```
[me@linuxbox ~]$ echo "aaabbbccc" | tr -s ab
abccc
```

여기 반복되는 문자들을 가진 문자열이 있다. tr에 ab를 명시하여 그 문자들의 반복 개체를 제거한다. c는 명시되지 않았기에 변경 없이 그대로 남아있는다. 반복 문자들은 반드시 인접해야 한다는 것을 명심해야 한다. 만약 그렇지 않으면, 아무런 효과가 적용되지 않는다.

```
[me@linuxbox ~]$ echo "abcabcabc" | tr -s ab
abcabcabc
```

sed – 텍스트 필터링과 변환용 스트림 편집기

sed란 이름은 **stream editor**의 약자다. 텍스트 스트림과 명시된 파일 집합과 표준 입력에서도 텍스트 편집을 수행한다. sed는 강력하고 다소 복잡한 프로그램(이에 대한 책이 있다)이다. 그래서 여기서는 그 전부를 다루지는 않을 것이다.

일반적으로 sed가 동작하는 방식은 단일 편집 명령어나 복수의 명령어를 포함한 스크립트 파일이 주어진다. 그리고 나서 이 명령어들은 텍스트 스트림의 각 행 위에서 수행된다. 여기 sed의 매우 간단한 예제가 실행 중이다.

```
[me@linuxbox ~]$ echo "front" | sed 's/front/back/'
back
```

이 예제에서는 echo를 사용하여 한 단어 스트림을 생성하고 그것을 sed로 송신한다. sed는 그 스트림의 텍스트에 s/front/back 명령을 수행하고 결과로 back을 출력한다. 또한 이것은 vi에서 치환 (검색과 대체) 명령과 비슷한 명령어로 인식할 수 있다.

sed의 명령은 한 글자로 시작한다. 이 예제에서 치환 명령은 글자 s로 표현되고 이어서 슬래시 문자로 구분된 검색할 문자열과 대체할 문자열이 따라온다. 구분 문자의 선택은 임의로 정할 수 있다. 지금까지의 관례에 따라 주로 슬래시 문자가 사용된다. 하지만 sed는 구분자로 명령어에 바로 따라오는 어떤 문자라도 허용할 것이다. 이러한 방식으로 동일한 명령을 수행할 수 있다.

```
[me@linuxbox ~]$ echo "front" | sed 's_front_back_'
back
```

밑줄 표시가 명령어 뒤에 바로 사용되면 그것은 구분자가 된다. 구분자를 설정하는 기능은 더 읽기 쉽게 만들어준다.

sed의 다수 명령어들은 편집될 입력 스트림의 행 번호를 지정한 **주소**를 앞세울 것이다. 만약 그 주소를 생략하면, 편집 명령은 입력 스트림의 모든 행에 실행된다. 주소의 가장 간단한 형태는 행 번호다. 다음과 같이 예제에 추가할 수 있다.

```
[me@linuxbox ~]$ echo "front" | sed '1s/front/back/'
back
```

명령어에 주소 1을 추가하여 입력 스트림의 첫 번째 행에만 치환을 수행하게끔 한다. 물론 다른 숫자를 지정할 수도 있다.

```
[me@linuxbox ~]$ echo "front" | sed '2s/front/back/'
front
```

입력 스트림에는 2번 행이 없기 때문에 편집이 수행되지 않은 것을 보게 된다.

주소는 다양한 방식으로 표현된다. 표 20-7은 주소 표현 방식을 나열한 것이다.

표 20-7 sed 주소 표기법

주소	설명
n	n은 양수인 행 번호
$	마지막 행
/regexp/	POSIX 기본 정규 표현식과 일치하는 행들. 정규 표현식은 슬래시 문자로 구분된다는 것을 명심해라. 부가적으로 정규 표현식은 \cregexpc를 표현식과 함께 명시하면 다른 문자로 구분될 수 있다. 여기서 c는 구분자로 사용할 대체 문자다.
addr1, addr2	addr1부터 addr2까지 범위의 행들. 주소는 단일 주소 형태의 어느 것이든 상관없다.
first~ step	first 번호에 표현된 것과 일치하는 행과 그 다음 step 간격마다 모든 행. 예를 들면, 1~2는 모든 홀수 행을 가리키고, 5~5는 5번 행과 그 이후 매 5번째 행을 가리킨다.
addr1,+n	addr1과 일치하는 행과 다음 n개의 행들.
addr!	addr을 제외한 모든 행. addr에는 위 형태 중 어느 것이든 올 수 있다.

이 장 초반부의 distros.txt 파일을 사용하여 각기 다른 종류의 주소들을 시현할 것이다. 먼저 행 번호 범위다.

```
[me@linuxbox ~]$ sed -n '1,5p' distros.txt
SUSE            10.2    12/07/2006
Fedora          10      11/25/2008
SUSE            11.0    06/19/2008
Ubuntu          8.04    04/24/2008
Fedora          8       11/08/2007
```

이 예제에서는 지정된 범위 내의 행들을 출력한다. 1번 행부터 시작하여 계속해서 5번 행까지 나타낸다. 이를 위해, 단순히 일치된 행을 출력하는 p 명령을 사용한다. 하지만 이를 적용하기 위해서는 반드시 -n 옵션(수동 출력 옵션)을 포함해야 한다. 왜냐하면 sed는 기본적으로 모든 행을 출력하기 때문이다.

다음은 정규 표현식을 사용한 것이다.

```
[me@linuxbox ~]$ sed -n '/SUSE/p' distros.txt
SUSE          10.2     12/07/2006
SUSE          11.0     06/19/2008
SUSE          10.3     10/04/2007
SUSE          10.1     05/11/2006
```

슬래시로 구분된 정규 표현식 /SUSE/를 사용하여 grep과 같은 방식으로 그 내용을 포함한 행들을 분리할 수 있다.

마지막으로, 감탄사 부호(!)를 주소에 추가하여 부정문을 시도할 것이다.

```
[me@linuxbox ~]$ sed -n '/SUSE/!p' distros.txt
Fedora        10       11/25/2008
Ubuntu        8.04     04/24/2008
Fedora        8        11/08/2007
Ubuntu        6.10     10/26/2006
Fedora        7        05/31/2007
Ubuntu        7.10     10/18/2007
Ubuntu        7.04     04/19/2007
Fedora        6        10/24/2006
Fedora        9        05/13/2008
Ubuntu        6.06     06/01/2006
Ubuntu        8.10     10/30/2008
Fedora        5        03/20/2006
```

예상한 결과가 나타난다. 파일 내에서 정규 표현식과 일치된 것을 제외한 모든 행을 출력한다.

지금까지 우리는 sed 편집 명령어 s와 p, 이 두 가지를 살펴 보았다. 표 20-8은 기본 편집 명령어의 좀 더 완전한 목록이다.

표 20-8 sed 기본 편집 명령어

명령어	설명
=	현재 행 번호를 출력한다.
a	현재 행 뒤에 텍스트를 추가한다.
d	현재 행을 삭제한다.
i	현재 행 앞에 텍스트를 삽입한다.
p	현재 행을 출력한다. sed는 기본적으로 모든 행을 출력하고, 파일 내에서 지정된 주소와 일치하는 행들만 편집한다. 기본 동작은 -n 옵션을 명시하여 무시할 수 있다.

q	sed는 더 이싱 처리힐 행이 없으면 종료한다. 만약 -n 옵션이 명시되어 있지 않으면, 현재 행을 출력한다.
Q	sed는 더 이상 처리할 행이 없으면 종료한다.
s/regexp/replacement/	regexp가 발견될 때마다 replacement의 내용으로 치환한다. replacement는 regexp와 일치하는 텍스트와 동등한 특수 문자 &를 포함할 수도 있다. 게다가 replacement는 regexp의 부 표현식과 상응하는 내용들을 가리키는 \1부터 \9까지의 문자열을 포함할 수도 있다. 이에 대한 좀 더 자세한 사항은 뒷부분을 참조하라. replacement에 뒤따른 슬래시 이후는, s 명령의 동작을 수정하기 위해 명시될 수 있는 옵션 플래그다.
y/set1/set2	set1 문자들을 set2의 상응하는 문자들로 변환한다. sed는 tr과 달리 동일한 길이의 집합들이 필요하다는 것을 유념해라.

s 명령어는 단연코 가장 많이 사용되는 편집 명령어다. 우리는 distros.txt 파일을 편집하여 그 능력의 일부를 보여줄 것이다. 이전에 distros.txt의 날짜 필드가 얼마나 "컴퓨터 친화적인" 포맷이 아닌지에 대해 논의했다. 그 날짜는 MM/DD/YYYY로 포맷되기 했지만, 만약 YYYY-MM-DD의 포맷(정렬하기 쉬운)이라면 더 나을 것이다. 그 파일을 수작업으로 수정하면 많은 시간과 오류가 발생할 수 있다. 하지만 sed를 사용하면 이를 한 번에 수정할 수 있다.

```
[me@linuxbox ~]$ sed 's/\([0-9]\{2\}\)\/\([0-9]\{2\}\)\/\([0-9]\{4\}\)$/\3-\1-\2/' distros.txt
SUSE        10.2    2006-12-07
Fedora      10      2008-11-25
SUSE        11.0    2008-06-19
Ubuntu      8.04    2008-04-24
Fedora      8       2007-11-08
SUSE        10.3    2007-10-04
Ubuntu      6.10    2006-10-26
Fedora      7       2007-05-31
Ubuntu      7.10    2007-10-18
Ubuntu      7.04    2007-04-19
SUSE        10.1    2006-05-11
Fedora      6       2006-10-24
Fedora      9       2008-05-13
Ubuntu      6.06    2006-06-01
Ubuntu      8.10    2008-10-30
Fedora      5       2006-03-20
```

대단하다! 이상한 명령어처럼 보이긴 하지만 잘 작동한다. 우리는 단번에 파일 내의 날짜 포맷을 변경했다. 또한 왜 정규 표현식이 종종 농담으로 "쓰기 전용" 매체라 불리는지에 대한 완벽한 예제다. 우리는 그것을 작성할 수는 있지만 때때로 읽을 수는 없다. 우리가 이 명령어에 놀라 달아나고픈 유혹에 빠지기 전에 어떻게 생성됐는지 살펴보자. 먼저 이 명령어의 기본 구조를 알아보자.

```
sed 's/ regexp/replacement/' distros.txt
```

다음 과정은 날짜를 분리할 정규 표현식을 이해하는 것이다. 그것은 MM/DD/YYYY 포맷이고 행의 끝에 나타나기 때문에, 다음과 같이 표현식을 사용할 수 있다.

```
[0-9]{2}/[0-9]{2}/[0-9]{4}$
```

두 자리 수, 슬래시, 두 자리 수, 슬래시, 네 자리 수와 행 끝 문자열과 일치한다. 그래서 regexp는 살펴보았지만 replacement는 어떠한가? 이를 다루기 위해서는 BRE를 사용하는 일부 프로그램에서 나타나는 새로운 정규 표현식 기능을 소개해야 한다. 이 기능은 **후방 참조**라 불리고 다음과 같이 동작한다. replacement에 \n 문자열이 포함되어 있으면 그 문자열은 앞선 정규 표현식에 해당하는 서브 표현식을 가리킨다. 여기서 n은 1부터 9사이의 숫자다. 서브 표현식을 만들려면 단순히 다음과 같이 괄호로 둘러싸면 된다.

```
([0-9]{2})/([0-9]{2})/([0-9]{4})$
```

이제 세 개의 서브 표현식이 생겼다. 첫째는 월을 포함하고, 둘째는 해당 월의 일자를 포함하고, 마지막으로 셋째는 연도를 가진다. 이제 다음처럼 replacement를 만들 수 있다.

```
\3-\1-\2
```

년, 대시, 월, 대시, 일 순서다.

이제, 이와 같은 우리의 명령어를 살펴보자.

```
sed 's/([0-9]{2})/([0-9]{2})/([0-9]{4})$/\3-\1-\2/' distros.txt
```

두 가지 문제가 있다. 첫째는 sed가 s 명령을 해석하려 할 때 정규 표현식의 슬래시를 혼동할 수 있다는 것이다. 둘째는, sed 때문에 기본 정규식만 허용이 가능하다는 것이다. 정규 표현식 문자들이 메타 문자가 아닌 상수 문자로 처리될 것이다. 이 두 문제를 해결하려면 문제가 되는 문자들을 처리하기 위해 백슬래시의 사용이 필요하다.

```
sed 's/\([0-9]\{2\}\)\/\([0-9]\{2\}\)\/\([0-9]\{4\}\)$/\3-\1-\2/' distros.txt
```

그러면 이제 제대로 된다.

s 명령어의 또 다른 기능은 대체 문자에 적용되는 추가적인 플래그 사용이다. 이 중 가장 중요한 것은 g 플래그다. 이 플래그는 sed에 치환 기능을 하나의 문자(기본 설정)가 아닌 행 전체에 적용하도록 지시한다.

여기 예제가 있다.

```
[me@linuxbox ~]$ echo "aaabbbccc" | sed 's/b/B/'
aaaBbbccc
```

우리는 b 문자 중 오직 하나만이 교체가 되고 나머지 문자들은 변경되지 않은 것을 보게 된다. 여기에 g 플래그를 추가하면 모든 문자들을 변경할 수 있다.

```
[me@linuxbox ~]$ echo "aaabbbccc" | sed 's/b/B/g'
aaaBBBccc
```

지금까지 우리는 커맨드라인을 통해 sed 단일 명령어만을 보았다. -f 옵션을 사용하면 스크립트 파일을 통해 좀 더 복잡한 명령도 가능하다. 이를 보여주기 위해, sed로 distros.txt 파일을 사용하여 보고서를 만들 것이다. 보고서 상단에는 제목을, 수정된 날짜와 대문자로 변환된 배포판 이름을 가지게 될 것이다. 이를 위해, 스크립트 작성이 필요하다. 따라서 텍스트 편집기를 실행하고 다음을 입력할 것이다.

```
# sed script to produce Linux distributions report

1 i\
\
Linux Distributions Report\

s/\([0-9]\{2\}\)\/\([0-9]\{2\}\)\/\([0-9]\{4\}\)$/\3-\1-\2/
y/abcdefghijklmnopqrstuvwxyz/ABCDEFGHIJKLMNOPQRSTUVWXYZ/
```

sed 스크립트를 distros.sed로 저장하고, 이처럼 실행할 것이다.

```
[me@linuxbox ~]$ sed -f distros.sed distros.txt

Linux Distributions Report

SUSE       10.2    2006-12-07
FEDORA     10      2008-11-25
SUSE       11.0    2008-06-19
UBUNTU     8.04    2008-04-24
FEDORA     8       2007-11-08
SUSE       10.3    2007-10-04
UBUNTU     6.10    2006-10-26
FEDORA     7       2007-05-31
UBUNTU     7.10    2007-10-18
```

```
UBUNTU        7.04     2007-04-19
SUSE          10.1     2006-05-11
FEDORA        6        2006-10-24
FEDORA        9        2008-05-13
UBUNTU        6.06     2006-06-01
UBUNTU        8.10     2008-10-30
FEDORA        5        2006-03-20
```

보는 것처럼, 이 스크립트는 원하는 결과를 만들어준다. 하지만 어떻게 그렇게 되는 걸까? 스크립트를 다시 한번 살펴보자. 이번에는 cat을 사용하여 행 번호를 함께 출력하자.

```
[me@linuxbox ~]$ cat -n distros.sed
     1    # sed script to produce Linux distributions report
     2
     3    1 i\
     4    \
     5    Linux Distributions Report\
     6
     7    s/\([0-9]\{2\}\)\/\([0-9]\{2\}\)\/\([0-9]\{4\}\)$/\3-\1-\2/
     8    y/abcdefghijklmnopqrstuvwxyz/ABCDEFGHIJKLMNOPQRSTUVWXYZ/
```

1번 행은 스크립트의 **주석**이다. 리눅스상의 많은 설정 파일들과 프로그래밍 언어들처럼 # 문자로 시작해서 사람이 읽을 수 있는 텍스트가 따라온다. 주석은 스크립트 어디든 위치할 수 있고(명령어 내에는 제외하고) 그 스크립트를 확인하거나 유지할 필요가 있는 사람에게 유용할 수 있다.

2번 행은 공백 줄이다. 주석처럼 공백 줄들은 가독성을 높이기 위해 추가될 수 있다.

많은 sed 명령어들은 행 주소를 지원한다. 이들은 입력 행에 따라 동작하기 위해 명시된다. 행 주소는 단일 행 번호, 행 범위, 입력의 마지막 행을 가리키는 $와 같이 특수한 행 번호들로 표현될 수 있다.

3번부터 6번 행은 입력의 첫 행인 주소 1에 삽입될 텍스트를 포함하고 있다. i 명령어 뒤에는 확장 캐리지 리턴(**행 지속 문자**: line-continuation character)을 생성하기 위해 백슬래시-캐리지 리턴 문자열이 붙는다. 이 문자열은 행 끝에 도달한 인터프리터(여기서는 sed)가 표식 없이 텍스트 스트림에 캐리지 리턴의 내장을 허용하는 쉘 스크립트를 포함한 많은 상황하에서 사용될 수 있다. i 명령어와 명령어 a(텍스트 추가)와 c(텍스트 교체)는 다수의 행을 허용한다. 마지막 행을 제외하고 행 지속 문자로 끝나는 각 행을 공급한다. 스크립트의 6번째 행은 실제로 삽입된 텍스트의 마지막이고, 행 지속 문자가 아닌 i 명령어의 끝 표시인 일반 캐리지 리턴으로 끝난다.

저자주: 행 지속 문자는 캐리지 리턴이 바로 따라오는 백슬래시로 형성된다. 그 사이에 공백은 허용되지 않는다.

7번 행은 치환 명령어다. 주소를 선행하지 않기 때문에, 입력 스트림의 모든 행이 종속된다.

8번 행은 소문자를 대문자로 변환한다. sed의 y 명령어는 tr과 달리 문자 범위(예를 들어, [a-z])와 POSIX 문자 클래스도 지원하지 않는다는 것을 명심해라. 또 다시, y 명령어는 주소를 선행하지 않기 때문에 모든 행에 적용된다.

SED 부류를 좋아하는 사람들

sed는 텍스트에 꽤 복잡한 편집 작업을 수행할 수 있는 매우 유능한 프로그램이다. 긴 스크립트보다 한 줄짜리 작업같이 간단한 작업을 위해 주로 사용된다. 많은 사용자들이 광범위한 작업을 위해 다른 도구들을 선호한다. 그 중 가장 인기 있는 것은 awk와 perl(펄)이다. 이것들은 여기서 다룬 프로그램들처럼 단순한 툴을 넘어서 완전한 프로그래밍 언어의 영역으로 확대된다. 특히 perl은 많은 시스템 관리 작업들을 위한 쉘 스크립트들에 자주 사용된다. 게다가 웹 개발에 가장 인기 있는 매체다. awk는 약간 더 전문적이다. 두드러진 강점은 표로 구성된 자료를 조작하는 능력이다. awk 프로그램은 행 단위로 텍스트 파일을 처리하는 면에서 sed와 닮았다. 주소에 행동이 따라오는 sed의 방식과 유사한 체계를 사용한다. awk와 perl 둘 다 이 책의 범위를 벗어나긴 하지만, 리눅스 커맨드라인 사용자에 매우 훌륭한 도구들이다.

---

aspell – 대화식 맞춤법 검사기

마지막으로 살펴볼 툴은 대화식 맞춤법 검사기인 aspell이다. aspell 프로그램은 ispell이라는 이름의 초기 프로그램의 후계자이고 대부분은 그 대체품으로 사용될 수 있다. aspell 프로그램은 맞춤법 검사가 필요한 다른 프로그램에서 주로 사용된다. 또한 커맨드라인에서 단독 툴로서 효과적으로 사용될 수 있다. HTML 문서, C/C++ 프로그램, 이메일 메시지와 그 외 특수한 텍스트 등 다양한 종류의 텍스트 파일들을 지능적으로 검사하는 능력을 가지고 있다.

간단한 산문을 포함한 텍스트 파일의 맞춤법 검사를 위해 aspell을 다음과 같이 사용할 수 있다.

```
aspell check textfile
```

*textfile*은 검사할 파일의 이름이다. 실습으로, 고의적인 철자 오류를 포함한 foo.txt라는 간단한 텍스트 파일을 생성한다.

```
[me@linuxbox ~]$ cat > foo.txt
The quick brown fox jimped over the laxy dog.
```

다음은 aspell을 사용하여 파일을 검사할 것이다.

```
[me@linuxbox ~]$ aspell check foo.txt
```

---

aspell은 다음 화면처럼 대화식 검사 모드를 제공한다.

```
The quick brown fox jimped over the laxy dog.

1) jumped                6) wimped
2) gimped                7) camped
3) comped                8) humped
4) limped                9) impede
5) pimped                0) umped
i) Ignore                I) Ignore all
r) Replace               R) Replace all
a) Add                   l) Add Lower
b) Abort                 x) Exit

?
```

화면 상단에는 텍스트의 미심쩍은 단어를 강조 표시한다. 중간에는 0부터 9 사이의 번호로 매긴 10개의 추천 철자와 이어서 가능한 동작 목록을 표시한다. 마지막으로 가장 하단에는 명령을 선택할 수 있는 프롬프트가 표시된다.

만약 1을 입력하면, aspell은 문제가 되는 단어를 jumped로 교체하고 그 다음 철자가 틀린 단어인 laxy로 이동한다. 만약 lazy를 선택하면 aspell은 그것을 교체하고 종료한다. aspell이 종료된 후, 파일을 확인하고 틀린 철자가 올바르게 고쳐진 것을 볼 수 있다.

```
[me@linuxbox ~]$ cat foo.txt
The quick brown fox jumped over the lazy dog.
```

커맨드라인 옵션 --dont-backup을 통해 지정하지 않는 한, aspell은 원본에 .bak 확장자를 추가한 백업 파일을 생성한다.

sed의 편집 솜씨를 뽐내기 위해, 이전 파일에 잘못된 철자를 집어넣어 다시 사용할 것이다.

```
[me@linuxbox ~]$ sed -i 's/lazy/laxy/; s/jumped/jimped/' foo.txt
```

파일을 "제자리" 편집하려면 sed에 i 옵션을 사용해야 한다. 이는 편집 결과가 표준 출력이 아닌 변경될 그 파일 자신에 다시 쓰인다는 것을 의미한다. 또한 세미콜론으로 구분된 행에서 하나 이상의 편집 명령을 놓을 수 있는 기능을 가지고 있다.

다음은 aspell이 어떻게 다양한 종류의 파일을 처리할 수 있는지 살펴볼 것이다. vim(도전적인 이들은 sed를 사용하길 원할 수도 있다)과 같은 텍스트 편집기를 사용하여 파일에 HTML 마크업을 추가할 것이다.

```
<html>
        <head>
                <title>Mispelled HTML file</title>
        </head>
        <body>
                <p>The quick brown fox jimped over the laxy dog. </p>
        </body>
</html>
```

이제, 수정된 파일로 맞춤법 검사를 하게 되면 문제가 보일 것이다. 이렇게 실행하면 된다.

```
[me@linuxbox ~]$ aspell check foo.txt
```

실행 결과는 다음과 같다.

```
<html>
        <head>
                <title>Mispelled HTML file</title>
        </head>
        <body>
                <p>The quick brown fox jimped over the laxy dog.</p>
        </body>
</html>


1) HTML                    4) Hamel
2) ht ml                   5) Hamil
3) ht-ml                   6) hotel
i) Ignore                  I) Ignore all
r) Replace                 R) Replace all
a) Add                     l) Add Lower
b) Abort                   x) Exit


?
```

aspell은 HTML 태그의 내용을 잘못된 철자로 보여줄 것이다. 이 문제는 -H(HTML) 검사 모드 옵션으로 해결할 수 있다.

```
[me@linuxbox ~]$ aspell -H check foo.txt
```

결과는 다음과 같다.

```
<html>
      <head>
            <title>Mispelled HTML file</title>
      </head>
      <body>
            <p>The quick brown fox jimped over the laxy dog.</p>
      </body>
</html>
```

```
1) Mi spelled            6) Misapplied
2) Mi-spelled            7) Miscalled
3) Misspelled            8) Respelled
4) Dispelled             9) Misspell
5) Spelled               0) Misled
i) Ignore                I) Ignore all
r) Replace               R) Replace all
a) Add                   l) Add Lower
b) Abort                 x) Exit

?
```

좀 전의 HTML은 무시되고 파일의 마크업이 아닌 부분만 검사하게 된다. 이 모드에서는 HTML 태그의 내용은 무시되고 철자 검사를 하지 않는다. 하지만 ALT 태그의 내용은 이 모드에서도 검사하게 된다.

저자주: 기본적으로 aspell은 텍스트의 URL과 이메일 주소는 무시할 것이다. 이러한 동작은 커맨드라인 옵션으로 무시할 수 있다. 검사하고 건너뛸 마크업 태그를 명시하면 이 또한 가능하다. 자세한 사항은 aspell의 man 페이지를 참조하라.

마무리 노트

이 장에서 우리는 텍스트를 조작하는 커맨드라인 툴의 일부를 살펴보았다. 다음 장에서는 더 많은 것을 살펴볼 것이다. 인정컨대, 반실용적인 예제를 보여주려고 노력하긴 했지만 이 툴을 어떻게 사용할 수 있고 매일매일 왜 사용하는지 즉각 와 닿지 않을 것이다. 우리는 뒷장에서 실전 문제를 해결하기 위한 도구 집합을 토대로 구성된 툴을 발견하게 될 것이다. 이러한 툴들은 특히 셸 스크립트와 같은 경우에 그 진정한 가치를 보여줄 것이다.

추가 학습

좀 더 연구할 가치가 있는 흥미로운 텍스트 조작 명령어들이 몇몇 있다. 이들 중에는 split(파일을 분리), csplit(파일을 문맥 기반으로 분리), sdiff(파일 차이점을 나란히 결합)가 있다.

21

출력 포맷 지정

이 장에서는 계속해서 텍스트 관련 툴을 살펴보고, 텍스트 자체의 변경보다 텍스트 출력 포맷을 설정하는 프로그램에 초점을 맞출 것이다. 이러한 툴들은 인쇄용 텍스트를 준비하기 위해 종종 사용된다. 이 주제에 대해서는 다음 장에서 다루게 될 것이다. 이 장에서 다룰 프로그램은 다음과 같다.

- nl — 줄 번호 매기기
- fold — 각 줄을 지정된 길이로 나누기
- fmt — 간단한 텍스트 포매터
- pr — 인쇄용 텍스트 포맷 지정
- printf — 자료의 출력 및 포맷 지정
- groff — 문서 포맷 시스템

간단한 포맷 툴

먼저 간단한 포맷 툴의 일부를 살펴볼 것이다. 이들 대부분은 한 가지 목적을 가진 프로그램으로, 약간 단순하게 동작한다. 하지만 간단한 작업이나 파이프라인과 스크립트의 일부로 사용할 수 있다.

nl - 줄 번호 매기기

nl 프로그램은 단순히 줄 번호를 매기는 간단한 작업을 하는 꽤 신기한 툴이다. cat -n처럼 아주 간단히 사용한다.

```
[me@linuxbox ~]$ nl distros.txt | head
     1 SUSE         10.2    12/07/2006
     2 Fedora       10      11/25/2008
     3 SUSE         11.0    06/19/2008
     4 Ubuntu       8.04    04/24/2008
     5 Fedora       8       11/08/2007
     6 SUSE         10.3    10/04/2007
     7 Ubuntu       6.10    10/26/2006
     8 Fedora       7       05/31/2007
     9 Ubuntu       7.10    10/18/2007
    10 Ubuntu       7.04    04/19/2007
```

nl도 cat처럼 커맨드라인 인자나 표준 입력으로 복수의 파일명도 허용한다. 그러나 nl은 많은 옵션이 있다. 좀 더 복잡한 방식의 번호를 붙이기 위해 마크업의 기본 형태를 지원한다.

nl은 번호를 붙일 때 **논리적 페이지**(logical pages)라는 개념을 제공한다. 이는 nl이 번호를 붙일 때 순서를 다시 처음부터 시작할 수 있도록 허용한다. 또한 옵션을 사용하면 특정 값 또는 제한된 범위 내에서 시작 번호를 설정 가능하고 그 포맷도 설정할 수 있다. 논리적 페이지는 추가적으로 머리말, 본문, 꼬리말로 세분화된다. 각 영역마다 줄 번호를 재설정하거나 다른 형태로 설정할 수 있다. 만약 nl에 복수의 파일이 주어지면, 단일한 텍스트 스트림으로 처리될 것이다. 텍스트 스트림의 각 영역은 표 21-1에 보이는 약간 이상하게 생긴 마크업을 추가하여 나타낼 수 있다.

표 21-1 nl 마크업

테스트	설명
\:\:\:	논리적 페이지의 머리말 시작
\:\:	논리적 페이지의 본문 시작
\:	논리적 페이지의 꼬리말 시작

표 21-1의 각 마크업 요소는 해당 줄에 단독으로 나타내야 한다. 마크업 요소가 처리되고 나면, nl은 텍스트 스트림에서 그것들을 제거한다. 표 21-2는 nl의 주요 옵션들을 나타낸 것이다.

표 21-2 nl 주요 옵션

옵션	의미
-b style	본문의 줄 번호에 스타일을 적용한다. *style*은 다음 중 하나를 사용할 수 있다. • **a** 모든 줄에 번호를 붙인다. • **t** 공백 줄이 아닌 경우에만 번호를 붙인다. 기본값이다. • **n** 번호를 붙이지 않는다. • *pregexp* 기본 정규 표현식과 일치하는 줄에만 번호를 붙인다.
-f style	꼬리말의 줄 번호에 스타일을 적용한다. 기본값은 n.
-h style	머리말의 줄 번호에 스타일을 적용한다. 기본값은 n.
-i number	페이지 번호의 증가량을 *number*로 설정한다. 기본값은 1.
-n format	줄 번호 포맷을 설정한다. *format*은 다음 중 하나를 사용할 수 있다. • **ln** 0 없이, 왼쪽 정렬. • **rn** 0 없이, 오른쪽 정렬. 기본값이다. • **rz** 0 포함, 오른쪽 정렬
-p	각 논리 페이지의 시작 부분에서 페이지 번호를 재설정 못하게 한다.
-s string	*string*을 구분자로 만들기 위해 각 줄 번호의 끝에 추가한다. 기본값은 탭 문자.
-v number	각 논리 페이지의 첫째 줄 번호를 *number*로 설정한다. 기본값은 1.
-w width	*width*를 줄 번호 필드의 너비로 설정한다. 기본값은 6.

인정하건대, 아마 줄 번호를 매기는 경우가 자주 있지는 않을 것이다. 하지만 좀 더 복잡한 작업을 하기 위해 여러 툴들을 어떻게 결합할 수 있는지 살펴보기 위해 nl을 사용할 수 있다. 우리는 리눅스 배포판 보고서를 만들기 위해서 이전 장에서 했던 작업을 빌드할 것이고, nl을 사용하기 때문에 머리말/본문/꼬리말 마크업이 유용하게 될 것이다. 이를 위해, 지난 장에서 본 sed 스크립트에 마크업을 추가할 것이다. 텍스트 편집기를 사용하여 다음과 같이 스크립트를 변경하고 distros-nl.sed이

라는 파일로 저장할 것이다.

```
# sed script to produce Linux distributions report

1 i\
\\:\\:\\:\
\
Linux Distributions Report\
\
Name            Ver.    Released\
----            ----    --------\
\\:\\:
s/\([0-9]\{2\}\)\/\([0-9]\{2\}\)\/\([0-9]\{4\}\)$/\3-\1-\2/
$ a\
\\:\
\
End Of Report
```

스크립트에 nl 논리 페이지 마크업을 삽입하고 보고서의 끝 부분에 꼬리말을 추가한다. 마크업에 두 쌍의 백슬래시가 필요하다는 것을 명심해라. 왜냐하면 sed는 일반적으로 그것을 이스케이프 문자로 해석하기 때문이다.

다음은 sort, sed, nl을 결합하여 개선된 보고서를 만든 것이다.

```
[me@linuxbox ~]$ sort -k 1,1 -k 2n distros.txt | sed -f distros-nl.sed | nl


    Linux Distributions Report

    Name    Ver.    Released
    ----    ----    --------

 1 Fedora  5       2006-03-20
 2 Fedora  6       2006-10-24
 3 Fedora  7       2007-05-31
 4 Fedora  8       2007-11-08
 5 Fedora  9       2008-05-13
 6 Fedora  10      2008-11-25
 7 SUSE    10.1    2006-05-11
 8 SUSE    10.2    2006-12-07
 9 SUSE    10.3    2007-10-04
10 SUSE    11.0    2008-06-19
11 Ubuntu  6.06    2006-06-01
```

```
    12 Ubuntu  6.10     2006-10-26
    13 Ubuntu  7.04     2007-04-19
    14 Ubuntu  7.10     2007-10-18
    15 Ubuntu  8.04     2008-04-24
    16 Ubuntu  8.10     2008-10-30


    End Of Report
```

이 보고서는 명령어 파이프라인의 결과로 만들어졌다. 먼저, 배포판의 이름과 버전(필드 1과 2)에 의해 정렬한다. 그리고 나서 그 결과를 sed로 처리하고, 보고서 머리말(nl용 논리 페이지 마크업을 포함한)과 꼬리말을 추가한다. 마지막으로 nl로 이 결과를 처리하면, 기본적으로 논리 페이지의 본문 영역에 포함된 텍스트 스트림에 줄 번호가 매겨진다.

nl에 다른 옵션을 주고 다시 한번 실험해볼 수 있다. 흥미로운 옵션 중에는

```
nl -n rz
```

와

```
nl -w 3 -s ' '
```

가 있다.

fold – 지정된 길이로 줄 나누기

폴딩(Folding)은 텍스트 행을 지정된 길이로 나누는 절차다. fold도 다른 명령들처럼, 하나 이상의 텍스트 파일이나 표준 입력을 허용한다. 간단한 텍스트 열을 fold에 보내면 어떻게 동작하는지 볼 수 있다.

```
[me@linuxbox ~]$ echo "The quick brown fox jumped over the lazy dog." | fold -w 12
The quick br
own fox jump
ed over the
lazy dog.
```

이제 동작 중인 fold를 볼 수 있다. echo 명령에 의해 전달된 텍스트는 -w 옵션에 의해 지정된 만큼 구분되어 나뉜다. 이 예제에서는 한 줄의 길이를 12자로 지정한다. 너비를 지정하지 않으면 기본값은 80자다. 나뉜 줄들은 단어의 경계가 무시되는 것을 알 수 있다. -s 옵션을 추가하면 다음처럼 줄

의 끝에 도달하기 전 마지막 공백에서 자르게 될 것이다.

```
[me@linuxbox ~]$ echo "The quick brown fox jumped over the lazy dog." | fold -w 12 -s
The quick
brown fox
jumped over
the lazy
dog.
```

fmt – 간단한 텍스트 포매터

fmt 프로그램도 텍스트를 자른다. 게다가 더 많은 것을 할 수 있다. 파일이나 표준 입력을 허용하고 텍스트 열의 문장 포맷을 지정한다. 기본적으로, 공백 줄과 들여쓰기를 유지하면서 텍스트를 합치거나 채운다.

이를 확인하기 위해서는 텍스트가 조금 필요할 것이다. fmt 정보 페이지에서 일부를 가져와보자.

```
     `fmt' reads from the specified FILE arguments (or standard input if none
are given), and writes to standard output.

     By default, blank lines, spaces between words, and indentation are
preserved in the output; successive input lines with different
indentation are not joined; tabs are expanded on input and introduced on
output.

     `fmt' prefers breaking lines at the end of a sentence, and tries to avoid
line breaks after the first word of a sentence or before the last word of a
sentence. A "sentence break" is defined as either the end of a paragraph or a
word ending in any of `.?!', followed by two spaces or end of line, ignoring
any intervening parentheses or quotes. Like TeX, `fmt' reads entire
"paragraphs" before choosing line breaks; the algorithm is a variant of that
given by Donald E. Knuth and Michael F. Plass in "Breaking Paragraphs Into
Lines", `Software--Practice & Experience' 11, 11 (November 1981), 1119-1184.
```

우리는 이 텍스트를 텍스트 편집기에 복사하고 fmt-info.txt 파일로 저장할 것이다. 자, 이제 이 텍스트를 50자 너비 기준으로 맞추기 위해 다시 포맷을 설정한다고 치자. 이를 위해 fmt를 -w 옵션과 함께 사용하여 처리할 수 있다.

```
[me@linuxbox ~]$ fmt -w 50 fmt-info.txt | head
     `fmt' reads from the specified FILE arguments
     (or standard input if
none are given), and writes to standard output.

     By default, blank lines, spaces between words,
     and indentation are
preserved in the output; successive input lines
with different indentation are not joined; tabs
are expanded on input and introduced on output .
```

음, 뭔가 어색한 결과가 나왔다. 아마도 우리는 다음과 같은 텍스트를 원했을 것이다.

```
     By default, blank lines, spaces between words, and indentation are
     preserved in the output; successive input lines with different indentation
     are not joined; tabs are expanded on input and introduced
     on output.
```

그런데 fmt는 첫째 줄의 들여쓰기를 유지하고 있다. 다행히도, fmt는 이를 바로 잡을 옵션을 제공한다.

```
[me@linuxbox ~]$ fmt -cw 50 fmt-info.txt
     `fmt' reads from the specified FILE arguments
(or standard input if none are given), and writes
to standard output.

     By default, blank lines, spaces between words,
and indentation are preserved in the output;
successive input lines with different indentation
are not joined; tabs are expanded on input and
introduced on output.

     `fmt' prefers breaking lines at the end of a
sentence, and tries to avoid line breaks after
the first word of a sentence or before the
last word of a sentence. A "sentence break"
is defined as either the end of a paragraph
or a word ending in any of `.?!', followed
```

```
     by two spaces or end of line, ignoring any
 intervening parentheses or quotes. Like TeX,
 `fmt' reads entire "paragraphs" before choosing
 line breaks; the algorithm is a variant of
 that given by Donald E. Knuth and Michael F.
 Plass in "Breaking Paragraphs Into Lines",
 `Software--Practice & Experience' 11, 11
 (November 1981), 1119-1184.
```

훨씬 낫다. -c 옵션의 추가로 원하는 결과를 얻을 수 있게 됐다.

fmt는 표 21-3처럼 흥미로운 옵션들이 있다.

표 21-3 fmt 옵션

옵션	설명
-c	**crown margin** 모드로 동작하게 한다. 이는 문단 첫 두 줄의 들여쓰기를 유지한다. 그 다음 줄부터는 두 번째 줄의 들여쓰기에 맞게 정렬된다.
-p *string*	*string*을 접두어로 줄을 시작하게 만든다. 그 이후에 *string*의 내용은 각 줄 앞에 붙여진다. 이 옵션은 소스 코드 주석을 구성하는 데 사용될 수 있다. 예를 들면, 어떤 프로그래밍 언어나 설정 파일은 # 문자를 주석 처리하는 데 사용한다. 이를 위해 -p '# ' 옵션을 사용하면 주석으로 만들 수 있다. 다음 예제를 참고하라.
-s	분할 모드. 이 모드에서는 각 줄은 지정된 "열 너비에 딱 맞게" 분할될 것이다. 짧은 줄은 너비를 채우기 위해서 합쳐지지 않을 것이다. 이 모드는 합쳐지길 원하지 않는 코드와 같은 텍스트를 구성할 때 유용하다.
-u	간격을 균등하게 유지한다. 이는 전통적인 타자기 스타일의 텍스트를 구성하게 될 것이다. 이는 단어 사이는 하나의 공백, 문장 사이는 두 개의 공백으로 처리한다. 이 모드는 강제로 왼쪽과 오른쪽 여백을 정렬하는 양쪽 정렬을 제거하려고 할 경우 유용하다.
-w *width*	*width* 값을 기준으로 열을 구성한다. 기본값은 75자다.
	저자주: fmt는 열을 균등하게 맞추기 위해 실제로 지정된 너비보다 약간 짧게 구성한다.

특히 -p 옵션은 좀 더 흥미롭다. 만약 모두 동일한 문자열로 시작하는 행들로 구성되어 있다면 이 옵션을 사용해서 파일의 선택 영역을 구성할 수 있다. 대다수의 프로그래밍 언어는 해시(#) 기호를 주석의 시작으로 사용한다. 그래서 이 옵션을 사용하여 만들 수 있다. 주석을 사용하는 프로그램을 시뮬레이션하는 파일을 만들어보자.

```
[me@linuxbox ~]$ cat > fmt-code.txt
# This file contains code with comments.

# This line is a comment.
# Followed by another comment line.
# And another.

This, on the other hand, is a line of code.
And another line of code.
And another.
```

이 샘플 파일은 # 문자열(공백 포함)로 시작하는 주석과 "코드" 열을 가지고 있다. 이제 fmt를 사용하여 코드 영역은 건드리지 않고 주석영역만을 구성할 수 있다.

```
[me@linuxbox ~]$ fmt -w 50 -p '# ' fmt-code.txt
# This file contains code with comments.

# This line is a comment. Followed by another
# comment line. And another.

This, on the other hand, is a line of code.
And another line of code.
And another.
```

여러분은 주석 부근의 줄만 합쳐진 것을 알아차렸을 것이다. 반면 빈 줄과 지정된 접두어로 시작하지 않은 줄들은 그대로 유지되었다.

pr – 인쇄용 텍스트 구성하기

pr 프로그램은 텍스트에 **페이지 매기기** 위해 사용된다. 텍스트를 인쇄할 때, 종종 각 페이지의 처음과 끝에 여백을 주기 위해 여러 줄을 공백으로 출력 페이지를 구분하기를 원한다. 추가적으로 이 공백은 각 페이지에 머리말과 꼬리말을 삽입하기 위해 사용될 수 있다.

distros.txt 파일을 매우 짧은 페이지들로 구성하기 위해 pr을 사용할 것이다(여기서는 처음 두 페이지만 보여준다).

```
[me@linuxbox ~]$ pr -l 15 -w 65 distros.txt


2012-12-11 18:27              distros.txt                Page 1




SUSE        10.2    12/07/2006
Fedora      10      11/25/2008
SUSE        11.0    06/19/2008
Ubuntu      8.04    04/24/2008
Fedora      8       11/08/2007




2012-12-11 18:27              distros.txt                Page 2




SUSE        10.3    10/04/2007
Ubuntu      6.10    10/26/2006
Fedora      7       05/31/2007
Ubuntu      7.10    10/18/2007
Ubuntu      7.04    04/19/2007
```

이 예제에서는 65열 15행을 가진 "페이지"를 정의하기 위해 -l 옵션(페이지 길이)과 -w 옵션(페이지 너비)를 사용한다. pr은 distros.txt 파일 내용을 페이지 매기고, 각 페이지를 여러 공백 줄로 구분한다. 그리고 파일 수정 시간, 파일명, 페이지 번호가 포함된 기본 머리말을 생성한다. pr 프로그램은 페이지 레이아웃을 제어하기 위한 많은 옵션을 제공한다. 이에 대한 좀 더 구체적인 내용은 22장에서 살펴볼 예정이다.

printf - 자료 출력 및 포맷 지정하기

이 장의 다른 명령어들과 달리, printf 명령어는 파이프라인에서 사용되지도 않고(표준 입력을 허용하지 않는), 커맨드라인의 흔한 프로그램에서도 직접적으로 발견되지 않는다(대부분 스크립트에서 사용된다). 그럼 왜 그것이 중요한가? 왜냐하면 꽤 광범위하게 사용되기 때문이다.

printf(**포맷된 출력**이라는 구절에서 온)는 원래 C 프로그래밍 언어를 위해 개발되었다. 그리고 쉘을 포함하여 많은 프로그래밍 언어에서 구현되었다. 실제로 bash에는 printf가 내장되어 있다.

printf는 이처럼 작동한다.

```
printf " format" arguments
```

그 명령에는 포맷 정보를 가진 문자열이 주어진다. 그리고 나서 인자 목록이 포맷 정보에 따라 적용된다. 포맷이 적용된 결과는 표준 출력으로 보내진다. 여기 간단한 예제가 있다.

```
[me@linuxbox ~]$ printf "I formatted the string: %s\n" foo
I formatted the string: foo
```

포맷 문자열은 일반 텍스트(I formatted the string:과 같은), 이스케이프 문자열(개행 문자인 \n 처럼), 그리고 변환 지정이라 부르는 % 기호로 시작하는 문자열을 포함한다. 이 예제에서는 foo 문자열을 구성하고 이를 명령어의 출력으로 보내기 위해 변환 지정 %s가 사용된다. 다시 한번 보자.

```
[me@linuxbox ~]$ printf "I formatted '%s' as a string.\n" foo
I formatted 'foo' as a string.
```

우리가 보는 것처럼, 출력 결과에서 %s 변환 지정은 문자열 foo로 바뀌었다. s 변환은 문자열 자료를 구성하는 데 사용된다. 다른 자료형에 대한 지정자들도 있다. 표 21-4는 자주 사용되는 자료형에 대한 목록이다.

표 21-4 주요 printf 자료형 지정자

지정자	설명
d	부호를 가진 10진수 형태로 만든다.
f	부동 소수점 수 형태로 만들고 출력한다.
o	8진수 형태로 만든다.
s	문자열 형태로 만든다.
x	소문자 a에서 f를 사용해 16진수 형태로 만든다.
X	x와 동일하지만, 대문자를 사용한다.
%	상수 기호 %를 출력한다(즉, "%%"를 명시).

다음과 같이 문자열 380에 각 변환 지정자를 적용하여 그 효과를 볼 것이다.

```
[me@linuxbox ~]$ printf "%d, %f, %o, %s, %x, %X\n" 380 380 380 380 380 380
380, 380.000000, 574, 380, 17c, 17C
```

6개의 변환 지정자를 명시했기 때문에, 또한 printf에 6개의 인자를 제공해야 한다. 각 지정자가 적용된 6개의 결과를 보여준다.

출력 결과를 조정하기 위해서 다수의 선택 요소들이 변환 지정자에 추가될 수 있다. 완전한 변환 지정은 다음과 같이 구성된다.

$$\%[flags][width][.precision]conversion\_specification$$

복수의 선택 요소들이 사용될 때, 반드시 이 명시된 순서대로 적절히 해석된다. 표 21-5는 각 요소들에 대해 설명한다.

표 21-5 printf 변환 지정 요소

구성요소	설명
flags	다섯 가지 플래그가 존재한다. • # 출력을 위해 대체 포맷을 사용한다. 이는 자료형에 따라 다양하다. o(8진수) 변환은 출력 결과에 0(숫자 0)이 앞에 붙는다. x와 X(16 진수) 변환은 출력 결과에 각각 0x 또는 0X가 앞에 붙는다. • 0(숫자 0) 출력 결과에 0을 추가한다. 이는 000380처럼 필드 앞을 0으로 채운다는 것을 의미한다. • − (대시) 출력 결과를 왼쪽 정렬한다. 기본값은 오른쪽 정렬이다. • (스페이스) 양수 앞에 공백을 생성한다. • + (더하기 기호) 양수에 부호를 붙인다. printf의 기본값은 음수에만 부호를 붙인다.
width	최소 필드 너비를 지정한다.
.precision	부동 소수점 수의 소수점 뒷자리를 출력하기 위해 정밀도 자릿수를 지정한다. 문자 변환에서 *precision*은 출력될 문자 수를 지정한다.

표 21-6은 실제로 다른 포맷들을 사용한 예를 보여준다.

표 21-6 printf 변환 지정 예제

인자	포맷	결과	설명
380	"%d"	380	단순한 정수 형태로 나타낸다.
380	"%#x"	0x17c	대체 포맷 플래그를 사용하여 16진수 형태의 정수로 나타낸다.

380	"%05d"	00380	0으로 시작하는 정수 형태로 나타내고 최소 필드 너비는 5자다.
380	"%05.5f"	380.00000	5자리의 정밀도와 패딩을 가진 부동 소수점 수 형태로 나타낸다. 포맷된 수의 실제 너비가 최소 필드 너비 5보다 크기 때문에 패딩은 적용되지 않는다.
380	"%010.5f"	0380.00000	최소 필드 너비가 10으로 증가했기에 패딩이 적용된다.
380	"%+d"	+380	+ 플래그는 양수에 부호를 붙인다.
380	"%-d"	380	− 플래그는 왼쪽 정렬을 한다.
abcdefghijk	"%5s"	abcdefghijk	문자열에 최소 필드 너비가 지정된다.
abcdefghijk	"%.5s"	abcde	문자열에 정밀도를 적용하면 해당 크기만큼 자른다.

다시 말하지만, printf는 커맨드라인에 직접 사용되기보다 표 자료와 같은 형식을 지정하기 위해 스크립트에서 흔히 사용된다. 하지만 여전히 그것이 어떻게 다양한 포맷 지정 문제를 해결하기 위해 사용될 수 있는지 볼 수 있다. 먼저, 탭 문자로 구분된 필드를 출력해보자.

```
[me@linuxbox ~]$ printf "%s\t%s\t%s\n" str1 str2 str3
str1    str2    str3
```

\t(탭을 나타내는 이스케이프 문자열)의 삽입으로 이 효과를 낼 수 있다. 다음은 정돈된 형태의 숫자를 살펴보자.

```
[me@linuxbox ~]$ printf "Line: %05d %15.3f Result: %+15d\n" 1071 3.14156295 32589
Line: 01071           3.142 Result:          +32589
```

이것은 필드 영역에 최소 너비를 적용한 것을 보여준다. 또한 간단한 웹 페이지 형식은 어떨까?

```
[me@linuxbox ~]$ printf "<html>\n\t<head>\n\t\t<title>%s</title>\n\t</head>\n\t<body>\n\t\t<p>%s
</p>\n\t</body>\n</html>\n" "Page Title" "Page Content"
<html>
        <head>
                <title>Page Title</title>
        </head>
                <body>
                        <p>Page Content</p>
                </body>
</html>
```

문서 포맷 시스템

지금까지 우리는 간단한 텍스트 포맷 툴을 살펴보았다. 이들은 작고 간단한 작업에는 좋지만, 좀 더 큰 작업에는 어떨까? 유닉스가 기술적이고 체계적인 사용자들 사이에서 인기 있는 운영체제가 된 이유(모든 종류의 소프트웨어 개발을 위한 강력한 멀티태스킹과 멀티유저 환경의 제공은 제외하고) 중 하나는 다양한 형태의 문서, 특히 체계적이고 학습적인 출판물을 만들 수 있는 툴들을 제공하기 때문이다. 사실 GNU 문서에서 설명하는 것처럼, 유닉스에서 개발을 위해 문서 준비는 중요하다.

> 유닉스의 첫 버전은 벨 연구소에 놓여진 PDP-7에서 개발되었다. 1971년에 개발자들은 그 운영 체제의 추가적인 연구를 위해 PDP-11를 원했다. 그들은 이 시스템 비용을 정당화시키기 위해 AT&T 특허 부서를 위한 문서 포맷 시스템을 구현하기를 제안했다. 이 최초 포맷 프로그램은 J.F. Ossanna가 만들었고, McIllroy의 roff를 재구현한 것이다.

roff 계열과 TEX

실무에서는 두 가지 계열의 문서 포매터가 가장 두드러졌다. nroff와 troff를 포함한 roff 프로그램 계열과 도널드 크누스의 T_EX("tek"라고 발음) 조판 시스템 계열이다. 그리고 당연히 그 중간의 아래로 내려온 "E"는 이름의 일부다.

roff라는 이름은 "I'll run off a copy for you(사본을 뽑아 줄게)"에서처럼 run off(뽑다)라는 용어에서 유래된 것이다. nroff 프로그램은 문자 터미널과 타자기 방식의 프린터처럼 고정폭 폰트를 사용하는 장치에 출력하기 위해 문서의 포맷을 지정하는 데 사용된다. 이 프로그램은 현 시점에 컴퓨터에 연결된 거의 모든 인쇄 장치를 포함하고 있다. troff 프로그램은 상업 인쇄물용으로 바로 인쇄할 수 있는 형태로 만드는 장치인 **사진 식자기**(typesetter)를 위한 문서 포맷을 만든다. 오늘날 대다수 컴퓨터 프린터들은 사진 식자기용 출력 형태로 만드는 것이 가능하다. 또한 roff 계열은 문서의 일부를 준비하는 데 사용하는 다른 프로그램들도 포함하고 있다. 여기에는 eqn(수식 작성용)과 tbl(표 작성용)이 포함된다.

T_EX 시스템(안정화 버전)은 1989년에 처음 선보였고 어느 정도는 식자기 출력용 툴 중 하나로 troff를 대체하기는 했다. 하지만 여기서는 그 복잡성과 대다수의 현 리눅스 배포판에는 기본적으로 설치되지 않는다는 사실 때문에 T_EX를 다루지는 않을 것이다.

저자주: T_EX 설치에 관심 있는 독자들은 texlive 패키지와 LyX 그래픽 문서 편집기를 살펴봐라. 대다수의 배포 저 장소에서 찾을 수 있을 것이다.

groff – 문서 포맷 시스템

groff는 troff의 GNU 구현물을 포함한 프로그램들의 모음이다. 또한 nroff를 흉내 내는 스크립트와 roff 계열의 나머지도 가지고 있다.

roff와 그 파생 프로그램들이 포맷된 문서를 만들기는 하지만 현 사용자들의 문서 작성 방식과는 꽤 이질적이다. 오늘날 대다수 문서는 작성과 레이아웃 구성을 한 번에 수행할 수 있는 워드 프로세서를 사용해서 만들어진다. 그래픽 환경의 워드 프로세서가 출현하기 이전에 문서들은 종종 두 단계를 거쳐 만들어졌다. 텍스트 편집기를 사용하여 문서를 작성하는 것과, troff와 같은 프로그램으로 포맷을 지정하는 것이다. 문서 포맷 프로그램의 명령은 마크업 언어 사용을 통해 구성된 텍스트에 포함되어 있다. 현재 그와 유사한 절차를 가진 것은 웹 페이지다. 웹페이지는 일종의 텍스트 편집기를 사용하여 작성하고 나서 페이지 레이아웃을 기술한 마크업 언어인 HTML을 사용하여 웹 브라우저에 의해 최종 구현된다.

우리는 타이포그래피의 신비로움을 주는 마크업 언어의 많은 요소들처럼 groff의 모든 것을 다루지는 않을 것이다. 대신에 광범위하게 사용되고 있는 **매크로 패키지**들 중 하나에 집중할 것이다. 이 매크로 패키지들은 groff를 좀 더 쉽게 사용할 수 있게 저수준 명령의 다수를 더 작은 고수준 명령어 집합으로 압축한다.

잠시만, man 페이지를 살펴보자. 그것은 /usr/share/man 디렉토리에 gzip으로 압축된 텍스트 파일로 존재한다. 만약 압축을 풀고 내용물을 살펴보면, 다음과 같이 보게 될 것이다(섹션1의 ls 명령 man 페이지를 보여준다).

```
[me@linuxbox ~]$ zcat /usr/share/man/man1/ls.1.gz | head
.\" DO NOT MODIFY THIS FILE! It was generated by help2man 1.35.
.TH LS "1" "April 2008" "GNU coreutils 6.10" "User Commands"
.SH NAME
ls \- list directory contents
.SH SYNOPSIS
.B ls
[\fIOPTION\fR]... [\fIFILE\fR]...
.SH DESCRIPTION
.\" Add any additional description here
.PP
```

우리는 일반적인 출력형태의 man 페이지와 비교해서, 마크업 언어와 그 결과 사이의 연관성을 다음처럼 보이게 시작할 수 있다.

```
[me@linuxbox ~]$ man ls | head
LS(1)                          User Commands                          LS(1)



NAME
       ls - list directory contents

SYNOPSIS
       ls [OPTION]... [FILE]...
```

이것은 groff가 mandoc 매크로 패키지를 사용하여 변환한 man 페이지기 때문에 흥미롭다. 사실 우리는 이 man 명령어 파이프라인을 시뮬레이션할 수 있다.

```
[me@linuxbox ~]$ zcat /usr/share/man/man1/ls.1.gz | groff -mandoc -T ascii | head
LS(1)                          User Commands                          LS(1)



NAME
       ls - list directory contents

SYNOPSIS
       ls [OPTION]... [FILE]...
```

이처럼 groff 프로그램과 mandoc 매크로 패키지와 ASCII용 출력 드라이버를 명시한 옵션을 함께 사용할 수 있다. groff는 여러 포맷으로 출력 결과를 만들 수 있다. 만약 아무런 포맷이 지정되지 않으면, 다음처럼 기본적으로 포스트스크립트 형식으로 출력된다.

```
[me@linuxbox ~]$ zcat /usr/share/man/man1/ls.1.gz | groff -mandoc | head
%!PS-Adobe-3.0
%%Creator: groff version 1.18.1
%%CreationDate: Thu Feb 2 13:44:37 2012
%%DocumentNeededResources: font Times-Roman
%%+ font Times-Bold
%%+ font Times-Italic
%%DocumentSuppliedResources: procset grops 1.18 1
%%Pages: 4
%%PageOrder: Ascend
%%Orientation: Portrait
```

포스트스크립트는 사진 식자기와 유사한 장치에 인쇄 페이지 내용물을 기술하기 위해 사용되는 페이지 기술 언어다. 우리는 명령어의 출력을 가져와서 파일로 저장할 수 있다(Desktop 디렉토리와 그래픽 데스크톱을 사용하고 있다고 가정).

```
[me@linuxbox ~]$ zcat /usr/share/man/man1/ls.1.gz | groff -mandoc > ~/Desktop/foo.ps
```

출력 파일의 아이콘이 데스크톱에 나타날 것이다. 그 아이콘을 더블 클릭하면 페이지 뷰어가 시작하고 그 변환된 형태의 파일이 나타날 것이다(그림 21-1).

그림 21-1 GNOME 환경에서 페이지 뷰어로 포스트스크립트 출력 보기

우리가 본 것은 ls의 멋지게 조판된 man 페이지다! 사실, 다음 명령으로 포스트스크립트 파일을 PDF(Portable Document Format) 파일로 변환할 수 있다.

```
[me@linuxbox ~]$ ps2pdf ~/Desktop/foo.ps ~/Desktop/ls.pdf
```

ps2pdf 프로그램은 고스트스크립트 패키지의 일부로 인쇄를 지원하는 대다수의 리눅스 시스템에 설치되어 있다.

저자주: 리눅스 시스템은 많은 파일 포맷 변환용 커맨드라인 프로그램들을 종종 가지고 있다. 그것들은 종종 format2format 형식의 이름을 사용한다. 이를 확인하기 위해 ls /usr/bin/*[[:alpha:]]2[[:alpha:]]* 명령을 사용해봐라. 또한 formattoformat 형식의 이름을 가진 프로그램도 한번 찾아봐라

groff의 마지막 실습을 위해, 오랜 친구인 distros.txt를 다시 방문할 것이다. 이번에는 **tbl** 프로그램을 사용할 것이다. 이것은 우리의 리눅스 배포판 목록을 조판하고 표로 구성하기 위해 사용된다. 이를 위해서는, groff에 전달할 텍스트 스트림에 마크업을 추가하기 위해 예전의 **sed** 스크립트를 사용할 것이다.

먼저, **tbl**에 필요한 필수 요구 사항을 추가하기 위해 **sed** 스크립트를 수정할 필요가 있다. 텍스트 편집기를 사용하여 다음과 같이 distros.sed를 변경할 것이다.

```
# sed script to produce Linux distributions report

1 i\
.TS\
center box;\
cb s s\
cb cb cb\
l n c.\
Linux Distributions Report\
=\
Name      Version      Released\
_
s/\([0-9]\{2\}\)\/\([0-9]\{2\}\)\/\([0-9]\{4\}\)$/\3-\1-\2/
$ a\
.TE
```

Name Version Released의 각 단어들은 스페이스가 아닌 탭으로 구분되었다. 스크립트가 제대로 동작하려면 주의 있게 사용해야 한다. 우리는 그 결과 파일을 distros-tbl.sed로 저장할 것이다. **tbl**은 표의 시작과 끝을 나타내기 위해 .TS와 .TE를 사용한다. .TS가 이끄는 열들은 표의 전역 속성을 정의한다. 이 예제에서는 페이지에 중앙 수평으로 놓이고 박스로 둘러싸인다. 정의 영역의 남은 열들은 표의 각 행의 레이아웃을 묘사한다. 이제 우리가 다시 새 **sed** 스크립트와 함께 보고서 생성 파이프라인을 실행하게 되면 다음과 같은 결과를 얻을 것이다.

```
[me@linuxbox ~]$ sort -k 1,1 -k 2n distros.txt | sed -f distros-tbl.sed | groff -t -T
ascii 2>/dev/null
          +-----------------------------------+
          | Linux Distributions Report        |
          +-----------------------------------+
          | Name     Version   Released        |
          +-----------------------------------+
          |Fedora    5         2006-03-20     |
          |Fedora    6         2006-10-24     |
          |Fedora    7         2007-05-31     |
          |Fedora    8         2007-11-08     |
          |Fedora    9         2008-05-13     |
          |Fedora    10        2008-11-25     |
          |SUSE      10.1      2006-05-11     |
          |SUSE      10.2      2006-12-07     |
          |SUSE      10.3      2007-10-04     |
          |SUSE      11.0      2008-06-19     |
          |Ubuntu    6.06      2006-06-01     |
          |Ubuntu    6.10      2006-10-26     |
          |Ubuntu    7.04      2007-04-19     |
          |Ubuntu    7.10      2007-10-18     |
          |Ubuntu    8.04      2008-04-24     |
          |Ubuntu    8.10      2008-10-30     |
          +-----------------------------------+
```

groff에 -t 옵션을 추가하여 tbl과 텍스트 스트림을 전처리하도록 지시한다. 마찬가지로 -T 옵션은 기본 출력 수단인 포스트스크립트가 아닌 ASCII를 출력으로 사용하겠다고 알린다.

출력 포맷은 터미널 화면이나 타자기 방식의 프린터 능력이 제한되어 있다면 우리가 기대할 수 있는 최상이다. 만약 포스트스크립트를 출력으로 지정하고 그래픽 환경에서 출력 결과를 보면, 더욱 더 만족스러운 결과를 얻을 것이다(그림 21-2 참조).

```
[me@linuxbox ~]$ sort -k 1,1 -k 2n distros.txt | sed -f distros-tbl.sed | groff -t > ~/Desktop/
foo.ps
```

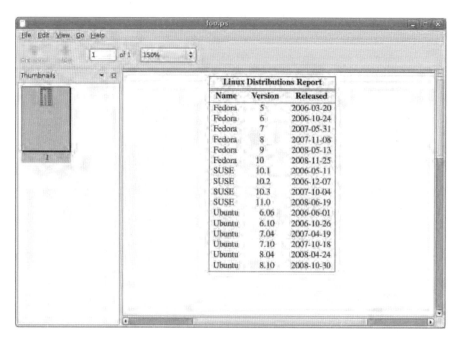

그림 21-2 완성된 표 보기

마무리 노트

유닉스형 운영체제의 특성상 텍스트의 중요성을 고려하면, 텍스트를 조작하고 포맷을 지정하는 많은 툴들이 존재하는 것은 당연하다. 우리가 보았듯이, 많이 있다. fmt와 pr처럼 간단한 포맷 툴들은 짧은 문서를 생성하는 스크립트에서 많이 사용하는 것을 발견할 수 있다. 반면 groff(와 친구들)는 책을 만드는 데 사용할 수 있다. 우리가 커맨드라인을 사용하여 전문지를 전혀 작성하지 않을지도 모른다(많은 사람들이 그렇긴 하지만). 그러나 우리가 할 수 있는 것을 알아두는 것이 좋다.

22

인쇄

이전까지는 텍스트를 조작하는 법에 대해 살펴봤으니 이제는 종이에 출력할 방법을 배울 차례다. 이 장에서는 파일을 출력하고 프린터 명령을 제어하는 데 사용되는 커맨드라인 툴을 살펴볼 것이다. 인쇄 설정 방법은 배포판에 따라 다양하고 대개 설치 과정 중에 자동으로 인쇄 설정이 이루어지기 때문에 여기서 다루지는 않는다. 이 장에서는 연습 과제를 수행하기 위해서 작업 프린터 설정이 필요하다는 것을 알아두도록 하자.

다음과 같은 명령어들에 대해 논의할 것이다.

- pr — 인쇄용 텍스트 파일로 변환
- lpr — 파일 인쇄
- lp — 파일 인쇄(System V용)
- a2ps — 포스트스크립트 프린터 인쇄용 포맷 파일
- lpstat — 프린터 상태 정보 표시
- lpq — 프린터 대기열 정보 표시

- `lprm` — 인쇄 작업 취소
- `cancel` — 인쇄 작업 취소(System V용)

간략한 인쇄의 역사

유닉스형 운영체제의 인쇄 기능을 제대로 이해하기 위해서는, 먼저 그 역사에 대해 알아둬야 한다. 인쇄 기능은 유닉스 운영체제의 초창기로 거슬러 올라간다. 그 시기의 프린터는 오늘날과 무척 다르게 사용되었다.

암흑기의 인쇄

PC 이전 시대의 프린터는 컴퓨터와 마찬가지로 크고, 비싸고, 중앙 집중적이었다. 1980년대 전형적인 컴퓨터 사용자는 멀리 떨어진 컴퓨터에 접속된 단말기에서 작업했다. 그 당시 프린터는 그 중앙 컴퓨터 근처에 위치하여 컴퓨터 운영자의 감독하에 놓여 있었다.

유닉스 초기에는 프린터들이 너무 비싸고 중앙 집중적이어서 많은 사용자들이 공유하는 것이 일상적이었다. 특정 사용자의 인쇄물을 식별하기 위해, 인쇄 시작 시에 사용자의 이름을 표시하는 **배너 페이지**를 종종 인쇄했다. 컴퓨터 보조 직원은 하루 동안의 인쇄 작업물을 수레에 싣고 각 해당 사용자에게 전달했다.

문자 기반 프린터

80년대 프린터 기술은 두 가지 측면에서 매우 달랐다. 먼저, 그 시기의 프린터들은 거의 대부분 충격식 프린터였다. 충격식 프린터들은 페이지에 글자 자국을 만들기 위해 종이에 잉크 리본을 두드려서 인쇄하는 기계적 방식을 사용한다. 그 시기에 가장 인기 있던 두 가지 기술은 데이지 휠과 도트 매트릭스 인쇄 방식이다.

둘째로, 더 중요한 초기 프린터의 특성은 그 장치의 고유한 고정 글자 세트를 사용했다는 것이다. 예를 들면, 데이지 휠 프린터는 오직 데이지 휠의 활자 막대에 실제로 각인된 글자만 출력할 수 있었다. 이는 프린터를 고속 타자기처럼 만든 것이다. 대다수 타자기처럼 프린터도 고정폭 폰트를 사용하여 인쇄했다. 이는 각 글자가 동일한 폭을 가지고 있다는 것을 의미한다. 항상 페이지의 일정한 위치에서 인쇄가 완료되고 인쇄 영역에는 고정된 개수의 글자가 출력된다. 대부분의 프린터는 수평으로 인치당 10개의 문자(CPI), 수직으로 인치당 6줄(LPI)을 출력했다. 이러한 체계로, 미국 엽서 종이의 크기는 가로로 85자 세로로 66줄이다. 양 옆의 작은 여백을 고려하여 한 줄의 최대 폭은 80자로 정해졌다. 이는 왜 터미널이 일반적으로 80자를 표시하는지에 대한 답이 될 수 있다. 고정폭 폰트를 사용하여 출력물을 위지윅(WYSIWYG: **눈으로 보이는 그대로 인쇄하는 방식**) 방식으로 제공한다.

자료는 인쇄될 문자열을 담은 바이트 열로 프린터에 전송된다. 예를 들어, a를 출력할때는 ASCII 문자 코드 97이 보내진다. 게다가 ASCII 제어 코드의 앞 번호는 프린터의 캐리지와 종이를 이동하라는 의미를 가진다. 캐리지 리턴, 라인 피드, 폼 피드 등과 같은 코드가 이에 해당된다. 제어 코드를 사용하여 제한된 폰트 효과도 적용 가능하다. 볼드체처럼 종이에 더 진한 자국을 얻기 위해 프린터로 한 문자를 인쇄하고, 백스페이스로 뒤로 가서 다시 그 문자를 출력한다. nroff를 사용하여 man 페이지를 만들고 cat -A로 출력 결과를 확인해보면 실제로 이러한 것을 볼 수 있다.

```
[me@linuxbox ~]$ zcat /usr/share/man/man1/ls.1.gz | nroff -man | cat -A | head
LS(1)                        User Commands                        LS(1)
$
$
$
N^HNA^HAM^HME^HE$
       ls - list directory contents$
$
S^HSY^HYN^HNO^HOP^HPS^HSI^HIS^HS$
       l^Hls^Hs [_^HO_^HP_^HT_^HI_^HO_^HN]... [_^HF_^HI_^HL_^HE]...$
```

^H(CTRL-H) 문자는 볼드 효과를 만들기 위해 사용하는 바로 그 백스페이스다. 또한 밑줄을 긋기 위해 백스페이스/밑줄 문자를 사용한 것도 볼 수 있다.

그래픽 프린터

GUI의 개발로 프린터 기술에 중대한 변화가 일어났다. 컴퓨터가 그림을 더 많이 사용하는 작업 화면을 지원하게 된 것처럼 인쇄 기술도 문자 기반에서 그래픽 기술로 이동했다. 이는 고정폭 인쇄 대신에, 페이지의 인쇄 영역 어디든지 작은 도트로 인쇄를 할 수 있는 저가형 레이저 프린터의 출현으로 가능해졌다. 이것은 비례 폰트(타자기에서 사용하는 것과 같은)와 사진, 고품질의 도표 등의 인쇄를 가능케 했다.

하지만 문자 기반에서 그래픽 체계로의 이동은 엄청난 기술적 도전을 받게 됐다. 그 이유는 이렇다. 문자 기반 프린터를 사용하여 페이지를 가득 채우는 데 필요한 바이트 수는 다음과 같은 방식

으로 계산된다. 60×80 = 4800바이트(페이지당 60줄, 각 줄은 80문자를 가지고 있다고 가정)

대조적으로, 300 DPI(인치당 도트) 레이저 프린터는(한 페이지 8×10 인치로 가정) (8×300)×(10×300)÷8=900,000바이트가 필요하다.

레이저 프린터로 페이지 전체를 인쇄하기 위해서는 1메가바이트 정도의 데이터가 필요한데 대부분의 저속 PC 네트워크에서는 이를 간단히 제어하지 못한다. 그래서 좀 더 획기적인 무언가가 필요했다.

그것이 바로 페이지 기술 언어의 발명을 탄생시켰다. **페이지 기술 언어**(Page Description Language, PDL)란, 페이지의 내용을 설명하는 프로그래밍 언어다. 기본적으로 "이 위치로 가서, Helvetica 폰트로 10포인트 크기의 글자를 그리고, 이 위치로 이동해라……"와 같은 명령으로 페이지 전체를 설명한다. 최초의 주요 PDL은 오늘날에도 여전히 광범위하게 사용되고 있는 어도비 시스템즈의 포스트스크립트였다. 포스트스크립트 언어는 타이포그래피(typegraphy)와 다양한 그래픽과 이미지 처리용에 딱 맞는 완벽한 프로그래밍 언어다. 그것은 기본적으로 35개의 고품질 폰트를 내장하고, 추가적으로 실행 시에 사용자 정의 폰트를 지원한다. 처음에는 프린터 자체에 포스트스크립트 지원 기능이 내장되어 있었다. 이는 데이터 전송문제를 해결해주었다. 하지만 전형적인 포스트스크립트 프로그램은 문자 기반 프린터의 단순한 바이트 열과 비교해서 더 장황했다. 인쇄된 페이지 전체를 나타내기 위한 바이트 수가 그보다 훨씬 많았다.

포스트스크립트 프린터(PostScript printer)는 포스트스크립트 프로그램을 입력으로 받아들였다. 이 프린터는 프로세서와 메모리를 가지고(가끔 연결된 컴퓨터보다 더 강력한 프린터를 만들기도 했다) **포스트스크립트 인터프리터**(PostScript interpreter)라 불리는 특수한 프로그램을 실행했다. 이 인터프리터는 포스트스크립트 프로그램을 읽어 들이고 그 결과를 프린터 내부 메모리에 저장해서 비트(도트) 패턴 형태로 종이에 전달했다. 이렇게 무언가를 큰 비트 패턴(**비트맵**)으로 만드는 절차를 일반적으로 **래스터 이미지 프로세서**(Raster Image Processor) 또는 RIP라고 한다.

시간이 지날수록, 컴퓨터와 네트워크 모두 더 빨라지기 시작했다. 이때문에 RIP는 프린터에서 호스트 컴퓨터로서의 기능을 하게 되었고. 결국 고품질의 프린터들이 훨씬 더 저렴해졌다.

오늘날 많은 프린터들이 여전히 문자 기반 스트림을 사용하지만 저가 프린터들은 그렇지 않다. 저가형 프린터는 도트로 인쇄 비트열을 제공하기 위해 호스트 컴퓨터의 RIP에 의지한다. 또한 포스트스크립트 프린터들도 더러 사용되기도 한다.

리눅스의 인쇄

현 리눅스 시스템들은 인쇄 기능을 제어하기 위해 두 가지 소프트웨어 세트를 사용하고 있다. 첫째가 공통 유닉스 프린팅 시스템인 CUPS(Common Unix Printing System)로 인쇄 드라이버와 작업을 관리한다. 둘째는 RIP 역할을 하는 포스트스크립트 인터프리터인 고스트 스크립트다.

CUPS는 프린트 큐의 생성과 유지를 통해 프린터를 관리한다. 앞서 역사에 대해 논의했던 것처럼, 유닉스 프린팅은 원래 다수의 사용자들이 공유하는 중앙 프린터를 관리하기 위해 설계되었다. 프린터는 천상 컴퓨터보다 느리기 때문에, 인쇄 시스템은 여러 인쇄 작업의 시기를 조율하고 조직적으로 유지하기 위한 방법이 필요하다. 또한 CUPS는 다양한 종류의 자료를 인식하고 파일을 인쇄 가능한 형태로 변환할 수 있는 능력이 있다.

인쇄용 파일 준비

물론 프린터로 다양한 형태의 자료를 출력 가능하지만 그 중에서도 커맨드라인 사용자들처럼 우리에게는 텍스트를 인쇄하는 것이 최대의 관심사다.

pr – 인쇄용 텍스트 파일로 변환

이전 장에서 pr에 대해 조금 살펴보았다. 이제는 인쇄에 사용하는 많은 옵션들을 살펴볼 것이다. 우리는 인쇄의 역사 편에서 문자 기반 프린터들이 고정폭 폰트를 사용하는 것을 보았다. 결과적으로 페이지당 고정된 수의 라인과 문자를 가지게 되었다. pr은 선택적인 페이지 헤더와 여백을 가지고 명시된 페이지 크기에 맞게 텍스트를 조절하는 데 사용된다. 표 22-1은 흔히 사용되는 옵션을 요약한 것이다.

표 22-1 pr 옵션

옵션	설명
+ *first*[:*last*]	*first* 페이지부터 끝까지 출력, *last* 페이지는 옵션.
- *columns*	지정된 수만큼 페이지 열 설정.
-a	기본적으로 다중 열 출력은 수직 형태로 나열되지만 -a 옵션을 사용하면 수평적으로 나열.
-d	공백을 더블 스페이스로 출력.

-D *format*	지정된 *format*을 사용하여 페이지 머리말에 날짜를 표시한다. 포맷 문자열의 자세한 설명은 date 명령어의 man 페이지를 참조하라.
-f	페이지 구분을 위해 캐리지 리턴 대신 폼 피드(form feed: 용지 공급) 기호를 사용.
-h *header*	페이지 헤더의 중앙부에 작업 중인 파일의 이름 대신 *header*에 지정된 문자열 표시.
-l *length*	*length*만큼 페이지 행 설정. 기본값은 66줄. (US letter는 인치당 6줄)
-n	줄 번호
-o *offset*	*offset* 너비만큼 왼쪽 여백 생성
-w *width*	*width*만큼 너비를 지정. 기본값은 72자.

pr은 종종 파이프라인에서 필터로 사용된다. 이 예제에서는 /usr/bin의 디렉토리 목록을, 페이지 번호를 붙이는 형태로 만들고 pr을 사용해서 세 열씩 출력한다.

```
[me@linuxbox ~]$ ls /usr/bin | pr -3 -w 65 | head

2012-02-18 14:00                                                  Page 1
[                     apturl              bsd-write
411toppm              ar                  bsh
a2p                   arecord             btcflash
a2ps                  arecordmidi         bug-buddy
a2ps-lpr-wrapper      ark                 buildhash
```

인쇄 작업을 프린터로 보내기

CUPS 프린팅 세트는 유닉스 시스템에서 사용되어왔던 두 가지 인쇄 방법을 제공한다. 하나는 버클리 혹은 LPD(유닉스 BSD 버전)에서 lpr 프로그램을 사용하는 것이고, 다른 하나는 SysV(유닉스 System V 버전)에서 lp라는 프로그램을 사용하는 것이다. 두 프로그램 모두 동일한 역할을 한다. 따라서 개인의 취향에 따라 둘 중 하나를 택하면 된다.

lpr – 파일 인쇄 (버클리 스타일)

lpr 프로그램은 프린터에 파일을 전달할때, 사용할 수 있다. 또한 파이프라인을 활용하여 표준 입력을 받을 수도 있다. 예를 들면, 이전의 다중열 디렉토리 목록을 출력하기 위해 다음과 같이 할 수 있다.

```
[me@linuxbox ~]$ ls /usr/bin | pr -3 | lpr
```

이 결과는 시스템의 기본 프린터에 전달된다. 다른 프린터로 파일을 전달하려면 -P 옵션을 사용한다.

> lpr -P *printer_name*

*printer_name*에 출력할 프린터의 이름을 적으면 된다. 시스템에 설치된 프린터 목록을 보기 위해서는 다음 명령을 사용한다.

```
[me@linuxbox ~]$ lpstat -a
```

저자주: 다수의 리눅스 배포판들이 물리적 "프린터"로 인쇄하는 것 외에 PDF에 파일을 출력하는 것을 허용한다. 이는 인쇄 명령어들을 시험해보기에 매우 편리하다. 자신의 프린터 설정 프로그램이 이러한 기능을 지원하는지 확인해보자. 일부 배포판에서는 이 기능을 사용하기 위해서 cups-pdf와 같은 패키지를 추가로 설치해야 한다.

표 22-2는 lpr의 주요 옵션들을 보여준다.

표 22-2 lpr 주요 옵션

옵션	설명
-# *number*	사본 수를 *number*에 지정한다.
-p	각 페이지마다 날짜, 시각, 작업 이름, 쪽번호를 머리말로 출력한다. 이를 소위 "pretty print"라고 하고 이 옵션은 텍스트 파일을 인쇄할 때 사용할 수 있다.
-P *printer*	출력용 프린터의 이름을 명시한다. 명시된 프린터가 없으면, 시스템 기본 프린터가 사용된다.
-r	인쇄 후 파일을 삭제한다. 이는 출력 파일을 임시로 생성하는 프로그램에 유용할 것이다.

lp—파일 인쇄 (System V 스타일)

lp도 lpr처럼 인쇄를 위해 파일 또는 표준 입력을 받아들인다. 단지 지원하는 옵션이 lpr과 다를 뿐이다. 표 22-3은 lp의 주요 옵션을 보여준다.

표 22-3 lp 주요 옵션

옵션	설명
-d *printer*	출력할 프린터를 지정한다. d 옵션이 지정되지 않으면 시스템 기본 프린터가 사용된다.
-n *number*	사본 수를 *number*에 지정한다.
-o landscape	가로 모드로 인쇄한다.
-o fitplot	파일을 페이지에 알맞게 크기 조절한다. 이는 JPEG 파일처럼 이미지 인쇄에 유용하다.
-o scaling=*number*	*number*에 지정된 비율로 출력 크기를 조절한다. 100은 페이지를 가득 채운다. 100보다 작은 값은 출력 결과가 축소된다. 반면, 100보다 큰 값은 파일을 여러 페이지에 걸쳐 출력하게 만든다.
-o cpi=*number*	*number*에 지정된 값만큼 인치당 글자 수를 설정한다. 기본값은 10.
-o lpi=*number*	*number*에 지정된 값만큼 인치당 줄 수를 설정한다. 기본값은 6.
-o page-bottom=*points* -o page-left=*points* -o page-right=*points* -o pate-top=*points*	페이지의 여백을 지정한다. *points* 값은 인쇄 크기 단위다. 1인치에 72포인트다.
-p *pages*	인쇄 페이지의 목록을 지정한다. *pages*에는 콤마로 구분된 목록과 또는 범위를 지정할 수 있다. 예를 들면 1,3,5,7-10.

우리는 다시 한번 디렉토리 목록을 생성할 것이다. 이번에는 12 CPI와 8 LPI로 출력하고 왼쪽 여백을 1/2인치로 설정한다. 새 페이지 크기를 사용하기 위해 pr 명령 옵션을 조절해야 한다는 것을 명심하라.

```
[me@linuxbox ~]$ ls /usr/bin | pr -4 -w 90 -l 88 | lp -o page-left=36 -o cpi=12 -o lpi=8
```

이 파이프라인은 기본값보다 작은 형태를 사용하여 4열 목록을 만든다. 그 증가된 인치당 글자수는 한 페이지에 여러 열을 딱 맞게 허용해준다.

또 다른 프로그램: a2ps

a2ps 프로그램은 흥미롭다. 그 이름에서 추정할 수 있듯이 포맷 변환 프로그램이다. 하지만 그것만이 전부는 아니다. a2ps는 원래 ASCII to PostScript를 의미하고, 포스트스크립트 프린터에서 인쇄하기 위해 텍스트 파일을 준비하는 데 사용되었다. 하지만 수년이 지나, 이 프로그램의 기능들은 점점 발전해서 지금은 그 이름의 의미가 Anything to PostScript가 되었다. 이름은 포맷 변환 프로그램이지만, 사실은 인쇄용 프로그램이다. 이 프로그램은 기본 출력 결과를 표준 출력이 아닌 시스템 기본 프린터로 보낸다. 이 프로그램의 기본 동작은 "pretty printer"나. 즉 출력 형태를 개선한다

는 것이다. 우리는 데스크톱 폴더에 포스트스크립트 파일을 만들기 위해 이 프로그램을 사용할 수 있다.

```
[me@linuxbox ~]$ ls /usr/bin | pr -3 -t | a2ps -o ~/Desktop/ls.ps -L 66
[stdin (plain): 11 pages on 6 sheets]
[Total: 11 pages on 6 sheets] saved into the file `/home/me/Desktop/ls.ps'
```

pr 프로그램을 -t 옵션(머리말과 꼬리말을 생략한다)과 함께 사용하여 입력을 걸러낸다. 그리고 나서 a2ps에 출력 파일을 지정하고(-o 옵션) pr의 페이지 번호와 일치시키기 위해 페이지당 66줄(-L 옵션)로 설정한다. 만약 적당한 파일 뷰어로 결과 파일을 본다면, 그림 22–1과 같은 결과를 보게 될 것이다.

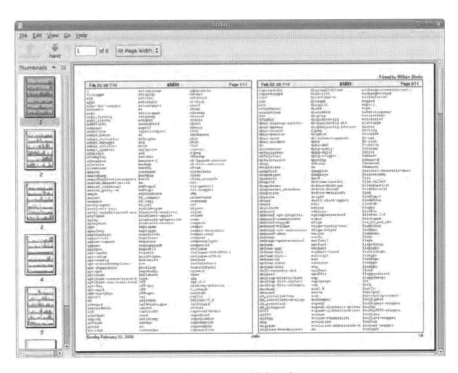

그림 22–1 a2ps 결과 보기

이 결과에서 볼 수 있는 것처럼, 기본 출력 레이아웃은 2단 구성이다. 그 이유는 종이 한 장에 두 페이지의 내용이 인쇄되기 때문이다. a2ps는 또한 페이지 머리말과 꼬리말도 적용한다.

a2ps는 많은 옵션을 가지고 있다. 표 22–4에 이를 요약했다.

표 22-4 a2ps 옵션들

옵션	설명
--center-title *text*	페이지 중앙 제목을 *text*로 설정한다.
--columns *number*	*number*에 지정된 값을 페이지 열 수로 설정한다. 기본값은 2.
--footer *text*	*text*를 꼬리말로 설정한다.
--guess	인자로 주어진 파일들의 종류를 알린다. a2ps는 모든 종류의 자료를 만들고 변환해야 하기 때문에, 이 옵션은 a2ps가 특정 파일이 주어졌을 때 처리해야 할 것을 예측하기에 유용할 수 있다.
--left-footer *text*	좌측 페이지 꼬리말을 *text*로 설정한다.
--left-title *text*	좌측 페이지 제목을 *text*로 설정한다.
--line-numbers= *interval*	출력 라인의 번호를 *interval* 간격마다 나타낸다.
--list=defaults	기본 설정 값들을 표시한다.
--list= *topic*	*topic*에 해당하는 설정 값을 표시한다. *topic*은 다음 중에 하나다. 델리게이션(자료를 변환하는 데 사용하는 외부 프로그램), 인코딩, 기능, 변수, 매체(종이 크기 등), ppd(포스트스크립트 프린터 기술자), 프린터, 프롤로그(출력 앞에 붙는 코드의 한 부분), 스타일시트, 사용자 옵션.
--pages *range*	범위 내의 페이지를 인쇄한다.
--right-footer *text*	우측 페이지 꼬리말을 *text*로 설정한다.
--right-title *text*	우측 페이지 제목을 *text*로 설정한다.
--rows *number*	*number*에 지정된 값으로 페이지 행 수를 설정한다. 기본값은 1.
-B	페이지 머리말을 표시하지 않는다.
-b *text*	페이지 머리말을 *text*로 설정한다.
-f *size*	폰트 크기를 *size*로 설정한다.
-l *number*	라인당 글자 수를 *number*로 설정한다. 이는 다음의 -L 옵션과 함께 페이지에 알맞게 pr과 같은 프로그램으로 파일에 페이지 번호를 만드는 데 사용될 수 있다.
-L *number*	페이지당 줄 수를 *number*로 설정한다.
-M *name*	출력 매체 이름을 지정한다. 예를 들면 A4.
-n *number*	*number*를 사본 개수로 지정한다.
-o *file*	*file*로 결과를 보낸다. -를 지정하면 표준 출력을 사용한다.
-P *printer*	사용할 프린터를 지정한다. 지정하지 않으면 시스템 기본 프린터가 사용된다.
-R	세로 모드로 설정한다.
-r	가로 모드로 설정한다.
-T *number*	탭 간격을 *number*로 설정한다.
-u *text*	*text*를 워터마크로 사용한다.

이 표는 단지 일부일 뿐이다. a2ps는 더 많은 옵션들을 가지고 있다.

저자주: a2ps는 여전히 개발 중인 프로그램이다. 나는 테스트하는 동안 각 배포판마다 다르게 동작한다는 것을 알아챘다. CentOS 4에서는 기본적으로 출력 결과가 항상 표준 출력으로 보내졌다. CentOS 4와 Fedora 10에서는 프로그램의 기본 매체 설정이 레터 크기로 되어 있음에도 불구하고 출력결과가 기본적으로 A4로 설정된다. 이같은 문제를 매체 옵션을 직접 명시하여 해결할 수 있었다. 그리고 Ubuntu 8.04에서는 a2ps의 출력이 문서로 처리되었다. 또한 텍스트를 포스트스크립트로 변환하기에 유용한 또 다른 출력 포맷 프로그램이 있다는 것을 알아둬야 한다. enscript라는 프로그램은 많은 종류의 포맷과 인쇄 트릭들을 적용할 수 있다. 그러나 a2ps와 달리 오직 텍스트 입력만을 받는다.

인쇄 작업 모니터링과 제어

유닉스 프린팅 시스템이 다수의 사용자들로부터 복수의 인쇄 작업을 제어하기 위해 설계된 것처럼, CUPS도 이를 위해 설계되었다. 각 프린터에는 **프린트 큐**가 주어진다. 그것은 인쇄 작업들이 프린터에 **스풀**될 수 있을 때까지 대기하는 장소다.

CUPS는 프린터 상태와 프린트 큐를 관리하는 다수의 커맨드라인 프로그램들을 지원한다. lpr과 lp 프로그램들처럼, 이러한 관리 프로그램은 버클리와 시스템 V의 프린팅 시스템의 관리 프로그램들을 본떠 만들어진 것이다.

lpstat – 인쇄 시스템 상태 표시

lpstat 프로그램은 시스템에서 가용한 프린터들의 이름을 확인하는 데 유용하다. 예를 들면, 시스템에 물리적 프린터(printer라고 이름 지어진)와 PDF 가상 프린터(PDF라고 이름 지어진)가 모두 존재한다면, 그 상태를 다음과 같이 확인할 수 있다.

```
[me@linuxbox ~]$ lpstat -a
PDF accepting requests since Mon 05 Dec 2011 03:05:59 PM EST
printer accepting requests since Tue 21 Feb 2012 08:43:22 AM EST
```

추가적으로, 인쇄 시스템 설정의 좀 더 자세한 사항은 다음과 같은 방법으로 확인할 수 있다.

```
[me@linuxbox ~]$ lpstat -s
system default destination: printer
device for PDF: cups-pdf:/
device for printer: ipp://print-server:631/printers/printer
```

이 예제에서 **printer**는 시스템의 기본 프린터이고 인터넷 프린팅 프로토콜(ipp://)을 사용하는 **print-server**라는 시스템에 연결된 네트워크 프린터다.

표 22-5는 lpstat의 자주 사용되는 옵션들에 대해 설명한다.

표 22-5 lpstat 주요 옵션

옵션	설명
-a [*printer*...]	명시된 *printer*의 프린터 큐의 상태를 표시한다. 이는 물리적 프린터의 상태가 아닌 작업을 받아들이는 프린터 큐의 상태를 나타낸다. 프린터를 지정하지 않으면, 모든 프린트 큐의 상태를 보여준다.
-d	시스템 기본 프린터의 이름을 표시한다.
-p [*printer*...]	명시된 *printer*의 상태를 표시한다. 프린터를 지정하지 않으면 모든 프린터의 상태를 보여준다.
-r	프린트 서버의 상태를 표시한다.
-s	인쇄 시스템 상태를 간단히 표시한다.
-t	인쇄 시스템 상태를 자세히 표시한다.

lpq - 프린터 큐 상태를 표시

프린터 큐의 상태를 보기 위해서 lpq 프로그램을 사용한다. 이것은 큐와 큐가 가지고 있는 인쇄 작업의 상태를 보여주도록 허용한다. 다음 예제에 시스템 기본 프린터인 **printer**의 빈 큐가 있다.

```
[me@linuxbox ~]$ lpq
printer is ready
no entries
```

아무런 프린터를 지정하지 않으면(-p 옵션을 사용해서), 시스템 기본 프린터를 보여준다. 만약 인쇄 작업을 그 프린터로 보내고 큐를 살펴보면, 작업 목록을 보게 될 것이다.

```
[me@linuxbox ~]$ ls *.txt | pr -3 | lp
request id is printer-603 (1 file(s))
[me@linuxbox ~]$ lpq
printer is ready and printing
Rank    Owner  Job  File(s)  Total Size
active  me     603  (stdin)  1024 bytes
```

lprm와 cancel – 인쇄 작업 취소

CUPS는 프린트 큐에 존재하는 인쇄 작업을 종료하고 제거하기 위해 두 프로그램을 제공한다. 하나는 버클리 버전의 lprm이고, 또 다른 하나는 시스템 V 버전의 cancel이다. 그 프로그램들은 제공하는 옵션은 약간 다르지만 기본적으로 동일하게 동작한다. 예제처럼 앞의 인쇄 작업을 이용하여, 다음 방식으로 작업을 중단하고 제거할 수 있다.

```
[me@linuxbox ~]$ cancel 603
[me@linuxbox ~]$ lpq
printer is ready
no entries
```

각 명령어는 특정 사용자 혹은 프린터, 복수의 작업 번호에 속한 모든 작업을 제거하기 위한 옵션들을 가지고 있다. 각 명령의 man 페이지를 참조하면 세부 사항을 확인할 수 있다.

23

프로그램 컴파일

이 장에서는 소스 코드를 컴파일하여 프로그램을 만드는 법을 살펴볼 것이다. 리눅스의 기본적인 자유로움은 소스 코드의 사용에서 비롯된다. 리눅스 생태계 전체는 개발자들의 자유로운 교류에 의지한다. 대다수의 데스크톱 사용자들에게 컴파일은 잊혀진 기술이다. 예전에는 꽤 흔히 사용되었지만, 현재는 배포판 공급업체에서 이미 컴파일된 바이너리들을 저장소에 관리하기 때문에 다운로드해서 바로 사용할 수 있다. 이 글을 작성하는 시점에, 데비안 저장소(가장 큰 저장소 중 하나인)는 약 23,000패키지들을 가지고 있다.

그래서 왜 소프트웨어를 컴파일해야 하나? 여기에는 두 가지 이유가 있다.

- **가용성:** 배포판 저장소에 있는 다수의 사용가능한 프로그램에도 불구하고, 어떤 배포판은 사용자가 원하는 모든 프로그램을 가지고 있지 않을 수도 있다. 이런 경우, 필요한 프로그램을 얻는 방법은 소스로부터 그 프로그램을 컴파일하여 만드는 것뿐이다.
- **적시성:** 어떤 배포판은 최신 버전의 프로그램들을 가지고 있는 반면, 그렇지 않은 경우도 많다. 이는 가장 최신 버전을 갖기 위해서는 컴파일이 필수적이라는 뜻이다.

소스 코드를 컴파일하여 소프트웨어를 만드는 것은 많은 사용자의 목표에서 벗어나 매우 복잡한 기술이 필요할 수 있다. 그러나 많은 컴파일 작업들이 생각보다 쉽고 몇 가지 과정만 거치면 된다. 그것은 전적으로 패키지에 달려있다. 컴파일 과정의 개요와 추가적인 스터디를 할 사용자들에게 출발점을 제공하기 위해 매우 간단한 예제를 살펴볼 것이다.

이 장에서는 한 가지 명령어를 소개할 것이다.

- make — 프로그램 관리 유틸리티

컴파일링이란?

간단히 말하면, 컴파일링이란 **소스 코드**(프로그래머에 의해 작성된, 사람이 읽을 수 있는 형태의 프로그램 서술)를 컴퓨터 프로세서의 언어로 번역하는 절차다.

컴퓨터 프로세서(또는 CPU)는 매우 기본적인 단계에서 동작한다. 그것은 **기계어**로 프로그램들을 실행한다. 기계어는 "바이트 더하기", "메모리 위치 가리키기", "바이트 복사하기" 등과 같이 간단한 명령들을 설명하는 숫자 코드다. 각각의 명령어들은 이진법(0, 1)으로 표현된다. 최초의 컴퓨터 프로그램들은 이 숫자 코드로 쓰여졌고, 이는 왜 그 프로그래머들이 담배를 많이 피우고 엄청난 양의 커피를 마신다고 하고, 두꺼운 안경을 쓰는지 설명이 될 지도 모르겠다.

이 문제는 **어셈블리어**의 출현으로 극복됐다. 숫자 코드를 대신하기 위해 CPY(copy), MOV(move)와 같은 더 쉽게 사용할 수 있는 연상기호(니모닉)를 사용하였다. 어셈블리어로 짜인 프로그램들은 **어셈블러**라는 프로그램에 의해 기계어로 처리된다. 어셈블리어는 **디바이스 드라이버**와 **임베디드 시스템** 등과 같은 특정 작업에서 여전히 오늘날까지 사용되고 있다.

다음으로 나타난 것은 **고급 프로그래밍 언어**다. 그것은 프로그래머가 프로세서 동작의 세부사항에 대해 덜 고민하게 만들고, 문제를 더 쉽게 해결할 수 있게 도와주기 때문에 이렇게 불렀다. 초창기(1950년대에 개발된)의 고급 언어에는 **포트란**(FORTRAN: 과학, 기술 작업을 위해 설계됨)과 **코볼**(COBOL: 비즈니스 애플리케이션을 위해 설계됨)이 포함된다. 둘 다 오늘날까지 일부 사용되고 있다.

인기 있는 프로그래밍 언어가 다수 존재하지만, 그 중 두 언어가 우위를 차지하고 있다. 현 시스템의 대다수 프로그램들은 C나 C++ 언어로 작성되었다. 다음의 다룰 예제에서 C 프로그램을 컴파일할 것이다.

고급 프로그래밍 언어로 작성된 프로그램은 **컴파일러**라고 하는 프로그램에 의해 처리되어 기계어로 변환된다. 일부 컴파일러는 고급 명령어들을 어셈블리어로 바꾸고 나서 어셈블러를 사용하여 기계어 번역의 최종 단계를 수행한다.

컴파일링과 함께 자주 사용되는 절차를 **링킹**이라고 한다. 프로그램들은 파일 열기와 같은 공통적인 작업들을 많이 수행한다. 많은 프로그램들이 이런 작업을 수행하지만, 프로그램마다 각각 파일 열기 루틴을 구현한다면 그것은 낭비일 것이다. 파일을 여는 방법이 정의된 프로그램 코드를 필요로 하는 모든 프로그램이 공유하게 하는 것이 더 현명하다. 이처럼 공통 작업의 지원은 **라이브러리**를 통해 이루어진다. 그것은 복수의 루틴을 포함하며, 복수의 프로그램에서 공유할 수 있는 공통 작업들을 각각 수행한다. /lib와 /usr/lib 디렉토리를 살펴보면, 라이브러리의 대다수를 볼 수 있다. **링커**라는 프로그램은 컴파일러의 출력물과 컴파일된 프로그램이 필요한 라이브러리를 연결하는 데 사용된다. 이 프로세스의 최종 결과물은 사용할 준비가 완료된 **실행파일**이다.

모든 프로그램이 컴파일되는가?

그건 아니다. 이미 본 것처럼, 쉘 스크립트와 같은 일부 프로그램들은 컴파일은 필요 없고 직접 실행된다. 이들은 **스크립트** 또는 **인터프리트 언어**로 알려진 프로그래밍 언어로 작성되었다. 이러한 언어들은 최근 몇 년 새에 인기가 상승하였으며, 펄(Perl), 파이썬(Python), PHP, 루비(Ruby) 등과 같은 언어가 이에 해당한다.

스크립트 언어는 **인터프리터**라고 불리는 특수한 프로그램에 의해 실행된다. 인터프리터는 프로그램 파일을 입력 받아 읽고 파일 내부의 각 명령어들을 실행한다. 일반적으로 인터프리트된 프로그램들은 컴파일된 프로그램보다 아주 느리게 실행된다. 이것은 인터프리트된 프로그램 내의 소스 코드 명령이 매번 번역되고 실행되기 때문이다. 반면 컴파일된 프로그램의 소스 코드는 한 번만 해석되고 이 내용은 최종 실행 파일에 영구적으로 기록된다.

그럼 왜 인터프리트 언어가 그렇게 인기 있을까? 많은 프로그래밍 허드렛일에 "충분히 빠른" 결과를 보이지만, 실제적인 장점은 일반적으로 컴파일된 프로그램보다 더 빠르고 쉽게 프로그램을 개발할 수 있다는 것이다. 프로그램은 항상 코드, 컴파일, 테스트의 반복 순환으로 개발된다. 프로그램의 크기가 커짐에 따라 컴파일 단계는 꽤 오랜 시간이 걸릴 수 있다. 인터프리트 언어는 그러한 컴파일 단계가 없어서 프로그램 개발에 속도를 낼 수 있다.

C 프로그램 컴파일하기

이제 컴파일을 해보자. 하지만 그전에 컴파일러, 링커, 그리고 make와 같은 툴들이 필요할 것이다. 리눅스 환경에서 C 컴파일러는 리차드 스톨만에 의해 개발된 gcc(GNU C Complier)가 거의 보편적으로 사용된다. 대부분의 배포판은 gcc를 기본적으로 설치하지 않는다. 다음 예제처럼 컴파일러가 존재하는지 확인할 수 있다.

```
[me@linuxbox ~] which gcc
/usr/bin/gcc
```

이 예제 결과에서는 컴파일러가 설치되었음을 알 수 있다.

저자주: 사용자의 배포판에는 소프트웨어 개발용 메타 패키지(패키지들의 모음)가 포함되어 있을지도 모른다. 만약 그렇다면, 그 시스템에서 프로그램을 컴파일하려면 그것을 설치하는 것도 고려해봐라. 반대로 메타패키지가 포함되지 않았다면, gcc와 make 패키지를 설치하라. 많은 배포판들이 다음의 연습문제를 실행하기에는 충분할 것이다.

소스 코드 구하기

우리는 컴파일 예제에서 diction이라는 GNU 프로젝트로부터 프로그램을 컴파일할 것이다. 글쓰기의 질과 스타일을 위해 텍스트 파일을 확인하는 데 사용하는 간편한 프로그램이다. 일반적인 프로그램들처럼 아주 작고 빌드하기 쉽다.

다음의 방식에 따라 소스 코드용 디렉토리 src를 생성하고 ftp를 사용하여 소스 코드를 이 디렉토리에 다운로드할 것이다.

```
[me@linuxbox ~]$ mkdir src
[me@linuxbox ~]$ cd src
[me@linuxbox src]$ ftp ftp.gnu.org
Connected to ftp.gnu.org.
220 GNU FTP server ready.
Name (ftp.gnu.org:me): anonymous
230 Login successful.
Remote system type is UNIX.
Using binary mode to transfer files.
ftp> cd gnu/diction
250 Directory successfully changed.
ftp> ls
```

```
200 PORT command successful. Consider using PASV.
150 Here comes the directory listing.
-rw-r--r-- 1 1003 65534 68940 Aug 28 1998 diction-0.7.tar.gz
-rw-r--r-- 1 1003 65534 90957 Mar 04 2002 diction-1.02.tar.gz
-rw-r--r-- 1 1003 65534 141062 Sep 17 2007 diction-1.11.tar.gz
226 Directory send OK.
ftp> get diction-1.11.tar.gz
local: diction-1.11.tar.gz remote: diction-1.11.tar.gz
200 PORT command successful. Consider using PASV.
150 Opening BINARY mode data connection for diction-1.11.tar.gz (141062bytes).
226 File send OK.
141062 bytes received in 0.16 secs (847.4 kB/s)
ftp> bye
221 Goodbye.
[me@linuxbox src]$ ls
diction-1.11.tar.gz
```

저자주: 우리는 이 소스 코드의 메인테이너이기 때문에 컴파일하는 동안 ~/src에 그 소스 코드를 유지할 것이다. 배포판에 의해 설치된 소스 코드는 /usr/src에 위치하고, 복수의 사용자를 위해 사용될 코드는 항상 /usr/local/src에 위치한다.

이처럼 소스 코드는 항상 압축된 tar 파일 형태로 제공된다. 때때로 **타르볼**(tarball)이라 부르며, **소스 트리** 혹은 소스 코드로 구성된 파일과 디렉토리의 계층을 포함하고 있다. FTP 사이트에 연결 후, 가용한 tar 파일들의 목록을 확인하고 최신 버전의 파일을 선택하여 다운로드한다. ftp에서 get 명령어를 사용하여, FTP 서버에서 사용자 컴퓨터로 파일을 복사한다.

tar 파일이 다운로드되면 압축 해제해야 한다. 다음과 같이 tar 프로그램을 사용하면 된다.

```
[me@linuxbox src]$ tar xzf diction-1.11.tar.gz
[me@linuxbox src]$ ls
diction-1.11          diction-1.11.tar.gz
```

저자주: diction 프로그램은 다른 GNU 프로젝트 소프트웨어처럼 소스 코드 패키징의 표준을 따른다. 리눅스 환경에서 가용한 대부분의 소스 코드 또한 이 표준을 따른다. 이 표준의 한 요건으로, 소스 코드 tar 파일이 압축 해제될 때 소스 트리를 포함한 디렉토리가 생성된다. 이 디렉토리는 project-x.xx와 같이 프로젝트의 이름과 버전 번호를 명기한 형태로 이름 지어진다. 이러한 체계는 동일한 프로그램의 다양한 버전을 설치하기 쉽게 한다. 하지만, 소스 코드를 압축 해제하기 전에 트리의 구조를 자주 확인하는 것도 좋은 생각이다. 일부 프로젝트들은 디렉토리를 생성하지 않고 대신에 직접 현재 디렉토리에 파일을 전달하는 경우도 있다. 이는 잘 조직된 src 디렉토리를 어질러 놓을 것이다. 이를 피하기 위해서는 다음과 같이 명령어를 사용하여 tar 파일의 내용을 확인해야 한다.

```
tar tzvf tarfile | head
```

소스 트리 확인하기

tar 파일을 푼 결과로 diction-1.11이라는 새 디렉토리가 생성된다. 이 디렉토리는 소스 트리를 포함하고 있다. 한번 살펴보자.

```
[me@linuxbox src]$ cd diction-1.11
[me@linuxbox diction-1.11]$ ls
config.guess    diction.c       getopt.c        nl
config.h.in     diction.pot     getopt.h        nl.po
config.sub      diction.spec    getopt_int.h    README
configure       diction.spec.in INSTALL         sentence.c
configure.in    diction.texi.in install-sh      sentence.h
COPYING         en              Makefile.in     style.1.in
de              en_GB           misc.c          style.c
de.po           en_GB.po        misc.h          test
diction.1.in    getopt1.c       NEWS
```

그 안에는 많은 파일들이 보인다. 다른 것들뿐만 아니라 GNU 프로젝트에 속한 프로그램들은 README, INSTALL, NEWS, COPYING과 같은 문서 파일들을 제공할 것이다. 이 파일들은 프로그램을 설명하고, 빌드 및 설치 방법과 해당 라이선스 조항에 대한 정보를 포함하고 있다. 프로그램을 빌드하기 전에 항상 README와 INSTALL 파일을 주의 깊게 읽어보는 것도 좋은 생각이다.

이 디렉토리에서 살펴봐야 할 다른 파일들은 .c와 .h로 끝나는 것들이다.

```
[me@linuxbox diction-1.11]$ ls *.c
diction.c getopt1.c getopt.c misc.c sentence.c style.c
[me@linuxbox diction-1.11]$ ls *.h
getopt.h getopt_int.h misc.h sentence.h
```

.c 파일들에는 패키지에 의해 제공된 모듈로 나뉜 두 개(style과 diction)의 C 프로그램이 포함되어 있다. 일반적으로 큰 프로그램들은 관리하기 더 쉬운 작은 조각으로 나뉜다. 소스 코드 파일은 일반 텍스트이고, less 명령으로 확인할 수 있다.

```
[me@linuxbox diction-1.11]$ less diction.c
```

헤더 파일로 알려진 .h 파일들 또한 평범한 텍스트 파일이다. 헤더 파일은 소스 코드나 라이브러리에 포함된 루틴에 대한 설명을 가지고 있다. 컴파일러는 프로그램을 완성하기 위해 필요한 모든 모듈의 정보를 받아야 하고 이로 모듈을 연결한다. diction.c 파일 시작 부근에서 다음과 같은 라인이 있다.

```
#include "getopt.h"
```

이것은 getopt.c에 정의된 무언가를 "알기 위해" 컴파일러에 diction.c의 소스 코드를 처리하는 동안 getopt.h 파일을 읽으라고 지시한다. getopt.c 파일은 **style**과 **diction** 프로그램이 모두 공유하는 루틴을 제공한다.

getopt.h include 문 위에서 또 다른 include 문을 다음처럼 보게 된다.

```
#include <regex.h>
#include <stdio.h>
#include <stdlib.h>
#include <string.h>
#include <unistd.h>
```

이 또한 헤더 파일을 참조하는 것이지만, 앞에서와 달리 현재 소스 트리 바깥쪽에 위치한 헤더 파일을 참조한다. 이 헤더들은 모든 프로그램의 컴파일을 위해 시스템에서 제공하는 것이다. /usr/include를 살펴보면 볼 수 있다.

```
[me@linuxbox diction-1.11]$ ls /usr/include
```

컴파일러를 설치할 때 이 디렉토리의 헤더 파일들이 설치되었다.

프로그램 빌드하기

대부분의 프로그램은 다음 두 명령어로 간단히 빌드된다.

```
./configure
make
```

configure 프로그램은 소스 트리와 함께 제공된 셸 스크립트이며 빌드 환경을 분석하는 역할을 한다. 대부분의 소스 코드는 이식 가능하게 설계된다. 즉 유닉스형 시스템 중 하나 이상의 시스템에서 빌드할 수 있도록 설계된다는 것이다. 하지만 그렇게 하기 위해서 빌드하는 동안 소스 코드에 약간의 수정이 필요할지도 모른다. 각 시스템들 간의 차이점을 수용하기 위해서 말이다. 또한 configure는 필수적인 외부 툴과 컴포넌트가 설치되어 있는지를 검사한다.

configure를 실행해보자. configure는 셸이 일반적으로 예상하는 프로그램들의 위치에 있지 않기 때문에, 반드시 ./와 함께 명령어를 사용해야 한다. 이것은 해당 프로그램이 현재 작업 디렉토리에 있다는 것을 나타낸다.

```
[me@linuxbox diction-1.11]$ ./configure
```

configure는 빌드에 관한 설정과 테스트로 많은 메시지를 출력한다. 작업이 완료되면 다음과 같은 결과를 나타낼 것이다.

```
checking libintl.h presence... yes
checking for libintl.h... yes
checking for library containing gettext... none required
configure: creating ./config.status
config.status: creating Makefile
config.status: creating diction.1
config.status: creating diction.texi
config.status: creating diction.spec
config.status: creating style.1
config.status: creating test/rundiction
config.status: creating config.h
[me@linuxbox diction-1.11]$
```

여기서 중요한 것은 아무런 에러 메시지가 없어야 한다는 것이다. 만약 에러 메시지가 있다면 설정 과정이 실패한 것이다. 그리고 프로그램은 에러가 수정될 때까지 빌드할 수 없다.

configure는 소스 디렉토리에 몇 가지 새 파일들을 생성했다. 이 중 가장 중요한 것은 Makefile이다. Makefile은 make 프로그램이 정확히 어떻게 프로그램을 빌드하는지를 알려주는 설정 파일이다. 그 파일이 없다면 make는 실행되지 않을 것이다. Makefile은 일반 텍스트 파일이기 때문에 다음과 같이 확인할 수 있다.

```
[me@linuxbox diction-1.11]$ less Makefile
```

make 프로그램은 최종 프로그램으로 구성되는 요소들 간의 관계와 의존성을 기술한 makefile(일반 적으로 Makefile이란 이름으로)을 입력 받는다.

makefile의 첫 부분은 makefile의 뒷부분의 섹션에서 치환될 변수를 정의한다. 예를 들면 다음과 같다.

```
CC=                        gcc
```

C 컴파일러로 gcc가 정의되었다. makefile 뒷부분에서 이 변수가 사용되는 부분을 보게 된다.

```
diction:              diction.o sentence.o misc.o getopt.o getopt1.o
                      $(CC) -o $@ $(LDFLAGS) diction.o sentence.o misc.o \
                      getopt.o getopt1.o $(LIBS)
```

여기서 치환이 일어나고, 실행 시에 **$(CC)**의 값은 **gcc**로 대체된다.

makefile의 대부분은 **타겟**(target)과 타겟 생성에 의존적인 파일들의 정의로 라인을 구성한다. 이 예제에서는 diction 실행파일이 타겟이 된다. 나머지 라인은 그 요소들로부터 타겟을 생성하는 데 필요한 명령들을 기술한다. 이 예제에서 실행파일 diction(최종 제품 중 하나)은 diction.o, sentence.o, misc.o, getopt.o, getopt1.o의 존재 여부에 의존적이다. makefile의 뒷부분에서 이들 또한 각각 타겟으로 정의된 것을 볼 수 있다.

```
diction.o:      diction.c config.h getopt.h misc.h sentence.h
getopt.o:       getopt.c getopt.h getopt_int.h
getopt1.o:      getopt1.c getopt.h getopt_int.h
misc.o:         misc.c config.h misc.h
sentence.o:     sentence.c config.h misc.h sentence.h
style.o:        style.c config.h getopt.h misc.h sentence.h
```

하지만 그것들을 지정하는 어떤 명령어도 보이지 않는다. 그것은 일반적인 타겟으로 취급되어, 이 파일 초기에 모든 .c 파일을 .o 파일로 컴파일하는 데 사용하는 명령어가 기술되어 있기 때문이다.

```
.c.o:
        $(CC) -c $(CPPFLAGS) $(CFLAGS) $<
```

이것은 매우 복잡한 것처럼 보인다. 왜 각 부분을 컴파일하고 완료하기 위해 모든 단계를 간단하게 나열하지 않는가? 그 답은 곧 명확해질 것이다. 그럼 프로그램을 **make**로 빌드해보자.

```
[me@linuxbox diction-1.11]$ make
```

make의 동작을 설명하기 위해 Makefile의 내용을 사용하여 프로그램이 실행될 것이다. 많은 메시지를 출력할 것이다.

작업이 완료되었을 때, 이제 모든 대상이 디렉토리에 나타나게 될 것이다.

```
[me@linuxbox diction-1.11]$ ls
config.guess    de.po           en          install-sh      sentence.c
config.h        diction         en_GB       Makefile        sentence.h
config.h.in     diction.1       en_GB.mo    Makefile.in     sentence.o
config.log      diction.1.in    en_GB.po    misc.c          style
config.status   diction.c       getopt1.c   misc.h          style.1
config.sub      diction.o       getopt1.o   misc.o          style.1.in
configure       diction.pot     getopt.c    NEWS            style.c
configure.in    diction.spec    getopt.h    nl              style.o
```

```
COPYING        diction.spec.in  getopt_int.h  nl.mo       test
de             diction.texi     getopt.o      nl.po
de.mo          diction.texi.in  INSTALL       README
```

생성된 파일들 중에 **diction**과 **style**도 보인다. 그 프로그램들을 우리가 빌드를 위해 설정한 것이다. 축하한다! 우리는 막 소스 코드로부터 첫 프로그램을 컴파일했다.

그런데 호기심이 생긴다. 다시 한번 **make**를 실행해보자.

```
[me@linuxbox diction-1.11]$ make
make: Nothing to be done for `all'.
```

이런 이상한 메시지가 출력된다. 무슨 일이지? 왜 다시 프로그램을 빌드하지 않는 걸까? 아, 이것이 바로 **make**의 마법이다. **make**는 모든 것을 간단히 다시 빌드하기보다 필요한 것만 빌드한다. 모든 타겟이 존재하기에 **make**는 아무것도 할 것이 없다고 결정했다. 타겟 중 하나를 삭제하고 다시 **make**를 실행하여 어떻게 동작하는지 살펴볼 것이다.

```
[me@linuxbox diction-1.11]$ rm getopt.o
[me@linuxbox diction-1.11]$ make
```

make는 삭제된 모듈에 의존적이기 때문에 getopt.o를 다시 빌드하고 **diction**과 **style**을 재링크시킨다. 이는 **make**의 또 다른 중요 기능으로 타겟을 항상 최신으로 유지하는 행동이다. **make**는 타겟이 의존 파일보다 최신이 되도록 한다. 프로그래머는 종종 소스 코드의 일부를 갱신하여 새 버전의 제품을 빌드하기 위해 **make**를 사용하기 때문에 이는 전적으로 맞는 말이다. **make**는 갱신된 코드의 빌드 여부를 가지고 빌드가 필요한 모든 것을 확인한다. 만약 **touch** 프로그램으로 소스 파일 중 하나를 "갱신"하면 다음과 같은 결과를 볼 수 있다.

```
[me@linuxbox diction-1.11]$ ls -l diction getopt.c
-rwxr-xr-x 1 me      me      37164 2009-03-05 06:14 diction
-rw-r--r-- 1 me      me      33125 2007-03-30 17:45 getopt.c
[me@linuxbox diction-1.11]$ touch getopt.c
[me@linuxbox diction-1.11]$ ls -l diction getopt.c
-rwxr-xr-x 1 me      me      37164 2009-03-05 06:14 diction
-rw-r--r-- 1 me      me      33125 2009-03-05 06:23 getopt.c
[me@linuxbox diction-1.11]$ make
```

make를 실행한 후, 우리는 복원된 타겟이 의존 파일보다 새 파일인 것을 보게 된다.

```
[me@linuxbox diction-1.11]$  ls -l diction getopt.c
-rwxr-xr-x 1 me       me       37164 2009-03-05 06:24 diction
-rw-r--r-- 1 me       me       33125 2009-03-05 06:23 getopt.c
```

빌드가 필요한 것만 자동적으로 빌드하는 make의 능력은 프로그래머에게는 큰 혜택이다. 이처럼 소형 프로젝트에서는 시간 절약의 효과가 나타나지 않을지도 모르지만, 대형 프로젝트에서는 의미가 있다. 리눅스 커널(지속적으로 수정과 개선 중인 프로그램이다)은 **수백만** 줄의 코드를 가지고 있다는 것을 상기해봐라.

프로그램 설치하기

잘 패키징된 소스 코드는 종종 install이라 부르는 특별한 make 타겟을 가지고 있다. 이 타겟은 시스템 디렉토리에 최종 사용 제품을 설치할 것이다. 주로 이 디렉토리는 /usr/local/bin이고 전통적으로 빌드된 소프트웨어가 위치하는 곳이다. 하지만 이 디렉토리는 일반적으로 사용자에게 쓰기 권한이 없다. 그래서 반드시 슈퍼유저로 설치를 진행해야 한다.

```
[me@linuxbox diction-1.11]$  sudo make install
```

설치 후에 실행 준비된 프로그램을 확인할 수 있다.

```
[me@linuxbox diction-1.11]$  which diction
/usr/local/bin/diction
[me@linuxbox diction-1.11]$  man diction
```

자, 이제 우리는 새 프로그램을 갖게 됐다!

마무리 노트

이 장에서는 소스 코드 패키지를 빌드하기 위해 세 가지 간단한 명령어(./configure, make, make install)가 어떻게 사용되는지를 보았다. 또한 make가 프로그램들을 유지하는 중요한 규칙을 보았다. Make 프로그램은 꼭 소스 코드 컴파일뿐만 아니라 타겟/의존 관계를 유지하기 위한 어떠한 작업에도 사용될 수 있다.

PART 4

쉘 스크립트 작성

24

첫 번째 쉘 스크립트

지금까지는 커맨드라인 도구들을 모아서 하나의 강력한 무기고를 만들었다. 이러한 도구들로 수많은 시스템 문제들을 해결할 수 있지만 매번 일일이 커맨드라인에서 사용하는 데에는 한계가 있다. 만약 각각의 도구 대신 쉘 그 자체를 활용할 수 있다면 더 좋지 않을까? 물론, 가능한 일이다. 우리가 설계한 프로그램에 커맨드라인 툴들을 모아놓으면 쉘이 스스로 복잡한 작업들을 순차적으로 수행할 수 있다. 이를 위해 우리는 **쉘 스크립트**를 작성한다.

쉘 스크립트란?

간단히 말해서, 쉘 스크립트는 명령어들이 나열되어 있는 파일이다. 쉘은 이 파일을 읽어서 마치 커맨드라인에 직접 명령어를 입력하여 실행하는 것처럼 수행한다.

쉘은 시스템의 강력한 커맨드라인 인터페이스라는 점과 스크립트 언어 인터프리터라는 점에서 조금 독특하다. 앞으로 살펴보게 되겠지만 커맨드라인에서 할 수 있는 작업 대부분이 스크립트를 통해서도 가능하며 스크립트에서 할 수 있는 작업 또한 커맨드라인에서 가능하다.

우리는 다양한 쉘 기능들을 다룰 예정이지만 그 중에서도 주로 커맨드라인에서 자주 사용되는 기능에 집중할 것이다. 또한 쉘은 프로그램을 작성할 때에도 일반적으로 사용되는(항상 그런 것은 아니다) 기능들을 제공한다.

쉘 스크립트 작성 방법

쉘 스크립트를 만들고 성공적으로 실행하려면 세 가지 작업이 필요하다.

1. **스크립트 작성하기.** 쉘 스크립트는 일반적인 텍스트 파일이다. 따라서 텍스트 편집기가 필요하다. 좋은 텍스트 편집기는 구문 강조 기능이 있어서 스크립트 요소들을 색상별로 표시해준다. 구문 강조 기능은 흔히 발생하는 오류들을 눈에 띄게 해준다. 스크립트를 작성할 때 vim, gedit, kate 등 다양한 편집기들을 사용할 수 있다.
2. **스크립트를 실행파일로 설정하기.** 시스템은 여러 이유들로 예전 텍스트 파일들을 프로그램으로 처리하지 않는다. 따라서 스크립트 파일에 실행 권한을 주어야 한다.
3. **쉘이 접근할 수 있는 장소에 저장하기.** 쉘은 경로명이 명시되어 있지 않아도 실행 가능한 파일들이 존재하는 특정 디렉토리를 자동으로 검색한다. 우리는 최대한의 편의를 위해 이 디렉토리에 작업한 스크립트를 저장할 것이다.

스크립트 파일 포맷

프로그래밍의 전통을 지키는 의미에서 "hello world" 프로그램을 작성하여 아주 단순한 스크립트를 실행해볼 것이다. 이제 편집기를 띄워서 다음의 스크립트를 입력해보자.

```
#!/bin/bash

# This is our first script.

echo 'Hello World!'
```

스크립트의 마지막 줄은 꽤 익숙하다. echo 명령어에 문자열 인자로 이루어진 커맨드라인이다. 두 번째 줄도 역시 친숙하다. 우리가 실습하면서 편집하기도 했던 여러 환경설정 파일에서 보던 주석처럼 보인다. 쉘 스크립트에서는 주석이 다음과 같이 명령이 끝에 뒤따라올 수 있다.

```
echo 'Hello World!' # This is a comment too
```

기호 다음에 나오는 모든 내용은 무시된다. 이 명령은 커맨드라인에서도 동일하게 실행된다.

```
[me@linuxbox ~]$ echo 'Hello World!' # This is a comment too
Hello World!
```

커맨드라인에서는 주석이 많이 사용되진 않지만 스크립트에서처럼 동일하게 인식된다.

하지만 이 스크립트의 첫 번째 줄은 살짝 의심스러운 부분이 있다. # 기호로 시작하기 때문에 당연히 주석인 것처럼 보인다. 그러나 단순히 주석이라고 하기엔 또 다른 목적이 있어 보인다. #! 이 두 개의 문자열은 사실 *shebang*이라고 하는 특별한 조합이다. *shebang*은 뒤따라오는 스크립트를 실행하기 위한 인터프리터의 이름을 시스템에 알려준다. 모든 셸 스크립트의 첫 줄에는 *shebang*이 반드시 포함되어야 한다.

자, 이 스크립트를 hello_world라는 파일로 저장해보자.

실행 퍼미션

다음으로 해야 할 일은 스크립트에 실행 권한을 설정하는 것이다. 이 작업은 chmod 명령어로 손쉽게 할 수 있다.

```
[me@linuxbox ~]$ ls -l hello_world
-rw-r--r-- 1 me       me        63 2012-03-07 10:10 hello_world
[me@linuxbox ~]$ chmod 755 hello_world
[me@linuxbox ~]$ ls -l hello_world
-rwxr-xr-x 1 me       me        63 2012-03-07 10:10 hello_world
```

스크립트에 실행 퍼미션을 설정하는 일반적인 방법은 두 가지가 있다. 퍼미션을 755로 설정하면 모든 사용자에게 실행 권한이 주어지고, 700은 파일 소유자만 실행 가능하다. 여기서 주의할 점은 실행을 위해 항상 읽기 권한이 설정되어야 한다는 것이다.

스크립트 파일 저장 위치

퍼미션 설정을 하고 나면 스크립트를 실행할 수 있다.

```
[me@linuxbox ~]$ ./hello_world
Hello World!
```

스크립트를 실행하기 위해 스크립트명 앞에 정확한 경로명을 입력해줘야 한다. 그렇지 않으면 다음과 같은 메시지를 보게 된다.

```
[me@linuxbox ~]$ hello_world
bash: hello_world: command not found
```

왜 이럴까? 스크립트에 문제가 있는 걸까? 따지고 보면 스크립트는 아무 잘못이 없다. 그 위치에 문제가 있는 것이다. 11장 내용을 다시 떠올려보면, 우리는 PATH 환경 변수와 시스템이 실행 프로그램을 검색하는 데 있어 어떤 역할을 하는지 알아보았다. 다시 요약해보자면 경로명이 지정되어 있지 않다면, 시스템은 실행 프로그램을 찾을 때마다 디렉토리 목록을 검색한다. 이것은 우리가 ls 명령어를 입력할 때, 시스템이 어떻게 /bin/ls 디렉토리를 실행하는지를 말해준다. /bin 디렉토리는 시스템이 자동 검색하는 디렉토리 중 하나다. 디렉토리 목록은 PATH라고 하는 환경 변수에 규정되어 있다. PATH 환경 변수에는 검색될 디렉토리들이 콜론 기호로 구분되어 있다. PATH 내용을 확인해보도록 하자.

```
[me@linuxbox ~]$ echo $PATH
/home/me/bin:/usr/local/sbin:/usr/local/bin:/usr/sbin:/usr/bin:/sbin:/bin:/usr/games
```

자, 디렉토리 목록이 보인다. 우리가 작성한 스크립트가 나열된 디렉토리들 가운데 하나에라도 저장되어 있다면 (스크립트 실행 시 경로명을 지정해야하는) 문제는 해결될 것이다. 주의할 것은 디렉토리 목록의 첫 번째 디렉토리 /home/me/bin이다. 대부분의 리눅스 배포판은 bin 디렉토리를 사용자의 홈 디렉토리에 포함되도록 PATH 변수를 설정해두는데 그것은 사용자의 프로그램을 실행할 수 있도록 하기 위해서다. 따라서 우리는 bin 디렉토리를 생성하고, 그 디렉토리에 스크립트 파일을 저장하고 다른 프로그램들처럼 실행하면 된다.

```
[me@linuxbox ~]$ mkdir bin
[me@linuxbox ~]$ mv hello_world bin
[me@linuxbox ~]$ hello_world
Hello World!
```

만약 PATH 변수에 bin 디렉토리가 포함되어 있지 않다면 .bashrc 파일에 다음의 내용을 입력하여 bin 디렉토리를 추가할 수 있다.

```
export PATH=~/bin:"$PATH"
```

이렇게 설정하고 나면 새로운 터미널 세션이 시작될 때마다 이 설정이 적용될 것이다. 현재 세션에 이 내용을 바로 적용하고 싶다면 .bashrc 파일을 쉘이 다시 읽어 들여야 한다. 다음과 같이 소스를 읽어 들이자("sourcing").

```
[me@linuxbox ~]$ . .bashrc
```

마침표(.) 명령어는 쉘에 내장된 **source** 명령어와 동일하다. 이는 쉘 명령들이 정의된 특정 파일을 읽어서 마치 키보드에서 입력된 명령어처럼 인식하도록 한다.

저자주: 우분투 시스템은 사용자의 .bashrc 파일이 실행되면 ~/bin 디렉토리를 (디렉토리가 생성되어 있을 경우) PATH 변수에 자동으로 추가한다. 따라서 우분투에서는 ~/bin 디렉토리를 생성하고 로그아웃하고 다시 로 그인하기만 하면 된다.

스크립트를 저장하기 좋은 장소

~/bin 디렉토리는 개인적인 용도로 사용하려는 스크립트를 저장하기에 적합한 장소다. 시스템상의 모든 사용자가 접근 가능한 스크립트를 작성하는 경우에는 의례 저장하는 위치는 /usr/local/bin 디렉토리다. 시스템 관리자용 스크립트는 /usr/local/sbin 디렉토리에 저장한다. 대부분의 경우, 스크립트든 컴파일된 프로그램이든 시스템에서 사용되는 소프트웨어는 /bin이나 /usr/bin 디렉토리가 아닌 /usr/local 디렉토리에 반드시 저장되어야 한다. 이러한 디렉토리들은 리눅스 파일시스템 계층 표준에 의해 지정되는 것으로 리눅스 배포자가 제공하고 관리하는 파일만 저장하도록 되어 있다.

기타 포맷 방법

중요한 스크립트를 작성할 때 주요 목표 중 하나가 바로 **유지보수**의 용이성이다. 즉 스크립트 원작자나 다른 사람들이 스크립트를 수정할 때 그 수정사항이 쉽게 반영되도록 하는 것이다. 쉽고 이해하기 쉬운 스크립트를 작성하는 것이야말로 스크립트 관리를 보다 편하게 해주는 방법이다.

확장 옵션명(long 옵션명)

지금까지 공부한 명령어들은 대부분 축약형과 확장 옵션명이 있다. ls 명령어를 예로 들어 확인해 보도록 하자.

```
[me@linuxbox ~]$ ls -ad
```

그리고,

```
[me@linuxbox ~]$ ls --all --directory
```

이 두 명령어는 동일하다. 타이핑을 적게 하기 위해서는 축약형 옵션을 쓰면 되지만 스크립트 작성 시에는 되도록 확장형을 사용하는 것이 스크립트의 가독성을 높인다.

들여쓰기 및 문장 연결

긴 명령어들을 사용하다 보면 여러 줄에 걸쳐 구분하여 입력하게 되고 이는 가독성을 확실히 높이게 된다. 우리는 17장에서 find 명령어를 사용한 상당히 긴 예제를 보았다.

```
[me@linuxbox ~]$ find playground \( -type f -not -perm 0600 -exec chmod 0600
'{}' ';' \) -or \( -type d -not -perm 0700 -exec chmod 0700 '{}' ';' \)
```

이 예제는 한 번에 이해하기 다소 어려운 부분이 있다. 스크립트에서 다음과 같이 작성하면 더 이해하기 쉬울 것이다.

```
find playground \
    \( \
            -type f \
            -not -perm 0600 \
            -exec chmod 0600 '{}' ';' \
    \) \
    -or \
    \( \
            -type d \
            -not -perm 0700 \

            -exec chmod 0700 '{}' ';' \
    \)
```

문장 연결(백슬래시-라인피드 문자열)과 들여쓰기를 통해 복잡한 명령어 구조가 더 분명하게 전달될 수 있다. 이러한 기법은 입력과 편집이 굉장히 불편해서 잘 사용되진 않지만 커맨드라인에서도 통하는 방법이긴 하다. 스크립트와 커맨드라인의 차이점 중 하나는 스크립트에서는 탭 기호가 들여쓰기에 사용되는 반면, 커맨드라인에서는 명령어 자동완성 시에 사용된다는 점이다.

스크립트 작성을 위한 VIM 설정

vim 텍스트 편집기는 굉장히 다양한 설정이 가능하다. 그 중에서도 스크립트 작성을 용이하게 해주는 몇 가지 옵션을 살펴보도록 하자.

:syntax on 옵션은 구문 강조 기능이다. 이 옵션을 설정하면 스크립트의 쉘 구문들마다 다른 색상으로 표시해 주기 때문에 프로그래밍 오류를 쉽게 찾아낼 수 있다. 더불어 보기에도 좋다. 이 기능을 사용하기 위해서는 vim 편집기의 풀 버전이 설치되어 있어야 한다. 또한, 작성중인 파일이 쉘 스크립트 파일이라는 것을 알리기 위해 shebang이 반드시 존재해야 한다. 만약 :syntax on 옵션 사용에 문제가 있으면 :set syntax=sh 옵션을 사용 해보길 바란다.

:set hlsearch 옵션은 검색 결과를 강조하여 표시해준다. echo라는 단어를 검색할 때 사용하면 검색된 단어가 모두 하이라이트된다.

:set tabstop=4 옵션은 탭 간격을 지정한다. 기본값은 8로 되어 있고 이 값을 4(주로 4를 사용)로 지정하면 긴 내용이더라도 화면에 더 적합하게 표시된다.

:set autoindent 자동 들여쓰기 기능으로 vim 편집기에서 직전에 입력한 줄과 같은 간격으로 새 줄 들여쓰 기가 된다. 이 기능으로 많은 프로그래밍 작업 시에 입력 속도를 높일 수 있다. 이 기능을 사용하지 않으려면 CTRL-D키를 입력하면 된다.

이 옵션들을 영구적으로 적용하려면 ~/.vimrc 파일에 이 옵션을 추가하면 된다(콜론 기호는 빼고 입력).

마무리 노트

우리는 스크립트에 관한 첫 번째 장에서 어떻게 스크립트가 작성되고 시스템에서 쉽게 실행되도록 설정하는 방법에 대해서 살펴보았다. 더불어 스크립트의 가독성을 높이기 위한 (결국 유지보수가 용이하도록 하는) 방법에 대해서도 알아보았다. 이후에는 훌륭한 스크립트를 작성하기 위한 핵심 내용으로 유지보수의 용이성을 높이는 방법들이 계속해서 소개될 것이다.

25

프로젝트 시작하기

우리는 이 장부터 프로그램을 만들기 시작할 것이다. 이 프로젝트의 목적은 다양한 쉘 기능들이 프로그램을 만들 때 어떻게 사용되는지 확인하는 것과, 가장 중요한 목적은 **좋은** 프로그램을 만드는 것이다.

우리가 만들 것은 **보고서 생성** 프로그램이다. 이 프로그램은 시스템의 상태 정보를 보여주는 것으로, HTML 형식으로 보고서를 작성하여 웹 브라우저를 통해 확인할 수 있도록 한다.

일반적인 프로그램은 몇 가지 단계를 통해 만들어지는데 각 단계가 진행될수록 기능이 추가되고 강화된다. 우리가 만들 프로그램의 첫 단계는 아직 시스템 정보가 없는 아주 간단한 HTML 페이지를 만드는 것이다. 자, 이제 시작해보자.

1단계: 간단한 HTML 문서 만들기

여기서 먼저 우리가 알아둬야 할 것은 잘 구성된 HTML 문서 형식이다. 다음 내용을 확인해보자.

```
<HTML>
        <HEAD>
                <TITLE>Page Title</TITLE>
        </HEAD>
        <BODY>
                Page body.
        </BODY>
</HTML>
```

이와 같이 텍스트 편집기에 입력한 후 foo.html이라는 이름으로 파일을 저장해보자. 그런 다음, file:///home/username/foo.html이라는 URL을 파이어폭스에 입력하여 확인해보도록 한다.

우리 프로그램의 첫 번째 단계에서는 표준 출력으로 이 HTML 파일을 출력할 수 있다. 이런 식으로 꽤 쉽게 프로그램을 작성할 수 있다. 그리고 텍스트 편집기를 다시 실행하여 ~/bin/sys_info_page라는 이름의 새 파일을 만들어보자.

```
[me@linuxbox ~]$ vim ~/bin/sys_info_page
```

그런 다음 다음과 같이 스크립트를 작성해보자.

```
#!/bin/bash

# Program to output a system information page

echo "<HTML>"
echo "    <HEAD>"
echo "            <TITLE>Page Title</TITLE>"
echo "    </HEAD>"
echo "    <BODY>"
echo "            Page body."
echo "    </BODY>"
echo "</HTML>"
```

우리의 첫 스크립트는 shebang과 주석(주석을 포함하는 것은 언제나 좋은 생각이다) 그리고 출력 결과의 각 행을 위한 echo 명령들을 포함하고 있다. 파일을 저장한 후, 실행 퍼미션을 설정하고 실행시켜보자.

```
[me@linuxbox ~]$ chmod 755 ~/bin/sys_info_page
[me@linuxbox ~]$ sys_info_page
```

이 프로그램을 실행하면, 화면에는 HTML 문서가 표시되어야 한다. 왜냐하면 스크립트의 echo 명령어로 이 프로그램의 출력을 표준 출력으로 전달했기 때문이다. 이 프로그램을 다시 실행하여 sys_info_page.html 파일로 프로그램 출력 방향을 재지정하면, 이번에는 웹 브라우저에서 내용을 확인할 수 있다.

```
[me@linuxbox ~]$ sys_info_page > sys_info_page.html
[me@linuxbox ~]$ firefox sys_info_page.html
```

지금까지는 순조롭게 진행된다.

프로그램을 작성할 때, 되도록이면 간단명료함을 추구해야 한다. 프로그램이 보기 좋고 이해하기 쉽다면 유지보수하는 데 매우 용이하다. 하지만 타이핑하는 양을 줄인다고 프로그램이 쉬워진다는 것은 아니다. 현재까지 우리가 작성한 프로그램은 괜찮은 편이다. 하지만 더 간단하게 표현할 수 있다. 우리의 프로그램에서 모든 echo 명령어를 하나로 표현할 수 있다. 이는 프로그램 결과에 몇 줄을 추가할 수 있도록 한다. 자, 다음과 같이 스크립트를 다시 작성해보자.

```
#!/bin/bash

# Program to output a system information page

echo "<HTML>
        <HEAD>
                <TITLE>Page Title</TITLE>
        </HEAD>
        <BODY>
                Page body.
        </BODY>
</HTML>"
```

따옴표로 묶인 문자열에는 개행 문자가 포함되어 있기 때문에 여러 행을 포함할 수 있는 것이다. 쉘은 따옴표가 닫힐 때까지 계속 텍스트를 읽을 것이다. 이 방식을 커맨드라인에서도 적용해보자.

```
[me@linuxbox ~]$ echo "<HTML>
>               <HEAD>
>                       <TITLE>Page Title</TITLE>
>               </HEAD>
>               <BODY>
>                       Page body.
>               </BODY>
> </HTML>"
```

맨 앞의 > 기호는 PS2 쉘 변수에 해당하는 쉘 프롬프트 기호다. 이 기호는 쉘에 여러 문장을 입력할 때마다 나타난다. 이 기능은 현재로선 다소 이해하기 어려운 부분이 있다. 하지만 곧 여러 줄에 걸쳐 프로그래밍을 작성하는 방법을 다루게 될 것이다. 그때는 아마도 더 이해하기 쉬워질 것이다.

2단계: 데이터 입력해보기

이제 우리가 만든 프로그램으로 간단한 문서를 작성할 수 있다. 이번에는 문서에 몇 가지 정보를 추가해보자. 이를 위해서는 다음과 같이 내용을 변경해야 한다.

```
#!/bin/bash

# Program to output a system information page

echo "<HTML>
        <HEAD>
                <TITLE>System Information Report</TITLE>
        </HEAD>
        <BODY>
                <H1>System Information Report</H1>
        </BODY>
</HTML>"
```

페이지 제목과 보고서 본문에 헤드라인을 추가하였다.

변수와 상수

앞의 스크립트에서 한 가지 살펴보아야 할 사항이 있다. System Information Report 문자열이 어떻게 반복되는지에 주목해보자. 이 작은 스크립트는 문제가 되지 않는다. 하지만 스크립트가 굉장히 길고 이러한 문자열이 한두 개가 아닌 경우에는 어떠할까? 이 문자열을 다른 것으로 바꾸려면 하나하나 다 바꿔야 하는데 엄청난 작업이 될 것이다. 만약 스크립트를 다시 정리해서 이 문자열이 여러 번이 아니라 단 한 번만 나타나도록 바꾼다면 어떨까? 그렇게 한다면 향후 유지보수하는 데 매우 용이할 것이다. 다음과 같이 해보자.

```
#!/bin/bash

# Program to output a system information page

title="System Information Report"

echo "<HTML>
        <HEAD>
                <TITLE>$title</TITLE>
        </HEAD>
        <BODY>
                <H1>$title</H1>
        </BODY>
</HTML>"
```

title이란 이름의 변수를 생성해서 System Information Report 값을 할당한다. 매개변수 확장으로 이 문자열이 여러 위치에 있는 놓이게 된다.

변수와 상수 생성

변수를 어떻게 생성할까? 간단하다. 이미 우리는 사용해보았다. 쉘이 변수를 만나면 자동으로 변수를 생성한다. 보통 프로그래밍 언어에서는 변수를 사용하기 전에 미리 "선언"하고 정의해야 한다는 점에서 구별된다. 쉘은 이 부분에 관해서 매우 관대하다. 하지만 일부 문제점이 존재한다. 다음과 같은 커맨드라인 사용 예제를 통해 확인해보자.

```
[me@linuxbox ~]$ foo="yes"
[me@linuxbox ~]$ echo $foo
yes
[me@linuxbox ~]$ echo $fool

[me@linuxbox ~]$
```

이 내용을 보면 우선 foo 변수에 yes 값을 설정하고, 그 다음 echo 명령어로 그 값을 표시하였다. 그런 다음 변수 이름을 잘못 입력하면 빈칸이 표시됨을 알 수 있다. 이것은 쉘이 fool이라는 변수를 만나게 되면, 그 변수를 생성하고 기본적으로 빈 값을 설정했기 때문이다. 이 때문에 오타가 발생하지 않도록 주의를 기울여야 한다. 또한 여기서 중요한 것은 이 예제에서 정말로 무슨 일이 벌어지는가에 대한 이해다. 이전에 쉘이 확장하는 방식을 살펴 보았는데, 다음과 같은 명령은

```
[me@linuxbox ~]$ echo $foo
```

매개 변수 확장이 되면 다음과 같은 결과를 보인다.

```
[me@linuxbox ~]$ echo yes
```

반면, 다음 명령어는

```
[me@linuxbox ~]$ echo $fool
```

다음과 같은 결과를 반환한다.

```
[me@linuxbox ~]$ echo
```

값이 없는 변수는 아무것으로도 확장되지 않는다. 이는 인자가 필요한 명령어를 사용할 때 악영향을 끼칠 수 있다. 다음의 예제에서 확인해보자.

```
[me@linuxbox ~]$ foo=foo.txt
[me@linuxbox ~]$ fool=fool.txt
[me@linuxbox ~]$ cp $foo $fool
cp: missing destination file operand after `foo.txt'
Try `cp --help' for more information.
```

우리는 여기에서 foo와 fool이라는 변수에 값을 할당하였다. 그리고 나서 cp 명령어를 실행하는 데 일부러 두 번째 인자를 잘못 입력했다. 확장이 이루어지면, 두 인자에 cp 명령이 실행되어야 함에도 불구하고 앞의 명령인자에만 적용되었다.

변수 이름을 지정하는 데 몇 가지 규칙을 알아보도록 하자.

- 변수명은 알파벳, 숫자, 밑줄 기호로 구성될 수 있다.
- 변수명의 첫 글자는 반드시 문자 또는 밑줄로 시작해야 한다.
- 공백 및 구두점 사용은 금한다.

변수라는 단어가 가진 의미는 **변할 수 있는** 값이다. 그리고 상당수의 애플리케이션에서 변수가 이런 의미로 사용되고 있다. 하지만 우리가 만들려는 프로그램에서 사용한 title이란 변수는 **상수** 개념이다. 상수란, 이름이 정의되고 값이 지정된다는 점에서 변수와 같지만 그 값은 변하지 않는다는 점이 다르다. 우리는 기하학 계산을 하는 프로그램에서 프로그램 전반에 걸쳐 숫자로 정의하는 대신 PI라는 상수를 정의하고 그 값을 3.1415로 할당할 것이다. 물론 쉘은 변수와 상수를 따로 구분하지는 않는다. 이러한 용어를 사용하는 것은 프로그래머의 편의를 위함일 뿐이다. 일반적으로 상수를 정의할 때는 대문자를, 변수는 소문자를 사용한다. 이러한 관습에 따라서 앞의 스크립트를 수정해보도록 하자.

```bash
#!/bin/bash

# Program to output a system information page

TITLE="System Information Report For $HOSTNAME"

echo "<HTML>
        <HEAD>
                <TITLE>$TITLE</TITLE>
        </HEAD>
        <BODY>
                <H1>$TITLE</H1>
        </BODY>
</HTML>"
```

여기서는 쉘 변수 HOSTNAME의 값을 추가하여 보고서 제목에 변화를 주었다. 이 변수가 의미하는 것은 장치의 네트워크명이다.

저자주: 사실 쉘에서도 상수의 값이 바뀌지 않도록 지정할 수 있다. 내장 명령어인 declare를 -r(읽기 전용) 옵션과 함께 사용하면 된다. TITLE을 다음과 같이 설정해보자.

> declare -r TITLE="Page Title"

쉘은 이후로 TITLE 값의 변경을 막을 것이다. 이러한 기능은 잘 사용되진 않지만 정규적인 스크립트에서는 찾아볼 수 있을 것이다.

변수와 상수에 값 할당

이제부터가 우리가 알고 있는 확장에 대해 지식이 빛을 발하는 순간이다. 이미 본 바와 같이 변수는 다음과 같이 값이 할당된다.

> *variable=value*

*variable*에는 변수 이름이, *value* 자리에는 문자열이 들어간다. 다른 프로그래밍 언어와 달리, 쉘은 변수에 할당되는 값의 데이터 형식을 전혀 고려하지 않고 모두 문자열로 인식한다. 물론 **declare** 명령어와 **-i** 옵션을 사용하여 정수 값으로도 선언할 수 있다. 하지만 읽기 전용 옵션을 적용한 변수를 설정하는 것이 흔치 않은 것처럼 이 또한 잘 사용되지 않는다.

이 변수 할당문에는 변수명, 등호, 변수 값 사이에 빈칸이 없어야 함을 명심해야 한다. 그렇다면 변수의 값에 문자열이 어떤 식으로 표현될 수 있을까? 문자열로 확장될 수 있는 것이라면 어느 것도 가능하다.

```
a=z                        # "z" 문자열을 변수 a에 할당
b="a string"               # 빈 칸은 따옴표 안에서만 사용 가능
c="a string and $b"        # 변수처럼 다른 확장이 가능
d=$(ls -l foo.txt)         # 명령어 결과를 변수 값으로 할당
e=$((5 * 7))               # 연산 확장이 값으로 지정된 예
f="\t\ta string\n"         # 이스케이프 기호(탭 또는 개행)가 사용된 예
```

한 줄에 여러 변수를 정의할 수도 있다.

```
a=5 b="a string"
```

변수가 확장될 때, 중괄호가 사용되기도 한다. 이는 복잡한 스크립트 내용으로 변수의 이름을 알아보기 힘든 경우에 유용하게 쓰일 수 있다. 여기서 변수를 활용하여 myfile이라는 파일명을 myfile1로 바꿔보도록 하자.

```
[me@linuxbox ~]$ filename="myfile"
[me@linuxbox ~]$ touch $filename
[me@linuxbox ~]$ mv $filename $filename1
mv: missing destination file operand after `myfile'
Try `mv --help' for more information.
```

파일명 변경에 실패했다. 그 이유는 쉘이 mv 명령어의 두 번째 인자를 새 변수로 해석했기 때문이다. 이 문제는 다음과 같이 쉽게 해결할 수 있다.

```
[me@linuxbox ~]$ mv $filename ${filename}1
```

중괄호를 활용하여 1이라는 숫자가 filename이라는 변수명의 일부가 아님을 쉘이 인식하도록 한다.

지금까지 살펴본 것을 토대로 우리가 작성하던 보고서에 작성일, 시간, 작성자 이름을 추가해보도록 하자.

```
#!/bin/bash

# Program to output a system information page

TITLE="System Information Report For $HOSTNAME"
```

```
CURRENT_TIME=$(date +"%x %r %Z")
TIME_STAMP="Generated $CURRENT_TIME, by $USER"

echo "<HTML>
        <HEAD>
                <TITLE>$TITLE</TITLE>
        </HEAD>
        <BODY>
                <H1>$TITLE</H1>
                <P>$TIME_STAMP</P>
        </BODY>
</HTML>"
```

Here 문서(Here Documents)

우리는 지금까지 텍스트를 출력하는 두 방법에 대해서 공부했다. 이 두 방법 모두 echo 명령어를 사용했다. 이번에는 here 문서 혹은 here 스크립트라고 하는 세 번째 방법에 대해서 소개하고자 한다. here 문서는 I/O 리다이렉션의 추가적인 형태로 텍스트 본문을 스크립트에 삽입할 때 그리고 명령어의 표준 입력으로 보낼 때 사용한다. 이는 다음과 같은 방식으로 사용된다.

```
command << token
text
token
```

command는 표준 입력을 허용하는 명령어 이름이고, token은 삽입할 텍스트의 끝을 가리키는 문자열을 말한다. 스크립트에 here 문서를 적용해보자.

```
#!/bin/bash

# Program to output a system information page

TITLE="System Information Report For $HOSTNAME"
CURRENT_TIME=$(date +"%x %r %Z")
TIME_STAMP="Generated $CURRENT_TIME, by $USER"

cat << _EOF_
<HTML>
        <HEAD>
```

```
                <TITLE>$TITLE</TITLE>
        </HEAD>
        <BODY>
                <H1>$TITLE</H1>
                <P>$TIME_STAMP</P>
        </BODY>
</HTML>
_EOF_
```

echo 명령어를 사용하는 대신 cat 명령어와 here 문서를 사용하였다. _EOF_ 문자열(**파일 끝**을 의미)
이 token으로 사용되었고 삽입된 텍스트의 끝을 표시해주고 있다. 여기서 주목해야 할 점은 token
은 반드시 단독 사용해야 하고 그 줄에 어떠한 빈칸도 허용되지 않는다.

그렇다면 here 문서의 장점은 무엇일까? echo 명령을 사용하는 것과 별반 차이는 없지만 기본적으
로 here 문서에서는 쉘이 인식하는 따옴표 및 쌍 따옴표의 의미는 사라진다. 다음의 예제를 살펴보자.

```
[me@linuxbox ~]$ foo="some text"
[me@linuxbox ~]$ cat << _EOF_
> $foo
> "$foo"
> '$foo'
> \$foo
> _EOF_
some text
"some text"
'some text'
$foo
```

여기서 알 수 있듯이, 쉘은 인용 기호를 전혀 신경 쓰지 않는다. 그저 일반적인 문자일 뿐이다. 따
라서 우리는 here 문서에서 자유롭게 인용 기호를 사용할 수 있고, 이것은 보고서 프로그램에서 아
주 유용하다는 것을 알게 되었다.

here 문서는 표준 입력을 허용하는 명령어와 함께 사용될 수 있다. 다음은 FTP 서버에서 파일을 가
져오기 위해 ftp 프로그램으로 일련의 명령어들을 전송하는 here 문서를 활용한 예제다.

```
#!/bin/bash

# Script to retrieve a file via FTP

FTP_SERVER=ftp.nl.debian.org
FTP_PATH=/debian/dists/lenny/main/installer-i386/current/images/cdrom
```

```
REMOTE_FILE=debian-cd_info.tar.gz

ftp -n << _EOF_
open $FTP_SERVER
user anonymous me@linuxbox
cd $FTP_PATH
hash
get $REMOTE_FILE
bye
_EOF_
ls -l $REMOTE_FILE
```

여기서 리다이렉션 기호인 << 기호를 <<- 기호로 바꾸면 쉘은 here 문서에서의 선행되어 나오는 탭 기호들을 무시하게 된다. 따라서 here 문서에서 가독성을 향상시키기 위해 들여쓰기가 가능해진다.

```
#!/bin/bash

# Script to retrieve a file via FTP

FTP_SERVER=ftp.nl.debian.org
FTP_PATH=/debian/dists/lenny/main/installer-i386/current/images/cdrom
REMOTE_FILE=debian-cd_info.tar.gz

ftp -n <<- _EOF_
        open $FTP_SERVER
        user anonymous me@linuxbox
        cd $FTP_PATH
        hash
        get $REMOTE_FILE
        bye
        _EOF_

ls -l $REMOTE_FILE
```

마무리 노트

이 장에서는 성공적인 스크립트를 구성하기 위한 절차를 살펴보기 위한 프로젝트를 시작하였다. 변수와 상수에 대한 개념을 살펴보았고 어떻게 스크립트에서 적용되는지에 대해서도 알아보았다. 그것들은 향후 매개변수 확장에서 찾아볼 수 있는 수많은 응용 중 그 첫 번째가 되는 개념이다. 또한 우리는 스크립트를 출력하는 방법과 텍스트를 삽입하는 몇 가지 방법도 알아보았다.

26

하향식 설계

프로그램들의 규모가 커지고 복잡해질수록 프로그램을 설계하여 코딩하고 유지 보수하는 것도 점점 어려워진다. 이러한 대형 프로젝트를 진행할 때는, 크고 복잡한 작업을 작고 간단한 단위로 나누는 것이 좋을 것이다.

자, 이쯤에서 다음 상황을 상상해보자. 우리는 화성에서 온 외계인에게 지구에서 음식을 사러 시장에 가는 일상적인 일에 대해 설명하려고 한다. 우리는 이를 다음과 같이 여러 단계로 나눠 설명할수 있을 것이다.

1. 차에 탄다.
2. 시장까지 운전해서 간다.
3. 차를 주차한다.
4. 시장에 들어간다.
5. 필요한 음식을 산다.
6. 차를 빼서 나온다.
7. 집으로 돌아간다.

8. 차를 주차한다.

9. 집으로 들어간다.

하지만 화성에서 온 외계인은 더 구체적인 설명을 원한다. 그렇다면 이 중에서 "주차하는 과정"을 몇 가지로 더 세분화하여 구체적으로 설명하도록 하자.

1. 주차 공간을 찾는다.

2. 그 빈 공간으로 간다.

3. 차의 엔진을 끈다.

4. 사이드 브레이크를 건다.

5. 차에서 나온다.

6. 차를 잠근다.

세 번째 단계인 "엔진을 끄는 과정"을 더 구체적으로 나누어 설명할 수도 있다. 즉 "키를 돌려서 시동을 끈다", "키를 꺼낸다" 등과 같이 말이다. 이런 식으로 시장에 가는 전체 과정을 단계를 세부적으로 나눠서 표현할 수 있을 것이다.

이렇듯 최상위 단계들을 정의하고 이러한 단계들을 구체적으로 나누어가는 과정을 **하향식 설계** (top-down design)라고 한다. 이러한 설계 방법은 크고 복잡한 작업을 단순하고 작은 단위의 작업으로 세분화시킬 수 있다. 하향식 설계 방식은 프로그램을 설계하는 방법 중 가장 흔히 사용되고, 특히 쉘 프로그래밍에 적합한 방법이기도 하다.

이번 장에서는 하향식 설계를 사용하여 보고서 생성 스크립트를 계속 개발해 나갈 것이다.

쉘 함수

우리가 작성 중인 스크립트는 다음과 같은 단계에 따라 HTML 문서를 생성하고 있다.

1. 페이지 열기.

2. 페이지 헤더 열기.

3. 페이지 제목 정하기.

4. 페이지 헤더 닫기.

5. 페이지 본문 열기.

6. 페이지 헤더 정보 출력하기.

7. 날짜 및 시간 출력하기.

8. 페이지 본문 닫기.

9. 페이지 닫기.

다음 개발 단계로 진행하기 전에 7번째와 8번째 단계 사이에 몇 가지 작업을 추가할 것이다.

- **시스템 가동시간(uptime)과 부하량.** uptime은 가장 최근에 시스템이 종료되거나 재부팅된 이후 부터의 가동시간을 나타내고, 부하량은 일정 시간마다 프로세서상에서 현재 실행 중인 작업의 평균 개수를 뜻한다.
- **디스크 사용 공간.** 현재 사용중인 저장 장치의 사용 공간
- **홈 공간.** 사용자별 저장 장치 사용 공간

만약 각 작업에 대한 명령어를 알고 있다면, 명령어 치환을 통해 스크립트에 그 명령어를 추가할 수 있다.

```
#!/bin/bash

# Program to output a system information page

TITLE="System Information Report For $HOSTNAME"
CURRENT_TIME=$(date +"%x %r %Z")
TIME_STAMP="Generated $CURRENT_TIME, by $USER"

cat << _EOF_
<HTML>
        <HEAD>
                <TITLE>$TITLE</TITLE>
        </HEAD>
        <BODY>
                <H1>$TITLE</H1>
                <P>$TIME_STAMP</P>
                $(report_uptime)
                $(report_disk_space)
                $(report_home_space)
        </BODY>
</HTML>
_EOF_
```

이 명령어들을 사용하기 위한 두 방법을 소개한다. 스크립트를 세 가지로 나눠 작성한 다음 PATH에 정의된 디렉토리에 저장하거나 스크립트 자체를 **쉘 함수**로 정의하여 프로그램에 추가할 수 있다. 앞서 설명했던 것처럼 쉘 함수는 "미니스크립트"와 같다. 즉 스크립트 안에 있는 또 다른 스크립트 이며 독립적인 프로그램으로서 동작한다. 쉘 함수를 두 방법으로 정의할 수 있다. 첫 번째 방법은 다음과 같다.

```
function name {
        commands
        return
}
```

*name*의 위치에는 함수 이름이, *commands* 자리에는 함수에서 사용될 일련의 명령어들이 위치한다. 두 번째 방법은 다음과 같다.

```
name () {
        commands
        return
}
```

이 두 형식은 동일한 것이기 때문에 아무거나 사용해도 된다. 다음은 쉘 함수를 사용한 예제다.

```
1       #!/bin/bash
2
3       # Shell function demo
4
5       function funct {
6               echo "Step 2"
7               return
8       }
9
10      # Main program starts here
11
12      echo "Step 1"
13      funct
14      echo "Step 3"
```

쉘은 스크립트를 읽어가면서 1번부터 11번까지 행의 내용을 무시한다. 왜냐하면 주석과 함수 정의가 이루어지는 부분이기 때문이다. 12번 행부터 echo 명령어가 실행되기 시작한다. 13번 행에서 funct라는 이름의 쉘 함수가 **호출**되고 있다. 그리고 쉘은 명령어를 실행하듯 함수를 실행한다. 그러면 6번 행으로 이동하여 funct로 정의된 함수의 내용이 실행된다. 그리고 7번 행의 내용이 실행된다. return 명령어는 함수를 종료하고 프로그램의 실행 위치를, 함수를 호출한 그 다음으로(14번

행) 이동시킨다. 그 다음 마지막 echo 명령이 실행된다. 여기서 주목할 점은 함수 호출이 쉘 함수로서 인식이 되고 다른 프로그램으로 해석되지 않기 위해서 쉘 함수는 호출이 되기 전에 반드시 먼저 정의되어야 한다.

우리의 보고서 생성기 스크립트에 작은 쉘 함수 정의를 추가해보도록 하자.

```
#!/bin/bash

# Program to output a system information page

TITLE="System Information Report For $HOSTNAME"
CURRENT_TIME=$(date +"%x %r %Z")
TIME_STAMP="Generated $CURRENT_TIME, by $USER"

report_uptime () {
        return
}

report_disk_space () {
        return
}

report_home_space () {
        return
}

cat << _EOF_
<HTML>
        <HEAD>
                <TITLE>$TITLE</TITLE>
        </HEAD>
        <BODY>
                <H1>$TITLE</H1>
                <P>$TIME_STAMP</P>
                $(report_uptime)
                $(report_disk_space)
                $(report_home_space)
        </BODY>
</HTML>
_EOF_
```

쉘 함수 이름은 변수명 규칙을 따른다. 함수는 최소한 하나의 명령어를 포함하고 있어야 한다. return 명령어는 이 규칙을 만족시킨다.

지역 변수

지금까지 작성한 스크립트를 보면 모든 변수(상수를 포함하여)는 **전역 변수**로 선언되었다. 전역 변수는 프로그램 전반에 걸쳐 적용되는 변수다. 이것은 대부분의 경우 문제가 되지 않지만 가끔씩 셸 함수 사용에 혼란을 가져오기도 한다. 셸 함수 내부적으로 사용할 **지역 변수**가 종종 필요하게 된다. 지역 변수는 해당 변수가 정의된 셸 함수 내에서만 유효하며 함수가 종료되는 순간 그 효과 또한 사라진다.

지역 변수는 프로그래머가 이미 전역 변수나 다른 셸 함수에 존재하는 변수명과 중복하여 사용할 수 있게 해준다. 물론 변수명 사용에 잠재적인 혼란이 없도록 한다.

이제 지역 변수를 정의하고 사용하는 방법에 대한 예제 스크립트를 살펴보도록 하자.

```bash
#!/bin/bash

# local-vars: script to demonstrate local variables

foo=0    # global variable foo

funct_1 () {

        local foo          # variable foo local to funct_1

        foo=1
        echo "funct_1: foo = $foo"
}

funct_2 () {

        local foo          # variable foo local to funct_2

        foo=2
        echo "funct_2: foo = $foo"
}

echo "global: foo = $foo"
funct_1
echo "global: foo = $foo"
funct_2
echo "global: foo = $foo"
```

이처럼, 지역 변수는 local이라는 단어를 변수명 앞에 선언함으로써 정의할 수 있다. 이것은 변수를 정의한 쉘 함수 내에 변수를 생성한다. 그 쉘 함수 밖에서 이 변수는 존재하지 않는다. 스크립트를 실행하면 다음과 같은 결과를 볼 수 있다.

```
[me@linuxbox ~]$ local-vars
global:  foo = 0
funct_1: foo = 1
global:  foo = 0
funct_2: foo = 2
global:  foo = 0
```

여기서 우리는 두 개의 쉘 함수 내에 선언된 지역 변수는 함수 밖에서 아무런 효력이 없다는 것을 알 수 있다.

이러한 특징은 쉘 함수가 다른 함수나 스크립트로부터 독립적일 수 있게 한다. 아주 중요한 특징이다. 왜냐하면 프로그램의 한 부분으로서 다른 부분의 간섭을 받지 않을 수 있기 때문이다. 그렇기 때문에 필요할 경우, 쉘 함수만 잘라내어 다른 스크립트에 갖다 붙일 수 있다.

스크립트 실행 상태 유지

우리가 프로그램을 개발하는 동안, 프로그램을 실행 가능한 상태로 유지할 수 있다면 좋을 것이다. 이 상태를 유지한 채 프로그램을 자주 테스트하면 개발 단계에서 프로그램 오류들을 보다 쉽게 찾아낼 수 있을 것이다. 결국 디버깅 문제가 조금 더 쉬워지게 된다. 예를 들면, 프로그램을 실행하여 약간의 변화를 준 다음, 프로그램을 다시 시작하면 문제를 만나게 된다. 이는 가장 최근 변경 내역이 문제의 원인일 수 있다. 흔히 프로그래머들이 말하는 **스텁**(stubs)이라는 빈 함수를 프로그램에 추가하면, 초기 단계에서 프로그램의 논리적 흐름을 확인해볼 수 있다. 스텁을 만들 때, 프로그래머에게 그러한 프로그램의 논리적 흐름의 진행을 보여주는 일종의 피드백을 제공하는 것이 좋을 것이다. 현재 스크립트 출력 결과를 살펴보면 타임스탬프가 출력된 다음 몇 줄의 공백이 있음을 알 수 있다. 하지만 그 이유는 정확히 알 수 없다. 왜 그런 것일까?

```
[me@linuxbox ~]$ sys_info_page
<HTML>
        <HEAD>
                <TITLE>System Information Report For twin2</TITLE>
        </HEAD>
        <BODY>
```

```
                <H1>System Information Report For linuxbox</H1>
                <P>Generated 03/19/2012 04:02:10 PM EDT, by me</P>




        </BODY>
</HTML>
```

피드백을 볼 수 있는 내용을 함수에 추가해보자.

```
report_uptime () {
        echo "Function report_uptime executed."
        return
}

report_disk_space () {
        echo "Function report_disk_space executed."
        return
}

report_home_space () {
        echo "Function report_home_space executed."
        return
}
```

이제 스크립트를 다시 실행해보자.

```
[me@linuxbox ~]$ sys_info_page
<HTML>
        <HEAD>
                <TITLE>System Information Report For linuxbox</TITLE>
        </HEAD>
        <BODY>
                <H1>System Information Report For linuxbox</H1>
                <P>Generated 03/20/2012 05:17:26 AM EDT, by me</P>
                Function report_uptime executed.
                Function report_disk_space executed.
                Function report_home_space executed.
        </BODY>
</HTML>
```

여기서 우리는 사실 선언한 세 개의 함수가 실행되고 있다는 것을 알 수 있다.

함수 프레임워크가 제대로 동작하기 위해, 함수에 살을 붙여야 할 때다. 우선, report_uptime 함수를 보자.

```
report_uptime () {
        cat <<- _EOF_
                <H2>System Uptime</H2>
                <PRE>$(uptime)</PRE>
                EOF_
        return
}
```

상당히 직관적인 코드다. here 문서를 활용해서 섹션의 헤더와 uptime 명령어의 결과를 표시하였다. <PRE> 태그로 정의된 uptime 명령은 그 형식이 유지된다. report_disk_space 함수 또한 비슷하게 수정해보자.

```
report_disk_space () {
        cat <<- _EOF_
                <H2>Disk Space Utilization</H2>
                <PRE>$(df -h)</PRE>
                _EOF_
        return
}
```

이 함수는 df -h 명령어를 사용하여 디스크 사용 공간을 확인하였다. 마지막으로 report_home_space 함수를 수정해보자.

```
report_home_space () {
        cat <<- _EOF_
                <H2>Home Space Utilization</H2>
                <PRE>$(du -sh /home/*)</PRE>
                _EOF_
        return
}
```

우리는 du 명령어와 -sh 옵션을 함께 사용하여 사용자 공간을 확인하는 작업을 수행했다. 하지만 이는 완벽한 해결책이 아니다. 우분투와 같은 일부 시스템에서는 통할 수 있으나 그렇지 않은 경우도 있다. 그 이유는 대부분의 시스템들은 홈 디렉토리에 대한 접근 권한에 대해 보안상의 이유로 읽기 조차도 허용하지 않기 때문이다. 그러한 시스템에서는 스크립트가 슈퍼유저 권한으로 작성된 스크립트의 report_home_space 함수여야만이 실행 가능하다. 조금 더 나은 해결책이 있다면 스크립트의 실행을 사용자의 권한에 맞게 조정하는 것이다. 이 부분은 27장에서 다뤄보도록 하자.

마무리 노트

이 장에서는 하향식 설계라고 하는 프로그램 설계 방식에 대해 소개하였다. 그리고 점진적으로 쉘 함수가 발전하는 과정 또한 살펴보았다. 또한 지역 변수의 사용으로 쉘 함수가 독립적으로 운용될 수 있다는 사실도 알게 되었다. 쉘 함수를 여러 프로그램에서 재사용할 수 있도록 독립적으로 작성함으로써 많은 시간을 단축할 수 있게 되었다!

27

흐름 제어: if 분기

이전 장에서 우리는 어떤 문제와 맞닥뜨렸다. '우리가 작성 중인 보고서 생성 스크립트가 실행될 때 사용자 권한에 따라 결과를 어떻게 조정할 수 있을까?' 이 문제에 대한 해결책은 스크립트 내에서 테스트 결과에 따라 "방향을 바꾸는" 방법을 찾는 데 있을 것이다. 프로그래밍식으로 말하자면, 프로그램을 **분기**할 필요가 있다.

의사코드로 작성된 예제 로직을 살펴보자. 의사코드란, 사람이 알아볼 수 있도록 컴퓨터 언어를 가상으로 작성한 코드를 말한다.

```
X = 5
If X = 5, then:
        Say "X equals 5."
Otherwise:
        Say "X is not equal to 5."
```

이것이 분기문의 예다. "X=5"라는 조건을 만족하면 "X는 5다"라고, 그렇지 않으면 "X는 5가 아니다"라고 할 수 있다.

if의 사용

쉘을 사용하여 다음과 같이 앞의 로직을 코딩할 수 있다.

```
x=5

if [ $x = 5 ]; then
        echo "x equals 5."
else
        echo "x does not equal 5."
fi
```

또는 커맨드라인에 직접 입력할 수도 있다(조금 짧아졌다).

```
[me@linuxbox ~]$ x=5
[me@linuxbox ~]$ if [ $x = 5 ]; then echo "equals 5"; else echo "does not equal 5"; fi
equals 5
[me@linuxbox ~]$ x=0
[me@linuxbox ~]$ if [ $x = 5 ]; then echo "equals 5"; else echo "does not equal 5"; fi
does not equal 5
```

이 예제에서는 같은 명령을 두 번 실행했다. 먼저 x를 5로 설정한 후 실행하면 equals 5라는 문자열이 출력되고, 두 번째는 0으로 설정한 후에는 does not equal 5라는 문자열이 출력된다.

if의 사용법은 다음과 같은 구문을 따른다.

```
if commands; then
        commands
[elif commands; then
        commands...]
[else
        commands]
fi
```

commands에는 명령어 목록이 위치한다. 이 구문은 언뜻 보기엔 다소 혼란스러울 수 있다. 하지만 일단 완벽히 이해하기 전에, 어떻게 쉘이 명령어 실행의 성공여부를 결정짓는지에 대해서 먼저 살펴보도록 하자.

종료 상태

명령어들(우리가 작성하고 있는 스크립트와 쉘 함수를 모두 포함한 의미)은 종료될 때 **종료 상태**(exit status)라는 값을 생성한다. 이 값은 0부터 255까지 사이의 정수로 명령어 실행의 성공 여부에 대한 정보를 나타낸다. 일반적으로, 0은 성공을 나타내고 그 외의 다른 숫자는 실패를 가리킨다. 쉘은 종료 상태를 확인할 수 있는 매개변수를 제공한다. 어떻게 동작하는지 살펴보자.

```
[me@linuxbox ~]$ ls -d /usr/bin
/usr/bin
[me@linuxbox ~]$ echo $?
0
[me@linuxbox ~]$ ls -d /bin/usr
ls: cannot access /bin/usr: No such file or directory
[me@linuxbox ~]$ echo $?
2
```

이 예제에서는 ls 명령을 두 번 실행했다. 첫 번째 실행은 성공적이다. $? 매개변수의 값이 0임을 알 수 있다. 두 번째로 실행한 ls 명령은 오류가 나고, 다시 $? 매개변수를 확인한다. 그 값은 2로 실행 시 오류가 난다는 것을 의미한다. 일부 명령들은 오류를 진단하기 위해 각기 다른 종료 상태 값을 지닌다. 일반적으로는 1이 실패했다는 것을 의미한다. man 페이지들에는 종종 "Exit Status"라는 제목의 섹션이 있는데 여기에는 명령어마다 사용하는 종료 상태 값을 확인할 수 있다. 단, 0은 항상 성공을 뜻한다.

쉘은 0 또는 1의 종료 상태 값을 가지고 아무런 일 없이 종료되는 아주 간단한 내장 명령어 두 가지를 제공하고 있다. true 명령어는 항상 성공적으로 실행되고, false 명령어는 항상 실패하게 된다.

```
[me@linuxbox ~]$ true
[me@linuxbox ~]$ echo $?
0
[me@linuxbox ~]$ false
[me@linuxbox ~]$ echo $?
1
```

이 명령어들을 활용하여 if문이 어떻게 작동하는지 살펴보도록 하자. if문이 정말로 명령의 성공과 실패를 평가하는 것이 무엇인지 알아보자.

```
[me@linuxbox ~]$ if true; then echo "It's true."; fi
It's true.
[me@linuxbox ~]$ if false; then echo "It's true."; fi
[me@linuxbox ~]$
```

echo "It's true." 명령은 if문이 성공적으로 수행됐을 때 실행되고, if문이 성공하지 않으면 이 명령 또한 실행되지 않는다. 만약 명령어 목록이 if에 따라오면, 그 중 마지막 명령이 평가된다.

```
[me@linuxbox ~]$ if false; true; then echo "It's true."; fi
It's true.
[me@linuxbox ~]$ if true; false; then echo "It's true."; fi
[me@linuxbox ~]$
```

test의 사용

if 명령어와 가장 흔하게 사용되는 명령어는 단연코 test 명령어다. test 명령어로 다양한 검사와 비교 작업을 수행할 수 있는데 두 가지 형태로 쓰인다.

> test *expression*

그리고 가장 많이 쓰이는 형태인

> [*expression*]

*expression*에는 명령어 성공 여부를 검사하는 표현식이 들어간다. test 명령어는 이 표현식이 참 이면 0, 만약 거짓이면 1의 종료 상태 값을 반환한다.

파일 표현식

표 27-1에는 파일의 상태를 알아보는 표현식이 나와 있다.

표 27-1 File 표현식

표현식	표현식이 참인 경우...
file1 -ef *file2*	*file1*과 *file2*는 동일한 inode 번호를 가진다(하드 링크에 의해 이 두 파일명은 동일한 파일을 참조하게 된다).
file1 -nt *file2*	*file1*은 *file2*보다 최신이다.
file1 -ot *file2*	*file1*은 *file2*보다 오래되었다.
-b *file*	*file*이 존재하고 이 파일은 블록 특수 파일이다.
-c *file*	*file*이 존재하고 이 파일은 문자 특수 파일이다.
-d *file*	*file*이 존재하고 이 파일은 디렉토리다.
-e *file*	*file*이 존재한다.
-f *file*	*file*이 존재하고 이 파일은 일반 파일이다.
-g *file*	*file*이 존재하고 이 파일은 setgid가 설정되어 있다.
-G *file*	*file*이 존재하고 이 파일은 유효 그룹 ID의 소유다.
-k *file*	*file*이 존재하고 이 파일은 "sticky 비트"를 가지고 있다.
-L *file*	*file*이 존재하고 이 파일은 심볼릭 링크다.
-O *file*	*file*이 존재하고 이 파일은 유효 사용자 ID의 소유다.
-p *file*	*file*이 존재하고 이 파일은 네임드 파이프다.
-r *file*	*file*이 존재하고 이 파일은 읽기전용이다.
-s *file*	*file*이 존재하고 파일 크기가 0보다 큰 파일이다.
-S *file*	*file*이 존재하고 이 파일은 네트워크 소켓이다.
-t *fd*	*fd*는 터미널이 지정된 파일 디스크립터. 이것으로 표준 입력/출력/오류의 리다이렉션 여부를 확인할 수 있다.
-u *file*	*file*이 존재하고 이 파일은 setuid가 설정되어 있다.
-w *file*	*file*이 존재하고 이 파일은 쓰기가 가능하다.
-x *file*	*file*이 존재하고 이 파일은 실행이 가능한 파일이다.

다음과 같이 파일 표현식을 확인할 수 있는 스크립트가 있다.

```
#!/bin/bash

# test-file: Evaluate the status of a file

FILE=~/.bashrc

if [ -e "$FILE" ]; then
        if [ -f "$FILE" ]; then
                echo "$FILE is a regular file."
        fi
        if [ -d "$FILE" ]; then
                echo "$FILE is a directory."
        fi
        if [ -r "$FILE" ]; then
                echo "$FILE is readable."
        fi
        if [ -w "$FILE" ]; then
                echo "$FILE is writable."
        fi
        if [ -x "$FILE" ]; then
                echo "$FILE is executable/searchable."
        fi
else
        echo "$FILE does not exist"
        exit 1
fi

exit
```

이 스크립트는 FILE 상수에 할당된 파일을 검사하고 그 결과를 표시한다. 이 스크립트에서 살펴봐야 할 두 가지의 흥미로운 점은, 첫째, $FILE 매개변수가 표현식 내에서 사용될 때 따옴표로 인용된다는 점이다. 꼭 따옴표를 사용해야 하는 것은 아니지만 매개변수가 빈 상태로 되지 않게 해준다. $FILE 매개변수 확장이 빈 값을 반환하면 오류가 발생하기 때문이다(연산자가 아닌 null 문자열이 아닌 것으로 해석된다). 매개변수에 따옴표를 사용함으로써 문자열이 비어있더라도 연산자 다음에 해당 문자열이 따라 나온다는 것을 분명히 알 수 있다. 둘째, 스크립트 끝 부분의 exit 명령어는 선택적으로 하나의 명령 인자와 함께 사용될 수 있는데 이 인자는 스크립트의 종료 상태를 나타낸다. 명령 인자를 사용하지 않으면 종료 상태는 기본적으로 0이다. 이런 식으로 exit를 스크립트상에서 사용하여 $FILE 매개변수가 존재하지 않는 파일명을 가리킬 경우 실패를 나타내도록 한다. 이 스크립트 마지막의 exit 명령어는 형식적으로 사용한 것이다. 스크립트가 끝까지 실행되면 기본적으로 종료 상태 값 0으로 스크립트가 종료된다.

이와 유사하게 쉘 함수도 정수 인자를 포함하여 return 명령어로 종료 상태 값을 반환할 수 있다. 앞의 스크립트를 더 큰 프로그램에 포함시키기 위해 쉘 함수로 바꿔서, exit 명령어 대신 return 명령어를 통해 그 결과를 확인해볼 수 있다.

```
test_file () {

    # test-file: Evaluate the status of a file

    FILE=~/.bashrc

    if [ -e "$FILE" ]; then
        if [ -f "$FILE" ]; then
            echo "$FILE is a regular file."
        fi
        if [ -d "$FILE" ]; then
            echo "$FILE is a directory."
        fi
        if [ -r "$FILE" ]; then
            echo "$FILE is readable."
        fi
        if [ -w "$FILE" ]; then
            echo "$FILE is writable."
        fi
        if [ -x "$FILE" ]; then
            echo "$FILE is executable/searchable."
        fi
    else
        echo "$FILE does not exist"
        return 1
    fi

}
```

문자열 표현식

표 27-2에서 문자열을 검사하는 표현식을 알아보자.

표 27-2 문자열 표현식

표현식	표현식이 참인 경우...
string	*string*은 null이 아니다.
-n *string*	*string*의 길이는 0보다 크다.
-z *string*	*string*의 길이는 0이다.
string1 = *string2* *string1* ==*string2*	*string1*과 *string2*는 같다. 등호나 이중 등호가 사용될 수 있는데 보통은 이중 등호가 더 많이 쓰인다.
string1 != *string2*	*string1*과 *string2*는 같지 않다.
string1 > *string2*	*string1*은 *string2*보다 뒤에 정렬된다.
string1 < *string2*	*string1*은 *string2*보다 앞에 정렬된다.

저자주: >, < 연산자가 test와 함께 사용될 때는 반드시 따옴표 안에서 사용되어야 한다(백슬래시를 사용할 수도 있다). 그렇지 않으면 쉘이 이 연산자를 리다이렉션 연산자로 인식하여 원하는 결과를 얻지 못할 수도 있다. 또한 bash 문서는 현재 로케일의 정렬 순서에 따라 순서를 서술하지만, 사실 그렇지만은 않다. ASCII(POSIX) 정렬 순서가 bash 4.0부터 최신 버전까지 사용되고 있다.

문자열 표현식을 사용한 예제를 살펴보자.

```
#!/bin/bash

# test-string: evaluate the value of a string

ANSWER=maybe

if [ -z "$ANSWER" ]; then
        echo "There is no answer." >&2
        exit 1
fi

if [ "$ANSWER" = "yes" ]; then
        echo "The answer is YES."
elif [ "$ANSWER" = "no" ]; then
        echo "The answer is NO."
```

```
elif [ "$ANSWER" = "maybe" ]; then
        echo "The answer is MAYBE."
else
        echo "The answer is UNKNOWN."
fi
```

이 스크립트에서는 상수 ANSWER를 검증하였다. 우선 문자열이 비어있는지 확인하고 비어있다면 스크립트를 종료하고 종료 상태를 1로 설정한다. echo 명령의 리다이렉션을 살펴보자. 이것은 "There is no answer"라는 오류 메시지를 표준 오류로 전달한다. 표준 오류는 오류 메시지를 표시하는 데 가장 적합하다. 문자열이 비어있지 않은 경우, 문자열의 값을 검사하여 "yes", "no", 또는 "maybe" 중 하나와 동일한지 검사한다. 이는 elif 명령을 사용하여 완료할 수 있는데, else if의 준말이다. elif로 조금 더 복잡한 논리 테스트를 구성할 수 있다.

정수 표현식

표 27-3에 정수를 이용한 표현식을 소개한다.

표 27-3 정수 표현식

표현식	표현식이 참인 경우...
integer1 -eq *integer2*	*integer1*은 *integer2*와 같다.
integer1 -ne *integer2*	*integer1*은 *integer2*와 같지 않다.
integer1 -le *integer2*	*integer1*은 *integer2*보다 작거나 같다.
integer1 -lt *integer2*	*integer1*은 *integer2*보다 작다.
integer1 -ge *integer2*	*integer1*은 *integer2*보다 크거나 같다.
integer1 -gt *integer2*	*integer1*은 *integer2*보다 크다.

이를 스크립트로 확인해보자.

```
#!/bin/bash

# test-integer: evaluate the value of an integer.

INT=-5

if [ -z "$INT" ]; then
        echo "INT is empty." >&2
```

```
        exit 1
fi

if [ $INT -eq 0 ]; then
        echo "INT is zero."
else
        if [ $INT -lt 0 ]; then
                echo "INT is negative."
        else
                echo "INT is positive."
        fi
        if [ $((INT % 2)) -eq 0 ]; then
                echo "INT is even."
        else
                echo "INT is odd."
        fi
fi
```

이 스크립트의 흥미로운 점은 어떻게 정수 값이 짝수인지 홀수인지를 분별해내는가이다. 그 방법은 바로 2로 나눈 나머지 값을 계산하는 모듈로 연산을 사용하여, 그 결과로 수가 짝수인지 홀수인지 판단한다.

현대식 테스트

bash의 최신 버전에는 test의 역할을 대신하는 합성 명령어를 지원한다. 다음과 같은 구문을 따른다.

    [[*expression*]]

*expression*에는 참/거짓을 판단하는 표현식을 입력한다. [[ ]] 명령식은 test와 매우 흡사하나(test의 모든 표현식을 지원한다), 중요한 새 문자열 표현식이 추가된다.

    string1 =~ *regex*

만일 *string1*이 확장 정규 표현식인 *regex*에 부합하면 참을 반환하는 표현식이다. 이것은 데이터 유효성 작업을 수행하는 등 다양한 가능성을 제공한다. 정수 표현식의 첫 예제를 다시 보면 상수 INT 값이 정수가 아닌 다른 것을 포함하고 있다면 스크립트 실행이 실패하게 된다. 그 스크립트는 상수가 정수임을 증명할 방법이 필요했다. [[ ]] 명령식과 문자열 표현식 연산자인 =~ 기호를 이용하여 다음과 같이 해당 스크립트의 오류를 개선할 수 있다.

```bash
#!/bin/bash

# test-integer2: evaluate the value of an integer.

INT=-5

if [[ "$INT" =~ ^-?[0-9]+$ ]]; then
        if [ $INT -eq 0 ]; then
                echo "INT is zero."
        else
                if [ $INT -lt 0 ]; then
                        echo "INT is negative."
                else
                        echo "INT is positive."
                fi
                if [ $((INT % 2)) -eq 0 ]; then
                        echo "INT is even."
                else
                        echo "INT is odd."
                fi
        fi
else
        echo "INT is not an integer." >&2
        exit 1
fi
```

정규 표현식을 적용함으로써 상수 INT 값을 하나 이상의 숫자 값을 가진 경우로 제한할 수 있다. 마이너스 기호는 있을 수도 없을 수도 있다. 또한 이 표현식은 빈 값의 존재 가능성도 제거해주었다.

[[ ]] 명령식의 또 다른 기능은 바로 == 연산자가 경로명 확장과 똑같은 방식의 패턴 찾기를 지원한다는 점이다. 예를 들어보자.

```
[me@linuxbox ~]$ FILE=foo.bar
[me@linuxbox ~]$ if [[ $FILE == foo.* ]]; then
> echo "$FILE matches pattern 'foo.*'"
> fi
foo.bar matches pattern 'foo.*'
```

이는 [[ ]] 명령이 파일과 경로명을 평가할 때 유용하게 해준다.

(( )) – 정수 테스트

bash는 [[ ]] 합성 명령어뿐만 아니라 (( )) 명령식 또한 지원한다. 이것은 정수에 대한 연산을 수행할 때 유용하다. 이 식으로 모든 산술 연산이 가능하고 이 부분은 34장에서 자세하게 다룰 것이다.

(( )) 명령식은 산술식의 참 여부를 검사한다. 이 명령은 산술식의 결과가 0이 아니면 참 값을 반환한다.

```
[me@linuxbox ~]$ if ((1)); then echo "It is true."; fi
It is true.
[me@linuxbox ~]$ if ((0)); then echo "It is true."; fi
[me@linuxbox ~]$
```

(( )) 명령식으로 test-integer2 스크립트를 좀 더 단순하게 변형할 수 있다.

```
#!/bin/bash

# test-integer2a: evaluate the value of an integer.

INT=-5

if [[ "$INT" =~ ^-?[0-9]+$ ]]; then
        if ((INT == 0)); then
                echo "INT is zero."
        else
                if ((INT < 0)); then
                        echo "INT is negative."
                else
                        echo "INT is positive."
                fi
                if (( ((INT % 2)) == 0)); then
                        echo "INT is even."
                else
                        echo "INT is odd."
                fi
        fi
else
        echo "INT is not an integer." >&2
        exit 1
fi
```

우리는 여기서 부등호 연산과 등호 연산을 사용하였다. 이렇게 함으로써 정수 표현식이 한결 자연스러워 보인다. 또한 (( )) 합성 명령이 일반적인 명령이 아닌 셸 구문이기 때문에 그리고 정수만을 취급하기 때문에, 이름으로 변수를 구분할 수 있고 더 이상 확장이 필요치 않다.

표현식 조합

더 복잡한 검사를 수행하기 위해 표현식을 조합하는 것도 가능하다. 표현식은 논리 연산자를 이용함으로써 조합이 가능하다. 우리는 이미 17장에서 find 명령에 대해 학습할 때 이를 보았다. test 명령어와 [[ ]] 합성 명령이 지원하는 논리 연산자는 세 가지다. AND, OR, NOT이다. test 명령과 [[ ]] 합성 명령은 이 연산을 수행하기 위해서 각기 다른 연산자를 사용하는데, 다음 표 27-4를 확인해보도록 하자.

표 27-4 논리 연산자

논리 연산	test	[[ ]], (( ))
AND	-a	&&
OR	-o	||
NOT	!	!

AND 연산의 예제를 보자. 다음 스크립트에서는 값이 정수 범위 내에 있는지 확인한다.

```
#!/bin/bash

# test-integer3: determine if an integer is within a
# specified range of values.

MIN_VAL=1
MAX_VAL=100

INT=50

if [[ "$INT" =~ ^-?[0-9]+$ ]]; then
        if [[ INT -ge MIN_VAL && INT -le MAX_VAL ]]; then
                echo "$INT is within $MIN_VAL to $MAX_VAL."
        else
                echo "$INT is out of range."
```

```
        fi
else
        echo "INT is not an integer." >&2
        exit 1
fi
```

스크립트를 보면 INT라는 정수 값이 MIN_VAL와 MAX_VAL 사이에 있는지를 확인한다. 이는 **&&** 연산자로 구분된 두 표현식을 포함한 [[ ]] 명령어를 사용했다. 이는 또한 **test** 명령어로도 할 수 있다.

```
        if [ $INT -ge $MIN_VAL -a $INT -le $MAX_VAL ]; then
                echo "$INT is within $MIN_VAL to $MAX_VAL."
        else
                echo "$INT is out of range."
        fi
```

! 부정 연산자는 표현식 결과의 역을 반환한다. 표현식이 거짓이면 참 값을 반환하고, 표현식이 참이면 거짓을 반환한다. 다음 스크립트에서 특정 범위 밖에 있는 INT 값을 찾기 위해 계산식을 바꿔 보도록 하자.

```
#!/bin/bash

# test-integer4: determine if an integer is outside a
# specified range of values.

MIN_VAL=1
MAX_VAL=100

INT=50

if [[ "$INT" =~ ^-?[0-9]+$ ]]; then
        if [[ ! (INT -ge MIN_VAL && INT -le MAX_VAL) ]]; then
                echo "$INT is outside $MIN_VAL to $MAX_VAL."
        else
                echo "$INT is in range."
        fi
else
        echo "INT is not an integer." >&2
        exit 1
fi
```

표현식을 그룹화하기 위해 괄호를 사용하였다. 괄호를 사용하지 않았다면 부정 연산자는 첫 번째 식에만 적용이 되었을 뿐 두 개로 혼합된 표현식 전체에 적용되지 않았을 것이다. 다시 한번 test

명령어로도 스크립트를 작성해보자.

```
if [ ! \( $INT -ge $MIN_VAL -a $INT -le $MAX_VAL \) ]; then
        echo "$INT is outside $MIN_VAL to $MAX_VAL."
else
        echo "$INT is in range."
fi
```

test에서 사용되는 모든 표현식과 연산자는 쉘의 입장에서는 test의 명령 인자로 인식되기 때문에 ([[ ]], (( )) 명령식과는 달리) bash에서 특별한 의미를 가진 <, >, (,) 기호와 같은 문자들은 반드시 따옴표나 이스케이프 기호와 함께 사용해야 한다.

test 명령어나 [[ ]] 명령식은 전반적으로 같은 일을 수행하는데, 어느 것이 더 사용하기 좋을까? test는 전통적으로 쓰이는 명령어(그리고 POSIX의 일부분)인 반면, [[ ]] 명령식은 bash에 특화되어 있다. test 명령어가 광범위하게 사용되기 때문에 그 사용법을 알아두는 것은 매우 중요하다. 하지만 [[ ]] 명령식은 test 명령어 사용법보다 훨씬 유용하고 코딩하기에 쉽다는 것은 분명한 사실이다.

이식성은 일방적인 방식일 뿐

"진짜" 유닉스 사용자들과 대화를 하다 보면, 대다수가 리눅스를 그다지 달갑게 여기지 않음을 금방 알아차리게 된다. 그들은 리눅스가 마치 순수하지 않고 깨끗하지 못한 것이라 생각한다. 유닉스 추종자들이 따르는 교리 중 하나는 유닉스의 모든 것은 **이식성**이 있어야 한다는 것이다. 이 말은 여러분이 작성하는 어떤 스크립트라도 유닉스형 시스템에서는 별도의 추가 작업 없이 실행돼야 한다는 것이다.

유닉스 사용자들이 이러한 교리를 따르는 데는 충분한 이유가 있다. POSIX 이전의 유닉스 세계에서 명령어와 쉘들이 상업적으로 확장된 광경을 목격했기 때문에, 그들이 사랑하는 운영체제에 리눅스가 끼칠 영향력에 대해 자연스럽게 경계하게 되었다.

하지만 이식성이라는 것은 아주 심각한 단면이 존재한다. 바로 발전을 막는다. 그 이유는 "최소한의 공통 분모"만을 가지려 하기 때문이다. 쉘 프로그래밍의 경우에는, 모든 것은 원조 Bourne Shell인 sh와 호환되도록 만들어야 함을 의미한다.

이러한 단면은 "혁명"이라는 미명하에 상업적 확장을 정당화하기 위해 상업용 벤더들이 이용하는 구실일 뿐이다. 하지만 이러한 상업적인 확장은 고객에게 아주 불리한 장치임에 틀림없다.

bash와 같은 GNU 툴들은 아무런 제약이 없다. 오히려 표준에 따라 전반적으로 사용이 가능하도록 이식성을 장려한다. 거의 대부분의 시스템에 bash와 또 다른 GNU 툴들을 설치할 수 있다. 심지어 윈도우즈 시스템에 아무런 비용 없이 설치가 가능하다. 따라서 bash의 모든 기능을 사용해보는 것을 두려워하지 말길 바란다. 이야말로 진정한 이식성이 아닌가?

제어 연산자: 분기의 또 다른 방법

bash는 분기를 수행할 수 있는 두 개의 제어 연산자를 제공한다. &&(AND)와 ||(OR) 연산자는 [[ ]] 합성 명령어에서 사용되는 논리 연산자와 수행하는 방식이 같다. 구문은 다음과 같다.

> command1 && command2

그리고

> command1 || command2

이들이 수행되는 행동 방식을 이해해야 한다. && 연산자를 사용하는 경우, *command1*과 *command2* 모두 실행되면 *command1*이 성공했다는 것을 의미한다. || 연산자를 사용하는 경우, *command1*과 *command2* 모두 실행되면 *command1*은 실패했다는 것을 의미한다.

다시 말하자면 다음과 같이 사용할 수 있다는 것이다.

```
[me@linuxbox ~]$ mkdir temp && cd temp
```

이것은 temp라는 디렉토리를 생성하고 성공하면 현재 작업 디렉토리를 temp로 바꾸라는 의미다. 두 번째 명령은 mkdir 명령이 성공적으로 수행되어야만 실행된다. 이와 같이 다음 명령을 이용하여 temp라는 디렉토리의 존재 유무를 검사해보자.

```
[me@linuxbox ~]$ [ -d temp ] || mkdir temp
```

테스트가 실패해야만 디렉토리가 생성될 것이다. 이런 식의 구성은 스크립트 오류를 관리할 때 매우 유용하다. 추후에 이 부분에 대해서 더 자세하게 공부하게 될 것이다. 예를 들어 다음과 같이 스크립트를 꾸며볼 수 있다.

```
[ -d temp ] || exit 1
```

스크립트는 temp라는 디렉토리를 필요로 하고 만약 존재하지 않으면 스크립트는 종료 상태 1을 반환하고 종료될 것이다.

마무리 노트

이번 장을 시작할 때 우리는 질문 하나를 던졌다. 어떻게 하면 sys_info_page 스크립트 내에서 그 사용자가 모든 홈 디렉토리에 대한 읽기 권한이 있는지 여부를 감지할 수 있는지에 대한 것이다. if 문을 활용하여 report_home_space 함수에 다음과 같은 코드를 삽입하면 이 문제를 해결할 수 있다.

```
report_home_space () {
        if [[ $(id -u) -eq 0 ]]; then
                cat <<- _EOF_
                        <H2>Home Space Utilization (All Users)</H2>
                        <PRE>$(du -sh /home/*)</PRE>
                        _EOF_
        else
                cat <<- _EOF_
                        <H2>Home Space Utilization ($USER)</H2>
                        <PRE>$(du -sh $HOME)</PRE>
                        _EOF_
        fi
        return
}
```

우리는 id 명령어의 결과를 확인하였다. id 명령의 -u 옵션은 유효 사용자에 대하여 숫자로 된 사용 ID를 출력할 것이다. 슈퍼유저는 항상 0이며 나머지 모든 사용자는 0보다 큰 수를 가진다. 이러한 사실을 바탕으로 우리는 두 개의 서로 다른 here 문서를 구성할 수 있는데, 하나는 슈퍼유저의 권한 이라는 장점을 활용한 것이고 또 다른 하나는 해당 사용자의 홈 디렉토리로 제한을 두는 것이다.

이쯤에서 잠시 sys_info_page 프로그램을 접어둘 예정이지만 너무 걱정하지 마라. 곧 다시 들춰보 게 될 것이다. 그 동안 우리는 이 작업을 다시 시작하기 위해 필요한 몇 가지 주제에 대해 살펴보게 될 것이다.

28

키보드 입력 읽기

지금까지 우리가 작성한 스크립트들은 대다수 컴퓨터 프로그램에서 사용하는 일반적인 기능이 빠져있다. 바로 **대화식** 모드다. 이것은 사용자와 프로그램 사이에 상호 작용하는 것을 말한다. 모든 프로그램들이 대화식으로 작동할 필요는 없지만 일부 프로그램에서는 사용자로부터 직접적인 입력을 허용하는 것이 효과적일 수 있다. 예를 들어 예전에 작성한 스크립트를 다시 살펴보자.

```bash
#!/bin/bash

# test-integer2: evaluate the value of an integer.

INT=-5

if [[ "$INT" =~ ^-?[0-9]+$ ]]; then
        if [ $INT -eq 0 ]; then
                echo "INT is zero."
        else
                if [ $INT -lt 0 ]; then
                        echo "INT is negative."
                else
```

```
                    echo "INT is positive."
        fi
        if [ $((INT % 2)) -eq 0 ]; then
                    echo "INT is even."
        else
                    echo "INT is odd."
        fi
    fi
else
        echo "INT is not an integer." >&2
        exit 1
fi
```

INT 값을 변경하려고 할 때마다 스크립트를 수정해야만 한다. 만약 값을 변경할 때, 사용자에게 변경할 값에 대한 묻게 된다면 이 스크립트는 훨씬 더 효율적이지 않을까. 이 장에서는 우리 프로그램에 대화식 모드를 어떻게 추가할 수 있는지 다뤄보기로 한다.

read – 표준 입력에서 값 읽어오기

read는 쉘의 내장 명령어로 표준 입력으로 들어온 내용을 한 줄씩 읽어올 때 사용된다. 이 명령어는 키보드 입력을 읽어올 때나 리다이렉션을 적용하여 파일의 데이터를 읽어올 때 사용될 수 있다. 이 명령의 구문은 다음과 같다.

```
read [-options] [variable...]
```

option 위치에는 다음 표에 나와 있는 옵션 중 하나 이상을 지정하고, variable에는 입력 값을 할당할 변수명을 하나 이상 입력한다. 만약 변수명을 입력하지 않으면 쉘 변수 REPLY가 데이터를 갖게 된다.

표 28-1 read 옵션

옵션	설명
-a array	입력값을 array에 할당한다. 인덱스 0으로 시작함. 배열에 대해서는 35장에서 다룰 것이다.
-d delimiter	delimiter 문자열에서 개행 문자가 아닌 가장 첫 번째 문자를 입력의 끝을 가리키는 데 사용한다.
-e	Readline을 이용하여 입력을 관리한다. 이것은 커맨드라인과 같은 방식으로 입력 내용을 편집할 수 있게 해준다.

-n *num*	입력된 행 전체 대신 *num* 수의 문자만을 읽어온다.
-p *prompt*	*prompt* 문자열을 이용하여 입력을 위한 프롬프트를 띄운다.
-r	Raw 모드. 백슬래시 기호를 이스케이프로 해석하지 않는다.
-s	묵음 모드. 문자를 입력할 때마다 해당 문자를 다시 표시하지 않는다. 이것은 비밀번호를 입력할 때나 중요한 정보를 입력할 때 유용하다.
-t *seconds*	타임아웃. 일정 시간(초) 후에 입력을 종료한다. read 명령은 입력 시간이 초과되면 0이 아닌 종료 상태 값을 반환한다.
-u *fd*	표준 입력 대신 *fd* 파일 디스크립터를 입력으로 사용한다.

기본적으로 read 명령은 표준 입력의 필드를 특정 변수에 할당한다. 만약 read 명령어를 이용하여 정수 계산식 스크립트를 수정한다면, 다음과 같이 할 수 있다.

```bash
#!/bin/bash

# read-integer: evaluate the value of an integer.

echo -n "Please enter an integer -> "
read int

if [[ "$int" =~ ^-?[0-9]+$ ]]; then
        if [ $int -eq 0 ]; then
                echo "$int is zero."
        else
                if [ $int -lt 0 ]; then
                        echo "$int is negative."
                else
                        echo "$int is positive."
                fi
                if [ $((int % 2)) -eq 0 ]; then
                        echo "$int is even."
                else
                        echo "$int is odd."
                fi
        fi
else
        echo "Input value is not an integer." >&2
        exit 1
fi
```

echo 명령어와 -n 옵션을 함께 사용하여(출력 시 개행하지 않는다) 프롬프트를 띄우고 read 명령어로 int 변수에 입력될 값을 기다린다. 스크립트의 실행 결과는 다음과 같다.

```
[me@linuxbox ~]$ read-integer
Please enter an integer -> 5
5 is positive.
5 is odd.
```

read 명령은 여러 변수에 값을 할당할 수 있다. 다음 스크립트를 확인해보자.

```
#!/bin/bash

# read-multiple: read multiple values from keyboard

echo -n "Enter one or more values > "
read var1 var2 var3 var4 var5

echo "var1 = '$var1'"
echo "var2 = '$var2'"
echo "var3 = '$var3'"
echo "var4 = '$var4'"
echo "var5 = '$var5'"
```

이 스크립트에서는, 다섯 개의 값을 할당하고 표시하였다. 여기서 각기 다른 값이 주어졌을 때 read 명령이 어떻게 동작하는지 살펴보자.

```
[me@linuxbox ~]$ read-multiple
Enter one or more values > a b c d e
var1 = 'a'
var2 = 'b'
var3 = 'c'
var4 = 'd'
var5 = 'e'
[me@linuxbox ~]$ read-multiple
Enter one or more values > a
var1 = 'a'
var2 = ''
var3 = ''
var4 = ''
var5 = ''
[me@linuxbox ~]$ read-multiple
Enter one or more values > a b c d e f g
var1 = 'a'
var2 = 'b'
```

```
var3 = 'c'
var4 = 'd'
var5 = 'e f g'
```

read 명령은 예상했던 수보다 적게 값을 입력 받으면, 나머지 변수들을 빈 값으로 채운다. 반면에 더 많은 수의 값을 입력 받은 경우에는, 마지막 변수가 나머지 모든 값을 다 할당받는다.

read 명령어 다음에 변수가 없다면 쉘 변수인 REPLY에 모든 입력 값이 할당될 것이다.

```
#!/bin/bash

# read-single: read multiple values into default variable

echo -n "Enter one or more values > "
read

echo "REPLY = '$REPLY'"
```

이 스크립트를 실행하면 다음과 같이 나타난다.

```
[me@linuxbox ~]$ read-single
Enter one or more values > a b c d
REPLY = 'a b c d'
```

옵션

read 명령어는 표 28-1에 나와 있는 옵션들을 지원한다.

read 명령에 다양한 옵션을 활용해서 흥미로운 것들을 만들어낼 수 있다. 예를 들면 -p 옵션으로 프롬프트 문자열을 생성할 수 있다.

```
#!/bin/bash

# read-single: read multiple values into default variable

read -p "Enter one or more values > "

echo "REPLY = '$REPLY'"
```

-t 옵션과 -s 옵션으로 "비밀" 입력 기능과 입력 시간이 초과되면 종료되는 기능을 추가할 수 있다.

```
#!/bin/bash

# read-secret: input a secret passphrase

if read -t 10 -sp "Enter secret passphrase > " secret_pass; then
        echo -e "\nSecret passphrase = '$secret_pass'"
else
        echo -e "\nInput timed out" >&2
        exit 1
fi
```

이 스크립트는 사용자에게 비밀번호를 입력하라는 프롬프트를 띄우고 10초 동안 입력을 기다린다. 그 시간 동안 입력이 없으면 오류 메시지를 띄우고 종료된다. -s 옵션을 사용하였기 때문에 비밀번호는 입력될 때마다 다시 표시되지 않는다.

IFS로 입력 필드 구분하기

일반적으로 쉘은 read에 제공된 입력 내용을 단어로 나누는 작업을 수행한다. 지금까지 살펴본 대로, 이는 입력 행에서 하나 이상의 스페이스로 분리된 각 단어들이 read에 의해 별도의 변수에 할당된다는 것을 의미한다. 이러한 방식은 IFS(입력 필드 구분자)라고 하는 쉘 변수에 의해 설정된다. IFS의 기본 값은 스페이스, 탭, 개행 문자를 포함하고 있고 각각 별도의 항목으로 구분된다.

입력 필드 구분자를 제어하기 IFS의 값을 조절할 수 있다. 예를 들어 /etc/passwd 파일은 필드 구분자로 콜론 기호를 사용하여 데이터를 포함하고 있다. IFS 값을 세미콜론으로 변경함으로써, 우리는 read를 사용하여 /etc/passwd 파일 내용을 입력 받을 수 있고 성공적으로 각기 다른 변수에 각 항목들을 구분해낼 수 있다. 다음 스크립트를 살펴보자.

```
#!/bin/bash

# read-ifs: read fields from a file

FILE=/etc/passwd

read -p "Enter a username > " user_name

file_info=$(grep "^$user_name:" $FILE) (1)

if [ -n "$file_info" ]; then
        IFS=":" read user pw uid gid name home shell <<< "$file_info" (2)
```

```
        echo "User =      '$user'"
        echo "UID =       '$uid'"
        echo "GID =       '$gid'"
        echo "Full Name = '$name'"
        echo "Home Dir. = '$home'"
        echo "Shell =     '$shell'"
else
        echo "No such user '$user_name'" >&2
        exit 1
fi
```

이 스크립트는 사용자에게 시스템의 사용자 계정명을 입력하라는 메시지를 띄우고 /etc/passwd 파일에서 해당 사용자 정보를 찾아 각 필드들을 표시한다. 이 스크립트에는 흥미로운 점 두 가지가 보인다. 먼저, (1)에서 grep 명령어의 결과 값을 file_info라는 변수에 할당했다. grep에 사용한 정규 표현식을 통해 입력된 사용자명과 일치하는 내용을 /etc/passwd 파일에서 찾게 될 것이다.

두 번째 흥미로운 점은, (2)는 세 가지로 구성되어 있다는 것이다. 변수 할당문, read 명령과 그 인자로 입력된 변수명, 다소 낯선 리다이렉션 연산자다. 우선, 변수 할당 부분부터 살펴보자.

쉘은 명령어가 처리되기 직전에 하나 이상의 변수 할당을 허용한다. 여기서 이 할당은 뒤이어 나오는 명령어에 대한 환경을 변화시킨다. 이러한 변화는 일시적이고 명령어의 지속 시간 동안만 환경을 변경하는 것이다. 우리의 경우, IFS 값을 콜론 문자로 변경했다. 우리는 또 다른 방식으로 다음과 같이 코딩할 수 있을 것이다.

```
OLD_IFS="$IFS"
IFS=":"
read user pw uid gid name home shell <<< "$file_info"
IFS="$OLD_IFS"
```

IFS 값을 저장하고 새로운 값을 할당하여 read 명령을 실행한 뒤 IFS의 값을 원래 값으로 복구시킬 수 있다. 분명한 것은 명령 전에 변수 할당이 놓이는 것이 좀 더 간단한 방법이라는 것이다.

<<< 연산자는 here 문자열이다. **here 문자열**이란, here 문서와 같은 것으로 다만 길이가 짧은 하나의 문자열로 구성된다. 이 예제에서는 /etc/passwd 파일의 데이터를 read 명령의 표준 입력으로 전달하고 있다. 왜 다음과 같이 하지 않고 간접적인 방식으로 하는지 의아할 수도 있다.

```
echo "$file_info" | IFS=":" read user pw uid gid name home shell
```

그런 데에는 그만한 이유가 있다.……

READ 명령어는 파이프라인과 함께 사용할 수 없다

read 명령어가 일반적으로 표준 입력으로부터 값을 읽어오지만 다음과 같이 사용할 수는 없다.

```
echo "foo" | read
```

이 명령이 실행될 것이라 기대하겠지만 그렇지 않다. 이 명령은 실행이 성공하긴 하지만 REPLY 변수는 항상 비어있을 것이다. 왜 그럴까?

이에 대한 설명은 쉘이 어떻게 파이프라인을 다루는가에 대한 방식과 함께 이해해야 한다. bash(그리고 sh와 같은 또 다른 쉘들)에서, 파이프라인은 **서브쉘**을 생성한다. 이것은 쉘과 그 쉘 환경에 대한 복사본으로 파이프라인으로 명령어를 실행할 때 사용된다. 이전 예제에서 read 명령은 서브쉘에서 실행되었다.

유닉스형 시스템의 서브쉘은 그들이 실행되는 동안 사용할 프로세스용 환경의 복사본을 생성한다. 프로세스가 종료되면, 해당 환경 복사본도 함께 삭제된다. 즉 **서브쉘은 부모 프로세스의 환경은 절대 변경하지 않음**을 의미한다. read 명령은 환경의 일부가 되는 변수를 할당한다. 위 예제에서 read 명령은 foo 값을 서브쉘 환경에 있는 REPLY 변수에 할당했다. 하지만 그 명령이 종료되면 서브쉘과 그 환경은 모두 사라지고 변수 할당에 대한 효력도 잃게 된다.

here 문자열 사용은 이러한 문제를 피하는 방법 중 하나다. 또 다른 방법들은 36장에서 살펴보도록 하자.

입력 값 검증

키보드 입력을 읽을 수 있는 새로운 능력을 갖춤으로써 추가적인 프로그래밍 문제를 얻게 되었다. 바로 입력 내용을 검증하는 것이다. 잘 작성된 프로그램과 그렇지 않은 프로그램 사이에 흔히 볼 수 있는 차이점은 바로 예상치 못한 상황에 대처하는 능력이다. 주로, 예상치 못한 상황은 잘못된 입력에서 비롯된다. 이전 장에서 만들었던 계산 프로그램으로 이러한 상황을 구성해보려 한다. 우리는 이 프로그램에서 정수 값을 검사하고 빈 값이나 숫자가 아닌 문자인 경우를 걸러냈다. 유효하지 않은 데이터 입력을 방지하는 차원에서 프로그램이 입력 값을 받을 때마다 항상 검사하도록 만드는 것은 매우 중요하다. 특히 여러 사용자에게 공유되는 프로그램인 경우 더욱 그러하다. 단 한 번만 사용되는 프로그램이나 작성자에 의해 특별한 작업을 수행하는 경우에는 경제성을 위해 이러한 안전망을 생략하는 것은 예외가 될 수 있겠다. 그렇다 하더라도, 그 프로그램이 파일을 삭제하는 것과 같은 위험한 작업을 수행하는 경우에는 만일을 대비하여 입력 내용을 검증하는 작업을 수행하는 것이 현명한 처사일 것이다.

다음은 여러 종류의 데이터 입력을 검증하는 예제 프로그램이다.

```
#!/bin/bash

# read-validate: validate input

invalid_input () {
        echo "Invalid input '$REPLY'" >&2
        exit 1
}

read -p "Enter a single item > "

# input is empty (invalid)
[[ -z $REPLY ]] && invalid_input

# input is multiple items (invalid)
(( $(echo $REPLY | wc -w) > 1 )) && invalid_input

# is input a valid filename?
if [[ $REPLY =~ ^[-[:alnum:]\._]+$ ]]; then
        echo "'$REPLY' is a valid filename."
        if [[ -e $REPLY ]]; then
                echo "And file '$REPLY' exists."
        else
                echo "However, file '$REPLY' does not exist."
        fi

        # is input a floating point number?
        if [[ $REPLY =~ ^-?[[:digit:]]*\.[[:digit:]]+$ ]]; then
                echo "'$REPLY' is a floating point number."
        else
                echo "'$REPLY' is not a floating point number."
        fi

        # is input an integer?
        if [[ $REPLY =~ ^-?[[:digit:]]+$ ]]; then
                echo "'$REPLY' is an integer."
        else
                echo "'$REPLY' is not an integer."
        fi
else
        echo "The string '$REPLY' is not a valid filename."
fi
```

앞의 스크립트는 사용자에게 항목을 입력하라는 프롬프트 메시지를 띄운다. 이 항목은 이어서 그 내용을 검증하기 위해서 분석된다. 앞에서 볼 수 있듯이, 이 스크립트는 지금까지 우리가 다룬 다양한 개념들을 활용하고 있다. 쉘 함수, [[ ]], (( )), 제어 연산자인 **&&** 연산자와 **if** 그리고 적당량의 정규 표현식이 사용되었다.

메뉴

대화 모드의 일반적인 형식은 **메뉴 방식**이다. 이 메뉴 방식의 프로그램에서는 사용자에게 선택지를 주어 선택하도록 한다. 예를 들어서 생각해보자.

```
Please Select:

1. Display System Information
2. Display Disk Space
3. Display Home Space Utilization
0. Quit

Enter selection [0-3] >
```

sys_info_page 프로그램에서 배운 것을 활용하여, 우리는 메뉴 방식의 프로그램을 구성해 앞의 메뉴에서 작업을 수행할 수 있다.

```
#!/bin/bash

# read-menu: a menu driven system information program

clear
echo "
Please Select:

1. Display System Information
2. Display Disk Space
3. Display Home Space Utilization
0. Quit
"
read -p "Enter selection [0-3] > "

if [[ $REPLY =~ ^[0-3]$ ]]; then
        if [[ $REPLY == 0 ]]; then
```

```
                echo "Program terminated."
                exit
        fi
        if [[ $REPLY == 1 ]]; then
                echo "Hostname: $HOSTNAME"
                uptime
                exit
        fi
        if [[ $REPLY == 2 ]]; then
                df -h
                exit
        fi
        if [[ $REPLY == 3 ]]; then
                if [[ $(id -u) -eq 0 ]]; then
                        echo "Home Space Utilization (All Users)"
                        du -sh /home/*
                else
                        echo "Home Space Utilization ($USER)"
                        du -sh $HOME
                fi
                exit
        fi
else
        echo "Invalid entry." >&2
        exit 1
fi
```

이 스크립트는 논리적으로 두 부분으로 나뉜다. 첫 번째 부분은, 메뉴를 표시하여 사용자의 응답을 입력하는 것이다. 두 번째 부분은, 응답을 확인하고 선택된 행동을 수행한다. 이 스크립트의 **exit** 명령에 주목하자. 이는 특정 동작이 수행된 후 스크립트가 불필요한 코드를 실행하는 것을 방지하기 위한 것이다. 일반적으로 프로그램에서 **exit** 지점이 여러 군데서 보인다면 그다지 좋은 방식이 아니다(프로그램 로직을 이해하기 더 힘들게한다). 하지만 이 스크립트에서는 그냥 사용하기로 한다.

마무리 노트

이번 장에서는 대화식 모드에 대한 첫 단계를 진행했다. 사용자에게 프로그램상에서 키보드를 이용하여 입력을 허용한 것이다. 지금까지 배운 기능들을 활용하여 많은 유용한 프로그램들을 만들 수 있다. 특수한 계산 프로그램이나 불가사의해 보이는 커맨드라인 툴을 위한 편리한 프론트엔드와 같은 것을 말이다. 다음 장에서는 메뉴 방식의 프로그램 개념을 접목하여 훨씬 더 멋있게 만들어볼 것이다.

추가 학습

이 장의 프로그램들을 주의 깊게 학습하고 논리적으로 구성된 방식을 완벽히 이해하는 것이 중요하다. 연습문제로 [[ ]] 합성 명령어로 된 프로그램들을 test 명령어로 재작성해봐라. 힌트를 주자면, grep 명령에 정규 표현식을 사용하고 그 종료 상태를 확인해라. 아주 좋은 학습이 될 것이다.

29

흐름 제어: While 루프와 Until 루프

우리는 바로 이전 장에서 메뉴 방식의 프로그램을 개발하여 다양한 시스템 정보를 생성하였다. 프로그램이 작동하긴 하지만 사용하는 데 있어 여전히 심각한 문제가 존재한다. 단 한 번의 메뉴 선택 후 종료되기 때문이다. 심지어 유효하지 않은 선택이 발생하면 프로그램은 오류 메시지와 함께 종료해버리게 된다. 사용자에게 다시 선택할 수 있는 기회조차 주지 못하고 말이다. 프로그램을 다시 구성하여, 사용자가 프로그램 종료를 선택할 때까지 메뉴를 계속적으로 선택할 수 있도록 반복적으로 표시할 수 있다면 훨씬 더 편리할 것이다.

이를 위해 이번 장에서는 **루핑**(looping)이라는 프로그래밍 개념에 대해 알아볼 것이다. 이는 프로그램의 일부를 반복적으로 실행할 때 사용되는 것이다. 쉘은 루프를 수행하기 위해 세 개의 합성 명령어들을 제공하고 있다. 그 중에서도 일단 두 가지만 살펴보고 나머지 한 가지는 33장에서 다루기로 한다.

루프 돌기(반복)

일상 생활은 반복적인 행동들로 이루어진다. 매일같이 출근하고 개를 산책시키고 당근을 써는 것처럼 모든 작업들은 일련의 단계들을 반복하고 있다. 당근을 써는 작업을 예로 들어보자. 이 행동을 의사코드로 표현하면 다음과 같은 단계로 구성될 수 있을 것이다.

1. 도마 준비하기
2. 칼 준비하기
3. 도마 위에 당근 올려놓기
4. 칼 들어올리기
5. 당근에 칼 대기
6. 당근 썰기
7. 모두 다 썰었으면 마치고, 그렇지 않으면 다시 4단계로 돌아간다.

4단계에서 7단계까지는 루프 형태를 이루고 있다. 루프 내의 행동들은 "당근을 다 썰었다"라는 상태에 도달할 때까지 반복된다.

while

bash는 앞의 방식과 유사하게 표현할 수 있다. 1부터 5까지의 연속된 5개의 숫자를 표시하길 원한다면 다음과 같이 bash 스크립트를 만들 수 있을 것이다.

```
#!/bin/bash

# while-count: display a series of numbers

count=1

while [ $count -le 5 ]; do
        echo $count
        count=$((count + 1))
done
echo "Finished."
```

스크립트가 실행되면 다음과 같은 결과를 볼 수 있다.

```
[me@linuxbox ~]$ while-count
1
2
3
4
5
Finished.
```

while 명령어의 문법은 다음과 같다.

```
while commands; do commands; done
```

if와 유사하게, while은 명령어 목록의 종료 상태를 확인한다. 종료 상태가 0인 동안에는 루프 내에서 명령어를 실행한다. 이 스크립트에서는 count라는 변수가 생성되고 이 변수에는 1이라는 초기 값이 설정되었다. while 명령어로 test 명령어의 종료 상태를 확인한다. test 명령이 종료 상태 값 0을 반환하면 루프 내에 있는 모든 명령어들이 실행된다. 각 루프가 여섯 번 반복된 후에 count 값은 6으로 증가되고 test 명령은 더 이상 0인 종료 상태를 반환하지 않고 루프를 종료한다. 프로그램은 계속해서 루프 다음 구문을 이어 진행된다.

while 루프를 활용하여 28장의 read-menu 프로그램을 개선시켜보자.

```
#!/bin/bash

# while-menu: a menu driven system information program

DELAY=3 # Number of seconds to display results

while [[ $REPLY != 0 ]]; do
        clear
        cat <<- _EOF_
                Please Select:

                1. Display System Information
                2. Display Disk Space
                3. Display Home Space Utilization
                0. Quit

        _EOF_
        read -p "Enter selection [0-3] > "
```

```
            if [[ $REPLY =~ ^[0-3]$ ]]; then
                    if [[ $REPLY == 1 ]]; then
                            echo "Hostname: $HOSTNAME"
                            uptime
                            sleep $DELAY
                    fi
                    if [[ $REPLY == 2 ]]; then
                            df -h
                            sleep $DELAY
                    fi
                    if [[ $REPLY == 3 ]]; then
                            if [[ $(id -u) -eq 0 ]]; then
                                    echo "Home Space Utilization (All Users)"
                                    du -sh /home/*
                            else
                                    echo "Home Space Utilization ($USER)"
                                    du -sh $HOME
                            fi
                            sleep $DELAY
                    fi
            else
                    echo "Invalid entry."
                    sleep $DELAY
            fi
done
echo "Program terminated."
```

메뉴를 while 루프로 감싸서, 메뉴 선택 후에 프로그램이 메뉴를 다시 표시할 수 있도록 한다. 루프는 REPLY의 값이 0이 아니면 계속 반복되어, 사용자가 다른 선택을 할 수 있도록 기회를 주기 위해 메뉴가 다시 표시된다. 각 액션 끝에는 sleep 명령어를 실행하여 프로그램이 몇 초간 멈추게 되는데, 이는 화면 내용이 지워지고 다시 메뉴가 뜨기 전에 선택 결과를 확인할 수 있도록 한다. REPLY의 값이 0이면 "종료"를 가리키게 되고 루프는 종료되어 done 이후의 스크립트를 계속해서 실행한다.

루프 탈출

bash는 두 개의 내장 명령어를 제공하는데, 루프 내에서 프로그램의 흐름을 제어하기 위함이다. break 명령어는 즉각적으로 루프를 중단하고 프로그램이 루프 다음에 나오는 구문들을 실행하도록 한다. continue 명령어는 루프가 진행되는 중간에 뒤에 남은 내용을 건너뛰고 다음 루프의 처음부터 실행하도록 한다. 이 두 명령어를 활용한 while-menu 프로그램을 예제로 살펴보도록 하자.

```
#!/bin/bash

# while-menu2: a menu driven system information program

DELAY=3 # Number of seconds to display results

while true; do
        clear
        cat <<- _EOF_
                Please Select:

                1. Display System Information
                2. Display Disk Space
                3. Display Home Space Utilization
                0. Quit

        _EOF_
        read -p "Enter selection [0-3] > "

        if [[ $REPLY =~ ^[0-3]$ ]]; then
                if [[ $REPLY == 1 ]]; then
                        echo "Hostname: $HOSTNAME"
                        uptime
                        sleep $DELAY
                        continue
                fi
                if [[ $REPLY == 2 ]]; then
                        df -h
                        sleep $DELAY
                        continue
                fi
                if [[ $REPLY == 3 ]]; then
                        if [[ $(id -u) -eq 0 ]]; then
                                echo "Home Space Utilization (All Users)"
                                du -sh /home/*
                        else
                                echo "Home Space Utilization ($USER)"
                                du -sh $HOME
                        fi
                        sleep $DELAY
                        continue
                fi
```

```
                if [[ $REPLY == 0 ]]; then
                        break
                fi
        else
                echo "Invalid entry."
                sleep $DELAY
        fi
done
echo "Program terminated."
```

이 스크립트에서는 true 명령어를 사용하여 while 명령에 종료 상태를 제공하는 것으로 **무한 루프**
(그 자체로는 영원히 끝나지 않는 루프)를 설정하였다. true는 종료 상태 0을 반환하기 때문에 루프
는 영원히 종료될 수 없다. 놀랍게도 이것은 아주 흔한 스크립트 작성 기법이다. 루프가 무한 반복
되는 경우 적시에 루프에서 벗어나기 위한 방법을 제공하는 것은 프로그래머의 몫이다. 이 스크립
트에서는 메뉴 0이 선택되면 break 명령어로 루프를 종료한다. continue 명령어는 또 다른 스크립
트 선택지의 끝 부분마다 사용하여 더 효율적인 실행이 이루어지게끔 했다. continue 명령어를 사
용함으로써 선택 메뉴가 확인된 경우 불필요해진 코드는 건너뛰도록 한다. 예를 들면, 1을 선택하고
이것이 확인됐다면 다른 메뉴들에 대해서는 선택 여부를 굳이 검사할 필요가 전혀 없는 것이다.

until

until 명령어는 0이 아닌 종료 상태를 만났을 때 루프를 종료하는 대신에 계속 수행된다는 것만 제
외하고 while과 동일하다. until **루프**는 종료 상태 값으로 0을 받을 때까지 계속된다. 우리의 while-
count 스크립트에서는 count 변수의 값이 5보다 작거나 같은 동안에 루프를 반복시키고 있다.
until을 이용해서 똑같은 결과의 스크립트를 만들 수 있다.

```
#!/bin/bash

# until-count: display a series of numbers

count=1

until [ $count -gt 5 ]; do
        echo $count
        count=$(((count + 1))
done
echo "Finished."
```

test 표현식을 $count -gt 5로 변경함으로써 until 명령은 적시에 루프를 종료시킨다. while 또는 until 중에 어떤 것을 사용할지 결정하는 것은 작성된 스크립트에 따라 가장 확실한 테스트를 할 수 있는 것을 택하는 문제에 달려 있다.

루프를 이용한 파일 읽기

while 및 until 명령으로 표준 입력을 처리할 수 있다. 즉 while과 until로 파일을 처리할 수 있다는 것이다. 다음 예제에 이전 장에서 사용했던 distros.txt 파일 내용을 표시할 것이다.

```bash
#!/bin/bash

# while-read: read lines from a file

while read distro version release; do
        printf "Distro: %s\tVersion: %s\tReleased: %s\n" \
                $distro \
                $version \
                $release
done < distros.txt
```

파일을 루프 안으로 포함시키기 위해서 리다이렉션 연산자를 done 구문 다음에 사용하였다. 루프는 해당 파일로부터 각 항목을 입력하기 위해서 read 명령을 실행할 것이다. read 명령은 파일 끝에 도달할 때까지 종료 상태 0을 가지고 실행되다가 파일의 모든 내용을 읽고 나면 종료될 것이다. 파일의 끝에 다다르면 0이 아닌 종료 상태를 반환하고 루프를 종료할 것이다. 또한 루프와 파이프라인을 함께 사용하는 것도 가능하다.

```bash
#!/bin/bash

# while-read2: read lines from a file

sort -k 1,1 -k 2n distros.txt | while read distro version release; do
        printf "Distro: %s\tVersion: %s\tReleased: %s\n" \
                $distro \
                $version \
                $release
done
```

여기서 우리는 sort 명령의 결과를 가지고 텍스트로 표시하였다. 하지만 여기서 기억해야 할 중요한 내용은 파이프라인이 서브쉘 내에서 루프를 실행하였기 때문에, 루프 내에서 생성되고 할당된 모든 변수들은 루프가 종료될 때 함께 사라진다는 점이다.

마무리 노트

루프 입문과 더불어 분기, 서브루틴, 시퀀스까지 배운 내용을 토대로 프로그램에서 사용되는 주요한 흐름 제어 방식을 살펴보았다. bash에는 더 많은 트릭들이 존재하지만 대부분 이 기본 개념들에서 발전된 형태다.

30

문제 해결

이제는 스크립트들을 좀 더 복잡하게 만들어, 실수를 했을때나 프로그램이 원치 않는 동작을 할때 무슨 일이 벌어지는지 살펴볼 차례다. 이 장에서는 스크립트에서 발생하는 흔한 오류들과 문제를 찾아 해결하는 방법들을 살펴볼 예정이다.

구문 오류

일반적인 오류 분류 중 하나는 **구문적인 것**이다. 구문 오류에는 쉘 구문 요소의 잘못된 타이핑을 포함한다. 대부분 이러한 오류는 스크립트를 실행하는 경우 쉘에 혼란을 일으킬 수 있다.

다음에서, 일반적인 오류를 보여주기 위해 이 스크립트를 사용할 것이다.

```
#!/bin/bash

# trouble: script to demonstrate common errors

number=1
```

```
if [ $number = 1 ]; then
        echo "Number is equal to 1."
else
        echo "Number is not equal to 1."
fi
```

이 스크립트는 성공적으로 실행된다.

```
[me@linuxbox ~]$ trouble
Number is equal to 1.
```

따옴표 누락

스크립트를 편집하고 다음의 첫 echo 명령어 인자의 마지막 따옴표를 제거해보자.

```
#!/bin/bash

# trouble: script to demonstrate common errors

number=1

if [ $number = 1 ]; then
        echo "Number is equal to 1.
else
        echo "Number is not equal to 1."
fi
```

무슨 일이 벌어지는지 알아보자.

```
[me@linuxbox ~]$ trouble
/home/me/bin/trouble: line 10: unexpected EOF while looking for matching `"'
/home/me/bin/trouble: line 13: syntax error: unexpected end of file
```

두 가지 오류가 발생한다. 흥미롭게도, 프로그램에서 따옴표가 누락된 곳이 아닌 그 이후의 행 번호를 보고한다. 프로그램의 누락된 따옴표 이후를 따라가보면 왜 그런지 알 수 있다. bash는 나머지 마침 따옴표를 찾을 때까지 계속되고 두 번째 echo 명령어 이후에 바로 나타난다. 그 이후에 bash는 매우 혼란스러워하고 if 명령의 문법은 깨져버린다. 그것은 fi문이 인용된(열리기만 한) 문자열에 포함되기 때문이다.

장문의 스크립트에서는 이러한 종류의 오류를 발견하기란 여간 어려운 일이 아니다. 하지만 편집기에서 문법 하이라이팅 기능을 사용하면 도움이 될 수 있다. 만약 vim의 완전한 버전이 설치되어 있다면, 문법 하이라이팅은 다음 명령으로 활성화할 수 있다.

```
:syntax on
```

예상치 못한 토큰이나 토큰 누락

또 다른 흔한 실수는 if나 while 문처럼 합성 명령어를 제대로 완료하지 않는 것이다. if 명령어에서 테스트 후에 세미콜론을 제거하면 무슨 일이 벌어지는지 살펴보자.

```
#!/bin/bash

# trouble: script to demonstrate common errors

number=1

if [ $number = 1 ] then
        echo "Number is equal to 1."
else
        echo "Number is not equal to 1."
fi
```

결과는 이렇다.

```
[me@linuxbox ~]$ trouble
/home/me/bin/trouble: line 9: syntax error near unexpected token `else'
/home/me/bin/trouble: line 9: `else'
```

또 다시 오류 메시지는 실제 문제가 발생한 지점 이후를 오류로 가리킨다. 꽤 재미있는 일이 벌어졌다. if가 명령어 목록을 받아서 마지막 명령의 종료 코드를 검사한다는 것을 상기해보자. 이 프로그램의 test와 동의어인 [의 단일 명령어로 구성된 목록은 의도된 것이다. [명령어는 인자 목록이 뒤이어 온다. 여기서는 4개의 인자($number, =, 1,])가 따라온다. 세미콜론 제거로 then은 인자 목록에 추가된다. 이는 문법적으로는 유효하다. 그 다음 echo 명령어도 유효하다. 명령어 목록에서 if가 종료 코드를 평가할 다른 명령어로 해석된다. 그 다음 만나게 되는 것은 else지만 쉘이 그것을 명령어 이름이 아닌 **예약어**(쉘에서 특수한 의미를 가진 단어)로 인식하기 때문에 적합하지 않다. 결국 오류 메시지는 이 때문이다.

예상 외의 확장

스크립트에서 간헐적으로 발생하는 오류도 있다. 스크립트는 종종 확장의 결과로 인해 제대로 동작하다가도 어느 시점에는 실패할 것이다. 우리는 다음과 같이 제거한 세미콜론을 되돌리고 number의 값을 빈 변수로 변경할 것이다.

```
#!/bin/bash

# trouble: script to demonstrate common errors

number=

if [ $number = 1 ]; then
        echo "Number is equal to 1."
else
        echo "Number is not equal to 1."
fi
```

변경된 스크립트를 실행하면 결과는 다음과 같다.

```
[me@linuxbox ~]$ trouble
/home/me/bin/trouble: line 7: [: =: unary operator expected
Number is not equal to 1.
```

우리는 꽤 아리송한 오류 메시지를 얻게 되고 뒤이어 두 번째 echo 명령의 결과가 따라온다. 이 문제는 test 명령 내의 number 변수의 확장으로 인한 것이다. 그 명령어

```
[ $number = 1 ]
```

number가 빈 값으로 확장되면, 그 결과는 이렇다.

```
[ = 1 ]
```

이는 유효하지 않으며 오류를 만든다. = 연산자는 이항 연산자(양쪽에 값이 필요한)인데 첫 번째 값이 없기 때문에, test 명령어는 대신 단항 연산자(-z과 같은)를 요구한다. 게다가 test가 실패했기 때문에(오류로 인해) if 명령어는 0이 아닌 종료 코드를 받게 되고 그에 따라 행동한다. 그리고 두 번째 echo 명령어가 실행된다.

이 문제는 test 명령의 첫 번째 인자 주위를 따옴표로 감싸면 해결할 수 있다.

```
[ "$number" = 1 ]
```

그러면 다음과 같이 확장될 것이다.

```
[ "" = 1 ]
```

올바른 인자 수가 전달된다. 인용은 빈 문자열에 사용하는 것 외에도, 스페이스를 포함한 파일명처럼 여러 단어로 된 문자열을 확장하는 경우에도 사용해야 한다.

논리 오류

구문 오류와 달리, **논리 오류**는 실행 중에 스크립트를 막지는 않는다. 정상적으로 실행되지만 논리적인 문제 때문에 원하는 결과를 얻을 수 없을 것이다. 수많은 논리적 오류가 가능하지만 여기서는 스크립트에서 흔히 발견되는 몇 가지 오류들만 살펴볼 것이다.

- **잘못된 조건식.** if/then/else 문은 잘못된 로직을 수행하는 부정확한 코드를 만들기 쉽다. 때때로 로직이 반대로 되어 있거나 불완전할 것이다.

- **"Off by one" 오류들.** 카운터를 사용하여 루프를 코딩할 때, 올바른 지점에서 카운트가 종료되기 위해서 1이 아닌 0부터 루프가 시작한다는 것을 간과하는 경우가 있다. 이러한 종류의 오류는 카운트가 초과해서 "끝을 지나는" 루프가 생길 수 있고 또한 반복이 하나 일찍 종료되어 루프의 마지막 반복을 놓칠 수도 있다.

- **예상치 못한 상황.** 대다수 논리 오류는 프로그램이 프로그래머가 예상치 못한 데이터나 상황을 맞닥뜨리게 한다. 또한 스페이스가 포함된 파일명처럼 예상치 못한 확장도 이러한 부류에 포함될 수 있다. 이는 단일 파일명이 아닌 복수 명령어 인자들로 확장된다.

방어적 프로그래밍

프로그래밍을 할 때 가정을 검증하는 것은 중요하다. 이는 프로그램들과 스크립트에서 사용되는 명령어들의 종료 상태를 평가함에 있어 주의해야 한다는 것을 의미한다. 여기 사실에 기반을 둔 예제가 있다. 불운한 시스템 관리자가 중요 서버에서 유지 작업을 수행하기 위해 스크립트를 작성했다. 이 스크립트는 다음과 같이 단 두 줄로 이루어졌다.

```
cd $dir_name
rm *
```

디렉토리명 변수 dir_name이 실재하는 한 본질적으로 이 두 줄이 잘못된 것은 없다. 하지만 그렇지 않다면 어떻게 될까? 그런 경우에 cd 명령은 실패하고 스크립트는 다음 줄로 이동하여 현 작업 디렉토리의 모든 파일들을 삭제한다. 결코 원하던 결과가 아니다! 그 불행한 관리자는 이러한 설계로 인해 서버의 중요 부분을 망가뜨렸다.

좀 더 개선할 수 있는 방법을 찾아보자. 먼저, cd의 성공 여부에 따라 rm을 실행하도록 바꾸는 것이 현명할 것 같다.

```
cd $dir_name && rm *
```

이 방식에서 cd 명령이 실패하면 rm 명령은 실행되지 않는다. 이는 더 나은 방식이지만, 여전히 dir_name 변수가 설정되지 않거나 비어있어 사용자 홈 디렉토리의 파일들이 삭제되는 결과를 얻게 될 가능성이 존재한다. 이것 또한 dir_name이 실제 존재하는 디렉토리를 포함하는지 검사하여 피할 수 있다.

```
[[ -d $dir_name ]] && cd $dir_name && rm *
```

보통 이 상황하에서는 스크립트가 오류와 함께 종료되는 것이 최선이다.

```
if [[ -d $dir_name ]]; then
        if cd $dir_name; then
                rm *
        else
                echo "cannot cd to '$dir_name'" >&2
                exit 1
        fi
else
        echo "no such directory: '$dir_name'" >&2
        exit 1
fi
```

이제 우리는 그 이름과 존재하는 디렉토리인지 두 가지 모두를 검사한다. 만약 실패해도 자세한 오류 메시지가 표준 출력으로 전해지고 스크립트는 실패를 가리키는 종료 상태 1과 함께 종료된다.

입력 값 검증

프로그램이 입력을 받는 경우 일반적으로 좋은 프로그래밍 규칙은 어떤 입력 값이든 처리 가능해야 한다는 것이다. 이는 항상 추가적인 처리를 위해 꼭 유효한 입력만을 허용하도록 주의 깊게 확인해야 한다. 우리는 이전 장의 read 명령어를 학습할 때 이 예제를 보았다. 메뉴 선택을 검증하기 위해 테스트를 포함하는 스크립트를 말이다.

```
[[ $REPLY =~ ^[0-3]$ ]]
```

이 테스트는 매우 특별하다. 사용자가 0부터 3까지의 수를 문자열로 반환했다면 종료 상태 0을 반환할 것이다. 그 외는 아무것도 허용되지 않을 것이다. 때때로 이러한 테스트들을 작성하는 것이 매우 힘들 수도 있지만 고급 스크립트를 만들기 위해서는 필수불가결한 노력이다.

디자인은 시간에 비례한다

필자가 산업 디자인을 배우던 대학생 시절, 현명한 한 교수님께서 프로젝트의 디자인 등급은 디자이너에게 주어진 시간의 양에 의해 결정된다고 말씀하셨다. 만약 여러분에게 파리를 죽이는 기구를 설계하는 데 5분의 시간이 주어졌다면, 아마 파리채를 설계했을 것이다. 만약 다섯 달이 주어졌다면, 레이저 유도 방식의 "안티 플라이 시스템(anti-fly system)"을 만들었을 것이다.

동일한 원칙이 프로그래밍에도 적용된다. 때때로 프로그래머에 의해 오직 한 번만 사용되는 "간이" 스크립트라면 어떨까? 이러한 종류의 스크립트는 흔하고 약간의 노력으로 빠르게 개발될 수 있을 것이다. 이러한 스크립트들은 많은 주석과 방어적 코딩이 필요 없다. 반면에, **실사용**을 위한 스크립트, 즉 여러 사용자들과 중요한 업무에 반복적으로 사용되는 스크립트라면 좀 더 주의 깊게 개발되어야 한다.

테스팅

테스팅은 모든 종류의 소프트웨어 개발에서 중요한 단계다. 물론 스크립트도 포함해서 말이다. 오픈소스 세계에는 이 사실을 반영한 "빠른 출시, 잦은 출시(release early, release often)"라는 말이 있다. 빠르고 잦은 출시로 인해 소프트웨어는 더 많이 테스팅 및 사용된다. 경험은 버그들을 찾기 쉽게 해준다. 그리고 개발 단계에서 일찍 버그를 발견하게 되면 수정하는 비용도 덜 든다.

스텁(Stub)

이전 논의에서 우리는 스텁이 프로그램을 검증하기 위해 어떻게 사용될 수 있는지 보았다. 그것들은 스크립트 개발의 최초 단계에서 작업의 절차를 확인하기 위해 가치 있는 기법이다.

이전 파일 삭제 문제를 살펴보고 이를 쉽게 테스트하기 위해 어떻게 코딩하는지 보자. 원본 코드 조각은 파일들을 삭제하기 때문에 테스트하는 것은 위험할 수도 있다. 따라서 우리는 그 코드를 안전하게 테스트할 수 있게 수정할 것이다.

```
if [[ -d $dir_name ]]; then
        if cd $dir_name; then
                echo rm * # TESTING
        else
                echo "cannot cd to '$dir_name'" >&2
                exit 1
        fi
else
        echo "no such directory: '$dir_name'" >&2
        exit 1
fi
exit # TESTING
```

오류 조건식에는 이미 유용한 메시지가 출력되었기 때문에, 우리가 더 이상 추가할 필요가 없다. 가장 중요한 변화는 rm 명령어 바로 앞에 echo 명령어가 놓인 것이다. 이는 그 명령어를 허용하지만 실행하는 대신에 그 확장된 인자 목록이 표시된다. 이 변경은 코드의 안전한 수행을 위한 것이다. 코드 조각의 끝 부분에 테스트를 완료하고 스크립트의 나머지 부분에서 실행되는 것을 막기 위해 exit 명령어를 두었다. 이것은 스크립트의 설계에 따라 다양할 것이다.

또한 테스트와 관련된 변경을 위해 "마커(markers)"로 동작하는 약간의 주석을 포함한다. 이것들은 테스트가 끝났을 때 변경 내역을 찾아 제거하는 데 도움을 줄 수 있다.

테스트 케이스

효과적인 테스트를 위해 좋은 **테스트 케이스**를 개발하고 적용하는 것 또한 중요하다. 테스트 케이스는 **엣지 케이스**(edge case)와 **코너 케이스**(corner case)를 반영하여 입력 데이터와 작동 상태를 주의 깊게 선택하는 것으로 이뤄진다. 우리는 앞서 사용한 코드(매우 간단한)에서 다음 세 가지 조건하에서 코드가 어떻게 수행되는지 알아보려고 한다.

- dir_name이 존재하는 디렉토리를 포함한 경우.
- dir_name이 존재하지 않는 디렉토리를 포함한 경우.
- dir_name이 비어있는 경우.

이들 조건을 각각 테스트하여 좋은 **테스트 커버리지**를 만들 수 있다.

디자인과 마찬가지로 테스팅도 시간에 비례한다. 모든 스크립트 기능을 광범위하게 테스트할 필요는 없다. 가장 중요한 것이 무엇인지 확인하는 것이 정말 중요하다. 만약 코드가 오동작하면 큰 피해를 입을 수 있기 때문에, 그 설계와 테스팅 둘 다 타당한지 신중하게 숙고해야 한다.

디버깅

테스팅에서 스크립트의 문제가 드러나면, 다음 단계는 디버깅이다. 어떤 면에서 "문제"란 항상 프로그래머의 예상대로 수행되지 않은 스크립트를 의미한다. 만약 이러한 경우라면, 스크립트가 실제 어떻게 동작하고 왜 그런지 주의 깊게 확인할 필요가 있다. 버그를 발견하는 일은 때때로 많은 탐색 작업을 포함할 수 있다.

잘 짜인 스크립트는 도움이 될 것이다. 그것은 비정상적인 상태를 감지하고 사용자에게 유용한 피드백을 제공하기 위해 방어적으로 구성될 수 있다. 하지만 때때로 이상하고 예상치 못한 문제들이 발생하고 해결하기 위해 많은 기술을 필요로 한다.

문제 발생 지역 발견

특히 긴 스크립트에서 문제가 되는 스크립트 영역을 종종 격리하는 게 유용하다. 항상 실제 오류는 아닐 수 있지만 코드 분리는 실제 원인에 대한 실마리를 제공할 것이다. 코드를 격리시키는 데 쓰이는 한 가지 기법은 스크립트 일부를 주석화하는 것이다. 예를 들면, 파일 삭제 코드는 오류와 연관된 영역이 제거되었는지 확인하기 위해 다음과 같이 수정될 수 있다.

```
if [[ -d $dir_name ]]; then
        if cd $dir_name; then
                rm *
        else
                echo "cannot cd to '$dir_name'" >&2
                exit 1
        fi
```

```
# else
#         echo "no such directory: '$dir_name'" >&2
#         exit 1
fi
```

스크립트 논리 영역의 각 행의 시작 부분에 주석 기호를 두어서 그 영역이 실행되는 것을 막는다. 그리고 나서 버그에 영향을 주는 코드가 제거되었는지 다시 테스팅을 한다.

트레이싱(tracing)

버그는 종종 스크립트 내의 예상치 못한 논리적 흐름인 경우가 있다. 즉 스크립트의 일부가 전혀 실행되지 않거나 잘못된 시간 혹은 잘못된 순서로 실행되는 경우다. 프로그램의 실제 흐름을 보기 위해 우리는 **트레이싱**(tracing)이란 기법을 사용한다.

트레이싱의 한 가지 방법은 스크립트 내에 실행 위치를 표시하는 정보 메시지를 포함시키는 것이다. 우리 코드에 이러한 메시지를 추가할 수 있다.

```
echo "preparing to delete files" >&2
if [[ -d $dir_name ]]; then
        if cd $dir_name; then
echo "deleting files" >&2
                rm *
        else
                echo "cannot cd to '$dir_name'" >&2
                exit 1
        fi
else
        echo "no such directory: '$dir_name'" >&2
        exit 1
fi
echo "file deletion complete" >&2
```

일반적인 출력과 그 메시지들을 구분하기 위해 표준 오류로 전달한다. 또한 메시지를 포함한 행들을 들여쓰지 않는다. 그래서 그것들을 제거하려 할 때 좀 더 찾기 쉬워진다.

이제 스크립트가 실행되면, 파일 삭제의 진행 과정을 확인할 수 있다.

```
[me@linuxbox ~]$ deletion-script
preparing to delete files
deleting files
file deletion complete
[me@linuxbox ~]$
```

또한 bash는 -x 옵션이나 set 명령어에 -x 옵션으로 트레이싱 방법을 제공한다. 우리는 초기의 문제 있는 스크립트에 -x 옵션을 첫 줄에 추가하여 스크립트 전체를 추적할 수 있다.

```
#!/bin/bash -x

# trouble: script to demonstrate common errors

number=1

if [ $number = 1 ]; then
        echo "Number is equal to 1."
else
        echo "Number is not equal to 1."
fi
```

실행 결과는 다음과 같다.

```
[me@linuxbox ~]$ trouble
+ number=1
+ '[' 1 = 1 ']'
+ echo 'Number is equal to 1.'
Number is equal to 1.
```

트레이싱을 활성화하여 확장이 적용된 명령어를 보게 된다. 더하기 기호는 일반적인 출력과 구별하여 트레이스 출력을 가리킨다. 더하기 기호는 트레이스 출력의 기본 문자다. 그것은 PS4(프롬프트 문자열 4) 쉘 변수에 포함된다. 이 변수의 내용은 프롬프트를 더 유용하게 만들기 위해 조절이 가능하다. 이제, 우리는 스크립트에서 트레이스가 실행되는 곳의 행 번호를 포함하기 위해 수정한다. 프롬프트가 실제 사용될 때까지 확장되는 것을 막기 위해 따옴표가 필요하다는 것을 명심해야 한다.

```
[me@linuxbox ~]$ export PS4='$LINENO + '
[me@linuxbox ~]$ trouble
5 + number=1
7 + '[' 1 = 1 ']'
8 + echo 'Number is equal to 1.'
Number is equal to 1.
```

스크립트 전체가 아닌 선택된 영역에 트레이스를 수행하기 위해 set 명령어와 -x 옵션을 사용할 수 있다.

```
#!/bin/bash

# trouble: script to demonstrate common errors

number=1

set -x # Turn on tracing
if [ $number = 1 ]; then
        echo "Number is equal to 1."
else
        echo "Number is not equal to 1."
fi
set +x # Turn off tracing
```

set 명령어와 -x 옵션을 사용하여 트레이싱을 활성화하고 다시 +x 옵션으로 비활성화한다. 이 기법은 골칫거리인 스크립트의 여러 부분을 검사하기 위해 사용될 수 있다.

실행 중에 값 확인

이것은 트레이싱과 마찬가지로, 때때로 실행 중에 스크립트의 내부 동작을 확인할 변수의 내용을 표시하는 경우 유용하다. echo 문의 추가로 이 트릭을 사용할 것이다.

```
#!/bin/bash

# trouble: script to demonstrate common errors

number=1

echo "number=$number" # DEBUG
set -x # Turn on tracing
if [ $number = 1 ]; then
        echo "Number is equal to 1."
else
        echo "Number is not equal to 1."
fi
set +x # Turn off tracing
```

이 간단한 예제에서는 number 변수의 값을 표시할 뿐만 아니라 나중에 식별해서 제거하기 쉽도록 해당 줄을 주석으로 표시한다. 이 기법은 특히 스크립트 내의 루프와 연산의 동작을 확인할 때 유용하다.

마무리 노트

이 장에서 우리는 스크립트 개발 중에 나타나는 몇몇 문제들을 살펴봤다. 물론 더 많은 경우가 존재한다. 여기서 설명한 기법들은 가장 흔한 버그를 찾아준다. 디버깅은 버그를 예방하는 경우(개발 전반에 걸쳐 지속적인 테스팅)와 찾는 경우(트레이싱을 활용), 두 가지 경험을 통해 개발될 수 있는 하나의 예술이라 할 수 있다.

31

흐름 제어: case 분기

이 장에서는 흐름 제어에 대해 계속 살펴볼 것이다. 우리는 28장에서 간단한 메뉴를 구성하여 사용자의 선택에 따라 동작하는 기능을 만들었고, 선택된 항목을 식별하기 위해서 if 명령어를 연속으로 사용하였다. 이런 방식의 구성은 여러 프로그램에서 자주 볼 수 있다. 많은 프로그래밍 언어들이 다중 선택을 위한 흐름 제어 기법을 제공하기 때문이다.

case

bash의 다중 선택 합성 명령어는 case라고 하며, 다음 문법을 따른다.

```
case word in
        [pattern [| pattern]...) commands ;;]...
    esac
```

28장의 **read-menu** 프로그램을 살펴보면 사용자 선택에 따라 동작하는 로직을 볼 수 있다.

```bash
#!/bin/bash

# read-menu: a menu driven system information program

clear
echo "
Please Select:

1. Display System Information
2. Display Disk Space
3. Display Home Space Utilization
0. Quit
"
read -p "Enter selection [0-3] > "

if [[ $REPLY =~ ^[0-3]$ ]]; then
        if [[ $REPLY == 0 ]]; then
                echo "Program terminated."
                exit
        fi
        if [[ $REPLY == 1 ]]; then
                echo "Hostname: $HOSTNAME"
                uptime
                exit
        fi
        if [[ $REPLY == 2 ]]; then
                df -h
                exit
        fi
        if [[ $REPLY == 3 ]]; then
                if [[ $(id -u) -eq 0 ]]; then
                        echo "Home Space Utilization (All Users)"
                        du -sh /home/*
                else
                        echo "Home Space Utilization ($USER)"
                        du -sh $HOME
                fi
                exit
        fi
else
        echo "Invalid entry." >&2
        exit 1
fi
```

case를 사용하여 이 로직을 좀 더 간단하게 구성할 수 있다.

```bash
#!/bin/bash

# case-menu: a menu driven system information program

clear
echo "
Please Select:

1. Display System Information
2. Display Disk Space
3. Display Home Space Utilization
0. Quit
"
read -p "Enter selection [0-3] > "

case $REPLY in
        0)      echo "Program terminated."
                exit
                ;;
        1)      echo "Hostname: $HOSTNAME"
                uptime
                ;;
        2)      df -h
                ;;
        3)      if [[ $(id -u) -eq 0 ]]; then
                        echo "Home Space Utilization (All Users)"
                        du -sh /home/*
                else
                        echo "Home Space Utilization ($USER)"
                        du -sh $HOME
                fi
                ;;
        *)      echo "Invalid entry" >&2
                exit 1
                ;;
esac
```

case 명령어는 **단어**의 값(이 예제에서는 REPLY 변수의 값)을 확인하고 그 값과 일치하는 **패턴**을 찾는다. 일치하는 패턴이 있으면 해당 패턴의 **명령들**을 실행한다. 일치하는 패턴을 찾은 후에는 더 이상 패턴을 찾지 않는다.

패턴

case에서 사용하는 패턴은 경로명 확장에서 사용되는 패턴과 동일하다. 이 패턴들은) 문자로 끝난다. 표 31-1은 유효한 패턴들을 보여준다.

표 31-1 case 패턴 예제

패턴	설명
a)	*a*와 일치하는 단어
[[:alpha:]])	하나의 알파벳 문자와 일치하는 단어
???)	정확히 세 글자로 이루어진 단어
*.txt)	*.txt* 문자열로 끝나는 단어
*)	모든 단어. 이는 case 명령어의 마지막 패턴으로 사용된다. 앞선 패턴에서 일치하는 게 없는 단어를 처리하기 위해 사용된다. 즉 유효하지 않은 값을 처리하기 위해서다.

다음은 패턴 예제다.

```
#!/bin/bash

read -p "enter word > "

case $REPLY in
        [[:alpha:]])        echo "is a single alphabetic character." ;;
        [ABC][0-9])         echo "is A, B, or C followed by a digit." ;;
        ???)                echo "is three characters long." ;;
        *.txt)              echo "is a word ending in '.txt'" ;;
        *)                  echo "is something else." ;;
esac
```

패턴 결합

수직바를 구분자로 사용하여 여러 패턴들을 결합하여 사용하는 것도 가능하다. 이것은 "OR" 조건 패턴을 생성한다. 이는 대문자와 소문자 모두를 제어할 때 편리하다. 예를 들어보자.

```
#!/bin/bash

# case-menu: a menu driven system information program

clear
```

```
echo "
Please Select:

A. Display System Information
B. Display Disk Space
C. Display Home Space Utilization
Q. Quit
"

read -p "Enter selection [A, B, C or Q] > "

case $REPLY in
        q|Q)        echo "Program terminated."
                    exit
                    ;;
        a|A)        echo "Hostname: $HOSTNAME"
                    uptime
                    ;;
        b|B)        df -h
                    ;;
        c|C)        if [[ $(id -u) -eq 0 ]]; then
                            echo "Home Space Utilization (All Users)"
                            du -sh /home/*
                    else
                            echo "Home Space Utilization ($USER)"
                            du -sh $HOME
                    fi
                    ;;
        *)          echo "Invalid entry" >&2
                    exit 1
                    ;;
esac
```

우리는 메뉴 선택을 위한 숫자 대신 글자를 사용하기 위해 case-menu 프로그램을 수정한다. 주의할 것은, 새 패턴들은 대문자와 소문자 모두 허용한다는 것이다.

마무리 노트

case 명령어는 많은 프로그래밍 트릭을 추가할때 편리하다. 다음 장에서 우리가 알겠지만, case 명령은 문제 유형을 제어하기에 완전한 도구다.

32

위치 매개변수

우리가 만든 프로그램에서 한 가지 놓치고 있는 기능은 커맨드라인 옵션과 인자를 허용하고 처리하는 능력이다. 이 장에서는 커맨드라인의 내용에 접근하는 쉘 기능을 알아볼 것이다.

커맨드라인 항목 접근

쉘은 **위치 매개변수**라는 변수의 집합을 제공한다. 그것은 커맨드라인 명령의 개별 요소들을 가지고 있으며 변수들은 0부터 9까지 이름 붙인다. 다음과 같은 방식으로 나타낼 수 있다.

```
#!/bin/bash

# posit-param: script to view command line parameters

echo "
\$0 = $0
\$1 = $1
\$2 = $2
```

```
\$3 = $3
\$4 = $4
\$5 = $5
\$6 = $6
\$7 = $7
\$8 = $8
\$9 = $9
"
```

이는 변수 $0부터 $9까지의 값을 표시하는 매우 간단한 스크립트다. 커맨드라인 인자 없이 실행하
면 결과는 다음과 같다.

```
[me@linuxbox ~]$ posit-param

$0 = /home/me/bin/posit-param
$1 =
$2 =
$3 =
$4 =
$5 =
$6 =
$7 =
$8 =
$9 =
```

인자가 없는 경우조차도 $0은 항상 커맨드라인의 첫 번째 항목을 가지고 있다. 그것은 바로 실행되
고 있는 프로그램의 경로명이다. 인자를 입력하여 실행하면 다음 결과를 볼 수 있다.

```
[me@linuxbox ~]$ posit-param a b c d

$0 = /home/me/bin/posit-param
$1 = a
$2 = b
$3 = c
$4 = d
$5 =
$6 =
$7 =
$8 =
$9 =
```

저자주: 사실 매개변수 확장을 사용하면 9개 이상의 매개변수에 접근할 수 있다. 9보다 큰 수를 지정하기 위해서는
중괄호를 사용하면 된다. 예를 들어 ${10}, ${55}, ${211} 등과 같이 말이다.

인자 수 확인

또한 쉘은 커맨드라인의 인자 수를 넘겨주는 변수 **$#**을 제공한다.

```
#!/bin/bash

# posit-param: script to view command line parameters

echo "
Number of arguments: $#
\$0 = $0
\$1 = $1
\$2 = $2
\$3 = $3
\$4 = $4
\$5 = $5
\$6 = $6
\$7 = $7
\$8 = $8
\$9 = $9
"
```

결과는 이와 같다.

```
[me@linuxbox ~]$ posit-param a b c d

Number of arguments: 4
$0 = /home/me/bin/posit-param
$1 = a
$2 = b
$3 = c
$4 = d
$5 =
$6 =
$7 =
$8 =
$9 =
```

shift – 다수의 인자에 접근

하지만 수많은 인자가 주어진다면 어떻게 될까?

```
[me@linuxbox ~]$ posit-param *

Number of arguments: 82
$0 = /home/me/bin/posit-param
$1 = addresses.ldif
$2 = bin
$3 = bookmarks.html
$4 = debian-500-i386-netinst.iso
$5 = debian-500-i386-netinst.jigdo
$6 = debian-500-i386-netinst.template
$7 = debian-cd_info.tar.gz
$8 = Desktop
$9 = dirlist-bin.txt
```

이 예제 시스템에서 와일드카드 *는 82개의 인자들로 확장된다. 이 많은 것들을 어떻게 처리할 수 있을까? 쉘은 비록 어설프긴 하지만 하나의 방법을 제공한다. shift 명령어는 실행될 때마다 각 매개변수가 "하나씩 다음으로 이동"하게끔 한다. 사실 shift를 사용하여 단 하나의 매개변수(절대 바뀌지 않는 $0도 포함)를 가져오는 것이 가능하다.

```
#!/bin/bash

# posit-param2: script to display all arguments

count=1

while [[ $# -gt 0 ]]; do
        echo "Argument $count = $1"
        count=$((count + 1))
        shift
done
```

shift가 실행될 때마다 $2의 값은 $1로, $3의 값은 $2로 차례차례 이동한다. 또한 $#의 값은 1씩 감소한다.

posit-param2 프로그램은 남은 인자 수를 확인하고 인자가 남는 한 계속되는 루프를 만든다. 현재 인자를 표시하고, 처리된 인자 수를 세기 위해 변수 count는 루프를 반복할 때마다 증가한다. 그리고 마지막으로 shift는 다음 인자를 $1로 불러온다. 다음은 실행 중인 프로그램이다.

```
[me@linuxbox ~]$ posit-param2 a b c d
Argument 1 = a
Argument 2 = b
Argument 3 = c
Argument 4 = d
```

간단한 응용 프로그램

shift 없이도 위치 매개변수를 사용하는 유용한 응용 프로그램을 작성할 수 있다. 이 예제로 간단한 파일 정보 프로그램이 있다.

```
#!/bin/bash

# file_info: simple file information program

PROGNAME=$(basename $0)

if [[ -e $1 ]]; then
        echo -e "\nFile Type:"
        file $1
        echo -e "\nFile Status:"
        stat $1
else
        echo "$PROGNAME: usage: $PROGNAME file" >&2
        exit 1
fi
```

이 프로그램은 파일 종류(file 명령어로 확인된)와 지정된 파일의 상태(stat 명령어를 사용하여)를 표시한다. 이 프로그램의 한 가지 흥미로운 점은 PROGNAME 변수다. 그것은 basename $0 명령으로부터 그 결과를 가져온다. basename 명령어는 경로명의 앞 부분을 제거하고 파일의 기본 이름만을 남긴다. 이 예제에서 basename은 예제 프로그램의 전체 경로명인 매개변수 $0에서 경로명의 선두를 제거한다. 이 값은 이 프로그램 끝의 사용법처럼 메시지를 구성하는 데 유용하다. 이러한 방식으로 코딩하면, 그 메시지가 프로그램명에 따라 자동으로 조절되기 때문에 스크립트명을 변경할 수 있다.

쉘 함수에서 위치 매개변수의 사용

인자를 전달하기 위해 쉘 스크립트에 위치 매개변수를 사용했던 것처럼 쉘 함수에 인자를 전달할 수 있다. 우리는 이제 file_info 스크립트를 쉘 함수로 변환할 것이다.

```
file_info () {

        # file_info: function to display file information

        if [[ -e $1 ]]; then
                echo -e "\nFile Type:"
                file $1
                echo -e "\nFile Status:"
                stat $1
        else
                echo "$FUNCNAME: usage: $FUNCNAME file" >&2
                return 1
        fi
}
```

쉘 함수 file_info를 포함한 스크립트가 파일명 인자와 함께 함수를 호출하면, 그 인자는 함수에 전달된다.

이 기능으로 우리는 스크립트뿐만 아니라 .bashrc 파일에서도 사용할 수 있는 유용한 쉘 함수를 작성할 수 있다.

여러분은 PROGNAME 변수가 쉘 변수 FUNCNAME으로 변경된 것을 눈치챘을 것이다. 쉘은 현재 실행된 쉘 함수를 계속 추적하여 자동으로 이 변수를 갱신한다. $0은 항상 커맨드라인 첫 번째 항목의 전체 경로명(즉, 프로그램명)을 가지지만 우리가 예측한 것처럼 쉘 함수명은 가지고 있지 않다.

위치 매개변수 전체 제어

때때로 위치 매개변수 전부를 그룹으로 관리하면 도움이 된다. 예를 들어, 우리가 다른 프로그램을 감싸는 **래퍼**(wrapper)를 작성하기를 원한다면, 이는 그 프로그램의 실행을 간소화하는 스크립트나 쉘 함수를 만든다는 것을 의미한다. 래퍼는 커맨드라인 옵션 목록을 공급하고 나서 인자 목록을 하위 레벨 프로그램에 전달한다.

쉘은 이러한 목적으로 두 가지 특수한 매개변수를 제공한다. 이들은 둘 다 위치 매개변수의 전체 목록으로 확장되지만 미묘한 방식 차이가 있다. 표 32-1은 이들 매개변수를 설명한다.

표 32-1 특수 매개변수 *와 @

매개변수	설명
$*	항목 1부터 시작하여 위치 매개변수 목록으로 확장된다. 이것을 쌍 따옴표로 둘러싸면, 쌍 따옴표 내의 문자열 모두가 위치 매개변수로 확장되고 각각 IFS 쉘 변수의 첫 번째 문자(기본값은 스페이스)에 의해 구분된다.
$@	항목 1부터 시작하여 위치 매개변수 목록으로 확장된다. 이것을 쌍 따옴표로 둘러싸면, 각 위치 매개변수는 쌍 따옴표로 구분된 단어로 확장된다.

다음은 이 특수 매개변수들이 동작하는 모습을 보여주는 스크립트다.

```
#!/bin/bash

# posit-params3 : script to demonstrate $* and $@

print_params () {
        echo "\$1 = $1"
        echo "\$2 = $2"
        echo "\$3 = $3"
        echo "\$4 = $4"
}

pass_params () {
        echo -e "\n" '$* :';    print_params $*
        echo -e "\n" '"$*"' :'; print_params "$*"
        echo -e "\n" '$@ :';    print_params $@
        echo -e "\n" '"$@"' :'; print_params "$@"
}

pass_params "word" "words with spaces"
```

이 난해한 프로그램은 word와 words with spaces라는 두 인자를 만들고 pass_params 함수에 전달한다. 결국 그 함수는 특수 매개변수 $*와 $@로 사용 가능한 4가지 방식으로 print_params 함수에 인자들을 전달한다. 이 스크립트의 실행 결과는 방식에 따라 차이점을 보여준다.

```
[me@linuxbox ~]$ posit-param3

 $* :
$1 = word
$2 = words
$3 = with
$4 = spaces
```

```
  "$*" :
$1 = word words with spaces
$2 =
$3 =
$4 =

 $@ :
$1 = word
$2 = words
$3 = with
$4 = spaces

  "$@" :
$1 = word
$2 = words with spaces
$3 =
$4 =
```

$*와 $@는 word, words, with, spaces라는 모두 네 단어를 생성한다. "$*"는 word words with spaces라는 한 단어를 생성한다. "$@"는 word와 words with spaces 두 단어를 생성한다.

이는 우리가 의도한 것과 일치한다. 이것으로 얻을 수 있는 교훈은, 쉘이 위치 매개변수 목록을 얻을 수 있는 4가지 방식을 제공함에도 불구하고 "$@"는 각각의 위치 매개변수 그대로를 유지하기 때문에 가장 많이 사용되고 유용하다.

완전한 응용 프로그램

우리는 오랜만에 sys_info_page 프로그램으로 다시 작업할 예정이다. 다음과 같이 프로그램에 여러 커맨드라인 옵션을 추가하려고 한다.

- **출력 파일.** 프로그램 출력을 저장할 파일명을 지정하기 위한 옵션을 추가할 것이다. 이 옵션은 -f *file*나 --file *file*로 지정한다.

- **대화식 모드.** 이 옵션은 출력 파일명을 사용자에게 표시하고 그 파일의 존재 여부를 확인한다. 만약 존재한다면 사용자에게 해당 파일을 덮어쓰기 전에 물어본다. 이 옵션은 -i 또는 --interactive로 지정한다.

- **도움말**. -h나 --help를 입력하면 사용법이 표시된다.

다음은 커맨드라인 처리를 구현하기 위해 필요한 코드다.

```
usage () {
        echo "$PROGNAME: usage: $PROGNAME [-f file | -i]"
        return
}

# process command line options

interactive=
filename=

while [[ -n $1 ]]; do
        case $1 in
                -f | --file)            shift
                                        filename=$1
                                        ;;
                -i | --interactive)     interactive=1
                                        ;;
                -h | --help)            usage
                                        exit
                                        ;;
                *)                      usage >&2
                                        exit 1
                                        ;;
        esac
        shift
done
```

먼저, 우리는 help 옵션이 호출되거나 알 수 없는 옵션인 경우에 메시지를 표시하는 usage라는 쉘 함수를 추가한다.

그 다음, 처리 루프를 실행한다. 이 루프는 위치 매개변수 $1의 값이 빌 때까지 계속된다. 루프가 종료되기 위해서는 루프의 끝에서 shift 명령어로 위치 매개변수를 전진시킨다.

루프 내에서 case 문은 현재 위치 매개변수가 이 프로그램이 지원하는 옵션과 일치하는지 확인하기 위해 사용된다. 만약 지원하는 매개변수이면 그에 따라 동작한다. 지원하지 않는다면, 사용법을 표시하고 스크립트는 오류와 함께 종료된다.

-f 매개변수는 재미있는 방식으로 전개된다. 이 옵션이 입력되면 추가적으로 **shift**가 수행되어 위치 매개변수 **$1**에는 -f 옵션에 제공된 파일명이 전달된다.

다음은 대화식 모드를 구현하는 코드다.

```
# interactive mode

if [[ -n $interactive ]]; then
        while true; do
                read -p "Enter name of output file: " filename
                if [[ -e $filename ]]; then
                        read -p "'$filename' exists. Overwrite? [y/n/q] > "
                        case $REPLY in
                                Y|y)            break
                                                ;;
                                Q|q)            echo "Program terminated."
                                                exit
                                                ;;
                                *)              continue
                                                ;;
                        esac
                elif [[ -z $filename ]]; then
                        continue
                else
                        break
                fi
        done
fi
```

만약 **interactive** 변수가 비어있다면, 파일명 프롬프트와 파일 조작 코드가 존재하는 무한 루프가 시작된다. 원하는 출력 파일이 이미 존재한다면, 덮어쓰기를 위한 프롬프트를 표시하고 사용자가 다른 파일명을 선택하거나 프로그램을 종료하도록 한다. 사용자가 기존 파일을 덮어쓰기로 결정한다면 **break** 문이 실행되어 루프는 종료된다. 여기서 **case** 문은 사용자가 덮어쓰기나 종료를 선택하는 경우만 감지한다는 것을 명심해라. 다른 것을 선택하면 루프는 계속되고 사용자에게 다시 프롬프트를 표시한다.

출력 파일명 옵션을 구현하기 위해 먼저 기존 페이지 작성 코드를 쉘 함수로 변환해야 한다. 그 이유는 순식간에 없어져 버릴 수 있기 때문이다.

```
write_html_page () {
        cat <<- _EOF_
        <HTML>
                <HEAD>
                        <TITLE>$TITLE</TITLE>
                </HEAD>
                <BODY>
                        <H1>$TITLE</H1>
                        <P>$TIME_STAMP</P>
                        $(report_uptime)
                        $(report_disk_space)
                        $(report_home_space)
                </BODY>
        </HTML>
        _EOF_
        return
}

# output html page

if [[ -n $filename ]]; then
        if touch $filename && [[ -f $filename ]]; then
                write_html_page > $filename
        else
                echo "$PROGNAME: Cannot write file '$filename'" >&2
                exit 1
        fi
else
        write_html_page
fi
```

이 코드는 -f 옵션의 흐름을 제어한다. 파일의 존재를 확인하고 만약 있다면 그 파일이 정말로 쓰기 가능한지 확인하기 위해 테스트한다. 이를 위해 touch 명령을 실행하고 이어서 해당 파일이 일반 파일인지 확인한다. 이 두 테스트는 유효하지 않은 경로명이 입력되는 상황(touch는 실패한다)을 처리하고, 만약 파일이 존재한다면 일반 파일로 인지한다.

위에서 볼 수 있는 것처럼, write_html_page 함수는 페이지를 실제로 생성하기 위해 호출된다. 출력 결과는 파일명 변수 값이 없다면 표준 출력으로 직접 보내지거나 지정된 파일로 보내진다.

마무리 노트

위치 매개변수의 추가로 이제는 꽤 기능적인 스크립트를 작성할 수 있다. 예를 들어 반복 작업에서 위치 매개변수는 사용자의 .bashrc 파일에 놓을 수 있는 아주 유용한 쉘 함수를 작성 가능하게 한다.

우리 sys_info_page 프로그램은 점점 복잡하고 정교해져 간다. 다음은 그 완전한 목록이다. 최근 수정된 사항은 하이라이트로 처리하였다.

```bash
#!/bin/bash

# sys_info_page: program to output a system information page

PROGNAME=$(basename $0)
TITLE="System Information Report For $HOSTNAME"
CURRENT_TIME=$(date +"%x %r %Z")
TIME_STAMP="Generated $CURRENT_TIME, by $USER"

report_uptime () {
        cat <<- _EOF_
                <H2>System Uptime</H2>
                <PRE>$(uptime)</PRE>
                _EOF_
        return
}

report_disk_space () {
        cat <<- _EOF_
                <H2>Disk Space Utilization</H2>
                <PRE>$(df -h)</PRE>
                _EOF_
        return
}

report_home_space () {
        if [[ $(id -u) -eq 0 ]]; then
                cat <<- _EOF_
                        <H2>Home Space Utilization (All Users)</H2>
                        <PRE>$(du -sh /home/*)</PRE>
                        _EOF_
        else
                cat <<- _EOF_
                        <H2>Home Space Utilization ($USER)</H2>
```

```
                        <PRE>$(du -sh $HOME)</PRE>
                        _EOF_
        fi
        return
}

usage () {
        echo "$PROGNAME: usage: $PROGNAME [-f file | -i]"
        return
}

write_html_page () {
        cat <<- _EOF_
        <HTML>
                <HEAD>
                        <TITLE>$TITLE</TITLE>
                </HEAD>
                <BODY>
                        <H1>$TITLE</H1>
                        <P>$TIME_STAMP</P>
                        $(report_uptime)
                        $(report_disk_space)
                        $(report_home_space)
                </BODY>
        </HTML>
        _EOF_
        return
}

# process command line options

interactive=
filename=

while [[ -n $1 ]]; do
        case $1 in
                -f | --file)            shift
                                        filename=$1
                                        ;;
                -i | --interactive)     interactive=1
                                        ;;
                -h | --help)            usage
                                        exit
                                        ;;
```

```
                *)                        usage >&2
                                          exit 1
                                          ;;
        esac
        shift
done

# interactive mode

if [[ -n $interactive ]]; then
        while true; do
                read -p "Enter name of output file: " filename
                if [[ -e $filename ]]; then
                        read -p "'$filename' exists. Overwrite? [y/n/q] > "
                        case $REPLY in
                                Y|y)    break
                                        ;;
                                Q|q)    echo "Program terminated."
                                        exit
                                        ;;
                                *)      continue
                                        ;;
                        esac
                fi
        done
fi

# output html page

if [[ -n $filename ]]; then
        if touch $filename && [[ -f $filename ]]; then
                write_html_page > $filename
        else
                echo "$PROGNAME: Cannot write file '$filename'" >&2
                exit 1
        fi
else
        write_html_page
fi
```

이제 스크립트는 꽤 쓸 만해졌다. 하지만 아직 끝난 건 아니다. 다음 장에서 마지막으로 개선사항을 추가할 것이다.

33

흐름 제어: for 루프

흐름 제어의 마지막 장에서는 셸 루프의 또 다른 구성 요소를 살펴볼 것이다. **for 루프**는 반복 중에 작업 순서를 처리하는 수단을 제공한다는 점에서 while과 until 루프와 차이가 있다. 이는 프로그래밍할 때 매우 유용하다는 것을 알게 될 것이다. 그래서 for 루프는 bash 스크립팅에서 매우 인기 있는 구조다.

for 루프는 당연히 **for** 명령어로 구현된다. 최신 bash 버전은 두 가지 형식의 **for** 문을 제공한다.

for: 전통적인 쉘 형식

for 명령어의 원 문법은 다음과 같다.

```
for variable [in words]; do
        commands
done
```

*variable*은 루프 수행 중에 증가되는 변수명이고, *words*는 선택적인 *variable*에 순차적으로 할당되는 항목의 목록이다. 그리고 *commands*는 각 반복마다 실행되는 명령들이다.

for 명령어는 커맨드라인에서 유용하다. 그것이 어떻게 동작하는지 쉽게 알 수 있다.

```
[me@linuxbox ~]$ for i in A B C D; do echo $i; done
A
B
C
D
```

이 예제에서 for 명령어에 네 개의 단어 목록(A, B, C, D)이 주어진다. 네 단어 목록으로 루프는 네 번 실행된다. 각 루프가 실행될 때마다 단어가 변수 i에 할당된다. 루프 내에서 echo 명령어로 할당 내용을 보기 위해 i 값을 표시한다. while과 until 루프처럼 done 키워드는 루프를 닫는다.

for 문의 정말 강력한 기능은 단어 목록을 생성할 수 있는 흥미로운 방법을 상당수 제공한다는 것이다. 예를 들면, 중괄호 확장을 사용할 수 있다.

```
[me@linuxbox ~]$ for i in {A..D}; do echo $i; done
A
B
C
D
```

또는 경로명 확장

```
[me@linuxbox ~]$ for i in distros*.txt; do echo $i; done
distros-by-date.txt
distros-dates.txt
distros-key-names.txt
distros-key-vernums.txt
distros-names.txt
distros.txt
distros-vernums.txt
distros-versions.txt
```

그리고 명령어 치환

```
#!/bin/bash

# longest-word : find longest string in a file

while [[ -n $1 ]]; do
        if [[ -r $1 ]]; then
```

```
                max_word=
                max_len=0
                for i in $(strings $1); do
                        len=$(echo $i | wc -c)
                        if (( len > max_len )); then
                                max_len=$len
                                max_word=$i
                        fi
                done
                echo "$1: '$max_word' ($max_len characters)"
        fi
        shift
done
```

이 예제는 파일 내의 가장 긴 문자열을 검색한다. 커맨드라인에 하나 이상의 파일명이 주어질 때, 이 프로그램은 각 파일마다 읽을 수 있는 텍스트 "단어들"의 목록을 생성하기 위해 strings 프로그램(GNU binutils 패키지에 포함된)을 사용한다. for 루프는 각 단어를 차례대로 처리하면서 현 단어가 지금까지 발견된 가장 긴 것인지 확인한다. 루프가 완료되면 가장 긴 단어가 표시된다.

만약 for 명령의 *words* 부분이 생략되면, for는 위치 매개변수를 기본으로 처리한다. 우리는 이 방법을 사용하기 위해 longest-word 스크립트를 수정할 것이다.

```
#!/bin/bash

# longest-word2 : find longest string in a file

for i; do
        if [[ -r $i ]]; then
                max_word=
                max_len=0
                for j in $(strings $i); do
                        len=$(echo $j | wc -c)
                        if (( len > max_len )); then
                                max_len=$len
                                max_word=$j
                        fi
                done
                echo "$i: '$max_word' ($max_len characters)"
        fi
done
```

이처럼, 루프의 가장 바깥쪽을 while에서 for로 변경하였다. for 명령어에서 단어 목록이 생략되었기 때문에 그 대신 위치 매개변수를 사용한다. 루프 안쪽은 이전 변수 i가 변수 j로 교체되었다. 또한 shift의 사용도 제거되었다.

왜 I인가?

이 예제에서 for 루프에서 변수 i가 사용된 것을 알아차렸을 것이다. 그렇다면 왜? 사실 특별한 이유는 없고 그저 전통일 뿐이다. for에 사용되는 변수는 유효한 변수라면 무엇이든 상관없다. 하지만 i가 가장 흔하고 이어서 j와 k가 사용된다.

이 전통의 근간은 포트란 언어로부터 시작된다. 포트란에서 타입이 선언되지 않은 I, J, K, L, M 문자로 시작하는 변수는 자동적으로 정수형으로 간주된다. 반면 다른 문자들로 시작하는 변수들은 실수형(소수점을 가진)으로 지정된다. 이러한 동작은 프로그래머가 루프 변수에 I, J, K를 사용하게 만들었다. 임시 변수(루프 변수처럼)가 필요한 경우에 그것들을 사용하는 게 작업이 줄어들기 때문이다.

또한 그 때문에 "GOD is real, unless declared integer(정수로 선언되지 않는 한, 신은 존재한다)."라는 포트란 우스갯 소리도 있다.

---

for: C 언어 형식

bash의 최신 버전에는 C 언어에서 사용하는 형식과 닮은 for 명령 문법의 두 번째 형식이 추가되었다. 다른 많은 언어들도 이러한 형식을 지원한다.

```
for (( expression1; expression2; expression3 )); do
        commands
done
```

expression1, expression2, expression3는 모두 산술식이고, commands는 루프의 각 반복마다 실행되는 명령들이다.

이 형식은 동작 측면에서 다음 구조와 동일하다.

```
(( expression1 ))
while (( expression2 )); do
        commands
        (( expression3 ))
done
```

expression1는 루프를 위한 초기 상태이고, expression2는 루프가 끝나는 시점을 결정하는 데 사용된다. 그리고 *expression3*은 루프의 각 반복 끝 부분에서 실행된다.

여기 그 전형적인 예제가 있다.

```
#!/bin/bash

# simple_counter : demo of C style for command

for (( i=0; i<5; i=i+1 )); do
        echo $i
done
```

실행 결과는 다음과 같다.

```
[me@linuxbox ~]$ simple_counter
0
1
2
3
4
```

이 예제의 *expression1*에서는 변수 i를 0으로 초기화하고, *expression2*는 i가 5보다 작은 경우에만 루프를 허용한다. 그리고 *expression3*는 루프가 반복될 때마다 i의 값을 1씩 더한다.

C 언어 형식의 **for** 문은 수열이 필요할 때 언제든지 유용하다. 이후 두 장에서 이에 대한 여러 응용을 살펴볼 예정이다.

마무리 노트

이제 우리는 sys_info_page 스크립트에 **for** 명령에 관한 지식으로 최종 개선안을 적용할 것이다. 현재 report_home_space 함수는 다음과 같다.

```
report_home_space () {
        if [[ $(id -u) -eq 0 ]]; then
                cat <<- _EOF_
                        <H2>Home Space Utilization (All Users)</H2>
                        <PRE>$(du -sh /home/*)</PRE>
                        _EOF_
```

```
        else
                cat <<- _EOF_
                        <H2>Home Space Utilization ($USER)</H2>
                        <PRE>$(du -sh $HOME)</PRE>
                        _EOF_
        fi
        return
}
```

다음은 각 사용자 홈 디렉토리에 대한 자세한 정보와 파일 및 하위 디렉토리 전부를 포함하게끔 이 스크립트를 다시 작성한 것이다.

```
report_home_space () {

        local format="%8s%10s%10s\n"
        local i dir_list total_files total_dirs total_size user_name

        if [[ $(id -u) -eq 0 ]]; then
                dir_list=/home/*
                user_name="All Users"
        else
                dir_list=$HOME
                user_name=$USER
        fi

        echo "<H2>Home Space Utilization ($user_name)</H2>"

        for i in $dir_list; do

                total_files=$(find $i -type f | wc -l)
                total_dirs=$(find $i -type d | wc -l)
                total_size=$(du -sh $i | cut -f 1)
                echo "<H3>$i</H3>"
                echo "<PRE>"
                printf "$format" "Dirs" "Files" "Size"
                printf "$format" "----" "-----" "----"
                printf "$format" $total_dirs $total_files $total_size
                echo "</PRE>"
        done
        return
}
```

이것은 지금까지 우리가 배웠던 많은 것들을 적용한 것이다. 우리는 여전히 슈퍼유저로 테스트를 한다. 하지만 if 문에서 완전한 동작을 수행하는 대신에 for 루프에서 추후 사용될 변수들을 설정한다. 그리고 여러 지역 변수들을 함수에 추가하고 printf를 사용하여 출력의 일부를 포맷했다.

34

문자열과 수

컴퓨터 프로그램은 데이터를 가지고 작업하는 것이 전부라고 해도 과언이 아니다. 이전에는 파일 수준의 데이터 처리에 초점을 맞췄다. 하지만 다수의 프로그래밍 문제들이 문자열과 숫자처럼 더 작은 데이터 단위를 사용하여 해결되는 경우가 많이 있다.

이 장에서는 문자열과 수를 조작하는 쉘의 여러 기능을 살펴볼 것이다. 쉘은 문자열 연산을 수행하는 다양한 파라미터 확장을 제공한다. 추가적으로 산술 확장(7장에서 이미 다룬)에 대해서도 살펴볼 것이다. 여기서는 고수준의 계산을 하는 bc라는 커맨드라인 프로그램을 소개할 것이다.

매개변수 확장

이미 7장에서 매개변수 확장을 언급했지만 자세하게 다루지는 않았다. 대부분의 매개변수 확장이 커맨드라인보다 스크립트에서 사용되기 때문이다. 우리는 이미 쉘 변수처럼 매개변수 확장의 일부 형식을 사용해왔다. 쉘은 더 많은 것들을 제공한다.

기본 매개변수

가장 단순한 형태의 매개변수 확장은 일반적인 변수의 사용이다. 예를 들면, $a는 그 변수가 가진 값으로 확장된다. 단순 매개변수는 ${a}와 같이 중괄호로 감쌀 수도 있다. 이는 확장에는 아무런 영향을 주지 않지만 쉘이 혼동할 수 있는 다른 텍스트와 인접해 있다면 필요하다. 이 예제에서는 변수 a의 내용에 _file 문자열을 추가하여 파일명을 생성하려 한다.

```
[me@linuxbox ~]$ a="foo"
[me@linuxbox ~]$ echo "$a_file"
```

이대로 실행하면, 아무런 결과도 없을 것이다. 쉘이 a가 아닌 a_file을 변수명으로 확장했기 때문이다. 이 문제는 다음과 같이 중괄호로 해결할 수 있다.

```
[me@linuxbox ~]$ echo "${a}_file"
foo_file
```

또한 우리는 이미 중괄호에 숫자를 둘러싸서 9보다 큰 위치 매개변수에 접근할 수 있는 것을 보았다. 예를 들면, 11번째 위치의 매개변수에 접근하기 위해서는 ${11}를 사용하면 된다.

빈 변수를 관리하기 위한 확장

여러 매개변수 확장들이 존재하지 않거나 빈 변수를 처리할 수 있다. 이러한 확장들은 위치 매개변수의 부재를 제어하고 매개변수에 기본값을 할당하기 쉽게 한다. 그러한 확장이 여기 있다.

> ${*parameter*:-*word*}

*parameter*가 설정되지 않거나(즉, 존재하지 않으면) 비어있다면, 이 확장 결과는 *word*의 값이 된다. 만약 *parameter*가 비어있지 않다면, 확장 결과는 *parameter*의 값이 된다.

```
[me@linuxbox ~]$ foo=
[me@linuxbox ~]$ echo ${foo:-"substitute value if unset"}
substitute value if unset
[me@linuxbox ~]$ echo $foo

[me@linuxbox ~]$ foo=bar
[me@linuxbox ~]$ echo ${foo:-"substitute value if unset"}
bar
[me@linuxbox ~]$ echo $foo
bar
```

여기 또 다른 확장이 있다. 이 확장은 대시 기호 대신에 등호를 사용한다.

       ${parameter:=word}

*parameter*가 설정되지 않거나 비어있다면, 이 확장 결과는 *word*의 값이 된다. 게다가 *word*의 값은 *parameter*에 할당된다. 만약 *parameter*가 비어있지 않다면, 확장 결과는 *parameter*의 값이 된다.

```
[me@linuxbox ~]$ foo=
[me@linuxbox ~]$ echo ${foo:="default value if unset"}
default value if unset
[me@linuxbox ~]$ echo $foo
default value if unset
[me@linuxbox ~]$ foo=bar
[me@linuxbox ~]$ echo ${foo:="default value if unset"}
bar
[me@linuxbox ~]$ echo $foo
bar
```

저자주: 위치 매개변수나 다른 특수한 매개변수들은 이러한 방식으로 할당될 수 없다.

이번에는 물음표 기호를 사용한다.

       ${parameter:?word}

*parameter*가 설정되지 않거나 비어있다면, 이 확장으로 오류가 발생하며 스크립트는 종료될 것이다. 그리고 *word*의 값은 표준 출력으로 보내진다. 만약 *parameter*가 비어있지 않다면, 확장 결과는 *parameter*의 값이 된다.

```
[me@linuxbox ~]$ foo=
[me@linuxbox ~]$ echo ${foo:?"parameter is empty"}
bash: foo: parameter is empty
[me@linuxbox ~]$ echo $?
1
[me@linuxbox ~]$ foo=bar
[me@linuxbox ~]$ echo ${foo:?"parameter is empty"}
bar
[me@linuxbox ~]$ echo $?
0
```

이번에는 더하기 부호다.

```
${parameter:+word}
```

*parameter*가 설정되지 않거나 비어있다면, 이 확장은 아무런 결과를 표시하지 않는다. 만약 *parameter*가 비어있지 않다면, *parameter*는 *word*의 값으로 대체된다. 하지만 *parameter*의 값은 변하지 않는다.

```
[me@linuxbox ~]$ foo=
[me@linuxbox ~]$ echo ${foo:+"substitute value if set"}

[me@linuxbox ~]$ foo=bar
[me@linuxbox ~]$ echo ${foo:+"substitute value if set"}
substitute value if set
```

변수명을 반환하는 확장

쉘은 변수명을 반환하는 기능이 있다. 이 기능은 이례적인 상황에서 사용된다.

```
${!prefix*}
${!prefix@}
```

이 확장은 *prefix*로 시작되는 이미 존재하는 변수의 이름을 반환한다. bash 문서에 따르면, 이 두 확장 형식은 동일하게 동작한다. 즉 환경 값에 저장된 BASH로 시작하는 이름을 가진 모든 변수를 나열한다.

```
[me@linuxbox ~]$ echo ${!BASH*}
BASH BASH_ARGC BASH_ARGV BASH_COMMAND BASH_COMPLETION BASH_COMPLETION_DIR
BASH_LINENO BASH_SOURCE BASH_SUBSHELL BASH_VERSINFO BASH_VERSION
```

문자열 연산

확장들의 집합은 문자열을 조작하기 위해 사용될 수 있다. 이러한 확장들은 특히 경로명을 조작하기에 적당하다.

```
${#parameter}
```

이 확장은 *parameter*가 포함한 문자열의 길이로 확장된다. 일반적으로 *parameter*는 문자열이지만 만약 @이거나 *이면 그 확장 결과는 위치 매개변수의 개수를 나타낸다.

```
[me@linuxbox ~]$ foo="This string is long."
[me@linuxbox ~]$ echo "'$foo' is ${#foo} characters long."
'This string is long.' is 20 characters long.
```

> ${parameter:offset}
> ${parameter:offset:length}

이 확장은 *parameter*에 포함된 문자열의 일부를 추출하기 위해 사용된다. *offset*에 위치한 문자부터 시작해서 *length*를 명시하지 않으면 문자열 끝까지 추출한다.

```
[me@linuxbox ~]$ foo="This string is long."
[me@linuxbox ~]$ echo ${foo:5}
string is long.
[me@linuxbox ~]$ echo ${foo:5:6}
string
```

만약 *offset* 값이 음수이면, 문자열의 앞부분이 아닌 끝부분부터 시작하라는 것을 의미한다. ${parameter:-word} 확장과 혼동을 막기 위해 음수 값은 반드시 앞에 스페이스를 두어야 한다. *Length* 값은 0보다 작아서는 안 된다.

만약 *parameter*가 @이면, 확장의 결과는 *offset*에서 시작하는 *length* 위치 매개변수다.

```
[me@linuxbox ~]$ foo="This string is long."
[me@linuxbox ~]$ echo ${foo: -5}
long.
[me@linuxbox ~]$ echo ${foo: -5:2}
lo
```

> ${parameter#pattern}
> ${parameter##pattern}

이 확장들은 매개변수가 가진 문자열에서 *pattern*에 정의된 내용으로 시작하는 부분을 제거한다. *pattern*은 경로명 확장에 사용되는 것처럼 와일드카드 패턴이다. 두 형식의 차이점은 # 형식은 최단 길이로 일치하는 것을 제거하고, 반면 ## 형식은 최장 길이로 일치하는 것을 제거한다.

```
[me@linuxbox ~]$ foo=file.txt.zip
[me@linuxbox ~]$ echo ${foo#*.}
txt.zip
[me@linuxbox ~]$ echo ${foo##*.}
zip
```

```
${parameter%pattern}
${parameter%%pattern}
```

이 확장들은 앞의 #와 ## 확장과 동일하다. 다만 문자열의 시작이 아닌 끝에서부터 제거한다는 것이 다르다.

```
[me@linuxbox ~]$ foo=file.txt.zip
[me@linuxbox ~]$ echo ${foo%.*}
file.txt
[me@linuxbox ~]$ echo ${foo%%.*}
file
```

```
${parameter/pattern/string}
${parameter//pattern/string}
${parameter/#pattern/string}
${parameter/%pattern/string}
```

이 확장은 *parameter*의 내용을 치환한다. 만약 와일드카드 *pattern*과 일치하는 텍스트를 발견하면 *string*의 내용으로 대체된다. 일반적인 형식은 단지 *pattern*과 일치하는 첫 부분만 대체한다. // 형식은 일치하는 모든 부분을 대체한다. /# 형식은 문자열의 시작 부분에서 일치하는 경우에, /% 형식은 문자열 끝 부분에서 일치하는 경우에 사용된다. /*string*을 생략하면 *pattern*과 일치하는 텍스트는 삭제된다.

```
[me@linuxbox ~]$ foo=JPG.JPG
[me@linuxbox ~]$ echo ${foo/JPG/jpg}
jpg.JPG
[me@linuxbox ~]$ echo ${foo//JPG/jpg}
jpg.jpg
[me@linuxbox ~]$ echo ${foo/#JPG/jpg}
jpg.JPG
[me@linuxbox ~]$ echo ${foo/%JPG/jpg}
JPG.jpg
```

매개변수 확장은 알아두기에 유용한 것이다. 문자열 조작 확장은 sed와 cut과 같은 다른 일반 명령어의 대체재로 사용된다. 확장은 외부 프로그램 사용을 없애 스크립트의 효율을 증진시킨다. 예제처럼, 우리는 이전 장에서 논의했던 최장 길이 단어 프로그램을 수정할 것이다. $(echo $j | wc -c) 명령을 ${#j} 매개변수 확장으로 바꾸어 사용한다.

```
#!/bin/bash

# longest-word3 : find longest string in a file

for i; do
        if [[ -r $i ]]; then
                max_word=
                max_len=
                for j in $(strings $i); do
                        len=${#j}
                        if (( len > max_len )); then
                                max_len=$len
                                max_word=$j
                        fi
                done
                echo "$i: '$max_word' ($max_len characters)"
        fi
        shift
done
```

다음은 time 명령어를 사용하여 두 버전의 효율성을 비교할 것이다.

```
[me@linuxbox ~]$ time longest-word2 dirlist-usr-bin.txt
dirlist-usr-bin.txt: 'scrollkeeper-get-extended-content-list' (38 characters)

real    0m3.618s
user    0m1.544s
sys     0m1.768s
[me@linuxbox ~]$ time longest-word3 dirlist-usr-bin.txt
dirlist-usr-bin.txt: 'scrollkeeper-get-extended-content-list' (38 characters)

real    0m0.060s
user    0m0.056s
sys     0m0.008s
```

원본 스크립트는 텍스트 파일을 검사하는 데 3.618초가 걸리는 반면, 매개변수 확장을 사용한 새 버전은 단 0.06초만에 완료했다. 엄청난 발전이다.

산술 연산과 확장

우리는 7장에서 산술 확장에 대해 알아보았다. 즉 정수에 대하여 다양한 산술 연산을 수행할 수 있다는 것인데, 기본적인 형식은 다음과 같다.

$((expression))$

*expression*는 유효한 산술식이다. 이는 27장에서 본 산술 평가(참 여부 테스트)용으로 사용하는 복합 명령어 (( ))와 관련이 있다. 지금까지 우리는 표현식과 연산자의 일반적인 형태를 보았다. 여기서는 좀 더 완전한 목록을 살펴볼 것이다.

기수

우리는 9장에서 8진수와 16진수를 살펴보았다. 쉘은 산술식에서 모든 기수의 정수 상수를 제공한다. 표 34-1은 기수를 명시하는 데 사용하는 표기법을 보여준다.

표 34-1 기수 지정

표기	설명
Number	기본값. 아무런 기호 없는 수는 10진 정수로 처리한다.
0number	산술식에서 0으로 시작하는 수는 8진법을 나타낸다.
0xnumber	16진법
base#number	*base*를 기수로 하는 수

예제:

```
[me@linuxbox ~]$ echo $((0xff))
255
[me@linuxbox ~]$ echo $((2#11111111))
255
```

이 예제에서는 16진수 ff(두 자릿수 중 가장 큰)의 값과 8자리의 2진수 중 가장 큰 값을 출력한다.

단항 연산자

양수인지 음수인지를 나타내는 +와 - 두 단항 연산자가 있다.

기본 연산

표 34-2에 일반 산술 연산자들이 나열되어 있다.

표 34-2 기본 연산자

연산자	설명
+	덧셈
-	뺄셈
*	곱셈
/	정수 나눗셈
**	거듭제곱
%	모듈로 (나머지)

대부분은 명확하지만, 정수 나눗셈과 모듈로는 좀 더 논의가 필요하다.

쉘의 산술 연산은 오직 정수에서 이루어지기 때문에 나눗셈의 결과는 항상 자연수다.

```
[me@linuxbox ~]$ echo $(( 5 / 2 ))
2
```

이 사실은 나눗셈 연산의 나머지를 결정하는 데 더 중요하다.

```
[me@linuxbox ~]$ echo $(( 5 % 2 ))
1
```

나눗셈과 모듈로 연산자를 사용하여 5 나누기 2의 결과 2와 나머지 1을 확인할 수 있다.

반복문에서 나머지 계산은 유용하다. 특정한 주기마다 실행하는 연산을 허용하기 때문이다. 다음 예제에서는 5의 배수마다 하이라이트를 표시한다.

```
#!/bin/bash

# modulo : demonstrate the modulo operator

for ((i = 0; i <= 20; i = i + 1)); do
        remainder=$((i % 5))
        if (( remainder == 0 )); then
                printf "<%d> " $i
```

```
        else
                printf "%d " $i
        fi
done
printf "\n"
```

실행 결과는 다음과 같다.

```
[me@linuxbox ~]$ modulo
<0> 1 2 3 4 <5> 6 7 8 9 <10> 11 12 13 14 <15> 16 17 18 19 <20>
```

대입

비록 산술식에서 대입의 쓰임이 직접적으로 보이지 않더라도 그것은 수행되고 있을지도 모른다. 이미 여러 번의 대입이 이뤄지고 있었다. 변수에 값을 줄 때마다 대입이 이루어졌고 산술식 내에서도 사용될 수 있다.

```
[me@linuxbox ~]$ foo=
[me@linuxbox ~]$ echo $foo

[me@linuxbox ~]$ if (( foo = 5 ));then echo "It is true."; fi
It is true.
[me@linuxbox ~]$ echo $foo
5
```

이 예제에서는 먼저 빈 값을 변수 foo에 대입하고 그 값이 제대로 들어갔는지 확인한다. 그 다음 if와 함께 합성 명령 ((foo = 5))을 수행한다. 이 과정은 두 가지 흥미로운 점이 있다. foo 변수에 5 값을 대입하는 것과 그 할당이 성공했기 때문에 값이 참으로 평가된다는 점이다.

저자주: 이 식의 = 연산자의 정확한 의미를 기억해야 한다. = 연산자는 foo에 5를 할당하라는 의미다. 반면 == 연산자는 foo가 5와 같은지 비교하라는 명령이다. 이는 test 명령어가 단일 = 기호를 문자열 비교에 사용하기 때문에 매우 혼동할 수 있다. 이것이 테스트문에서 더 최근 방식인 [[ ]]와 (( )) 합성 명령어를 사용하는 또 다른 이유다.

추가적으로 쉘은 =에 다양한 대입 연산을 수행하는 표기법을 제공한다. 이는 표 34-3으로 확인할 수 있다.

표 34-3 대입 연산자

표기	설명
parameter = value	단순 대입. *parameter*에 *value*를 할당한다.
parameter += value	덧셈. *parameter = parameter + value* 와 동일하다.
parameter -= value	뺄셈. *parameter = parameter − value* 와 동일하다.
*parameter *= value*	곱셈. *parameter = parameter × value* 와 동일하다.
parameter /= value	정수 나눗셈. *parameter = parameter ÷ value* 와 동일하다.
parameter %= value	모듈로. *parameter = parameter % value* 와 동일하다.
parameter++	후치 증가 변수. *parameter = parameter* + 1 와 동일하다(다음 논의를 참조하라).
parameter--	후치 감소 변수. *parameter = parameter* − 1 와 동일하다.
++parameter	전치 증가 변수. *parameter = parameter* + 1 와 동일하다.
--parameter	전치 감소 변수. *parameter = parameter* − 1 와 동일하다.

이 대입 연산자들은 기본 산술 작업을 간소화하여 편리함을 제공한다. 특히 흥미로운 것은 매개변수의 값을 각각 1씩 증감하는 증가(++)와 감소(--) 연산자다. 이런 표기 방식은 C 프로그래밍 언어에서 가져온 것으로 bash를 포함한 여러 다른 언어들에 포함된 것이다.

이 연산자들은 매개변수의 앞 또는 뒤에 놓일 수 있다. 이들은 둘 다 매개변수를 1 증가하거나 감소시키지만, 그 위치에 따라 미묘한 차이가 있다. 만약 매개변수 앞에 놓여 있다면, 매개변수는 매개변수가 반환되기 **전**에 증가한다(또는 감소한다). 만약 뒤에 위치한다면, 매개변수가 반환된 **후**에 연산은 수행된다. 이는 약간 이상해 보이지만, 의도된 동작이다. 여기 그 예제가 있다.

```
[me@linuxbox ~]$ foo=1
[me@linuxbox ~]$ echo $((foo++))
1
[me@linuxbox ~]$ echo $foo
2
```

변수 foo에 1을 대입하고 나서 매개변수명 뒤의 ++ 연산자로 증가시키면, foo는 값 1을 반환한다. 하지만 다시 한번 변수 값을 확인하면, 그 값이 증가된 것을 보게 된다. 만약 매개변수 앞에 ++ 연산자가 오면, 원래 예상하던 결과가 나올 것이다.

```
[me@linuxbox ~]$ foo=1
[me@linuxbox ~]$ echo $((++foo))
2
[me@linuxbox ~]$ echo $foo
2
```

대부분의 쉘 응용에서 전치 연산자는 가장 쓸모가 있다.

++과 -- 연산자는 종종 반복문과 결합하여 사용된다. 우리는 모듈로 스크립트를 좀 더 줄이는 방향
으로 수정할 것이다.

```
#!/bin/bash

# modulo2 : demonstrate the modulo operator

for ((i = 0; i <= 20; ++i )); do
        if (((i % 5) == 0 )); then
                printf "<%d> " $i
        else
                printf "%d " $i
        fi
done
printf "\n"
```

비트 연산

연산자 분류 중 비트 연산자들은 특이한 방식으로 수를 조작하고 비트 단위로 작업한다. 또한 종종
설정이나 읽기 비트 플래그를 포함하여 저수준 작업류에서 사용된다. 표 34-4는 비트 연산자 목록
이다.

표 34-4 비트 연산자

연산자	설명
~	비트 부정. 수의 모든 비트를 부정 연산한다.
<<	왼쪽 비트 시프트. 수의 모든 비트를 왼쪽으로 이동한다.
>>	오른쪽 비트 시프트. 수의 모든 비트를 오른쪽으로 이동한다.
&	비트 논리곱. 두 수의 모든 비트에 AND 연산을 수행한다.
|	비트 논리합. 두 수의 모든 비트에 OR 연산을 수행한다.
^	비트 배타 논리합. 두 수의 모든 비트에 배타적 OR 연산을 수행한다.

명심해야 할 점은 비트 부정을 제외하고 모든 비트 연산은 이에 상응하는 대입 연산자(예, <<=)도 있다는 것이다.

왼쪽 비트 시프트 연산자를 사용하여 2의 배수를 생성하는 예제를 살펴보자.

```
[me@linuxbox ~]$ for ((i=0;i<8;++i)); do echo $((1<<i)); done
1
2
4
8
16
32
64
128
```

논리 연산

27장에서 살펴본 것처럼, (( )) 합성 명령어는 다양한 비교 연산자를 제공한다. 여기에는 논리를 평가하기 위해 사용되는 것들이 좀 더 있다. 표 34-5는 비교 연산자 목록을 보여준다.

표 34-5 비교 연산자

연산자	설명
<=	보다 작거나 같은
>=	보다 크거나 같은
<	보다 작은
>	보다 큰
==	같은
!=	같지 않은
&&	논리 AND
||	논리 OR
expr1? expr2:expr3	비교 (삼항) 연산자. 만약 expr1 수식이 참(0이 아닌)이라면 expr2가, 아니면 expr3 수식이 실행된다.

논리 연산자를 사용할 때, 수식은 다음과 같은 산술 논리 규칙을 따라야 한다. 수식이 0으로 평가되면 거짓이고, 0이 아니면 참으로 간주된다. (( )) 합성 명령어는 그 결과를 셸의 일반적인 종료 코드에 매핑된다.

```
[me@linuxbox ~]$ if ((1)); then echo "true"; else echo "false"; fi
true
[me@linuxbox ~]$ if ((0)); then echo "true"; else echo "false"; fi
false
```

논리 연산자에서 가장 생소한 것은 **삼항 연산자**라는 것이다. 이 연산자(나중에 C 프로그래밍 언어의 그것에 모델이 된)는 단독으로 논리 테스트를 수행한다. if/then/else문의 한 부류로 사용될 수 있고, 세 산술식(문자열에는 동작하지 않는다)에 영향을 준다. 만약 첫 번째 식이 참(0이 아닌)이면, 두 번째 식은 수행되거나 세 번째 식이 수행된다. 커맨드라인에서 이를 수행할 수 있다.

```
[me@linuxbox ~]$ a=0
[me@linuxbox ~]$ ((a<1?++a:--a))
[me@linuxbox ~]$ echo $a
1
[me@linuxbox ~]$ ((a<1?++a:--a))

[me@linuxbox ~]$ echo $a
0
```

이 예제는 토글을 구현한 것으로, 실제 삼항 연산자를 볼 수 있다. 연산자가 수행될 때마다 변수 a의 값은 0에서 1로 또는 그 반대로 바뀐다.

수식 내에서 값을 할당하는 것은 간단하지 않다. 이를 시도하면 bash는 오류를 표시할 것이다.

```
[me@linuxbox ~]$ a=0
[me@linuxbox ~]$ ((a<1?a+=1:a-=1))
bash: ((: a<1?a+=1:a-=1: attempted assignment to non-variable (error token is "-=1")
```

이 문제는 대입식을 괄호로 감싸는 것으로 없앨 수 있다.

```
[me@linuxbox ~]$ ((a<1?(a+=1):(a-=1)))
```

다음은 간단한 숫자 표를 생성하는 스크립트에서 산술 연산자를 사용하는 좀 더 종합적인 예제다.

```
#!/bin/bash

# arith-loop: script to demonstrate arithmetic operators

finished=0
a=0
printf "a\ta**2\ta**3\n"
```

```
printf "=\t====\t====\n"

until ((finished)); do
        b=$((a**2))
        c=$((a**3))
        printf "%d\t%d\t%d\n" $a $b $c
        ((a<10?++a:(finished=1)))
done
```

이 스크립트에서는 finished 변수의 값을 기본으로 until 루프를 구현한다. 초기에 변수는 0(산술 거짓)으로 설정되고, 반복은 0이 아닌 값이 될 때까지 계속된다. 루프 내에서 카운터 변수 a의 정사각형과 정육면체 넓이를 계산한다. 루프의 끝부분에서 카운터 변수의 값은 평가된다. 만약 10(최대 반복 수)보다 작으면 1이 증가하고, 아니면 변수 finished가 1로 변한다. finished는 참이 되고 루프는 종료된다. 스크립트를 실행하면 결과는 다음과 같다.

```
[me@linuxbox ~]$ arith-loop
a       a**2    a**3
=       ====    ====
0       0       0
1       1       1
2       4       8
3       9       27
4       16      64
5       25      125
6       36      216
7       49      343
8       64      512
9       81      729
10      100     1000
```

bc – 정밀 계산기 언어

우리는 쉘이 모든 종류의 정수 연산을 제어할 수 있는 것을 봤다. 하지만 복잡한 연산이 필요하거나 부동 소수점 수를 사용해야 한다면 어떻게 될까? 그 대답은, 할 수 없다이다. 적어도 쉘에서 직접적으로는 말이다. 그래서 결국 이를 위해 외부 프로그램을 사용할 필요가 있다. 우리가 사용 가능한 여러 접근법들이 있다. 내장된 Perl 또는 AWK 프로그램도 그 해법 중 하나지만 이 책의 범위는 아니다.

또 다른 방법은 특정한 계산기 프로그램을 사용하는 것이다. 대부분 리눅스 시스템에 존재하는 프로그램 bc도 그 중 하나다.

bc 프로그램은 C와 유사한 언어로 작성된 파일을 읽고 실행한다. bc 스크립트는 독립된 파일이거나 표준 입력으로 읽어 들일 수 있다. bc 언어는 변수, 반복문과 프로그래머 정의 함수를 포함한 꽤 다양한 기능을 제공한다. 여기서는 bc의 모든 부분을 다루지는 못한다. 다만 맛만 보는 것으로 마칠 것이다. bc는 man 페이지에 잘 문서화되어 있기에 이를 참조하면 된다.

이제 간단한 예제로 시작해보자. 2 더하기 2를 계산하는 bc 스크립트를 작성할 것이다.

```
/* A very simple bc script */

2 + 2
```

이 스크립트의 첫 줄은 주석이다. bc는 C 프로그래밍 언어와 동일한 문법의 주석을 사용한다. 주석은 /*로 시작하여 */로 끝나는 것으로 여러 줄에 걸쳐 나타날 수 있다.

bc 사용

앞의 bc 스크립트를 foo.bc라고 저장했다면, 이처럼 실행할 수 있다.

```
[me@linuxbox ~]$ bc foo.bc
bc 1.06.94

Copyright 1991-1994, 1997, 1998, 2000, 2004, 2006 Free Software Foundation, Inc.
This is free software with ABSOLUTELY NO WARRANTY.
For details type `warranty'.
4
```

주의 깊게 살펴보면, 저작권 메시지 이후 가장 아랫부분에 계산 결과가 위치한 것을 볼 수 있다. 이 메시지는 -q(quiet) 옵션을 사용하여 숨길 수 있다.

bc는 또한 대화식으로도 사용할 수도 있다.

```
[me@linuxbox ~]$ bc -q
2 + 2
4
quit
```

bc를 대화식으로 사용할 때는 단순히 우리가 계산을 원하는 것을 입력하면 된다. 그리고 그 결과는 즉시 표시된다. bc 명령 quit으로 대화 방식을 종료할 수 있다.

또한 표준 입력을 통해 bc 스크립트를 전달하는 것도 가능하다.

```
[me@linuxbox ~]$ bc < foo.bc
4
```

표준 입력에서 가져오는 기능은 스크립트를 전달하기 위해 here 문서, here 문자열, 파이프를 사용할 수 있다는 것을 의미한다. 다음은 here string의 예제다.

```
[me@linuxbox ~]$ bc <<< "2+2"
4
```

예제 스크립트

우리는 실생활의 예제로 월별 대출 상환금을 계산하는 스크립트를 구성할 것이다. 다음 스크립트에서 here 문서를 사용하여 bc에 스크립트를 전달한다.

```
#!/bin/bash

# loan-calc : script to calculate monthly loan payments

PROGNAME=$(basename $0)

usage () {
        cat <<- EOF
        Usage: $PROGNAME PRINCIPAL INTEREST MONTHS

        Where:

        PRINCIPAL is the amount of the loan.
        INTEREST is the APR as a number (7% = 0.07).
        MONTHS is the length of the loan's term.

        EOF
}

if (($# != 3)); then
        usage
        exit 1
```

```
fi

principal=$1
interest=$2
months=$3

bc <<- EOF
        scale = 10
        i = $interest / 12
        p = $principal
        n = $months
        a = p * ((i * ((1 + i) ^ n)) / (((1 + i) ^ n) - 1))
        print a, "\n"
EOF
```

실행 결과는 다음과 같다.

```
[me@linuxbox ~]$ loan-calc 135000 0.0775 180
1270.7222490000
```

이 예제는 180개월(15년)짜리 연이율 7.75%의 $135,000 대출에 대한 월별 상환금을 계산한다. 결과에 대한 소수점 정밀도는 bc 스크립트의 특별한 scale 변수로 결정된다. bc 스크립트 언어의 자세한 설명은 bc의 man 페이지를 참조하라. 쉘(bc는 C와 거의 유사하다)과 수학적 표기가 약간 차이가 나지만 지금까지 우리가 배웠던 것의 대부분은 유사할 것이다.

마무리 노트

우리는 스크립트에서 "실상황"에 사용할 수 있는 간단하지만 다양한 기능을 배웠다. 스크립팅 경험이 늘어날 때마다, 효율적으로 문자열과 수를 조작하는 능력은 그 진가를 발휘할 것이다. loan-calc 스크립트는 단순하다 해도 아주 유용하게 사용할 수 있다는 것을 증명해주고 있다.

추가 확인 사항

loan-calc 스크립트는 기본적인 기능에 충실하지만 완전함과는 거리가 있다. 추가적으로 loan-calc 스크립트에 다음 기능들을 더하여 개선해보도록 하자.

- 커맨드라인 인자의 유효성 검사
- 사용자로부터 원금, 이율, 대출 기간을 입력 받는 프롬프트를 표시하는 "대화식" 모드를 구현한 커맨드라인 옵션 제공
- 출력 포맷 개선

35

배열

우리는 이전 장에서 셀이 어떻게 문자열과 수를 조작하는지 살펴보았다. 이런 데이터 타입들은 컴퓨터 과학에서 **스칼라 변수**로 알려진, 하나의 값을 가진 변수들이다.

이 장에서는 복수 값을 지닌 **배열**이라는 또 다른 데이터 구조를 살펴볼 예정이다. 배열은 거의 모든 프로그래밍 언어에서 지원하는 기능이다. 셀 또한 제한된 방식이긴 하지만 역시 지원한다. 그렇다 해도 프로그래밍 문제를 해결하기에 부족함이 없을 것이다.

배열이란?

배열은 하나 이상의 값을 가지고 있는 변수다. 배열은 테이블과 같은 형태로 구성된다. 스프레드시트를 예로 들어보자. 스프레드시트는 **이차원 배열**처럼 동작한다. 행과 열이 있고, 스프레드시트의 각 셀은 행렬 주소에 따라 위치한다. 배열도 이 같은 방식으로 동작한다. 배열은 원소라고 부르는 셀들을 가지고 있다. 그리고 각 원소들은 데이터를 가지고 있다. 각 배열 원소에는 **인덱스** 혹은 **첨자**라 불리는 주소를 사용하여 접근할 수 있다.

대부분 프로그래밍 언어들이 **다차원 배열**을 지원한다. 스프레드시트는 가로, 세로의 이차원으로 이뤄진 다차원 배열의 한 예다. 많은 언어들이 임의의 차원을 가진 배열을 지원한다. 아마 가장 많이 사용되는 것은 2, 3차원 배열일 것이다.

bash에서는 제한적으로 단일 배열만 제공한다. 스프레드시트의 세로 줄 하나를 떠올리면 된다. 이런 제한에도 이를 보완하기 위한 많은 애플리케이션들이 있다. 배열은 bash 버전 2에서 처음으로 지원하기 시작했다. 그러나 원조 유닉스 쉘 프로그램인 sh는 배열을 전혀 제공하지 않는다.

배열 생성

배열 변수는 다른 bash 변수들처럼 이름을 붙일 수 있고 접근 시에 자동적으로 변수가 만들어진다. 여기 예제가 있다.

```
[me@linuxbox ~]$ a[1]=foo
[me@linuxbox ~]$ echo ${a[1]}
foo
```

이 예제에서 배열 원소의 할당과 접근 모두를 볼 수 있다. 첫 번째 명령으로 배열의 원소 1에 값 foo가 할당된다. 두 번째 명령어는 원소 1에 저장된 값을 표시한다. 두 번째 명령에서 중괄호의 사용은 배열 원소명에서 경로명 확장이 되는 것을 막기 위해 필요하다.

배열은 또한 declare 명령어로도 생성할 수 있다.

```
[me@linuxbox ~]$ declare -a a
```

이 예제에서 -a 옵션을 사용하여 배열 a를 생성한다.

배열에 값 할당

값은 두 방식 중 하나로 할당할 수 있다. 다음 문법을 사용하여 단일 값을 할당할 수 있다.

> *name[subscript]=value*

*name*은 배열의 이름이고, *subscript*는 0과 같거나 보다 큰 정수(또는 산술식)다. 배열의 첫 번째 원

소의 첨자가 1이 아닌 0인 것에 주의하라. 그리고 *value*는 배열 원소에 할당된 문자열 또는 정수다.

다음 문법을 사용하여 복수 값들을 할당할 수도 있다.

> *name*=(*value1 value2* ...)

*name*은 배열의 이름이고, *value1 value2* ...는 배열 원소 0부터 순차적으로 할당된 값들이다. 예를 들면, 요일 배열에 요일의 약어를 할당하려면 이처럼 해볼 수 있다.

```
[me@linuxbox ~]$ days=(Sun Mon Tue Wed Thu Fri Sat)
```

또한 각각의 값에 대하여 첨자를 사용함으로써 특정 원소에 값을 할당하는 것도 가능하다.

```
[me@linuxbox ~]$ days=([0]=Sun [1]=Mon [2]=Tue [3]=Wed [4]=Thu [5]=Fri [6]=Sat)
```

배열 원소 접근

그럼 배열은 어디에 적합할까? 스프레드시트 프로그램으로 대량의 데이터 관리 작업을 수행하는 것처럼 많은 프로그래밍 작업에서 배열을 사용할 수 있다.

간단한 데이터 수집과 출력하는 예제를 한번 생각해보자. 특정 디렉토리에 있는 파일들의 수정 시간을 확인하는 스크립트를 생성할 것이다. 스크립트는 이 자료로부터 최근 수정된 파일들을 시간에 따라 보여주는 표를 출력할 것이다. 시스템이 가장 활성화될 때를 확인하려면 이러한 스크립트를 사용할 수 있다. 이 hours 스크립트는 다음 결과를 출력한다.

```
[me@linuxbox ~]$ hours .
Hour    Files   Hour    Files
----    ------  ----    -----
00      0       12      11
01      1       13      7
02      0       14      1
03      0       15      7
04      1       16      6
05      1       17      5
06      6       18      4
07      3       19      4
08      1       20      1
09      14      21      0
```

```
10      2       22      0
11      5       23      0

Total files = 80
```

hours 프로그램을 현재 디렉토리를 지정하여 실행한다. 24시간별로 얼마나 많은 파일들이 마지막으로 수정되었는지 표로 만들어 보여준다. 스크립트의 코드는 다음과 같다.

```
#!/bin/bash

# hours : script to count files by modification time

usage () {
        echo "usage: $(basename $0) directory" >&2
}

# Check that argument is a directory
if [[ ! -d $1 ]]; then
        usage
        exit 1
fi

# Initialize array
for i in {0..23}; do hours[i]=0; done

# Collect data
for i in $(stat -c %y "$1"/* | cut -c 12-13); do
        j=${i/#0}
        ((++hours[j]))
        ((++count))
done

# Display data
echo -e "Hour\tFiles\tHour\tFiles"
echo -e "----\t-----\t----\t-----"
for i in {0..11}; do
        j=$(((i + 12)))
        printf "%02d\t%d\t%02d\t%d\n" $i ${hours[i]} $j ${hours[j]}
done
printf "\nTotal files = %d\n" $count
```

이 스크립트는 하나의 함수(usage)와 네 개의 섹션으로 나뉜 본문으로 구성된다. 첫 번째 섹션은 커맨드라인 인자가 있고 그것이 디렉토리인지 검사한다. 만약 그렇지 않으면 사용법을 출력하고 종료한다.

두 번째 섹션은 hours 배열을 초기화한다. 모든 원소의 값을 0으로 할당한다. 배열을 사용하기 전에 준비할 특별한 요구사항이 없지만 우리 스크립트는 빈 원소가 없는지 보장해야 할 필요가 있다. 반복문을 만드는 흥미로운 방법에 주목하라. for 명령어에 중괄호 확장({0..23})을 사용하여, 순차적인 단어를 쉽게 생성할 수 있다.

그 다음 섹션은 해당 디렉토리의 모든 파일에 대해 stat 프로그램을 실행하여 자료를 수집한다. 그 결과에 cut 명령을 사용하여 그 두 자리수의 시간 정보를 추출한다. 쉘이 00부터 09까지의 값을 8진수(표 34-1 참조)로 해석하려 하기 때문에(결국엔 실패), 루프 내부에서는 시간 필드의 맨 첫 자리 0을 제거할 필요가 있다. 다음은, 그 시간에 해당하는 배열 원소의 값을 증가시킨다. 마지막으로 해당 디렉토리의 총 파일 수를 유지하기 위해 카운터(count)를 증가시킨다.

스크립트의 마지막 섹션은 배열의 내용을 표시한다. 먼저 헤더 항목들을 출력하고 나서 두 칼럼을 생성하는 루프에 진입한다. 끝으로, 파일들의 최종 기록을 출력한다.

배열 연산

흔히 사용되는 배열 연산들이 있다. 스크립팅에는 배열의 삭제, 크기 확인, 정렬 등과 같이 많은 응용들이 있다.

배열의 모든 내용 출력

첨자 *와 @는 배열의 모든 원소를 접근하는 데 사용된다. 위치 매개변수와 함께함으로써 둘 중 @ 기호가 더 유용하다. 여기 예제가 있다.

```
[me@linuxbox ~]$ animals=("a dog" "a cat" "a fish")
[me@linuxbox ~]$ for i in ${animals[*]}; do echo $i; done
a
dog
a
cat
a
fish
[me@linuxbox ~]$ for i in ${animals[@]}; do echo $i; done
a
```

```
dog
a
cat
a
fish
[me@linuxbox ~]$ for i in "${animals[*]}"; do echo $i; done
a dog a cat a fish
[me@linuxbox ~]$ for i in "${animals[@]}"; do echo $i; done
a dog
a cat
a fish
```

animals 배열을 만들고 두 단어로 된 문자열 세 개를 할당한다. 그리고 나서 배열 내용에서 단어 분할이 이뤄지는 것을 보기 위해 루프를 네 번 실행한다. ${animals[*]}와 ${animals[@]} 표기는 인용되기 전까지 동일하게 동작한다. * 표기법은 배열의 내용을 포함한 한 단어를 반환하는 반면, @ 표기법은 배열의 "실제" 내용인 세 단어를 결과로 출력한다.

배열 원소 수 확인

우리는 매개변수 확장을 사용하여 문자열 길이를 찾는 것과 거의 동일한 방식으로 배열 원소의 개수를 확인할 수 있다. 여기 예제가 있다.

```
[me@linuxbox ~]$ a[100]=foo
[me@linuxbox ~]$ echo ${#a[@]} # number of array elements
1
[me@linuxbox ~]$ echo ${#a[100]} # length of element 100
3
```

배열을 만들고 100번 원소에 foo 문자열을 할당한다. 그 다음 배열 길이를 확인하기 위해 @ 기호와 함께 매개변수 확장을 사용한다. 마지막으로 foo 문자열을 가진 100번 원소 길이를 확인한다. 우리가 100번 원소에 문자열을 할당했지만, bash는 단지 배열에 하나의 원소만 있다고 알려주는 사실이 흥미롭다. 이는 배열 내의 사용되지 않은 원소(0-99)를 빈 값으로 초기화하고 카운팅하는 다른 언어들과는 다른 방식의 동작이다.

배열 내의 사용된 첨자 검색

bash는 배열의 첨자 할당에서 공백(gaps)을 허용한다. 종종 실제로 존재하는 원소를 확인하는 데 유용하다. 이것은 다음과 같은 형태의 매개변수 확장으로 이뤄질 수 있다.

```
${!array[*]}

${!array[@]}
```

array는 배열 변수의 이름이다. *와 @ 형식을 인용하여 사용하는 다른 확장들처럼 매우 유용하며 분리된 단어로 확장된다.

```
[me@linuxbox ~]$ foo=([2]=a [4]=b [6]=c)
[me@linuxbox ~]$ for i in "${foo[@]}"; do echo $i; done
a
b
c
[me@linuxbox ~]$ for i in "${!foo[@]}"; do echo $i; done
2
4
6
```

배열 끝에 원소 추가

배열 끝에 값을 추가하려고 하는 경우, 배열의 원소 수를 아는 것은 아무런 도움이 되지 못한다. 그 이유는 *와 @ 표기법은 사용 중인 최대 배열 인덱스를 말해주지 않기 때문이다. 다행히도 쉘은 이에 대한 해법을 제공한다. += 할당 연산자를 사용하여 자동적으로 배열의 끝에 값을 추가할 수 있다. 여기 배열 foo에 세 값을 할당한 뒤 세 개를 더 추가하는 예제가 있다.

```
[me@linuxbox ~]$ foo=(a b c)
[me@linuxbox ~]$ echo ${foo[@]}
a b c
[me@linuxbox ~]$ foo+=(d e f)
[me@linuxbox ~]$ echo ${foo[@]}
a b c d e f
```

배열 정렬

스프레드시트처럼, 종종 데이터 칼럼의 값들을 정렬할 필요가 있다. 쉘은 이를 직접적으로 지원하지 않지만, 간단한 코딩으로 어렵지 않게 실행할 수 있다.

```
#!/bin/bash

# array-sort : Sort an array
```

```
a=(f e d c b a)
echo "Original array: ${a[@]}"
a_sorted=($(for i in "${a[@]}"; do echo $i; done | sort))
echo "Sorted array:   ${a_sorted[@]}"
```

스크립트의 실행 결과는 다음과 같다.

```
[me@linuxbox ~]$ array-sort
Original array: f e d c b a
Sorted array:   a b c d e f
```

스크립트는 원본 배열(a)의 내용을 명령 첨자 트릭으로 두 번째 배열(a_sorted)에 복사한다. 이 기법은 파이프라인을 변경하여 배열에 여러 명령어를 수행하기 위해 사용될 수 있다.

배열 삭제

배열을 삭제하기 위해서는 unset 명령어를 사용한다.

```
[me@linuxbox ~]$ foo=(a b c d e f)
[me@linuxbox ~]$ echo ${foo[@]}
a b c d e f
[me@linuxbox ~]$ unset foo
[me@linuxbox ~]$ echo ${foo[@]}

[me@linuxbox ~]$
```

또한 unset 명령은 배열 원소들을 삭제할 수 있다.

```
[me@linuxbox ~]$ foo=(a b c d e f)
[me@linuxbox ~]$ echo ${foo[@]}
a b c d e f
[me@linuxbox ~]$ unset 'foo[2]'
[me@linuxbox ~]$ echo ${foo[@]}
a b d e f
```

이 예제에서는 배열 첨자 2인 세 번째 원소를 삭제한다. 배열 첨자는 1이 아닌 0부터 시작한다는 것을 명심해야 한다. 또한 배열 원소는 쉘의 경로명 확장을 방지하기 위해 반드시 따옴표가 사용되어야 한다.

흥미롭게도, 배열에 빈 값 할당은 그 내용을 삭제하지 않는다.

```
[me@linuxbox ~]$ foo=(a b c d e f)
[me@linuxbox ~]$ foo=
[me@linuxbox ~]$ echo ${foo[@]}
b c d e f
```

또한 첨자의 사용 없이 배열 변수를 참조하게 되면 배열 원소 0을 가리킨다.

```
[me@linuxbox ~]$ foo=(a b c d e f)
[me@linuxbox ~]$ echo ${foo[@]}
a b c d e f
[me@linuxbox ~]$ foo=A
[me@linuxbox ~]$ echo ${foo[@]}
A b c d e f
```

마무리 노트

bash의 man 페이지를 array로 검색하면 배열 변수를 사용할 수 있는 많은 항목들을 발견할 수 있을 것이다. 대다수가 잘 알려져 있지 않지만, 가끔 특수한 상황에서 유용하게 사용될 수 있다. 사실, 쉘 프로그래밍에서 배열 기능 전체가 잘 활용되지는 않는다. 전통적인 유닉스 쉘 프로그램들(sh와 같은)은 배열에 대한 지원이 부족하기 때문이다. 이는 참 불운한 것이다. 배열은 다른 프로그래밍 언어에서는 광범위하게 사용되고 다양한 프로그래밍 문제를 해결하기 위해 강력한 도구를 제공하기 때문이다.

배열과 루프는 태생적으로 관련이 있고 주로 함께 사용된다. 반복문의 형식은 특히 배열 첨자를 계산하기에 알맞다.

```
for (( expr1; expr2; expr3))
```

36

그 외 유용한 툴들

드디어 마지막 장이다. 우리는 이 장에서 그 밖의 소소한 내용들을 살펴보며 이 여정을 마치려고 한다. 지금까지 광범위하게 살펴보긴 했지만 우리가 다루지 못한 bash의 기능들이 여전히 많이 존재한다. 대부분 잘 알려져 있지 않고 주로 bash에 통합되어 유용하게 사용된다. 하지만 자주 사용되지 않음에도 특정 프로그래밍 문제에 도움을 주는 도구들도 꽤 있다. 우리는 여기서 이들에 대해 살펴볼 것이다.

그룹 명령과 서브쉘

bash는 명령어들을 그룹화하여 함께 사용할 수 있도록 허용하는 두 가지 방법이 있다. **그룹 명령**을 사용하든지 **서브쉘**을 사용하는 것이다. 각 문법 예제는 다음과 같다.

그룹 명령:

```
{ command1; command2; [ command3; ...] }
```

서브쉘:

```
(command1; command2; [ command3;...])
```

이 두 방식의 차이점은 그룹 명령은 중괄호로 해당 명령어들을 감싸고 서브쉘은 괄호를 사용한다는 것이다. bash가 그룹 명령어를 처리하는 방식 때문에, 중괄호는 반드시 스페이스로 명령어와 구분되어야 하고 마지막 명령어는 중괄호가 닫히기 전에 세미콜론이나 개행으로 끝나야 한다는 것을 명심해야 한다.

리다이렉션 수행

그럼 그룹 명령과 서브쉘은 어떤 경우에 적합할까? 둘은 중요한 차이점(잠시 후 확인하게 될)이 있지만 모두 리다이렉션을 조절하기 위해 사용된다. 복수 명령어들로 리다이렉션을 수행하는 스크립트를 살펴보자.

```
ls -l > output.txt
echo "Listing of foo.txt" >> output.txt
cat foo.txt >> output.txt
```

이는 매우 단순하다. 세 명령의 출력을 output.txt 파일로 리다이렉션한다. 이 코드를 다음과 같이 그룹 명령으로 만들 수 있다.

```
{ ls -l; echo "Listing of foo.txt"; cat foo.txt; } > output.txt
```

서브쉘 방식은 다음과 같다.

```
(ls -l; echo "Listing of foo.txt"; cat foo.txt) > output.txt
```

이러한 방법은 타이핑을 줄여주기도 하지만 파이프라인과 함께 할 때 더 빛을 발한다. 명령어 파이프라인을 생성할 때, 여러 명령의 결과를 하나의 스트림으로 합치게 되면 더 유용하다. 그룹 명령과 서브쉘로 쉽게 만들 수 있다(구현할 수 있다).

```
{ ls -l; echo "Listing of foo.txt"; cat foo.txt; } | lpr
```

세 명령의 결과를 합치고 lpr의 입력과 연결하여 완성된 보고서를 출력하였다.

프로세스 치환

그룹 명령과 서브쉘이 유사해 보이고 리다이렉션을 위해 스트림을 합치는 데 둘 다 사용되긴 하지만, 둘 사이에는 중요한 차이점이 있다. 그룹 명령은 그 명령들을 현재 쉘에서 실행하지만 서브쉘은 현재 쉘의 복사본인 자식 쉘에서 수행한다는 것이다. 이는 쉘의 환경이 복사되고 새 개체가 주어진다는 것을 의미한다. 서브쉘을 종료할 때, 복사된 환경은 사라진다. 따라서 서브쉘의 환경(변수 할당 포함)에 발생한 모든 변경된 부분들도 사라지게 된다. 결론적으로 대부분의 경우 스크립트가 서브쉘을 요구하지 않는 한 서브쉘보다 그룹 명령을 더 선호하며 그룹 명령의 처리 속도가 훨씬 빠르고 메모리를 적게 사용한다.

우리는 28장에서 서브쉘 환경 문제에 대한 예제를 보았다. 파이프라인에서 read 명령어가 예측했던 것과 달리 제대로 동작하지 않은 것을 확인했다. 그것을 간략하게 표현하면 이와 같다.

```
echo "foo" | read
echo $REPLY
```

read 명령이 서브쉘에서 실행되기 때문에 REPLY 변수의 내용물은 항상 비어있다. 그리고 그 REPLY의 사본은 서브쉘이 종료될 때 사라진다.

왜냐하면 파이프라인의 명령들은 항상 서브쉘에서 실행되기 때문이다. 변수를 할당하는 모든 명령은 이 문제에 직면할 것이다. 다행히도, 쉘은 이 문제를 해결할 **프로세스 치환**이라는 이국적인 형태의 확장을 제공한다.

프로세스 치환은 두 가지 방식으로 표현할 수 있다. 표준 출력을 생성하는 프로세스인 경우

>   <(list)

또는 표준 입력을 가져오는 프로세스인 경우

>   >(list)

list는 명령어들의 목록을 나타낸다.

이 read 문제를 해결하기 위해 이처럼 프로세스 치환을 사용할 수 있다.

```
read < <(echo "foo")
echo $REPLY
```

프로세스 치환은 서브쉘의 출력을 리다이렉션의 목적에 맞게 일반적인 파일로 처리하도록 허용한다. 사실, 이것은 확장 형태이기 때문에 우리는 실제 값을 확인할 수 있다.

```
[me@linuxbox ~]$ echo <(echo "foo")
/dev/fd/63
```

echo를 사용하여 확장 결과를 보면, 서브쉘의 출력이 /dev/fd/63이라는 파일에 의해 제공된다는 것을 알게 된다.

종종 프로세스 치환은 read를 포함한 반복문에 사용된다. 여기 서브쉘이 생성한 디렉토리 목록의 내용물을 처리하는 read 루프 예제가 있다.

```
#!/bin/bash

# pro-sub : demo of process substitution

while read attr links owner group size date time filename; do

        cat <<- EOF
                Filename:    $filename
                Size:        $size
                Owner:       $owner
                Group:       $group
                Modified:    $date $time
                Links:       $links
                Attributes:  $attr

        EOF
done < <(ls -l | tail -n +2)
```

디렉토리 목록의 모든 행을 read로 반복 수행한다. 스크립트의 마지막 줄에서 그 목록이 생성된다. 이 행은 프로세스 치환의 결과를 반복문의 표준 입력으로 재지정한다. tail 명령은 꼭 필요하진 않지만 목록의 첫 번째 줄을 제거하기 위해 프로세스 치환 파이프라인에 포함된다.

실행하면 스크립트는 다음과 같이 결과를 출력한다.

```
[me@linuxbox ~]$ pro_sub | head -n 20
Filename:    addresses.ldif
Size:        14540
Owner:       me
Group:       me
```

```
Modified:     2012-04-02 11:12
Links:        1
Attributes: -rw-r--r--

Filename:   bin
Size:       4096
Owner:      me
Group:      me
Modified:   2012-07-10 07:31
Links:      2
Attributes: drwxr-xr-x

Filename:   bookmarks.html
Size:       394213
Owner:      me
Group:      me
```

트랩(Traps)

우리는 10장에서 프로그램이 시그널에 어떻게 반응하는지 보았다. 이 기능을 우리 스크립트에도 추가할 수 있다. 우리가 만든 스크립트들은 이 기능이 필요하진 않지만(매우 짧은 실행 시간과 임시 파일을 생성하지 않기 때문에), 좀 더 크고 복잡한 스크립트들은 시그널 처리 루틴으로 얻을 수 있는 혜택이 있을 것이다.

우리가 크고 복잡한 스크립트를 설계할 때, 사용자가 스크립트를 실행 중에 로그아웃하거나 시스템을 종료하는 상황을 고려해야 한다. 이러한 이벤트가 발생하면, 시그널은 영향력이 미치는 모든 프로세스들에 전해지게 된다. 따라서 이 프로세스들이 가리키는 프로그램들은 순차적으로 적절히 프로그램 종료 작업을 진행할 수 있다. 예를 들어, 실행 중에 임시 파일을 생성하는 스크립트를 만든다고 치자. 좋은 설계 방법은 스크립트가 작업을 마칠 때 그 파일을 삭제하는 것이다. 또한 프로그램이 종료되기 직전을 가리키는 시그널을 받으면 파일을 삭제하는 스크립트를 작성하는 것도 괜찮은 방법이다.

bash는 이를 위해 **트랩**(trap)이라는 기법을 제공한다. 트랩은 그에 걸맞은 이름인 trap 빌트인 명령으로 구현되었다. trap은 다음 문법을 사용한다.

```
trap argument signal [signal...]
```

*argument*는 읽어 들여 명령어로 처리될 문자열이다. 그리고 *signal*은 해석한 명령어를 작동시킬 시그널을 가리킨다.

여기 간단한 예제가 하나 있다.

```bash
#!/bin/bash

# trap-demo : simple signal handling demo
trap "echo 'I am ignoring you.'" SIGINT SIGTERM

for i in {1..5}; do
        echo "Iteration $i of 5"
        sleep 5
done
```

이 스크립트는 실행 중에 SIGINT 또는 SIGTERM 시그널을 받으면 echo 명령을 실행하는 트랩을 정의한다. 사용자가 스크립트를 멈추려고 CTRL-C를 누르면, 프로그램은 다음과 같이 동작할 것이다.

```
[me@linuxbox ~]$ trap-demo
Iteration 1 of 5
Iteration 2 of 5
I am ignoring you.
Iteration 3 of 5
I am ignoring you.
Iteration 4 of 5
Iteration 5 of 5
```

사용자가 프로그램을 중단하려고 할 때마다 이 메시지들을 대신 출력한다.

유용한 명령어 시퀀스를 구성하기 위해 문자열을 생성하는 것이 어색할 수 있다. 그래서 실제로는 명령어로 쉘 함수를 지정한다. 다음 예제에서는 각 시그널을 제어하기 위해 쉘 함수를 분리하여 사용하였다.

```bash
#!/bin/bash

# trap-demo2 : simple signal handling demo

exit_on_signal_SIGINT () {
        echo "Script interrupted." 2>&1
        exit 0
}
```

```
exit_on_signal_SIGTERM () {
        echo "Script terminated." 2>&1
        exit 0
}

trap exit_on_signal_SIGINT SIGINT
trap exit_on_signal_SIGTERM SIGTERM

for i in {1..5}; do
        echo "Iteration $i of 5"
        sleep 5
done
```

이 스크립트는 각 시그널을 위한 두 trap 명령어를 사용한다. 결국 각 트랩은 특정 시그널을 받을 때 실행되는 쉘 함수를 명시한 것이다. 각 시그널 제어 함수에 exit 명령을 포함한 것에 주목하라. exit 명령이 없으면, 스크립트는 함수가 완료된 후에도 계속 실행될 것이다.

이 스크립트를 실행 중에 사용자가 CTRL-C를 누르면 결과는 다음과 같다.

```
[me@linuxbox ~]$ trap-demo2
Iteration 1 of 5
Iteration 2 of 5
Script interrupted.
```

임시 파일

스크립트에 시그널 핸들러가 포함된 이유는 임시 파일들을 제거하기 위해서다. 임시 파일들은 스크립트가 실행 중에 중간 결과를 유지하기 위해 생성된다. 임시 파일의 이름을 붙이는 데 몇 가지 기술이 있다. 전통적으로, 유닉스형 시스템의 프로그램들은 임시 파일을 그런 종류의 파일들을 공유하는 /tmp 디렉토리에 생성한다. 하지만 그 디렉토리는 공유되기 때문에 슈퍼유저 특권을 가진 프로그램이 실행될 때 특히 보안 문제가 제기된다. 모든 사용자에게 노출된 파일에 적당한 퍼미션을 설정하는 확실한 절차 외에 임시 파일에 예측할 수 없는 파일명을 붙이는 것 또한 중요하다. 이는 **temp race attack**이라는 공격을 피할 수 있는 방법이다. 예측할 수 없는(여전히 기술적인) 이름을 만드는 방법 중 하나는 다음과 같이 하는 것이다.

```
tempfile=/tmp/$(basename $0).$$.$RANDOM
```

이것은 프로그램 이름, 프로세스 ID(PID), 난수 순서로 구성된 파일명을 생성할 것이다. 하지만 $RANDOM 쉘 변수는 1부터 32767까지 사이의 값만을 반환한다는 것에 유의하라. 이것은 매우 큰 범위는 아니다. 따라서 그 변수 개체 하나로는 작심한 공격자를 이기기에 충분하지 않다.

더 나은 방법은 임시 파일을 생성하고 이름을 붙이는 mktemp 프로그램(mktemp 표준 라이브러리 함수와 혼동하지 않기를)을 사용하는 것이다. mktemp 프로그램은 파일명을 만들기 위해 사용되는 인자로 템플릿을 허용한다. 템플릿은 X 문자의 연속으로 이루어져야 한다. 그것은 해당하는 수만큼 임의의 글자와 숫자로 교체된다. 더 긴 X 문자들의 나열은 더 긴 임의 문자의 연속을 만든다. 여기 그 예제가 있다.

```
tempfile=$(mktemp /tmp/foobar.$$.XXXXXXXXXX)
```

이는 임시 파일을 생성하고 tempfile 변수에 그 이름을 할당한다. 템플릿의 X 문자들은 임의의 글자와 숫자로 변환된다. 결국 최종 파일명(PID를 얻기 위해 특수 매개변수 $$의 확장 값 또한 포함)은 다음과 같을 것이다.

```
/tmp/foobar.6593.UOZuvM6654
```

mktemp의 man 페이지에는 mktemp가 임시 파일명을 만든다는 것과 파일을 생성하는 것에 대해 기술되어 있다.

일반 사용자에 의해 실행된 스크립트에서는, /tmp 디렉토리 사용을 피하고 사용자 홈 디렉토리 내의 임시 파일을 위한 디렉토리를 만들어 사용하는 것이 현명할 것이다. 이와 같은 코드로 말이다.

```
[[ -d $HOME/tmp ]] || mkdir $HOME/tmp
```

비동기 실행

비동기 방식은 동시에 하나 이상의 작업을 수행할때 적합하다. 우리는 이미 최근의 운영체제에서 멀티유저 시스템은 아니더라도 적어도 멀티태스킹은 지원한다는 것을 안다. 스크립트들 역시 멀티태스킹하에서 동작하게 만들 수 있다.

이는 항상 스크립트의 실행을 수반한다. 결국 부모 스크립트가 계속 수행되는 동안 추가 작업을 하는 하나 이상의 자식 스크립트를 실행하게 된다. 그러나 이 방식으로 스크립트 시리즈를 실행하면, 부모와 자식 간을 조율하는 데 문제가 발생할 수 있다. 즉 부모 또는 자식이 상호 의존적이고, 하나의 스크립트가 해당 작업을 완료하기 전에 다른 스크립트의 실행이 완료될 때를 기다려야만 한다면 어떻게 해야 할까?

bash는 이와 같은 **비동기 실행**의 관리를 도와주는 빌트인 명령어를 가지고 있다. wait 명령어는 명시된 프로세스(예, 자식 스크립트)가 완료될 때까지 부모 스크립트의 실행을 멈추게 한다.

wait

먼저 wait 명령어를 시연할 것이다. 이를 위해 두 스크립트가 필요하다. 다음은 부모 스크립트다.

```
#!/bin/bash

# async-parent : Asynchronous execution demo (parent)

echo "Parent: starting..."
echo "Parent: launching child script..."
async-child &
pid=$!
echo "Parent: child (PID= $pid) launched."

echo "Parent: continuing..."
sleep 2

echo "Parent: pausing to wait for child to finish..."
wait $pid

echo "Parent: child is finished. Continuing..."
echo "Parent: parent is done. Exiting."
```

그리고 이것은 자식 스크립트다.

```
#!/bin/bash

# async-child : Asynchronous execution demo (child)

echo "Child: child is running..."
sleep 5
echo "Child: child is done. Exiting."
```

이 예제에서 자식 스크립트는 매우 간단하다. 실제 동작은 부모 스크립트가 한다. 부모 스크립트 내에서 자식 스크립트는 실행되고 백그라운드로 진입하게 된다. 자식 스크립트의 프로세스 ID는 쉘 매개변수 $!의 값을 통해 pid 변수에 할당되어 기록된다. 이 쉘 매개변수는 항상 백그라운드에 진입한 마지막 작업의 프로세스 ID를 가지게 될 것이다.

부모 스크립트는 계속 실행되고 그 후 자식 프로세스의 PID와 함께 wait 명령을 실행한다. 이는 부모 스크립트가 자신의 종료 시점에서 자식 스크립트가 종료될 때까지 멈추도록 한다.

이것을 실행하면 부모와 자식 스크립트는 다음과 같은 결과를 생성한다.

```
[me@linuxbox ~]$ async-parent
Parent: starting...
Parent: launching child script...
Parent: child (PID= 6741) launched.
Parent: continuing...
Child: child is running...
Parent: pausing to wait for child to finish...
Child: child is done. Exiting.
Parent: child is finished. Continuing...
Parent: parent is done. Exiting.
```

네임드 파이프(Named Pipes)

대부분의 유닉스형 시스템에서 **네임드 파이프**(named pipe)라 불리는 특수한 종류의 파일을 생성할 수 있다. 네임드 파이프는 두 프로세스를 연결하기 위해 사용되고 다른 종류의 파일들처럼 파일로써 사용될 수 있다. 이것은 자주 사용되진 않지만 알아두면 유용하다.

클라이언트/서버라 부르는 일반적인 프로그래밍 아키텍처가 있다. 이는 네트워크 연결과 같은 **프로세스 간 통신**이나 네임드 파이프와 같은 통신 수단으로 활용할 수 있다.

클라이언트/서버 시스템의 가장 널리 사용되는 방식은 당연히 웹 브라우저와 그와 통신하는 웹 서버이다. 웹 브라우저는 클라이언트로서 동작하며, 서버에 요청을 한다. 그리고 서버는 브라우저에 웹 페이지로 응답한다.

네임드 파이프는 파일처럼 동작하지만 실제로는 선입선출(FIFO) 버퍼 형태다. 일반적인(이름없는) 파이프들과 함께 데이터는 한 곳으로 들어가 다른 곳으로 나오게 된다. 네임드 파이프는 다음과 같이 설정할 수 있다.

> *process1 > named_pipe*

그리고

> *process2 < named_pipe*

이것은 다음과 같이 작동하게 될 것이다.

> *process1 | process2*

네임드 파이프 설정

우선, 네임드 파이프를 생성해야 한다. mkfifo 명령어를 사용하면 된다.

```
[me@linuxbox ~]$ mkfifo pipe1
[me@linuxbox ~]$ ls -l pipe1
prw-r--r-- 1 me   me    0 2012-07-17 06:41 pipe 1
```

mkfifo를 사용하여 pipe1이라는 네임드 파이프를 생성한다. 그리고 ls를 사용하여 그 파일을 확인하면 파일 속성 필드의 첫 글자가 p인 것을 볼 수 있다. 여기서 p는 네임드 파이프를 나타낸다.

네임드 파이프 사용

네임드 파이프가 어떻게 동작하는지 보기 위해, 두 개의 터미널 윈도우(혹은 두 개의 가상 콘솔)가 필요할 것이다. 첫 번째 터미널에 간단한 명령어를 입력하고 그 출력 결과를 네임드 파이프로 재지정한다.

```
[me@linuxbox ~]$ ls -l > pipe1
```

ENTER를 누르면 명령어는 멈춘 것처럼 보일 것이다. 그 이유는 파이프 말미에 아직 아무런 데이터를 받지 못했기 때문이다. 이러한 현상을 파이프가 **블록**되었다고 한다. 이 상태는 우리가 프로세스를 끝에 붙이는 것으로 해결될 것이다. 그 후 파이프에서 입력을 읽어 들이기 시작할 것이다. 이제 두 번째 터미널 윈도우에 다음 명령을 입력하자.

```
[me@linuxbox ~]$ cat < pipe1
```

첫 번째 터미널에서 생성된 디렉토리 목록은 두 번째 터미널에서 cat 명령의 출력으로 나타난다. 첫 번째 터미널의 ls 명령은 성공적으로 완료되고 더 이상 블록되지 않는다.

마무리 노트

자, 우리는 모든 여정을 마쳤다. 이제 남은 것은 실전뿐이다. 우리가 커맨드 라인에 대해 광범위하게 다루긴 했지만 겨우 수박 겉핥기일 뿐이다. 여전히 우리가 찾아서 즐겨야 할 수천여 개의 커맨드라인 프로그램들이 남아있다. 어서, /usr/bin을 샅샅이 파헤쳐보자!

찾아보기

리눅스 커맨드라인 완벽 입문서

초판 1쇄 발행   2013년 01월 11일

지은이   윌리엄 E. 샤츠 주니어
옮긴이   이종우, 정영신
발행인   김범준

편집/표지디자인   정해욱
교정/교열   조유경

발행처   비제이퍼블릭
출판신고   2009년 5월 1일 제300-2009-38호
주소   서울시 종로구 내수동 73 경희궁의아침 4단지 오피스텔 #1004
주문전화   02-739-0739   **팩스**   02-6442-0739
문의전화   02-739-0739   **이메일**   bjpublic@bjpublic.co.kr
홈페이지   http://bjpublic.co.kr

가격   32,000원
ISBN   978-89-94774-29-9

한국어판 © 2013 비제이퍼블릭